岩土参数应用指南

主　编　刘永勤　郑庆峰　程海陆
　　　　鲍召杰　岳国清　张　亮

中国矿业大学出版社
·徐州·

图书在版编目(CIP)数据

岩土参数应用指南 / 刘永勤等主编.—徐州:中国矿业大学出版社,2019.4

ISBN 978 - 7 - 5646 - 4415 - 4

Ⅰ.①岩… Ⅱ.①刘… Ⅲ.①岩土工程－参数－指南 Ⅳ.①TU4-62

中国版本图书馆 CIP 数据核字(2019)第 083030 号

书　　名	岩土参数应用指南
主　　编	刘永勤　郑庆峰　程海陆　鲍召杰　岳国清　张　亮
责任编辑	李　敬　章　毅
出版发行	中国矿业大学出版社有限责任公司
	(江苏省徐州市解放南路　邮编 221008)
营销热线	(0516)83884103　83885105
出版服务	(0516)83995789　83884920
网　　址	http://www.cumtp.com　E-mail:cumtpvip@cumtp.com
印　　刷	江苏淮阴新华印务有限公司
开　　本	787 mm×1092 mm　1/16　印张 25.25　字数 646 千字
版次印次	2019 年 4 月第 1 版　2019 年 4 月第 1 次印刷
定　　价	98.00 元

(图书出现印装质量问题,本社负责调换)

编 委 会

主　编：刘永勤　　郑庆峰　　程海陆　　鲍召杰　　岳国清
　　　　张　亮

编　委：邵春晖　　魏洪山　　靳茂虎　　张国帅　　刘　伟
　　　　刘春严　　武道凯　　张　波　　尚川川　　贾泽鹏
　　　　李　贞　　杜世昌　　徐永亮　　赵现楼　　杜　靓
　　　　侯子男　　姚　乐　　郑春柳　　苏　玲　　张继伟
　　　　牛　奔　　王　轲　　王淑珍　　张亚华　　郑体琨
　　　　费　雪　　吴招锋　　孔祥利　　张　勇　　刘　佳
　　　　陈利敏　　梁晓辉　　韦　赫　　李海盾　　吕显华
　　　　王　彪　　刘　丹　　杜佳鹏　　陶　鑫　　郑亚涛
　　　　闫丹华　　白伟潇　　周长国　　金　超　　尹梦婷
　　　　胡志强　　张淘气　　贾　亮　　齐　超　　吴锦云
　　　　崔　许　　徐　凯

前　言

　　我国幅员辽阔，地域广袤，地质条件多样性极其发育。自 1958 年我国修建第一条城市轨道交通 60 年以来，我国城市轨道交通岩土工程勘察先后经历了起步阶段、工程地质勘察阶段、岩土工程勘察阶段和风险勘察阶段，轨道交通的发展让城市岩土工程呈立体化发展。这就需要岩土工程师对岩土参数的选取更加全面化、细致化。

　　随着城市轨道交通岩土工程勘察的不断发展，在几代人的努力和积累下，岩土参数体系也越来越完善。

　　岩土参数作为工程建设重要的数据指标，是工程设计施工的重要依据，直接关系到工程造价和安全。岩土工程勘察开展的所有工作，最后都是为了能够给出科学合理的岩土参数，对工程做出准确适合的评价。

　　笔者从事工程勘察 15 年来，虽然经历了多地方的工程勘察，也熟悉多数岩土参数，但是尚未看到有人系统梳理过岩土工程参数。笔者也曾咨询业内人士究竟有多少个岩土参数，具体都语焉不详。带着这份好奇与执着，笔者曾系统地按类别整理、初步梳理出 15 大类 180 个参数，供大家工作时参考。

　　在梳理过程中，笔者突然发现，很多参数的取值方法及其在工程中究竟是怎么应用的还很模糊，于是又想着把岩土参数的来龙去脉弄清楚，便有了写这本书的想法。在书稿即将完结之际，没想好起什么名字，既然想系统梳理岩土工程参数，暂且命名为《岩土参数应用指南》吧。

　　本书编写过程中得到了北京中联勘集团的领导和同事很大的帮助和支持，在此表示衷心的感谢，同时也感谢各位参编人员的辛勤努力与付出，感谢各位亲朋好友和相关专家给予的支持。

　　由于作者水平有限，书中可能有不足之处，还望读者见谅。

编　者

2018 年 6 月

目　　录

第 1 章　常规物理性质参数

1.1　天然含水量(含水率)

1.1.1　定义

天然状态下土中水的质量与土粒质量之比。符号:w。

1.1.2　获取

室内试验法:本试验方法适用于粗粒土、细粒土、有机质土和冻土。

(1) 取具有代表性试样 15～30 g 或用环刀中的试样,有机质土、砂类土和整体状构造冻土为 50 g,放入称量盒内,盖上盒盖,称盒加湿土质量,准确至 0.01 g。

(2) 打开盒盖,将盒置于烘箱内,在 105～110 ℃恒温下烘至恒重。烘干时间对黏性土、粉土不得少于 8 h,对砂性土不得少于 6 h,对含有机质超过 5%的土应将温度控制在 65～70 ℃的恒温下烘至恒重。

(3) 将称量盒从烘箱中取出。盖上盒盖,放入干燥容器内冷却至室温,称盒加干土质量,精确至 0.01 g。

试样含水量应按式(1.1-1)计算,精确至 0.1%:

$$w = \left(\frac{m_0}{m_d} - 1\right) \times 100\% \tag{1.1-1}$$

式中　w——天然含水量,%;

　　　m_0——湿土质量,g;

　　　m_d——干土质量,g。

(4) 含水量试验应进行两次平行测定,两次测定的差值,当含水率小于 40%时为 1%,当含水率等于、大于 40%时为 2%。取两次测值的平均值,以百分数表示。

试验影响因素分析:

(1) 含水量试验的关键在于代表性试样的选取;进行含水量试验时,常因土层的不均匀、土样短缺、土样扰动等各种因素,影响了试验的成果,以上因素有土样本身客观存在的,也有人为造成的,试验人员应根据试验目的和要求确定方法。若为了了解全土层综合的天然含水量,可沿原状土的土层剖面竖向切取土样,但绝大多数的含水量试验还是为了配合密度试验、压缩试验、剪切试验等,因此应在切取原状土样环刀的上或下两面横向选取土样,这样土的含水量与其他相关试验的指标相吻合,有助于了解土层的真实情况和对试验成果的分析。

(2) 对于黑色土、灰色土,当有机质含量大于 5%时,应将温度控制在 65～70 ℃的烘箱中烘至恒重,因为有机质土在 $105\sim110\,℃$ 温度下,有机分子会在烘干过程中逐渐分解而不断损失,使测得的含水量比实际含水量大,而且是有机质含量越高,误差就越大。

1.1.3 应用

(1) 可用于计算孔隙比等其他物理力学性质指标,例如通过下式即可计算孔隙比:

$$e=\frac{V_v}{V_s}\Rightarrow e=\frac{d_s\rho_w(1+0.01w)}{\rho}-1 \qquad (1.1\text{-}2)$$

式中 e——孔隙比;

        V_v——土中孔隙体积,cm^3;

        V_s——土粒体积,cm^3;

        d_s——相对密度;

        ρ_w——水的密度,g/cm^3;

        w——天然含水量,%;

        ρ——土的密度,g/cm^3。

(2) 评价土的冻胀性可依据总含水量 w 和冻土的体积压缩系数 m_v 对冻土进行分类:

① 坚硬冻土:$m_v\leqslant0.01\,MPa^{-1}$,土中未冻水含量很少,土粒由冰牢固胶结,土的强度高,坚硬冻土在荷载作用下,表现出脆性破坏和不可压缩性,与岩石相似。坚硬冻土的温度界限对分散度不高的黏性土为 $-1.5\,℃$,对分散度很高的黏性土为 $-5\sim-7\,℃$。

② 塑性冻土:$m_v>0.01\,MPa^{-1}$,虽被冰胶结但仍含有多量未冻结的水,具有塑性,在荷载作用下可以压缩,土的强度不高。当土的温度在零度以下至坚硬冻土温度的上限之间,饱和度 $S_r\leqslant80\%$ 时,常呈塑性冻土。塑性冻土的负温值高于坚硬冻土。

③ 松散冻土:$w\leqslant3\%$,由于土的含水量较小,土粒未被冰所胶结,仍呈冻前的松散状态,其力学性质与未冻土无多大差别。砂土和碎石土常呈松散冻土。

可利用天然含水量对土的冻胀性分级,详见表 1.1-1。

表 1.1-1   季节冻土与季节融化层土的冻胀性分级

土的名称	冻前天然含水量 w/%	冻结期间地下水位距冻结面的最小距离 h_w/m	平均冻胀率 η/%	冻胀等级	冻胀类别
碎(卵)石,砾、粗、中砂(粒径小于 0.075 mm 颗粒含量不大于 15%),细砂(粒径小于 0.075 mm 颗粒含量不大于 10%)	不考虑	不考虑	$\eta\leqslant1$	Ⅰ	不冻胀
碎(卵)石,砾、粗、中砂(粒径小于 0.075 mm 颗粒含量大于 15%),细砂(粒径小于 0.075 mm 颗粒含量大于 10%)	$w\leqslant12$	>1.0	$\eta\leqslant1$	Ⅰ	不冻胀
		≤1.0	$1<\eta\leqslant3.5$	Ⅱ	弱冻胀
	$12<w\leqslant18$	>1.0			
		≤1.0	$3.5<\eta\leqslant6$	Ⅲ	冻胀
	$w>18$	>0.5			
		≤0.5	$6<\eta\leqslant12$	Ⅳ	强冻胀

续表 1.1-1

土的名称	冻前天然含水量 $w/\%$	冻结期间地下水位距冻结面的最小距离 h_w /m	平均冻胀率 η /%	冻胀等级	冻胀类别
粉砂	$w\leqslant14$	>1.0	$\eta\leqslant1$	I	不冻胀
		$\leqslant1.0$	$1<\eta\leqslant3.5$	II	弱冻胀
	$14<w\leqslant19$	>1.0			
		$\leqslant1.0$	$3.5<\eta\leqslant6$	III	冻胀
	$19<w\leqslant23$	>1.0			
		$\leqslant1.0$	$6<\eta\leqslant12$	IV	强冻胀
	$w>23$	不考虑	$\eta>12$	V	特强冻胀
粉土	$w\leqslant19$	>1.5	$\eta\leqslant1$	I	不冻胀
		$\leqslant1.5$	$1<\eta\leqslant3.5$	II	弱冻胀
	$19<w\leqslant22$	>1.5			
		$\leqslant1.5$	$3.5<\eta\leqslant6$	III	冻胀
	$22<w\leqslant26$	>1.5			
		$\leqslant1.5$	$6<\eta\leqslant12$	IV	强冻胀
	$26<w\leqslant30$	>1.5			
		$\leqslant1.5$			
	$w>30$	不考虑	$\eta>12$	V	特强冻胀
黏性土	$w<W_P+2$	>2.0	$\eta\leqslant1$	I	不冻胀
		$\leqslant2.0$	$1<\eta\leqslant3.5$	II	弱冻胀
	$W_P+2<w\leqslant W_P+5$	>2.0			
		$\leqslant2.0$	$3.5<\eta\leqslant6$	III	冻胀
	$W_P+5<w\leqslant W_P+9$	>2.0			
		$\leqslant2.0$	$6<\eta\leqslant12$	IV	强冻胀
	$W_P+9<w\leqslant W_P+15$	>2.0			
		$\leqslant2.0$			
	$w>W_P+15$	不考虑	$\eta>12$	V	特强冻胀

注:1. W_P 为塑限含水量(%),w 为在冻土层内冻前天然含水量的平均值(%);

　　2. 盐渍化冻土不在表列;

　　3. 塑性指数大于 22 时,冻胀性降低一级;

　　4. 粒径小于 0.005 mm 的颗粒含量大于 60% 时,为不冻胀土;

　　5. 碎石类土当填充物大于全部质量的 40% 时,其冻胀性按填充物土的类别判断;

　　6. 碎石土、砾砂、粗砂、中砂(粒径小于 0.075 mm 颗粒含量不大于 15%)、细砂(粒径小于 0.075 mm 颗粒含量不大于 10%)均按不冻胀考虑。

（3）天然含水量是评价土的湿度的一个重要物理指标;天然状态下土层的含水量与土的种类、埋藏条件及其所处的自然地理环境有关;一般干的粗砂土其值接近于零,而饱和砂土可达 40%;坚硬的黏性土的含水量约小于 30%,而饱和状态的软黏性土(如淤泥),则可达 60% 或更大。一般说来,同一类土,当其含水量增大时,强度会降低。《城市轨道交通岩土工程勘察规范》(GB 50307—2012)用来判定粉土的湿度,见表 1.1-2。

表 1.1-2 　　　　　　　　　　　　　　粉土湿度分类

含水量 $w/\%$	$w<20$	$20{\leqslant}w{\leqslant}30$	$w>30$
湿度	稍湿	湿	很湿

1.2　天然密度

1.2.1　定义

土的总质量与其体积之比,即单位体积的质量。符号:ρ。

1.2.2　获取

室内试验法:环刀法(本试验方法适用于细粒土)。

(1) 打开土样盒,取出土样,用平口刀削平土样两端,置于工作台上。

(2) 将涂以润滑油的环刀置于土面上,修削土的四周至直径比环刀稍大后,徐徐垂直下压环刀,至土高出环刀为止。

(3) 削平环刀两面余土,注意不得在土面上往返刮抹,以免人工加密土样,然后擦净环刀外壁,称环刀与土的质量。

(4) 按下式计算试样的天然密度:

$$\rho=\frac{m_0}{V}$$ 　　　　　(1.2-1)

式中　ρ——试样的天然密度,g/cm^3,准确到 0.01 g/cm^3;

　　　m_0——湿土质量,g;

　　　V——湿土体积,cm^3。

试验影响因素分析:在《土工试验方法标准》(GB/T 50123—1999)中,密度试验的环刀法阐述得简单,但在实际操作中有几点需要注意:工程中大多取样的高度为 20 cm,在土质不均匀的地段,这 20 cm 高度土柱的变化也不可忽视。因此,密度试验首先应在打开土样的盒盖时,通过颜色、性状先行判断出土的不均匀程度,在土质变异的交界处将土柱分开,将此样分成两组进行密度、含水率、压缩等试验,若土样短缺,则应取土柱偏软的部分进行面密度试验,这样取是将对工程不利的因素考虑进去,将指标整理为成果,试验人员要以严谨的态度对待。

1.2.3　应用

(1) 可用于计算干密度、孔隙比等其他物理指标。通过下式即可计算干密度:

$$\rho_d=\frac{\rho}{1+0.01w}$$ 　　　　　(1.2-2)

式中　ρ_d——试样的干密度,g/cm^3,准确到 $0.01\ g/cm^3$;

　　　ρ——试样的天然密度,g/cm^3,准确到 $0.01\ g/cm^3$;

　　　w——试样的天然含水量,%。

（2）还可利用下式计算重度:

$$\gamma = \rho \cdot g \qquad (1.2\text{-}3)$$

式中　γ——试样的重度,kN/m^3;

　　　ρ——试样的天然密度,g/cm^3,准确到 $0.01\ g/cm^3$;

　　　g——重力加速度,$g=9.806\ 65\ m/s^2 \approx 9.81\ m/s^2$。

1.3　干密度

1.3.1　定义

土粒质量与土的总体积之比。符号:ρ_d。

1.3.2　获取

计算推导法:利用式(1.2-2)即可计算出该试样的干密度。

1.3.3　应用

（1）计算孔隙比等其他物理力学性质指标。利用下式计算干重度:

$$\gamma_d = \rho_d \cdot g \qquad (1.3\text{-}1)$$

式中　γ_d——试样的干重度,kN/m^3;

　　　ρ_d——试样的干密度,g/cm^3,准确到 $0.01\ g/cm^3$;

　　　g——重力加速度,$g=9.806\ 65\ m/s^2 \approx 9.81\ m/s^2$。

（2）评价土的密度。土的干密度一般常在 $1.4 \sim 1.7\ g/cm^3$ 之间,干密度越大,土体越密实,反之则越松散。可利用下式计算土的天然密度:

$$\rho = \rho_d(1 + 0.01w) \qquad (1.3\text{-}2)$$

式中　ρ——试样的天然密度,g/cm^3,准确到 $0.01\ g/cm^3$;

　　　ρ_d——试样的干密度,g/cm^3,准确到 $0.01\ g/cm^3$;

　　　w——试样的天然含水量,%。

（3）估计土的最优含水量,从而控制回填土质量,因为含水量对压实质量有直接影响。干燥的土,颗粒之间的摩擦力较大,不易压实。最优含水量是一相对值,压实功能的大小随土的类型而异,所施加的压实功能越大,压实土的细粒含量越少,则最优含水量越小,而最大密实度越高。因此,最优含水量指的是对特定的土在一定的夯击能量下达到最大密实状态时所对应的含水量。如图 1.3-1 所示干密度和含水量的关系曲线,应取曲线峰值点相应的纵坐标为击实试样的最大干密度,相应的横坐标为击实试样的最优含水率。当关系曲线不能绘出峰值点时,应进行补点,土样不宜重复使用。

（4）控制填土地基质量。在工程上常把干密度作为评定土体紧密程度的标准,以控制填土工程的施工质量。压实填土的质量以压实系数 λ_c 控制,并应根据结构类型、压实填土所在部位按表 1.3-1 取值。

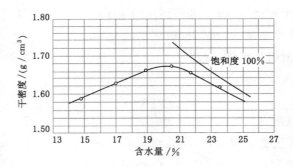

图 1.3-1　干密度和含水量的关系曲线

表 1.3-1　　　　　　　　　　　压实填土地基压实系数控制值

结构类型	填土部位	压实系数 λ_c	控制含水量/%
砌体承重及框架结构	在地基主要受力层范围内	≥0.97	$w_{op} \pm 2$
	在地基主要受力层范围以下	≥0.95	
排架结构	在地基主要受力层范围内	≥0.96	
	在地基主要受力层范围以下	≥0.94	

注:1. 压实系数 λ_c 为填土的实际干密度(ρ_d)与最大干密度(ρ_{dmax})之比;w_{op} 为最优含水量。

　　2. 地坪垫层以下及基础底面标高以上的压实填土,压实系数不应小于 0.94。

1.4　比重

1.4.1　定义

物质干燥完全密实的质量和 4 ℃时同体积纯水的质量的比值,叫作该物质的比重。符号:G_s。

1.4.2　获取

室内试验法:通过室内试验比重瓶法测定比重(本试验方法适用于粒径小于 5 mm 土粒组成的土)。

(1) 将比重瓶烘干。称烘干试样 15 g(当用 50 mL 的比重瓶时,称烘干试样 10 g)装入比重瓶,称试样和瓶的总质量,准确至 0.001 g。

(2) 向比重瓶内注入半瓶纯水,摇动比重瓶,并放在砂浴上煮沸,煮沸时间自悬液沸腾起砂土不应少于 30 min,黏土、粉土不得少于 1 h,沸腾后应调节砂浴温度,比重瓶内悬液不得溢出。对砂土宜用真空抽气法。对含有可溶盐、有机质和亲水性胶体的土必须用中性液体(煤油)代替纯水,采用真空抽气法排气、真空表读数宜接近当地一个大气负压值,抽气时间不得少于 1 h。注:用中性液体,不能用煮沸法。

(3) 将煮沸经冷却的纯水(或抽气后的中性液体)注入装有试样悬液的比重瓶。当用长颈比重瓶时注纯水至刻度处,当用短颈比重瓶时应将纯水注满,塞紧瓶塞,多余的水分自瓶塞毛细管中溢出。将比重瓶置于恒温水槽内至温度稳定,且瓶内上部悬液澄清。取出比重瓶,擦干瓶外壁,称比重瓶、水、试样总质量,准确至 0.001 g。并应测定瓶内的水温,准确至 0.5 ℃。

（4）从图 1.4-1 温度与瓶、水总质量的关系曲线中查得各试验温度下的瓶、水总质量。

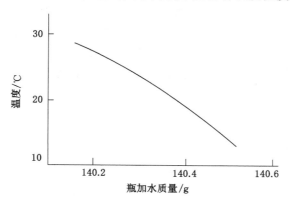

图 1.4-1　温度和瓶、水质量关系曲线

按下式计算土粒的比重：

$$G_s = \frac{m_d}{m_{bw} + m_d - m_{bws}} G_{iT}$$ （1.4-1）

式中　m_{bw}——比重瓶、水总质量,g。

m_{bws}——比重瓶、水、试样总质量,g。

G_{iT}——T ℃温度下纯水或中性液体的比重。水的比重可查物理手册。中性液体的比重应实测,称量应准确至 0.001 g。

比重瓶法进行比重试验,必须进行两次平行测定,两次测定的差值不得大于 0.02,取两次测值的平均值。

特殊土质比重因素分析:天然土颗粒由不同的矿物所组成,这些矿物和化学成分的比重各不相同,所以影响土粒的比重也有所差别。

（1）黄土:颜色以黄色、褐黄色为主,颗粒组成以粉粒为主,有肉眼可见的大孔隙,富含碳酸盐类,垂直节理发育。我国黄土主要分布在北纬 33°～47°之间,即陇西、陕北、关中、山西、豫西等地。黄土的土粒比重在 2.68～2.72 之间,因亲水性胶体或有机质含量极低,其土粒比重基本不受烧失量的影响。

（2）红黏土:颜色为棕红色或褐黄色,分为原生红黏土和次生红黏土。我国红黏土主要分布在南方,以贵州、云南和广西最为典型和广泛,其次在四川盆地南缘和东部、鄂西、湘西、湘南、粤北、皖南和浙西等地也有分布。红黏土的土粒比重在 2.76～2.90 之间,因主要矿物成分为高岭石、伊利石和绿泥石,且富含交换性阳离子、易溶盐和其他化学成分,故测定红黏土的土粒比重必须用中性液体进行真空抽气法。

（3）软土:是指天然孔隙比大于或等于 1.0,且天然含水量大于液限的细粒土,包括淤泥、淤泥质土、泥炭、泥炭质土等。我国软土主要分布在沿海地区,如东海、黄海、渤海、南海等地,内陆平原以及一些山间洼地亦有分布。软土因有机质含量较高,所以其土粒比重偏低,泥炭、泥炭质土的土粒比重甚至会小于 2.0。

（4）填土:是指人类活动而堆填的土,分为素填土、杂填土和冲填土三类。素填土由天然土经人工扰动和搬运堆填而成,不含或少含杂质;杂填土含有大量建筑垃圾、工业废料或生活垃圾等杂质;冲填土是由水力冲填泥沙形成的填土,它是我国沿海一带常见的人工填土之一。因填土的成因太复杂,所以其土粒比重的变化较大,不确定性最大。

1.4.3 应用

土的比重是划分土颗粒、土中水和土中气各自体积占比的依据,可结合其他指标用于计算饱和度等其他物理性质指标。例如通过下式可以计算饱和度:

$$S_r = \frac{(\rho_{sr} - \rho_d)G_s}{\rho_d \cdot e} \text{ 或 } S_r = \frac{w_{sr}G_s}{e} \quad (1.4\text{-}2)$$

式中 S_r——试样的饱和度,%;

w_{sr}——试样饱和后的含水率,%;

ρ_{sr}——试样饱和后的密度,g/cm³;

G_s——土粒比重;

e——试样的孔隙比。

1.5 重度

1.5.1 定义

单位体积物质的重量,国际单位制中的单位为 N/m³。符号:γ。

1.5.2 获取

计算推导法:通过公式(1.2-3)计算即得。

1.5.3 应用

(1)稳定数法计算判定斜坡稳定性的稳定系数,见下式:

$$N_s = \frac{c}{\gamma h} \quad (1.5\text{-}1)$$

式中 N_s——稳定系数;

c——土的黏聚力,kPa;

γ——土样的重度,kN/m³;

h——斜坡高度,m。

(2)计算挡土墙压力,见下式:

$$E_0 = \frac{1}{2}\gamma H^2 K_0 \quad (1.5\text{-}2)$$

式中 K_0——静止土压力系数;

γ——墙背填土的重度,kN/m³;

E_0——静止土压力,kN/m;

H——挡土墙高度,m。

1.6 浮重度

1.6.1 定义

浮重度也叫作有效重度,地下水面以下单位体积岩土体的体积的有效重力,可由岩土的饱和重度和水的重度的差值求得。符号：γ'。

1.6.2　获取

计算推导法。通过下式计算可得：

$$\gamma' = \rho' \cdot g \tag{1.6-1}$$

式中　γ'——土的浮重度，kN/m^3；

　　　ρ'——土的浮密度，g/cm^3；

　　　g——重力加速度，$g = 9.806\ 65\ m/s^2 \approx 9.81\ m/s^2$。

1.6.3　应用

计算土的有效自重应力，见下式：

$$\sigma'_z = \gamma' h \tag{1.6-2}$$

式中　σ'_z——土的有效自重应力，kN/m^2；

　　　γ'——土的浮重度，kN/m^3；

　　　h——土样的高度或者深度，m。

1.7　孔隙比

1.7.1　定义

孔隙比是指材料中孔隙体积与材料中颗粒体积之比。符号 e。

1.7.2　获取

计算推导法。通过下式计算可得：

$$e = \frac{V_v}{V_s} \tag{1.7-1}$$

式中　e——土的孔隙比；

　　　V_v——土中孔隙体积，cm^3；

　　　V_s——土粒体积，cm^3。

1.7.3　应用

（1）孔隙比是一个重要的物理性指标，可以用来评价天然土层的密实程度：一般 $e < 0.6$ 的土是密实的低压缩性土，$e > 1.0$ 的土是疏松的高压缩性土。《城市轨道交通岩土工程勘察规范》(GB 50307—2012)用来判定粉土的密实度，见表 1.7-1。

表 1.7-1　　　　　　　　　　　　　　　粉土密实度分类

孔隙比 e	$e < 0.75$	$0.75 \leqslant e \leqslant 0.90$	$e > 0.90$
密实度	密实	中密	稍密

（2）计算土的压缩系数，见下式：

$$a = \frac{\Delta e}{\Delta p} = \frac{e_1 - e_2}{p_2 - p_1} \tag{1.7-2}$$

式中　a——土的压缩系数，MPa^{-1}；

　　　p_1——地基某深度处土中(竖向)自重应力，是指土中某点的"原始压力"，MPa；

p_2——地基某深度处土中（竖向）自重应力，自重应力与（竖向）附加应力之和，是指土中某点的"总和压力"，MPa；

e_1,e_2——相应于 p_1,p_2 作用下压缩稳定后的孔隙比。

（3）计算土的压缩模量，见下式：

$$E_s = \frac{\Delta p}{(e_1-e_2)/(1+e_1)} = \frac{1+e_1}{a} \qquad (1.7\text{-}3)$$

式中　E_s——土的压缩模量，MPa。

1.8　孔隙率

1.8.1　定义

块状材料中孔隙体积与材料在自然状态下总体积的百分比。符号：n。

1.8.2　获取

计算推导法。通过下式计算即得：

$$n = \frac{V_v}{V} \times 100\% \qquad (1.8\text{-}1)$$

式中　n——土的孔隙率，%；

V_v——土中孔隙体积，cm^3；

V——土的总体积，cm^3。

1.8.3　应用

计算土的相对密度，见下式：

$$d_s = \frac{nS_r}{(100-n)w} \qquad (1.8\text{-}2)$$

式中　d_s——土的相对密度；

n——土的孔隙率，%；

S_r——试样的饱和度，%；

w——天然含水量，%。

1.9　饱和度

1.9.1　定义

土体中孔隙水体积与孔隙体积的比值。符号：S_r。

1.9.2　获取

室内试验法。试样饱和宜根据土样的透水性能，分别采用以下方法测定：粗粒土采用浸水饱和法；渗透系数大于 10^{-4} cm/s 的细粒土，采用毛细管饱和法；渗透系数小于等于 10^{-4} cm/s 的细粒土，采用抽气饱和法。

（1）毛细管饱和法（图 1.9-1），应按下列步骤进行：选用框式饱和器，试样上、下面放滤纸和透水板，装入饱和器内，并旋紧螺母；将装好的饱和器放入水箱内，注入清水，水面不宜将试样淹没，关箱盖，浸水时间不得少于两昼夜，使试样充分饱和；取出饱和器，松开螺母，取出环刀，擦干外壁,称环刀和试样的总质量,并计算试样的饱和度,当饱和度低于 95% 时,应继续饱和。

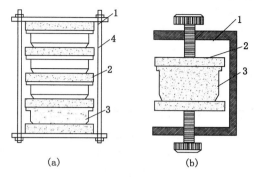

图 1.9-1　饱和器

(a) 叠式;(b) 框式

1——夹板;2——透水板;3——环刀;4——拉杆

(2) 抽气饱和法(图 1.9-2),应按下列步骤进行:

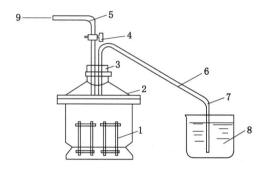

图 1.9-2　真空饱和装置

1——饱和器;2——真空缸;3——橡皮塞;4——二通阀;5——排气管;

6——管夹;7——引水管;8——盛水器;9——接抽气机

① 选用叠式或框式饱和器和真空饱和装置,在叠式饱和器下夹板的正中,依次放置透水板、滤纸、带试样的环刀、滤纸、透水板,如此顺序重复,由下向上重叠到拉杆高度,将饱和器上夹板盖好后,拧紧拉杆上端的螺母,将各个环刀在上、下夹板间夹紧。

② 将装有试样的饱和器放入真空缸内,真空缸和盖之间涂一薄层凡士林,盖紧。将真空缸与抽气机接通,启动抽气机,当真空压力表读数接近当地一个大气压力值时(抽气时间不少于 1 h),微开管夹,使清水徐徐注入真空缸,在注水过程中,真空压力表读数宜保持不变。

③ 待水淹没饱和器后停止抽气。开管夹使空气进入真空缸,静止一段时间,细粒土宜为 10 h,使试样充分饱和。

④ 打开真空缸,从饱和器内取出带环刀的试样,称环刀和试样总质量,并按式(1.9-1)计算饱和度。当饱和度低于 95% 时,应继续抽气饱和。

试样的饱和度应按下式计算:

$$S_r = \frac{(\rho_{sr} - \rho_d)G_s}{\rho_d \cdot e} \text{ 或 } S_r = \frac{w_{sr}G_s}{e} \tag{1.9-1}$$

式中　S_r——试样的饱和度,%;

　　　w_{sr}——试样饱和后的含水率,%;

　　　ρ_{sr}——试样饱和后的密度,g/cm³;

　　　G_s——土粒比重;

　　　e——试样的孔隙比。

1.9.3 应用

(1)可划分砂土的湿度。饱和度可以反映土的干湿程度,砂土根据饱和度的指标值分为稍湿($S_r \leqslant 50\%$)、很湿($50\% < S_r \leqslant 80\%$)与饱和($S_r > 80\%$)三种湿度状态。

(2)评价土的承载力。砂土的承载力与饱和度 S_r 密切关联,地下水位上升,饱和度提高,承载力随之降低;相反,饱和度越低,承载力也随之提高。

(3)计算孔隙比,见下式:

$$e = \frac{wd_s}{S_r} \tag{1.9-2}$$

式中　e——试样的孔隙比;

　　　S_r——试样的饱和度,%;

　　　w——天然含水量,%;

　　　d_s——相对密度。

1.10　液限

1.10.1　定义

土从流动状态转变为可塑状态(或由可塑状态到流动状态)的界限含水量称为液限。符号:W_L。

1.10.2　获取

室内试验法:通过室内试验液塑限联合测定法(图 1.10-1)测定试样的液限。本试验方法适用于粒径小于 0.5 mm,以及有机质含量不大于试样总质量 5% 的土。

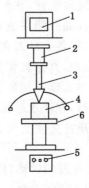

图 1.10-1　液塑限联合测定仪示意图

1——显示屏;2——电磁铁;3——带标尺的圆锥仪;4——试样杯;5——控制开关;6——升降座

（1）本试验宜采用天然含水量试样。当土样不均匀时，采用风干试样。当试样中含有粒径大于 0.5 mm 的土粒和杂物时，应过 0.5 mm 筛。

（2）当采用天然含水量土样时，取代表性土样 250 g。采用风干试样时，取 0.5 mm 筛下的代表性土样 200 g，将试样放在橡皮板上用纯水将土样调成均匀膏状，放入调土皿，浸润过夜。

（3）将制备的试样搅拌均匀，填入试样杯中，填样时不应留有空隙，对较干的试样应充分搓揉，密实地填入试样杯中，填满后刮平表面。

（4）将试样杯放在联合测定仪的升降座上，在圆锥上抹一薄层凡士林，接通电源，使电磁铁吸住圆锥。

（5）调节零点，将屏幕上的标尺调在零位，调整升降座，使圆锥尖接触试样表面，指示灯亮时圆锥在自重下沉入试样，经 5 s 后测读圆锥下沉深度（显示在屏幕上），取出试样杯，挖去锥尖入土处的凡士林，取锥体附近的试样不少于 10 g，放入称量盒内，测定含水率。

（6）将全部试样再加水或吹干并调匀，重复本条（3）至（5）款的步骤分别测定第二点、第三点试样的圆锥下沉深度及相应的含水率。液塑限联合测定应不少于三点。

注：圆锥入土深度宜为 3～4 mm、7～9 mm、15～17 mm。

试验影响因素分析：

（1）在《土工试验方法标准》（GB/T 50123—1999）中，液塑限联合测定法和圆锥法中都有用纯水将天然含水率的土样调制成均匀膏状的过程。众所周知，土中含有不同的物质，因此这一步骤的操作就不可以点代面，要区别对待，黏性土中有铁结核、锰结核、砂粒、植物根茎等，都会对试验成果产生影响，那么在调制过程中，应将不可磨匀的物质挑出，如硬质的铁锰结核、砂粒，但对于土中均匀分布且软质的结核或云母等调匀后可不挑出。

（2）对某些高液限的黏土，试样静置时间短对液限、塑限有较大影响，高液限的黏土亲水性不好，吸附水膜厚，根据经验，可适当延长静置浸润时间，提高试样的均匀度。

1.10.3　应用

用于计算塑性指数和液性指数。

塑性指数应按下式计算：

$$I_P = W_L - W_P \tag{1.10-1}$$

式中　I_P——塑性指数；

　　　W_L——液限；

　　　W_P——塑限。

液性指数应按下式计算：

$$I_L = \frac{w - W_P}{I_P} \tag{1.10-2}$$

式中　I_L——液性指数；

　　　I_P——塑性指数；

　　　w——天然含水量；

W_P——塑限。

1.11 塑限

1.11.1 定义

黏性土处于塑性状态与半固体状态之间的界限含水量。符号:W_P。

1.11.2 获取

室内试验法:同 1.10 节。

1.11.3 应用

同 1.10 节。

1.12 塑性指数

1.12.1 定义

液限与塑限的差值称为塑性指数。塑性是表征细粒土物理性能的一个重要特征,一般用塑性指数来表示。符号:I_P。

1.12.2 获取

试样的塑性指数应按下式计算:

$$I_P = W_L - W_P \tag{1.12-1}$$

式中　I_P——塑性指数;

　　　W_L——液限;

　　　W_P——塑限。

1.12.3 应用

(1) 土的分类:塑性指数是土的最基本、最重要的物理指标之一,广泛应用于土的分类和评价,《城市轨道交通岩土工程勘察规范》(GB 50307—2012)按塑性指数对土进行分类,见表 1.12-1。

表 1.12-1　　　　　　　　　　土的分类

土的名称	砂质粉土	黏质粉土	粉质黏土	黏土
塑性指数	$3 < I_P \leqslant 7$	$7 < I_P \leqslant 10$	$10 < I_P \leqslant 17$	$I_P > 17$

(2) 估算土的力学性质:土在外力作用下,所表现出来的性质包括土的压缩性、土的抗剪性等,可利用土的塑性指数估算土的压缩性和抗剪性,从而评价地基土体的稳定性,有关土的压缩性可根据试验所得压缩系数和压缩模量来判断(压缩系数越大,土的压缩性就越高,压缩系数越低,土的压缩性也就越低,因此可将土分为低压缩性土、中压缩性土、高压缩性土),至于土的抗剪性即可根据试验所得的黏聚力和内摩擦角来判断(黏聚力越大,抗剪性越强,黏聚力越小,抗剪性越弱)。

1.13　液性指数

1.13.1　定义

天然含水量与界限含水量相对关系的指标。符号：I_L。

1.13.2　获取

计算推导法。试样的液性指数应按下式计算：

$$I_L = \frac{w - W_P}{W_L - W_P} = \frac{w - W_P}{I_P} \tag{1.13-1}$$

式中　I_L——液性指数；

　　　I_P——塑性指数；

　　　w——天然含水量；

　　　W_P——液限；

　　　W_L——塑限。

1.13.3　应用

划分黏性土的状态：液性指数是判断黏性土的软硬状态的，《城市轨道交通岩土工程勘察规范》(GB 50307—2012)对黏性土状态的分类见表 1.13-1。

表 1.13-1　　黏性土状态的分类

液性指数 I_L	状态	液性指数 I_L	状态
$I_L \leqslant 0$	坚硬	$0.75 < I_L \leqslant 1.00$	软塑
$0 < I_L \leqslant 0.25$	硬塑	$I_L > 1.00$	流塑
$0.25 < I_L \leqslant 0.75$	可塑	—	—

1.14　有机质含量

1.14.1　定义

单位体积土壤中含有的各种动植物残体与微生物及其分解合成的有机物质的数量，泛指土壤中以各种形式存在的含碳有机化合物。符号：W_u。

1.14.2　获取

室内试验法：通过室内试验烧失法计算土中有机质的含量。

（1）将风干土样（或测完含水率的烘干土）碾碎，取过 0.5 mm 筛的土样，送入烘箱，在温度为 105～110 ℃时烘至恒重 m。

（2）将坩埚置入 550 ℃的高温炉中灼烧，半小时后取出置入干燥器内，冷却后称坩埚质量 m_1。

（3）从烘箱中取出土样，置入干燥器内，冷却后称其 2 g 放入已知质量的坩埚内，把坩埚放入未升温的高温炉内，徐徐升温至 550 ℃，半小时后取出置于干燥器内，冷却后称坩埚与土的总质量 m_2。重复灼烧称量，至前后两次质量相差小于 0.5 mg，即为恒量。

（4）烧失量按下式计算：

$$烧失量（\%）=\frac{m-(m_2-m_1)}{m}\times100\% \tag{1.14-1}$$

式中　m——烘干土样质量，g；

　　　m_1——空坩埚质量，g；

　　　m_2——灼烧后坩埚与土的总质量，g。

1.14.3　应用

判断土的类别：可根据表 1.14-1 中有机质含量判断为无机土、有机质土、泥炭质土或泥炭。

表 1.14-1　　　　　　　　　**土按有机质含量分类**

分类名称	有机质含量 W_u	现场鉴别特征	说明
无机土	<5%	—	—
有机质土	5%≤W_u≤10%	深灰色，有光泽，味臭，除腐殖质外尚含少量未完全分解的动植物体，浸水后水面出现气泡，干燥后体积有收缩	1. 如现场能鉴别有机质土或有地区经验时，可不做有机质含量测定； 2. 当 $w>W_L$，$1.0\le e<1.5$ 时称淤泥质土；当 $w>W_L$，$e\ge1.5$ 时称淤泥
泥炭质土	10%<W_u≤60%	深灰或黑色，有腥臭味，能看到未完全分解的植物结构，浸水体胀，易崩解，有植物残渣浮于水中，干缩现象明显	根据地区特点和需要，也可按 W_u 细分为弱泥炭质土（10%<W_u≤25%）、中泥炭质土（25%<W_u≤40%）、强泥炭质土（40%<W_u≤60%）
泥炭	W_u>60%	除有泥炭质土特征外，结构松散，土质很轻，暗无光泽，干缩现象极为明显	

注：有机质含量 W_u 按烧失量试验确定。w 为天然含水量。W_L 为液限。e 为孔隙比。

1.15　常规物理性质参数小结(表 1.15-1)

表 1.15-1　　　　　　　　　**常规物理性质参数小结**

指标	符号	实际应用
天然含水量	w	1. 计算孔隙比；2. 评价土的承载力；3. 评价土的冻胀性；4. 评价土的湿度
天然密度	ρ	1. 计算干密度；2. 计算重度
干密度	ρ_d	1. 计算干重度；2. 评价土的密度；3. 估计土的最优含水量；4. 控制填土地基质量
比重	G_s	计算饱和度
重度	γ	1. 计算土的自重；2. 计算斜坡的稳定性；3. 计算挡土墙的压力
浮重度	γ'	计算土的自重
孔隙比	e	1. 评价土的密度；2. 计算压缩系数；3. 计算压缩模量
孔隙率	n	计算土的相对密度
饱和度	S_r	1. 划分砂土湿度；2. 评价土的承载力；3. 计算孔隙比

指标	符号	实际应用
液限	W_L	计算塑性指数和液性指数
塑限	W_P	计算塑性指数和液性指数
塑性指数	I_P	1. 土的分类；2. 估算土的力学性质
液性指数	I_L	划分黏性土的状态
有机质含量	W_u	判断土的类别（无机土、有机质土、泥炭质土或泥炭）

第 2 章　颗粒特性参数

2.1　颗粒粒径

2.1.1　定义

颗粒分析是用实验的方法测定土的粒度成分。分析方法很多,最常用的有筛分法,适用于砂粒以上较粗的颗粒;密度计法和移液管法,适用于粉粒以下的较细颗粒。符号:d。

(1) 限制粒径 d_{60}:颗粒大小分布曲线上的某粒径,小于该粒径的土含量占总质量的 60%。

(2) 有效粒径 d_{10}:颗粒大小分布曲线上的某粒径,小于该粒径的土含量占总质量的 10%。

(3) 中间粒径 d_{30}:颗粒大小分布曲线上的某粒径,小于该粒径的土含量占总质量的 30%。

(4) 平均粒径 d_{50}:颗粒大小分布曲线上的某粒径,小于该粒径的土含量占总质量的 50%。

2.1.2　获取

室内试验法:筛分法、密度计法和移液管法。

2.1.2.1　筛分法

(1) 本试验方法适用于粒径小于、等于 60 mm,大于 0.075 mm 的土。

(2) 试验步骤:

① 从风干土中用四分法按下列规定:

粒径小于 2 mm 取样 100～300 g(粉、细砂)。

粒径小于 10 mm 取样 300～1 000 g(中、粗砂)。

粒径小于 20 mm 取样 1 000～2 000 g(砾砂)。

称取试样质量精确至 0.1 g,当试样质量多于 500 g 时应精确至 1 g。

② 将试样过 2 mm 筛,称筛上和筛下的试样质量。当筛下的试样质量小于试样总质量的 10% 时,不作细筛分析;筛上的试样质量小于试样总质量的 10% 时,不作粗筛分析。

③ 取筛上的试样倒入依次叠好的粗筛中,筛下的试样倒入依次叠好的细筛中,进行筛析。细筛宜置于振筛机上振筛,振筛时间宜为 10～15 min。再按由上而下的顺序将各筛取下,称各级筛上及底盘内试样的质量,应准确至 0.1 g。

④ 筛后各级筛上和筛底上试样质量的总和与筛前试样总质量的差值,不得大于试样总质量的 1%。

注:根据土的性质和工程要求可适当增减不同筛径的分析筛。

　　⑤ 含有黏土颗粒的砂性土,置于盛水容器中充分搅拌,使试样的粗细颗粒分离,将已知质量的试样在 0.075 mm 筛上用水冲洗后,将筛上试样烘干并称其质量,进行筛析。当粒径小于 0.075 mm 的试样质量大于试样总质量的 10% 时,应按移液管法测定小于 0.075 mm 的颗粒组成。

　　小于某粒径的试样质量占试样总质量的百分比,应按下式计算:

$$X = \frac{m_A}{m_B} \cdot d_x \tag{2.1-1}$$

式中　X——小于某粒径的试样质量占试样总质量的百分比,%;

　　　　m_A——小于某粒径的试样质量,g;

　　　　m_B——细筛分析时为所取的试样质量,粗筛分析时为试样总质量,g;

　　　　d_x——粒径小于 2 mm 的试样质量占试样总质量的百分比,%。

　　⑥ 以小于某粒径的试样质量占试样总质量的百分比为纵坐标,颗粒粒径为横坐标,在单对数坐标上绘制颗粒大小分布曲线,见图 2.1-1。

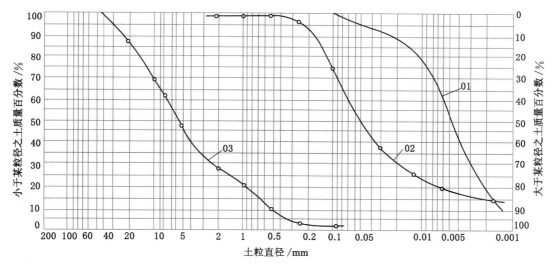

图 2.1-1　颗粒大小分布曲线

2.1.2.2　密度计法

　　(1) 本试验方法适用于粒径小于 0.075 mm 的试样。

　　(2) 密度计法试验,应按下列步骤进行:

　　① 试验的试样,宜采用风干试样。当试样中易溶盐含量大于 0.5% 时,应洗盐。易溶盐含量的检验方法可用电导法或目测法。

　　电导法:按电导率仪使用说明书操作测定 T ℃时,试样溶液(土水比为 1∶5)的电导率,并按下式计算 20 ℃时的电导率:

$$K_{20} = \frac{K_T}{1 + 0.02(T - 20)} \tag{2.1-2}$$

式中　K_{20}——20 ℃时悬液的电导率,μS/cm;

　　　　K_T——T ℃时悬液的电导率,μS/cm;

　　　T——测定时悬液的温度,℃。

　　当 $K_{20}>1\,000\ \mu S/cm$ 时应洗盐。

　　目测法:取风干试样 3 g 于烧杯中,加适量纯水调成糊状研散,再加纯水 25 mL,煮沸 10 min,冷却后移入试管中,放置过夜,观察试管,出现凝聚现象应洗盐。易溶盐含量测定按易溶盐测定章节各步骤进行。

　　洗盐方法:按式(2.1-4)计算,称取干土质量为 30 g 的风干试样质量,准确至 0.01 g,倒入 500 mL 的锥形瓶中,加纯水 200 mL,搅拌后用滤纸过滤或抽气过滤,并用纯水洗滤到滤液的电导率 $K_{20}<1\,000\ \mu S/cm$(或对 5‰酸性硝酸银溶液和 5‰酸性氯化钡溶液无白色沉淀反应)为止,滤纸上的试样按步骤④进行操作。

　　② 称取具有代表性风干试样 200～300 g,过 2 mm 筛,求出筛上试样占试样总质量的百分比。取筛下土测定试样风干含水率。

　　③ 试样干质量为 30 g 的风干试样质量按下式计算:

　　当易溶盐含量小于 1‰时:

$$m_0 = 30(1+0.01w_0) \tag{2.1-3}$$

　　当易溶盐含量大于、等于 1‰时:

$$m_0 = [30(1+0.01w_0)]\,/(1-W) \tag{2.1-4}$$

式中　　W——易溶盐含量,‰。

　　④ 将风干试样或洗盐后在滤纸上的试样,倒入 500 mL 锥形瓶,注入纯水 200 mL,浸泡过夜,然后置于煮沸设备上煮沸,煮沸时间宜为 40 min。

　　⑤ 将冷却后的悬液移入烧杯中,静置 1 min,通过洗筛漏斗将上部悬液过 0.075 mm 筛,遗留杯底沉淀物用带橡皮头研杵研散,再加适量水搅拌,静置 1 min,再将上部悬液过 0.075 mm 筛,如此重复清洗(每次清洗,最后所得悬液不得超过 1 000 mL)直至杯底砂粒洗净,将筛上和杯中砂粒合并洗入蒸发皿中,倾去清水,烘干,称量并按筛析法的步骤进行细筛分析,并计算各级颗粒占试样总质量的百分比。

　　⑥ 将过筛悬液倒入量筒,加入 4‰六偏磷酸钠 10 mL,再注入纯水至 1 000 mL。

　　⑦ 将搅拌器放入量筒中,沿悬液深度上下搅拌 1 min,取出搅拌器,立即开动秒表,将密度计放入悬液中,测记 0.5 min、1 min、2 min、5 min、15 min、30 min、60 min、120 min 和 1 440 min 时的密度计读数。每次读数均应在预定时间前 10～20 s,将密度计放入悬液中,且接近读数的深度,保持密度计浮泡处在量筒中心,不得贴近量筒内壁。

　　⑧ 密度计读数均以弯液面上缘为准。甲种密度计应准确至 0.5,乙种密度计应准确至 0.000 2,每次读数后,应取出密度计放入盛有纯水的量筒中,并应测定相应的悬液温度,准确至 0.5 ℃。放入或取出密度计时,应小心轻放,不得扰动悬液。

　　(3) 小于某粒径的试样质量占试样总质量的百分比应按下式计算:

　　甲种密度计:

$$X = \frac{100}{m_d}C_G(R+n+m_T-C_D) \tag{2.1-5}$$

　　乙种密度计:

$$X = \frac{100V_x}{m_d}C'_G[(R'-1)+n'+m'_T-C'_D]\rho_{w20} \tag{2.1-6}$$

式中　X——小于某粒径的试样质量百分比，%；

$\quad\quad m_d$——试样干质量，g；

$\quad\quad V_x$——悬液体积，mL，此处取 1 000 mL；

$\quad\quad \rho_{w20}$——20 ℃时纯水的密度，g/cm³，为 0.998 232 g/cm³；

$\quad\quad R、R'$——甲、乙种密度计读数；

$\quad\quad C_G、C'_G$——甲、乙种密度计土粒比重校正值，见表 2.1-1；

$\quad\quad m_T、m'_T$——甲、乙种密度计悬液温度校正值，见表 2.1-2；

$\quad\quad C_D、C'_D$——甲、乙种密度计分散剂校正值；

$\quad\quad n、n'$——甲、乙种密度计刻度及弯液面校正值。

表 2.1-1　　　　　　　　　　　　　土粒比重校正表

土粒比重	甲种密度计 C_G	乙种密度计 C'_G
2.50	1.038	1.666
2.52	1.032	1.658
2.54	1.027	1.649
2.56	1.022	1.641
2.58	1.017	1.632
2.60	1.012	1.625
2.62	1.007	1.617
2.64	1.002	1.609
2.66	0.998	1.603
2.68	0.993	1.595
2.70	0.989	1.588
2.72	0.985	1.581
2.74	0.981	1.575
2.76	0.977	1.568
2.78	0.973	1.562
2.80	0.969	1.556
2.82	0.965	1.549
2.84	0.961	1.543
2.86	0.958	1.538
2.88	0.954	1.532

表 2.1-2　　　　　　　　　　　　　温度校正值表

悬液温度 /℃	甲种密度计 温度校正值 m_T/℃	乙种密度计 温度校正值 m'_T/℃	悬液温度 /℃	甲种密度计 温度校正值 m_T/℃	乙种密度计 温度校正值 m'_T/℃
10.0	−2.0	−0.001 2	20.5	+0.1	+0.000 1
10.5	−1.9	−0.001 2	21.0	+0.3	+0.000 2

悬液温度 /℃	甲种密度计 温度校正值 m_T/℃	乙种密度计 温度校正值 m'_T/℃	悬液温度 /℃	甲种密度计 温度校正值 m_T/℃	乙种密度计 温度校正值 m'_T/℃
11.0	−1.9	−0.001 2	21.5	+0.5	+0.000 3
11.5	−1.8	−0.001 1	22.0	+0.6	+0.000 4
12.0	−1.8	−0.001 1	22.5	+0.8	+0.000 5
12.5	−1.7	−0.001 0	23.0	+0.9	+0.000 6
13.0	−1.6	−0.001 0	23.5	+1.1	+0.000 7
13.5	−1.5	−0.000 9	24.0	+1.3	+0.000 8
14.0	−1.4	−0.000 9	24.5	+1.5	+0.000 9
14.5	−1.3	−0.000 8	25.0	+1.7	+0.001 0
15.0	−1.2	−0.000 8	25.5	+1.9	+0.001 1
15.5	−1.1	−0.000 7	26.0	+2.1	+0.001 3
16.0	−1.0	−0.000 6	26.5	+2.2	+0.001 4
16.5	−0.9	−0.000 6	27.0	+2.5	+0.001 5
17.0	−0.8	−0.000 5	27.5	+2.6	+0.001 6
17.5	−0.7	−0.000 4	28.0	+2.9	+0.001 8
18.0	−0.5	−0.000 3	28.5	+3.1	+0.001 9
18.5	−0.4	−0.000 3	29.0	+3.3	+0.002 1
19.0	−0.3	−0.000 2	29.5	+3.5	+0.002 2
19.5	−0.1	−0.000 1	30.0	+3.7	+0.002 3
20.0	0.0	0.000 0			

（4）试样颗粒粒径应按下式计算：

$$d = \sqrt{\frac{1\ 800 \times 10^4 \cdot \eta}{(G_s - G_{wT})\rho_{wT}g} \times \frac{L}{t}} \qquad (2.1-7)$$

式中　d——土颗粒粒径，mm；

　　　η——水的动力黏滞系数，Pa·s；

　　　G_s——土粒的比重；

　　　ρ_{wT}——温度 T ℃时水的密度，g/cm³；

　　　G_{wT}——温度 T ℃时水的比重；

　　　L——某一时间 t 内土粒的沉降距离，cm；

　　　t——沉降时间，s。

（5）颗粒大小分布曲线：以小于某粒径的试样质量占试样总质量的百分比为纵坐标，颗粒粒径为横坐标,在单对数坐标上绘制颗粒大小分布曲线,当密度计法和筛分法联合分析时,应将试样总质量折算后绘制颗粒大小分布曲线,并应将两段曲线连成一条平滑的曲线,见图 2.1-1。

2.1.2.3　移液管法(图 2.1-2)

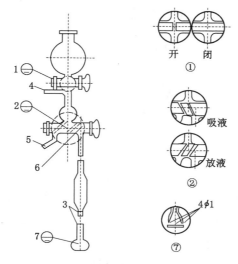

图 2.1-2　移液管装置

1——二通阀;2——三通阀;3——移液管;4——接吸球;5——放液口;

6——移液管容积(25 mL±0.5 mL);7——移液管口

(1) 本试验方法适用于粒径小于 0.075 mm 的试样。

(2) 试验步骤:

① 采用风干试样(当试样中易溶盐含量大于 0.5％时,应洗盐)。取代表性试样 200～300 g,风干并测定试样的风干含水率。取代表性试样,黏性土为 10～15 g,砂性土为 20 g,精确至 0.001 g。

② 将试样倒入烧瓶内,注入蒸馏水至瓶二分之一处,浸泡一夜后,放在电炉或砂浴上进行煮沸,自沸腾算起的煮沸时间为 40 min,然后冷却。

③ 将烧瓶中的悬液充分摇晃后,通过 0.075 mm 的漏斗筛,用蒸馏水将悬液洗入量筒中,使其小于 0.075 mm 的颗粒全部过筛,将大于 0.075 mm 的颗粒试样冲洗入蒸发皿内,烘干后进行筛析。向量筒内加入浓度为 4％的六偏磷酸钠溶液 10 mL,再注入纯水至 1 000 mL。根据斯托克斯公式分别计算出粒径小于 0.05 mm、0.01 mm、0.005 mm、0.002 mm 的颗粒下沉一定深度所需的静置时间。

④ 用搅拌器沿悬液深度上下搅拌 1 min,取出搅拌器,开动秒表,将移液管的二通阀门置于关闭位置,三通阀门置于移液管和吸球相通的位置,浸入深度为 10 cm,根据各种粒径所需的静置时间用吸球吸取悬液,吸取悬液数量应不小于 25 mL。

⑤ 旋转三通阀门,使移液管与放流口相通,将多余的悬液从放流口流出,搜集后倒入原悬液中,将移液管下口放入小烧杯内,由上口倒入少量纯水,开三通阀门使水通过移液管,连

同移液管内试样流入小烧杯。

⑥ 将烧杯内的悬液蒸发,在 105~110 ℃下烘干,称烧杯内试样质量,精确至 0.001 g,计算小于某粒径的试样质量占总质量的百分数。

(3) 小于某粒径的试样质量占试样总质量的百分比应按下式计算:

$$X = \frac{m_x V_x}{V'_x m_d} \times 100\%$$

式中　　V_x——悬液总体积,取 1 000 mL;

　　　　V'_x——吸取悬液的体积,取 25 mL;

　　　　m_x——吸取 25 mL 悬液中的试样干质量,g。

(4) 颗粒大小分布曲线应按图 2.1-1 绘制。

2.1.3　应用

(1) 砂土的分类和级配情况:可通过筛分试验对砂土进行分类,根据不同的筛径过滤下来的砂样称重后进行判别其为粉砂、细砂、中砂、粗砂等。

(2) 大致估计土的渗透性:通过对砂土的分类判断即可估算出该砂土的渗透性,粒径越大意味着其渗透性也越大,反之则越小。

(3) 计算反滤层:利用筛分试验区分粒径大小后即可计算试验孔的反滤层。反滤层是由 2~4 层颗粒大小不同的砂、碎石或卵石等材料做成的,顺着水流的方向颗粒逐渐增大,任一层的颗粒都不允许穿过相邻较粗一层的孔隙。同一层的颗粒也不能产生相对移动。设置反滤层后渗透水流出时就带不走地基中的土壤,从而可防止管涌和流土的发生。

(4) 评价砂土和粉土液化的可能性:细颗粒较容易液化,平均粒径在 0.1 mm 左右的粉细砂抗液化性最差,圆粒形砂比棱角形砂容易液化。

(5) 轨道交通中,大粒径卵石对盾构工法的影响较大,需要测定卵石粒径。

2.2　不均匀系数

2.2.1　定义

限制粒径与有效粒径的比值。符号:C_u。

2.2.2　获取

计算推导法。通过室内试验筛分法可区分出各粒径的试样质量占总质量的百分比,试样的不均匀系数利用下式计算:

$$C_u = \frac{d_{60}}{d_{10}} \tag{2.2-1}$$

式中,根据不同颗粒大小分布曲线上的粒径可计算出限制粒径 d_{60} 以及有效粒径 d_{10}。

2.2.3　应用

(1) 砂土的分类和级配情况:根据不均匀系数可判断土颗粒的级配程度,$C_u < 5$ 的土称为匀粒土,级配不良;C_u 越大,表示粒组分布越广,$C_u > 10$ 的土级配良好;但 C_u 过大,表示可能缺失中间粒径,属不连续级配,需结合曲率系数进行判断。

（2）评价砂土和粉土液化的可能性：不均匀系数越小，抗液化性越差，黏性土含量越高，越不容易液化。

2.3　曲率系数

2.3.1　定义

土的粒径级配累计曲线的斜率是否连续的指标系数。符号：C_c。

2.3.2　获取

计算推导法。通过室内试验筛分法可区分出各粒径的试样质量占总质量的百分比，试样的曲率系数应按下式计算：

$$C_c = \frac{d_{30}^2}{d_{10} \cdot d_{60}} \tag{2.3-1}$$

式中，根据不同颗粒大小分布曲线上的粒径可计算出限制粒径 d_{60}、有效粒径 d_{10} 以及中间粒径 d_{30}（颗粒大小分布曲线上的某粒径，小于该粒径的土含量占总质量的 30%）。

2.3.3　应用

（1）砂土的分类和级配情况：曲率系数与不均匀系数可用来判断颗粒大小级配程度。

（2）大致估计土的渗透性：通过对砂土的分类判断即可估算出该砂土的渗透性，粒径越大意味着其渗透性也越大，反之则越小。

2.4　黏粒含量

2.4.1　定义

黏粒含量就是小于 0.002 mm 土粒所占土总质量的百分数。符号：ρ_c。

2.4.2　获取

室内试验法：见 2.1.2 节。

2.4.3　应用

评价液化可能性：平均粒径在 0.1 mm 左右的粉细砂抗液化性最差，其中黏粒含量对土体抗液化能力有重要作用，是液化判别的重要参数。在地面下 20 m 深度范围内，液化判别标准贯入锤击数临界值可按下式计算：

$$N_{cr} = N_0 \beta \left[\ln(0.6 d_s + 1.5) - 0.1 d_w \right] \sqrt{3/\rho_c} \tag{2.4-1}$$

式中　N_{cr}——液化判别标准贯入锤击数临界值；

　　　N_0——液化判别标准贯入锤击数基准值，可按表 2.4-1 采用；

　　　d_s——饱和土标准贯入点深度，m；

　　　d_w——地下水位，m；

　　　ρ_c——黏粒含量，当小于 3 或为砂土时，应采用 3；

　　　β——调整系数，设计地震第一组取 0.80，第二组取 0.95，第三组取 1.05。

表 2.4-1   液化判别标准贯入锤击数基准值

设计基本地震加速度(g)	0.10	0.15	0.20	0.30	0.40
液化判别标准贯入锤击数基准值	7	10	12	16	19

2.5 颗粒特性参数小结(表 2.5-1)

表 2.5-1   颗粒特性参数小结

指标	符号	实际应用
颗粒粒径	d	1. 砂土的分类和级配情况;2. 大致估计土的渗透性;3. 计算反滤层;4. 评价砂土和粉土液化的可能性;5. 大粒径卵石对盾构开挖的影响
不均匀系数	C_u	1. 砂土的分类和级配情况;2. 评价砂土和粉土液化的可能性
曲率系数	C_c	1. 砂土的分类和级配情况;2. 大致估计土的渗透性
黏粒含量	ρ_c	评价土的液化可能性

第 3 章　形变特征参数

3.1　压缩模量

3.1.1　定义

土体在侧限条件下的竖向附加压应力与竖向应变的比值(单位为 MPa)。压缩模量越大,土的压缩性越低,土越坚硬。符号:E_s。

3.1.2　获取

3.1.2.1　土的室内试验——标准固结试验

(1)步骤如下:

① 在固结容器内放置护环、透水板和薄型滤纸,将带有试样的环刀装入护环内,放上导环,试样上依次放上薄型滤纸、透水板和加压上盖,并将固结容器置于加压框架正中,使加压上盖与加压框架中心对准,安装百分表或位移传感器。

注:滤纸和透水板的湿度应接近试样的湿度。

② 施加 1 kPa 的预压力使试样与仪器上下各部件之间接触,将百分表或传感器调整到零位或测读初读数。

③ 确定需要施加的各级压力,压力等级宜为 12.5 kPa、25 kPa、50 kPa、100 kPa、200 kPa、400 kPa、800 kPa、1 600 kPa、3 200 kPa。第一级压力的大小应视土的软硬程度而定,宜用 12.5 kPa、25 kPa 或 50 kPa。最后一级压力应大于土的自重压力与附加压力之和。只需测定压缩系数时,最大压力不小于 400 kPa。

④ 需要确定原状土的先期固结压力时,初始段的荷重率应小于 1,可采用 0.5 或 0.25。施加的压力应使测得的 e—$\log p$ 曲线下段出现直线段。对超固结土,应进行卸压、再加压来评价其再压缩特性。

⑤ 对于饱和试样,施加第一级压力后应立即向水槽中注水浸没试样。非饱和试样进行压缩试验时,须用湿棉纱围住加压板周围。

⑥ 需要测定沉降速率、固结系数时,施加每一级压力后宜按下列时间顺序测记试样的高度变化。时间为 6 s、15 s、1 min、2 min 15 s、4 min、6 min 15 s、9 min、12 min 15 s、16 min、20 min 15 s、25 min、30 min 15 s、36 min、42 min 15 s、49 min、64 min、100 min、200 min、400 min、23 h、24 h,至稳定为止。不需要测定沉降速率时,则施加每级压力后24 h 测定试样高度变化作为稳定标准,只需测定压缩系数的试样,施加每级压力后,每小时变形达 0.01 mm 时,测定试样高度变化作为稳定标准。按此步骤逐级加压至试验结束。

注:测定沉降速率仅适用饱和土。

⑦ 需要进行回弹试验时,可在某级压力下固结稳定后退压,直至退到要求的压力,每次

退压至 24 h 后测定试样的回弹量。

⑧ 试验结束后吸去容器中的水,迅速拆除仪器各部件,取出整块试样,测定含水率。

(2) 计算方法:

① 试样的初始孔隙比 e_0:

$$e_0 = \frac{(1+w_0)G_s\rho_w}{\rho_0} - 1 \tag{3.1-1}$$

② 各级压力下试样固结稳定后的孔隙比 e_i:

$$e_i = e_0 - \frac{1+e_0}{h_0}\Delta h_i \tag{3.1-2}$$

③ 某一压力范围内的压缩模量 E_s:

$$E_s = \frac{p_{i+1} - p_i}{(e_i - e_{i+1})/(1+e_i)} \tag{3.1-3}$$

3.1.2.2　经验值

根据不同成因黏性土的有关物理力学性质指标,查表得经验值,见表 3.1-1[《工程地质手册》(第四版)]。

表 3.1-1　　　　　　　　　　不同成因黏性土的有关物理力学性质指标

土类		物理力学性质指标								
		孔隙比 e	液性指数 I_L	含水量 w	液限 W_L	塑性指数 I_P	承载力 /kPa	压缩模量 /MPa	黏聚力 /kPa	内摩擦角 /(°)
下蜀系黏性土		0.6~0.9	<0.8	15~25	25~40	10~18	300~800	>15	40~100	22~30
一般黏性土		0.55~1.0	0~1.0	15~30	25~45	5~20	100~450	4~15	10~50	15~22
新近沉积黏性土		0.7~1.2	0.25~1.2	24~36	30~45	6~18	80~140	2~7.5	10~20	7~15
淤泥或淤泥质土	沿海	1.0~2.0	>1.0	36~70	30~65	10~25	40~100	1~5	5~15	4~10
	内陆						50~110	2~5		
	山区						30~80	1~6		
云贵红黏土		1.0~1.9	0~0.4	30~50	50~90	>17	100~320	5~16	30~80	5~10

3.1.3　应用

(1) 用于定量评价土的压缩性、定性评价土的强度。

压缩模量越大,土的压缩性越低,土越坚硬。

黏性土的压缩性按压缩模量的分类如下[《工程地质手册》(第四版)]:

当 $E_s \leqslant 5$ 时,为高压缩性土;

当 $5 < E_s \leqslant 15$ 时,为中压缩性土;

当 $E_s > 15$ 时,为低压缩性土。

(2) 用于计算土的压缩变形量。

① 计算地基变形时,地基内的应力分布,可采用各向同性均质线性变形体理论。其最终变形量可按下式进行计算:

$$s = \Psi_s s' = \Psi_s \sum_{i=1}^{n} \frac{p_0}{E_{si}} (z_i \bar{\alpha}_i - z_{i-1} \bar{\alpha}_{i-1}) \qquad (3.1\text{-}4)$$

式中　s——地基最终变形量,mm;

　　　s'——按分层总和法计算出的地基变形量,mm;

　　　Ψ_s——沉降计算经验系数,根据地区沉降观测资料及经验确定,无地区经验时可根据变形计算深度范围内压缩模量的当量值($\bar{E}_s$)、基底附加压力按表 3.1-2 取值;

　　　n——地基变形计算深度范围内所划分的土层数(图 3.1-1);

　　　p_0——相应于作用的准永久组合时基础底面处的附加压力,kPa;

　　　E_{si}——基础底面下第 i 层土的压缩模量,MPa,应取土的自重压力至土的自重压力与附加压力之和的压力段计算;

　　　z_i、z_{i-1}——基础底面至第 i 层土、第 $i-1$ 层土底面的距离,m;

　　　$\bar{\alpha}_i$、$\bar{\alpha}_{i-1}$——基础底面计算点至第 i 层土、第 $i-1$ 层土底面范围内平均附加应力系数,可按《建筑地基基础设计规范》(GB 50007—2011)附录 K 采用。

表 3.1-2　　　　　　　　　　　　　　　　沉降计算经验系数 ψ_s

$\bar{E}_s$/MPa　　　　　　基底附加压力	2.5	4.0	7.0	15.0	20.0
$p_0 \geqslant f_{ak}$	1.4	1.3	1.0	0.4	0.2
$p_0 \leqslant 0.75 f_{ak}$	1.1	1.0	0.7	0.4	0.2

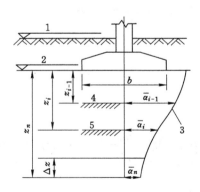

图 3.1-1　基础沉降计算的分层示意

1——天然地面标高;2——基底标高;3——平均附加应力系数 $\bar{\alpha}$ 曲线;4——$i-1$ 层;5——i 层

② 变形计算深度范围内压缩模量的当量值($\bar{E}_s$),应按下式计算:

$$\bar{E}_s = \frac{\sum A_i}{\sum \dfrac{A_i}{E_{si}}} \qquad (3.1\text{-}5)$$

式中　A_i——第 i 层土附加应力系数沿土层厚度的积分值。

③ 地基变形计算深度 z_n(图 3.1-1),应符合下式的规定。当计算深度下部仍有较软土

层时,应继续计算:

$$\Delta s'_n \leqslant 0.025 \sum_{i=1}^{n} \Delta s'_i \qquad (3.1\text{-}6)$$

式中　　$\Delta s'_i$——在计算深度范围内,第 i 层土的计算变形值,mm;

　　　　$\Delta s'_n$——在由计算深度向上取厚度为 Δz 的土层计算变形值,mm,Δz 见图 3.1-1 并按表 3.1-3 确定。

表 3.1-3　　　　　　　　　　　　　　Δz

b/m	$\leqslant 2$	$2<b\leqslant 4$	$4<b\leqslant 8$	>8
$\Delta z/\text{m}$	0.3	0.6	0.8	1.0

（3）软弱下卧层验算时,计算地基压力扩散角 θ:

根据《建筑地基基础设计规范》(GB 50007—2011),地基压力扩散角 θ[地基压力扩散线与垂直线的夹角,(°)],可按表 3.1-4 采用。

表 3.1-4　　　　　　　　　　　地基压力扩散角 θ

E_{s1}/E_{s2}	z/b	
	0.25	0.50
3	6°	23°
5	10°	25°
10	20°	30°

注:1. E_{s1} 为上层土压缩模量,E_{s2} 为下层土压缩模量。

2. $z/b<0.25$ 时取 $\theta=0°$,必要时,宜由试验确定;$z/b>0.5$ 时 θ 值不变。

3. z/b 在 0.25 与 0.50 之间可插值使用。

3.2　压缩系数

3.2.1　定义

土体在侧限条件下孔隙比减小量与有效压应力增量的比值(单位为 MPa^{-1}),即 e—p 曲线中某一压力段的割线斜率。压缩系数越大,土的压缩性越高,土越软弱。符号:a_v。

3.2.2　获取

土的室内试验——标准固结试验:

（1）步骤同 3.1.2。

（2）计算方法:

某一压力范围内的压缩系数 a_v:

$$a_v = \frac{e_i - e_{i+1}}{p_{i+1} - p_i} = \frac{1+e_i}{E_s} \qquad (3.2\text{-}1)$$

式中　　p_i——某级压力值,MPa。

3.2.3　应用

用于定量评价土的压缩性、定性评价土的强度。压缩系数越大,土的压缩性越高,土越软弱。

根据《建筑地基基础设计规范》(GB 50007—2011),地基土的压缩性可按 p_1 为 100 kPa,p_2 为 200 kPa 时相对应的压缩系数值 a_{1-2} 划分为低、中、高压缩性,并符合以下规定:

当 a_{1-2}＜0.1 MPa^{-1} 时,为低压缩性土;

当 0.1 MPa^{-1}≤a_{1-2}＜0.5 MPa^{-1} 时,为中压缩性土;

当 a_{1-2}≥0.5 MPa^{-1} 时,为高压缩性土。

3.3　体积压缩系数

3.3.1　定义

土体在侧限条件下的竖向(体积)应变与竖向压应力之比(单位为 MPa^{-1}),亦称单向体积压缩系数,即土的压缩模量的倒数。体积压缩系数越大,土的压缩性越高,土越软弱。符号:m_v。

3.3.2　获取

土的室内试验——标准固结试验:

(1) 步骤同 3.1.2。

(2) 计算方法:

某一压力范围内的体积压缩系数 m_v:

$$m_v = \frac{1}{E_s} = \frac{a_v}{1+e_i} \tag{3.3-1}$$

3.3.3　应用

用于定性评价土的压缩性和强度。体积压缩系数越大,土的压缩性越高,土越软弱。

3.4　压缩指数

3.4.1　定义

土体在侧限条件下孔隙比减小量与有效压应力常用对数值增量的比值,即 e—$\log p$ 曲线中后压力段(接近直线)的直线斜率。压缩指数越大,土的压缩性越高,土越软弱。符号:C_c。

3.4.2　获取

土的室内试验——标准固结试验:

(1) 步骤同 3.1.2。

(2) 计算方法:

$$C_c = \frac{e_i - e_{i+1}}{\log p_{i+1} - \log p_i} \tag{3.4-1}$$

3.4.3　应用

用于定性评价土的压缩性和强度。压缩指数越大,土的压缩性越高,土越软弱。

3.5 回弹指数

3.5.1 定义

土体在侧限条件下压缩后卸荷形成回弹曲线对应孔隙比增加量与有效压应力常用对数值减小量的比值,即 e—$\log p$ 曲线回弹圈两端连线的斜率。回弹指数越大,土的回弹变形量越大。符号:C_s。

3.5.2 获取

土的室内试验——标准固结试验:

(1)步骤同 3.1.2。

(2)计算方法:

$$C_s = \frac{e_i - e_{i+1}}{\log p_{i+1} - \log p_i} \tag{3.5-1}$$

3.5.3 应用

用于定性评价土的回弹变形性。回弹指数越大,土的回弹变形量越大。

3.6 回弹模量

3.6.1 定义

土体在侧限条件下卸荷或再加荷时竖向附加压应力与竖向应变的比值,单位为 MPa。符号:E_c。

3.6.2 获取

土的室内试验——固结试验,步骤同 3.1.2。

3.6.3 应用

3.6.3.1 用于回弹变形计算

根据《建筑地基基础设计规范》(GB 50007—2011),当建筑物地下室基础埋置较深时,地基土的回弹变形量可按下式进行计算:

$$s_c = \psi_c \sum_{i=1}^{n} \frac{p_c}{E_{ci}} (z_i \bar{\alpha}_i - z_{i-1} \bar{\alpha}_{i-1}) \tag{3.6-1}$$

式中　s_c——地基的回弹变形量,mm;

ψ_c——回弹量计算的经验系数,无地区经验时可取 1.0;

p_c——基坑底面以上土的自重压力,kPa,地下水位以下应扣除浮力;

E_{ci}——土的回弹模量,kPa,按现行国家标准《土工试验方法标准》(GB/T 50123)中土的固结试验回弹曲线的不同应力段计算。

3.6.3.2 用于回弹再压缩变形计算

根据《建筑地基基础设计规范》(GB 50007—2011),回弹再压缩变形量计算可采用再加荷的压力小于卸荷土的自重压力段内再压缩变形线性分布的假定按下式进行计算:

$$s_c' = \begin{cases} r_0' s_c \dfrac{p}{p_c R_0'} & p < R_0' p_c \\ s_c \left[r_0' + \dfrac{r_{R'=1.0}' - r_0'}{1 - R_0'} \left(\dfrac{p}{p_c} - R_0' \right) \right] & R_0' p_c \leqslant p \leqslant p_c \end{cases} \tag{3.6-2}$$

式中　s'_c——地基土回弹再压缩变形量,mm;

　　　s_c——地基的回弹变形量,mm;

　　　r'_0——临界再压缩比率,相应于再压缩比率与再加荷比关系曲线上两段线性交点对应的再压缩比率,由土的固结回弹再压缩试验确定;

　　　R'_0——临界再加荷比,相应于再压缩比率与再加荷比关系曲线上两段线性交点对应的再加荷比,由土的固结回弹再压缩试验确定;

　　　$r'_{R'=1.0}$——对应于再加荷比 $R'=1.0$ 时的再压缩比率,由土的固结回弹再压缩试验确定,其值等于回弹再压缩变形增大系数;

　　　p——再加荷的基底压力,kPa。

3.7　先期固结压力

3.7.1　定义

天然土层在历史上受过最大固结压力(土体在固结过程中所受的最大竖向有效应力),又称前期固结压力,单位为 kPa。符号:p_c。

3.7.2　获取

土的室内试验——固结试验。

(1)步骤同 3.1.2。

(2)计算方法:

① 以孔隙比为纵坐标,以压力的对数为横坐标,绘制孔隙比与压力的对数关系曲线(e—$\log p$ 曲线)。

② 在 e—$\log p$ 曲线上找出最小曲率半径 $R_{\min}$ 的点 O(图 3.7-1),过 O 点做水平线 OA、切线 OB 及 $\angle AOB$ 的平分线 OD,OD 与曲线下段直线段的延长线交于 E 点,则对应于 E 点的压力值即为该原状土试样的先期固结压力。

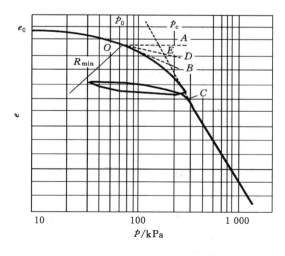

图 3.7-1　e—$\log p$ 曲线求 p_c 示意图

3.7.3 应用

用于判断土的应力状态、压密状态和应力历史。

先期固结压力与目前上覆土层自重压力的比值称为超固结比,用 OCR 表示。根据 OCR 值可以判断该土层的应力状态和压密状态,见表 3.7-1。

表 3.7-1   **根据先期固结压力判断土的压密状态**

土的状态	p_c 与 p_0 的比较	超固结比 $OCR = p_c/p_0$	地质历史	典型土类
超压密土	$p_c > p_0$	$OCR > 1$	土层在自然沉积过程中,曾经在较大压力下压密稳定	老黏性土
正常压密土	$p_c = p_0$	$OCR = 1$	土层在自然沉积过程中的固结作用,一直随着土层的不断沉积而相应发生	一般黏性土
欠压密土	$p_c < p_0$	$OCR < 1$	土层因沉积历史短或由于其他原因,在土自重压力下还未完成其固结作用	新近沉积土、海相厚层淤泥、新近堆积黄土

3.8 固结系数

3.8.1 定义

表示土的固结速度的一个特性指标,单位为 cm^3/s。固结系数越大,土的固结速度越快。符号:C_v。

3.8.2 获取

土的室内试验——标准固结试验。

(1)步骤同 3.1.2。

(2)计算方法:

① 时间平方根法。对某一级压力,以试样的变形为纵坐标,时间平方根为横坐标,绘制变形与时间平方根的关系曲线(图 3.8-1),延长曲线开始段的直线,交纵坐标于 d_s 为理论零点,过 d_s 作另一直线,令其横坐标为前一直线横坐标的 1.15 倍,则后一直线与 $d—\sqrt{t}$ 曲线交点所对应的时间的平方即为试样固结度达 90% 所需的时间 t_{90},该级压力下的固结系数应按下式计算:

$$C_v = \frac{0.848\bar{h}^2}{t_{90}} \tag{3.8-1}$$

式中 $\bar{h}$——最大排水距离,等于某级压力下试样的初始和终了高度的平均值之半,cm。

② 时间对数法。对某一级压力,以试样的变形为纵坐标,时间的对数为横坐标,绘制变形与时间对数关系曲线(图 3.8-2),在关系曲线的开始段,选任一时间 t_1,查得相对应的变形值 d_1,再取时间 $t_2 = t_{1/4}$,查得相对应的变形值 d_2,则 $2d_2 - d_1$ 即为 d_{01};另取一时间依同法求得 d_{02}、d_{03}、d_{04} 等,取其平均值为理论零点 d_s,延长曲线中部的直线段和通过曲线尾部数点切线的交点即为理论终点 d_{100},则 $d_{50} = (d_s + d_{100})/2$,对应于 d_{50} 的时间即为试样固结度达 50% 所需的时间 t_{50}。某一级压力下的固结系数应按下式计算:

$$C_v = \frac{0.197\bar{h}^2}{t_{50}} \qquad (3.8\text{-}2)$$

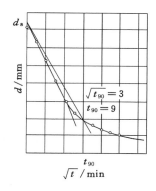

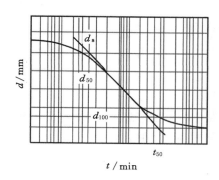

图 3.8-1　时间平方根法求 t_{90} 　　　　　　　图 3.8-2　时间对数法求 t_{50}

3.8.3　应用

计算固结度及固结时间。

（1）瞬时加荷条件下：

竖向固结度：

$$\overline{U}_z = 1 - \frac{8}{\pi^2} e^{-\frac{\pi^2}{4}T_v} \qquad (3.8\text{-}3)$$

$$T_v = \frac{C_v t}{H^2} \qquad (3.8\text{-}4)$$

$$C_v = \frac{k_v(1 + e_0)}{a\gamma_w} \qquad (3.8\text{-}5)$$

径向固结度：

$$\overline{U}_r = 1 - e^{-\frac{8}{F_n}T_h} \qquad (3.8\text{-}6)$$

$$T_h = \frac{C_h t}{d_e^2} \qquad (3.8\text{-}7)$$

$$F_n = \frac{n^2}{n^2 - 1}\ln(n) - \frac{3n^2 - 1}{4n^2} \qquad (3.8\text{-}8)$$

平均总固结度：

$$\overline{U}_{rz} = 1 - (1 - \overline{U}_z)(1 - \overline{U}_r) \qquad (3.8\text{-}9)$$

式中　T_v——竖向固结的时间因素；

　　　C_v——竖向固结系数，m^2/s；

　　　H——单面排水土层厚度或双面排水土层厚度之半，m；

　　　k_v——竖向渗透系数，m/s；

　　　a——土的压缩系数，kPa^{-1}；

　　　e_0——土的初始孔隙比；

　　　t——固结时间，s；

　　　F_n——井径比系数；

T_h——径向固结的时间因素；

γ_w——水的重度，kN/m^3；

C_h——径向固结系数，m^2/s；

n——井径比；

d_e——砂井有效影响范围的直径，m；

$\overline{U}_r$、$\overline{U}_z$——分别为径向和竖向固结度。

（2）逐级加荷条件下：

根据《建筑地基处理技术规范》(JGJ 79—2012)5.2.7 条，一级或多级等速加载条件下，当固结时间为 t 时，对应总荷载的地基平均固结度可按下式（改进的高木俊介公式）计算：

$$\overline{U}_t = \sum_{i=1}^{n} \frac{\dot{q}_i}{\sum \Delta p} \left[(T_i - T_{i-1}) - \frac{\alpha}{\beta} e^{-\beta t} (e^{\beta T_i} - e^{\beta T_{i-1}}) \right] \tag{3.8-10}$$

式中　$\overline{U}_t$——t 时间地基的平均固结度；

　　　$\dot{q}_i$——第 i 级荷载的加载速率，kPa/d；

　　　$\sum \Delta p$——各级荷载的累加值，kPa；

　　　T_{i-1}、T_i——分别为第 i 级荷载加载的起始和终止时间（从零点起算），d，当计算第 i 级荷载加载过程中某时间 t 的固结度时，T_i 改为 t；

　　　α、β——参数，根据地基土排水固结条件按表 3.8-1 采用。对竖井地基，表中所列 β 为不考虑涂抹和井阻影响的参数值。

表 3.8-1　　　　　　　　　　　　　　　α 和 β 值

排水固结条件 参数	竖向排水固结 $\overline{U}_t > 30\%$	向内径向 排水固结	竖向和向内 径向排水固结 （竖井穿透受压土层）	说　　明
α	$\dfrac{8}{\pi^2}$	1	$\dfrac{8}{\pi^2}$	$F_n = \dfrac{n^2}{n^2-1} \ln n - \dfrac{3n^2-1}{4n^2}$； C_h——土的径向排水固结系数，cm^2/s； C_v——土的竖向排水固结系数，cm^2/s； H——土层竖向排水距离，cm； $\overline{U}_t$——双面排水土层或固结应力均匀分布的单面排水土层平均固结度，分别为径向和竖向固结度
β	$\dfrac{\pi^2 C_v}{4H^2}$	$\dfrac{8C_h}{F_n d_e^2}$	$\dfrac{8C_h}{F_n d_e^2} + \dfrac{\pi^2 C_v}{4H^2}$	

3.9　变形模量

3.9.1　定义

变形模量是通过现场载荷试验求得的压缩性指标，即在部分侧限条件下，其应力增量与相应的应变增量的比值。能较真实地反映天然土层的变形特性。符号：E_0。

3.9.2　获取

（1）载荷试验法,详见 5.6 节。

（2）压缩模量换算法,可通过下式换算:

$$E_0 = \beta E_s \tag{3.9-1}$$

式中,β 为与土的泊松比有关的系数,$\beta = 1 - \dfrac{2\nu^2}{1-\nu}$。泊松比详见 4.3 节。

3.9.3　应用

计算变形沉降量,见 3.1 节。

3.10　形变特征参数小结(表 3.10-1)

表 3.10-1　　　　　　　　　　　　　　形变特征参数小结

指标	符号	实际应用
压缩模量	E_s	1. 用于定量评价土的压缩性、定性评价土的强度;2. 用于计算土的压缩变形量
压缩系数	a_v	用于定量评价土的压缩性、定性评价土的强度
体积压缩系数	m_v	用于定性评价土的压缩性和强度
压缩指数	C_c	用于定性评价土的压缩性和强度
回弹指数	C_s	用于定性评价土的回弹变形性
回弹模量	E_c	1. 用于回弹变形计算;2. 用于回弹再压缩变形计算
先期固结压力	p_c	用于判断土的应力状态、压密状态和应力历史
固结系数	C_v	计算固结度及固结时间
变形模量	E_0	计算变形沉降量

第4章 强度特征参数

4.1 抗剪强度(黏聚力、内摩擦角)

土的抗剪强度 τ_f 为土体抵抗剪应力的极限值,或土体抵抗剪切破坏的受剪能力,单位为 kPa。土的抗剪强度问题就是土的强度问题。其表达式为:

$$\tau_f = c + \sigma \tan \varphi \qquad (4.1\text{-}1)$$

其中 c、φ 为抗剪强度指标。

4.1.1 定义

黏聚力是黏性土的特性指标,包括土粒间分子引力形成的原始黏聚力和土中化合物的胶结作用形成的固化黏聚力,单位为 kPa;内摩擦角取决于土粒间的摩阻力和连锁作用,反映了土的摩阻性质,单位为(°)。

4.1.2 获取

4.1.2.1 土的室内试验——直接剪切试验(慢剪)

(1)适用于细粒土。

(2)试验步骤:

① 原状土试样制备。

② 对准剪切容器上下盒,插入固定销,在下盒内放透水板和滤纸,将带有试样的环刀刃口向上,对准剪切盒口,在试样上放滤纸和透水板,将试样小心地推入剪切盒内。

注:透水板和滤纸的湿度接近试样的湿度。

③ 移动传动装置,使上盒前端钢珠刚好与测力计接触,依次放上传压板、加压框架,安装垂直位移和水平位移量测装置,并调至零位或测记初读数。

④ 根据工程实际和土的软硬程度施加各级垂直压力,对松软试样垂直压力应分级施加,以防土样挤出。施加压力后,向盒内注水,当试样为非饱和试样时,应在加压板周围包以湿棉纱。

⑤ 施加垂直压力后,每 1 h 测读垂直变形一次,直至试样固结变形稳定。变形稳定标准为每小时不大于 0.005 mm。

⑥ 拔去固定销,以小于 0.02 mm/min 的剪切速度进行剪切,试样每产生剪切位移 0.2~0.4 mm测记测力计和位移读数,直至测力计读数出现峰值,应继续剪切至剪切位移为 4 mm 时停机,记下破坏值;当剪切过程中测力计读数无峰值时,应剪切至剪切位移为 6 mm 时停机。

⑦ 当需要估算试样的剪切破坏时间时,可按下式计算:

$$t_f = 50 t_{50} \qquad (4.1\text{-}2)$$

式中 t_f——达到破坏所经历的时间,min;

t_{50}——固结度达 50% 所需的时间,min。

⑧ 剪切结束,吸去盒内积水,退去剪切力和垂直压力,移动加压框架,取出试样,测定试样含水率。

（3）计算:

① 剪应力应按下式计算:

$$\tau = \frac{C \cdot R}{A_0} \times 10 \qquad (4.1\text{-}3)$$

式中　τ——试样所受的剪应力,kPa;

　　　R——测力计量表读数,0.01 mm;

　　　C——测力计率定系数,N/0.01 mm 或 N/mV;

　　　A_0——试样的初始断面积,cm^2。

② 以剪应力为纵坐标,剪切位移为横坐标,绘制剪应力与剪切位移关系曲线（图 4.1-1）,取曲线上剪应力的峰值为抗剪强度,无峰值时,取剪切位移 4 mm 所对应的剪应力为抗剪强度。

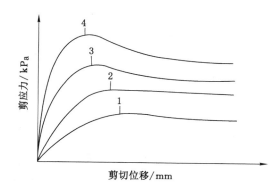

图 4.1-1　剪应力与剪切位移关系曲线

③ 以抗剪强度为纵坐标,垂直压力为横坐标,绘制抗剪强度与垂直压力关系曲线（图 4.1-2）,直线的倾角为摩擦角,直线在纵坐标上的截距为黏聚力。

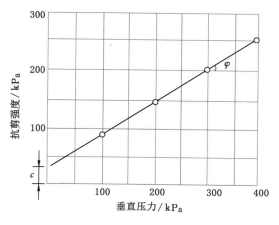

图 4.1-2　抗剪强度与垂直压力的关系曲线

4.1.2.2　土的室内试验——直接剪切试验（固结快剪）

（1）适用于渗透系数小于 10^{-6} cm/s 的细粒土。

（2）试验步骤：

① 试样制备、安装和固结，按慢剪试验步骤第①～⑤款进行。

② 固结快剪试验的剪切速度为 0.8 mm/min，使试样在 3～5 min 内剪损，其剪切步骤按慢剪试验步骤第⑥、⑧款进行。

（3）计算：按慢剪试验进行。

4.1.2.3　土的室内试验——直接剪切试验（快剪）

（1）适用于渗透系数小于 10^{-6} cm/s 的细粒土。

（2）试验步骤：

① 试样制备、安装按慢剪试验步骤第①～④款进行。安装时应以硬塑料薄膜代替滤纸，不需安装垂直位移量测装置。

② 施加垂直压力，拔去固定销，立即以 0.8 mm/min 的剪切速度按慢剪试验步骤第⑥、⑧款进行剪切至试验结束，使试样在 3～5 min 内剪损。

（3）计算：按慢剪试验进行。

4.1.2.4　土的室内试验——直接剪切试验（砂类土的直剪试验）

（1）适用于砂类土。

（2）试验步骤：

① 取过 2 mm 筛的风干砂样 1 200 g，按《土工试验方法标准》（GB/T 50123—1999）第 3.1.5 条的步骤制备砂样。

② 根据要求的试样干密度和试样体积称取每个试样所需的风干砂样质量，准确至 0.1 g。

③ 对准剪切容器上下盒，插入固定销，放干透水板和干滤纸。将砂样倒入剪切容器内，拂平表面，放上硬木块轻轻敲打，使试样达到预定的干密度，取出硬木块，拂平砂面。依次放上干滤纸、干透水板和传压板。

④ 安装垂直加压框架，施加垂直压力，试样剪切按固结快剪试验步骤第②款进行。

（3）计算：按慢剪试验进行。

4.1.2.5　土的室内试验——三轴压缩试验（不固结不排水剪试验 UU）

（1）试样安装步骤：

① 在压力室的底座上，依次放上不透水板、试样及不透水试样帽，将橡皮膜用承膜筒套在试样外，并用橡皮圈将橡皮膜两端与底座及试样帽分别扎紧。

② 将压力室罩顶部活塞提高，放下压力室罩，将活塞对准试样中心，并均匀地拧紧底座连接螺母。向压力室内注满纯水，待压力室顶部排气孔有水溢出时，拧紧排气孔，并将活塞对准测力计和试样顶部。

③ 将离合器调至粗位，转动粗调手轮，当试样帽与活塞及测力计接近时，将离合器调至细位，改用细调手轮，使试样帽与活塞及测力计接触，装上变形指示计，将测力计和变形指示计调至零位。

④ 关排水阀，开周围压力阀，施加周围压力。

（2）试验步骤：

① 剪切应变速率宜为每分钟应变 0.5%～1.0%。

② 启动电动机,合上离合器,开始剪切。试样每产生 0.3%～0.4% 的轴向应变(或 0.2 mm 变形值),测记一次测力计读数和轴向变形值。当轴向应变大于 3% 时,试样每产生 0.7%～0.8% 的轴向应变(或 0.5 mm 变形值),测记一次。

③ 当测力计读数出现峰值时,剪切应继续进行到轴向应变为 15%～20%。

④ 试验结束,关电动机,关周围压力阀,脱开离合器,将离合器调至粗位,转动粗调手轮,将压力室降下,打开排气孔,排除压力室内的水,拆卸压力室罩,拆除试样,描述试样破坏形状,称试样质量,并测定含水率。

(3) 计算:

① 轴向应变应按下式计算:

$$\varepsilon_1 = \frac{\Delta h_1}{h_0} \times 100\% \qquad (4.1\text{-}4)$$

式中　ε_1——轴向应变,%;

　　　Δh_1——剪切过程中试样的高度变化,mm;

　　　h_0——试样初始高度,mm。

② 试样面积的校正,应按下式计算:

$$A_a = \frac{A_0}{1 - \varepsilon_1} \qquad (4.1\text{-}5)$$

式中　A_a——试样的校正断面积,cm^2;

　　　A_0——试样的初始断面积,cm^2。

③ 主应力差应按下式计算:

$$\sigma_1 - \sigma_3 = \frac{CR}{A_a} \times 10 \qquad (4.1\text{-}6)$$

式中　$\sigma_1 - \sigma_3$——主应力差,kPa;

　　　σ_1——大总主应力,kPa;

　　　σ_3——小总主应力,kPa;

　　　C——测力计率定系数,N/0.01 mm 或 N/mV;

　　　R——测力计读数,0.01 mm;

　　　10——单位换算系数。

④ 以主应力差为纵坐标,轴向应变为横坐标,绘制主应力差与轴向应变关系曲线(图 4.1-3)。取曲线上主应力差的峰值作为破坏点,无峰值时,取 15% 轴向应变时的主应力差值作为破坏点。

⑤ 以剪应力为纵坐标,法向应力为横坐标,在横坐标轴以破坏时的 $\frac{\sigma_{1f} + \sigma_{3f}}{2}$ 为圆心,以 $\frac{\sigma_{1f} - \sigma_{3f}}{2}$ 为半径,在 τ—σ 应力平面上绘制破损应力圆,并绘制不同周围压力下破损应力圆的包线,求出不排水强度参数(图 4.1-4)。

4.1.2.6　土的室内试验——三轴压缩试验(固结不排水剪试验 CU)

(1) 试样安装步骤:

① 开孔隙水压力阀和量管阀,对孔隙水压力系统及压力室底座充水排气后,关孔隙水压力阀和量管阀。压力室底座上依次放上透水板、湿滤纸、试样、湿滤纸、透水板,试样周围

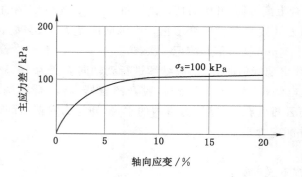

图 4.1-3　主应力差与轴向应变关系曲线

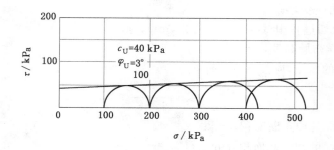

图 4.1-4　不固结不排水剪强度包线

贴浸水的滤纸条 7～9 条。将橡皮膜用承膜筒套在试样外,并用橡皮圈将橡皮膜下端与底座扎紧。打开孔隙水压力阀和量管阀,使水缓慢地从试样底部流入,排除试样与橡皮膜之间的气泡,关闭孔隙水压力阀和量管阀。打开排水阀,使试样帽中充水,放在透水板上,用橡皮圈将橡皮膜上端与试样帽扎紧,降低排水管,使管内水面位于试样中心以下 20～40 cm,吸除试样与橡皮膜之间的余水,关排水阀。需要测定土的应力应变关系时,应在试样与透水板之间放置中间夹有硅脂的两层圆形橡皮膜,膜中间应留有直径为 1 cm 的圆孔排水。

② 压力室罩安装、充水及测力计调整按不固结不排水剪试验试样安装步骤第③款进行。

(2) 试样排水固结步骤:

① 调节排水管使管内水面与试样高度的中心齐平,测记排水管水面读数。

② 开孔隙水压力阀,使孔隙水压力等于大气压力,关孔隙水压力阀,记下初始读数。当需要施加反压力时,应按《土工试验方法标准》(GB/T 50123—1999)第 16.3.5 条 3 款的步骤进行。

③ 将孔隙水压力调至接近周围压力值,施加周围压力后,再打开孔隙水压力阀,待孔隙水压力稳定测定孔隙水压力。

④ 打开排水阀。当需要测定排水过程时,应按《土工试验方法标准》(GB/T 50123—1999)第 14.1.5 条 6 款的步骤测记排水管水面及孔隙水压力读数,直至孔隙水压力消散 95% 以上。固结完成后,关排水阀,测记孔隙水压力和排水管水面读数。

⑤ 微调压力机升降台,使活塞与试样接触,此时轴向变形指示计的变化值为试样固结

时的高度变化。

（3）试验步骤：

① 剪切应变速率黏土宜为每分钟应变 0.05％～0.1％，粉土为每分钟应变 0.1％～0.5％。

② 将测力计、轴向变形指示计及孔隙水压力读数均调整至零。

③ 启动电动机，合上离合器，开始剪切。测力计、轴向变形、孔隙水压力按不固结不排水剪试验步骤第②、③款进行测记。

④ 试验结束，关电动机，关各阀门，脱开离合器，将离合器调至粗位，转动粗调手轮，将压力室降下，打开排气孔，排除压力室内的水，拆卸压力室罩，拆除试样，描述试样破坏形状，称试样质量，并测定试样含水率。

（4）计算：

① 试样固结后的高度，应按下式计算：

$$h_c = h_0 \left(1 - \frac{\Delta V}{V_0}\right)^{1/3} \tag{4.1-7}$$

式中　h_c——试样固结后的高度，cm；

　　　ΔV——试样固结后与固结前的体积变化，cm^3；

　　　V_0——试样固结前的体积，cm^3。

② 试样固结后的面积，应按下式计算：

$$A_c = A_0 \left(1 - \frac{\Delta V}{V_0}\right)^{2/3} \tag{4.1-8}$$

式中　A_c——试样固结后的断面积，cm^2。

③ 试样面积的校正，应按下式计算：

$$A_a = \frac{A_0}{1 - \varepsilon_1} \tag{4.1-9}$$

$$\varepsilon_1 = \frac{\Delta h}{h_0} \times 100\% \tag{4.1-10}$$

④ 主应力差应按下式计算：

$$\sigma_1 - \sigma_3 = \frac{CR}{A_a} \times 10 \tag{4.1-11}$$

式中　$\sigma_1 - \sigma_3$——主应力差，kPa；

　　　σ_1——大总主应力，kPa；

　　　σ_3——小总主应力，kPa；

　　　C——测力计率定系数，N/0.01 mm 或 N/mV；

　　　R——测力计读数，0.01 mm；

　　　10——单位换算系数。

⑤ 有效主应力比应按下式计算：

A. 有效大主应力：

$$\sigma_1' = \sigma_1 - \mu \tag{4.1-12}$$

式中　σ_1'——有效大主应力，kPa；

　　　μ——孔隙水压力，kPa。

B. 有效小主应力：

$$\sigma'_3 = \sigma_3 - \mu \qquad (4.1\text{-}13)$$

式中 σ'_3——有效小主应力，kPa。

C. 有效主应力比：

$$\frac{\sigma'_1}{\sigma'_3} = 1 + \frac{\sigma'_1 - \sigma'_3}{\sigma'_3} \qquad (4.1\text{-}14)$$

⑥ 孔隙水压力系数，应按下式计算：

A. 初始孔隙水压力系数：

$$B = \frac{\mu_0}{\sigma_3} \qquad (4.1\text{-}15)$$

式中 B——初始孔隙水压力系数；

μ_0——施加周围压力产生的孔降水压力，kPa。

B. 破坏时孔隙水压力系数：

$$A_f = \frac{\mu_f}{B(\sigma_1 - \sigma_3)} \qquad (4.1\text{-}16)$$

式中 A_f——破坏时的孔隙水压力系数；

μ_f——试样破坏时，主应力差产生的孔隙水压力，kPa。

⑦ 以主应力差为纵坐标，轴向应变为横坐标，绘制主应力差与轴向应变关系曲线（图 4.1-5）。取曲线上主应力差的峰值作为破坏点，无峰值时，取 15％轴向应变时的主应力差值作为破坏点。

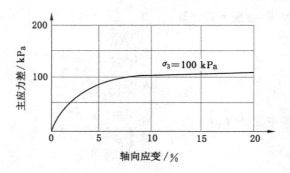

图 4.1-5 主应力差与轴向应变关系曲线

⑧ 以有效主应力比为纵坐标，轴向应变为横坐标，绘制有效主应力比与轴向应变曲线（图 4.1-6）。

⑨ 以孔隙水压力为纵坐标，轴向应变为横坐标，绘制孔隙水压力与轴向应变关系曲线（图 4.1-7）。

⑩ 以 $\dfrac{\sigma'_1 - \sigma'_3}{2}$ 为纵坐标，$\dfrac{\sigma'_1 + \sigma'_3}{2}$ 为横坐标，绘制有效应力路径曲线（图 4.1-8），并计算有效内摩擦角和有效黏聚力。

A. 有效内摩擦角：

$$\varphi' = \sin^{-1}\tan\alpha \qquad (4.1\text{-}17)$$

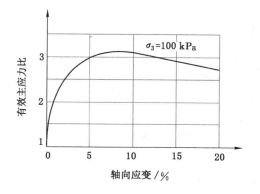

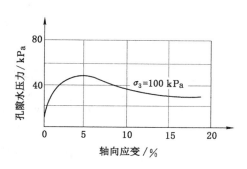

图 4.1-6　有效主应力比与轴向应变关系曲线　　　图 4.1-7　孔隙水压力与轴向应变关系曲线

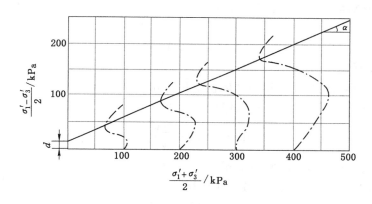

图 4.1-8　有效应力路径曲线

式中　φ'——有效内摩擦角,(°);

　　　α——应力路径图上破坏点连线的倾角,(°)。

　　B. 有效黏聚力:

$$c' = \frac{d}{\cos \varphi'} \tag{4.1-18}$$

式中　c'——有效黏聚力,kPa;

　　　d——应力路径上破坏点连线在纵轴上的截距,kPa。

　　⑪ 以主应力差或有效主应力比的峰值作为破坏点,无峰值时,以有效应力路径的密集点或轴向应变 15% 时的主应力差值作为破坏点,按《土工试验方法标准》(GB/T 50123—1999)第 16.4.7 条的规定绘制破损应力圆及不同周围压力下的破损应力圆包线,并求出总应力强度参数;有效内摩擦角和有效黏聚力,应以 $\frac{\sigma_1' + \sigma_3'}{2}$ 为圆心,$\frac{\sigma_1' - \sigma_3'}{2}$ 为半径绘制有效破损应力圆确定(图 4.1-9)。

4.1.2.7　土的室内试验——三轴压缩试验(固结排水剪试验 CD)

　　(1)试样安装、固结、剪切步骤:按固结不排水剪试验 CU 的步骤进行。但在剪切过程中应打开排水阀,剪切速率采用每分钟应变 0.003%～0.012%。

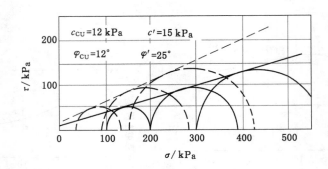

图 4.1-9　固结不排水剪强度包线

（2）计算。

① 试样固结后的高度，应按下式计算：

$$h_c = h_0 \left(1 - \frac{\Delta V}{V_0}\right)^{1/3} \tag{4.1-19}$$

式中　h_c——试样固结后的高度，cm；

　　ΔV——试样固结后与固结前的体积变化，cm³。

② 试样固结后的面积，应按下式计算：

$$A_c = A_0 \left(1 - \frac{\Delta V}{V_0}\right)^{2/3} \tag{4.1-20}$$

式中　A_c——试样固结后的断面积，cm²。

③ 剪切时试样面积的校正，应按下式计算：

$$A_a = \frac{V_c - \Delta V_i}{h_c - \Delta h_i} \tag{4.1-21}$$

式中　ΔV_i——剪切过程中试样的体积变化，cm³；

　　Δh_i——剪切过程中试样的高度变化，cm。

④ 主应力差应按下式计算：

$$\sigma_1 - \sigma_3 = \frac{CR}{A_a} \times 10 \tag{4.1-22}$$

式中　$\sigma_1 - \sigma_3$——主应力差，kPa；

　　σ_1——大总主应力，kPa；

　　σ_3——小总主应力，kPa；

　　C——测力计率定系数，N/0.01 mm 或 N/mV；

　　R——测力计读数，0.01 mm；

　　10——单位换算系数。

⑤ 有效主应力比应按下式计算：

A. 有效大主应力：

$$\sigma_1' = \sigma_1 - \mu \tag{4.1-23}$$

式中　σ_1'——有效大主应力，kPa；

　　μ——孔隙水压力，kPa。

B. 有效小主应力：

$$\sigma'_3 = \sigma_3 - \mu \tag{4.1-24}$$

式中 σ'_3——有效小主应力，kPa。

C. 有效主应力比：

$$\frac{\sigma'_1}{\sigma'_3} = 1 + \frac{\sigma'_1 - \sigma'_3}{\sigma'_3} \tag{4.1-25}$$

⑥ 孔隙水压力系数，应按下式计算：

A. 初始孔隙水压力系数：

$$B = \frac{\mu_0}{\sigma_3} \tag{4.1-26}$$

式中 B——初始孔隙水压力系数；

μ_0——施加周围压力产生的孔降水压力，kPa。

B. 破坏时孔隙水压力系数：

$$A_f = \frac{\mu_f}{B(\sigma_1 - \sigma_3)} \tag{4.1-27}$$

式中 A_f——破坏时的孔隙水压力系数；

μ_f——试样破坏时，主应力差产生的孔隙水压力，kPa。

⑦ 以主应力差为纵坐标，轴向应变为横坐标，绘制主应力差与轴向应变关系曲线（图 4.1-10）。取曲线上主应力差的峰值作为破坏点，无峰值时，取 15％轴向应变时的主应力差值作为破坏点。

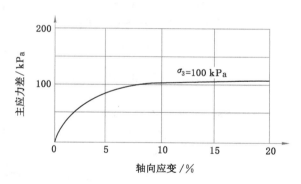

图 4.1-10 主应力差与轴向应变关系曲线

⑧ 以有效主应力比为纵坐标，轴向应变为横坐标，绘制有效主应力比与轴向应变曲线（图4.1-11）。

⑨ 以体积应变为纵坐标，轴向应变为横坐标，绘制体应变与轴向应变关系曲线。

⑩ 以主应力差或有效主应力比的峰值作为破坏点，无峰值时，以有效应力路径的密集点或轴向应变15％时的主应力差值作为破坏点，按《土工试验方法标准》（GB/T 50123—1999）第16.4.7条的规定绘制破损应力圆及不同周围压力下的破损应力圆包线，并求出总应力强度参数；有效内摩擦角和有效黏聚力，应以 $\dfrac{\sigma'_1 + \sigma'_3}{2}$ 为圆心，$\dfrac{\sigma'_1 - \sigma'_3}{2}$ 为半径绘制有效破损

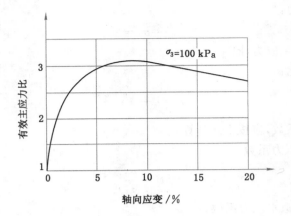

图 4.1-11　有效主应力比与轴向应变的关系曲线

应力圆确定(图 4.1-12)。

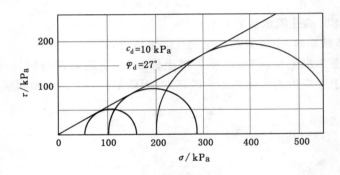

图 4.1-12　固结排水剪强度包线

4.1.2.8　第 i 层土的黏聚力 c_i(kPa)、内摩擦角 φ_i(°)取值

土压力及水压力计算、土的各类稳定性验算时,土、水压力的分、合算方法及相应的土的抗剪强度指标类别应符合下列规定:

(1) 对地下水位以上的各类土,土压力计算、土的滑动稳定性验算时,对黏性土、黏质粉土,土的抗剪强度指标应采用三轴固结不排水抗剪强度指标 c_{cu}、φ_{cu} 或直剪固结快剪强度指标 c_{cq}、φ_{cq},对砂质粉土、砂土、碎石土,土的抗剪强度指标应采用有效应力强度指标 c'、φ'。

(2) 对地下水位以下的黏性土、黏质粉土,可采用土压力、水压力合算方法,土压力计算、土的滑动稳定性验算可采用总应力法;此时,对正常固结和超固结土,土的抗剪强度指标应采用三轴固结不排水抗剪强度指标 c_{cu}、φ_{cu} 或直剪固结快剪强度指标 c_{cq}、φ_{cq},对欠固结土,宜采用有效自重压力下预固结的三轴不固结不排水抗剪强度指标 c_{uu}、φ_{uu}。

(3) 对地下水位以下的砂质粉土、砂土和碎石土,应采用土压力、水压力分算方法,土压力计算、土的滑动稳定性验算应采用有效应力法;此时,土的抗剪强度指标应采用有效应力强度指标 c'、φ',对砂质粉土,缺少有效应力强度指标时,也可采用三轴固结不排水抗剪强度

指标 c_{cu}、φ_{cu} 或直剪固结快剪强度指标 c_{CQ}、φ_{CQ} 代替,对砂土和碎石土,有效应力强度指标 φ' 可根据标准贯入试验实测击数和水下休止角等物理力学指标取值;土压力、水压力采用分算方法时,水压力可按静水压力计算;当地下水渗流时,宜按渗流理论计算水压力和土的竖向有效应力;当存在多个含水层时,应分别计算各含水层的水压力。

（4）有可靠的地方经验时,土的抗剪强度指标尚可根据室内、原位试验得到的其他物理力学指标,按经验方法确定。

4.1.3　应用

4.1.3.1　确定土的地基承载力特征值

根据《建筑地基基础设计规范》(GB 50007—2011),当偏心距 e 小于或等于 0.033 倍基础底面宽度时,根据土的抗剪强度指标确定地基承载力特征值可按下式计算,并应满足变形要求:

$$f_a = M_b \gamma b + M_d \gamma_m d + M_c c_k \tag{4.1-28}$$

式中　f_a——由土的抗剪强度指标确定的地基承载力特征值,kPa。

M_b、M_d、M_c——承载力系数,按表 4.9-1 确定。

γ——基础底面以下土的重度,地下水位以下取有效重度,kN/m^3。

γ_m——基础底面以上土的加权平均重度,地下水位以下取有效重度,kN/m^3。

d——基础埋置深度,对于建筑物基础,一般自室外地面起算。在填方整平地区,可从填土地面起算,但填土在上部结构施工后完成时,应以天然地面起算。对于地下室,如采用箱形基础或筏基时,基础埋置深度自室外地面起算,在其他情况下,应从室内地面起算,m。

b——基础底面宽度,m,大于 6 m 时按 6 m 取值,对于砂土小于 3 m 时按 3 m 取值。

c_k——基底下一倍短边宽度的深度范围内土的黏聚力标准值,kPa。

具体详见 4.9 节。

4.1.3.2　计算土压力系数

静止土压力系数:

黏性土:

$$K_0 = 1 - \sin \varphi' \tag{4.1-29}$$

砂性土:

$$K_0 = 0.95 - \sin \varphi' \tag{4.1-30}$$

式中　φ'——土的有效内摩擦角,(°)。

主动土压力系数:

$$K_a = \tan^2(45° - \varphi/2) \tag{4.1-31}$$

被动土压力系数:

$$K_p = \tan^2(45° + \varphi/2) \tag{4.1-32}$$

式中　φ——土的内摩擦角,(°)。

4.1.3.3　计算土的水平反力系数的比例系数

根据《建筑基坑支护技术规程》(JGJ 120—2012)4.1.6,土的水平反力系数的比例系数应按下式确定:

$$m = \frac{0.2\varphi^2 - \varphi + c}{v_b} \qquad (4.1\text{-}33)$$

式中　m——土的水平反力系数的比例系数，MN/m^4；

c、φ——土的黏聚力(kPa)、内摩擦角(°)，按 4.1.2.8 规定确定；对多层土，按不同土层分别取值；

v_b——挡土构件在坑底处的水平位移量，mm，当此处的水平位移不大于 10 mm 时，可取 $v_b = 10$ mm。

4.1.3.4　计算建筑基坑侧向土压力

根据《建筑基坑支护技术规程》(JGJ 120—2012)，作用在支护结构上的土压力应按下列规定确定。

作用在支护结构外侧、内侧的主动土压力强度标准值、被动土压力强度标准值宜按下列公式计算(图 4.1-13)：

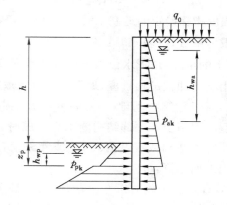

图 4.1-13　基坑土压力计算

(1) 对于地下水位以上或水土合算的土层：

$$p_{ak} = \sigma_{ak} K_{a,i} - 2c_i \sqrt{K_{a,i}} \qquad (4.1\text{-}34)$$

$$p_{pk} = \sigma_{pk} K_{p,i} + 2c_i \sqrt{K_{p,i}} \qquad (4.1\text{-}35)$$

式中　p_{ak}——支护结构外侧，第 i 层土中计算点的主动土压力强度标准值，kPa，当 $p_{ak} < 0$ 时，应取 $p_{ak} = 0$；

σ_{ak}、σ_{pk}——分别为支护结构外侧、内侧计算点的土中竖向应力标准值，kPa，按式(4.1-36)、式(4.1-37)计算；

$K_{a,i}$、$K_{p,i}$——分别为第 i 层土的主动土压力系数、被动土压力系数；

c_i——第 i 层土的黏聚力，kPa；

p_{pk}——支护结构内侧，第 i 层土中计算点的被动土压力强度标准值，kPa。

① 土中竖向应力标准值(σ_{ak}、σ_{pk})应按下式计算：

$$\sigma_{ak} = \sigma_{ac} + \sum \Delta\sigma_{k,j} \qquad (4.1\text{-}36)$$

$$\sigma_{pk} = \sigma_{pc} \qquad (4.1\text{-}37)$$

式中　σ_{ac}——支护结构外侧计算点，由土的自重产生的竖向总应力，kPa；

σ_{pc}——支护结构内侧计算点,由土的自重产生的竖向总应力,kPa;

$\Delta\sigma_{k,j}$——支护结构外侧第 j 个附加荷载作用下计算点的土中附加竖向应力标准值,kPa,应根据附加荷载类型,按②~④条计算。

② 均布附加荷载作用下的土中附加竖向应力标准值应按下式计算(图 4.1-14):

$$\Delta\sigma_{k,j} = q_0 \tag{4.1-38}$$

式中　q_0——均布附加荷载标准值,kPa。

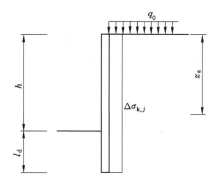

图 4.1-14　均布竖向附加荷载作用下的土中附加竖向应力计算

③ 局部附加荷载作用下的土中附加竖向应力标准值可按下列规定计算:

a. 对于条形基础下的附加荷载[图 4.1-15(a)]:

当 $d + a/\tan\theta \leqslant z_a \leqslant d + (3a+b)/\tan\theta$ 时:

$$\Delta\sigma_{k,j} = \frac{p_0 b}{b + 2a} \tag{4.1-39}$$

式中　p_0——基础底面附加压力标准值,kPa;

d——基础埋置深度,m;

b——基础宽度,m;

a——支护结构外边缘至基础的水平距离,m;

θ——附加荷载的扩散角,(°),宜取 $\theta = 45°$;

z_a——支护结构顶面至土中附加竖向应力计算点的竖向距离。

当 $z_a < d + a/\tan\theta$ 或 $z_a > d + (3a+b)/\tan\theta$ 时,取 $\Delta\sigma_{k,j} = 0$。

b. 对于矩形基础下的附加荷载[图 4.1-15(a)]:

当 $d + a/\tan\theta \leqslant z_a \leqslant d + (3a+b)/\tan\theta$ 时:

$$\Delta\sigma_{k,j} = \frac{p_0 bl}{(b+2a)(l+2a)} \tag{4.1-40}$$

式中　b——与基坑边垂直方向上的基础尺寸,m;

l——与基坑边平行方向上的基础尺寸,m。

当 $z_a < d + a/\tan\theta$ 或 $z_a > d + (3a+b)/\tan\theta$ 时,取 $\Delta\sigma_{k,j} = 0$。

c. 对作用在地面的条形、矩形附加荷载,按 a、b 款计算土中附加竖向应力标准值 $\Delta\sigma_{k,j}$ 时,应取 $d = 0$[图 4.1-15(b)]。

④ 当支护结构的挡土构件顶部低于地面,其上方采用放坡或土钉墙时,支护结构顶面

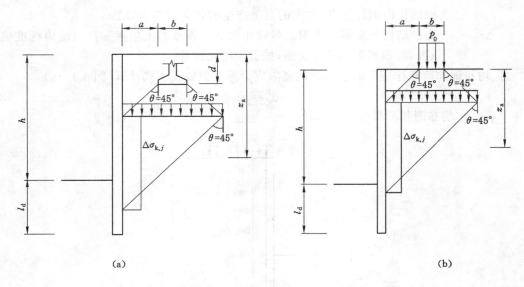

(a)   (b)

图 4.1-15　局部附加荷载作用下的土中附加竖向应力计算

(a) 条形或矩形基础;(b) 作用在地面的条形或矩形附加荷载

以上土体对挡土构件的作用宜按库仑土压力理论计算,也可将其视作附加荷载并按下列公式计算土中附加竖向应力标准值(图 4.1-16):

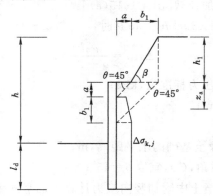

图 4.1-16　支护结构顶部以上采用放坡或土钉墙时土中附加竖向应力计算

a. 当 $a/\tan\theta \leqslant z_a \leqslant (a+b_1)/\tan\theta$ 时：

$$\Delta\sigma_{k,j} = \frac{\gamma h_1}{b_1}(z_a - a) + \frac{E_{ak1}(a+b_1-z_a)}{K_a b_1^2} \qquad (4.1-41)$$

$$E_{ak1} = \frac{1}{2}\gamma h_1^2 K_a - 2ch_1\sqrt{K_a} + \frac{2c^2}{\gamma} \qquad (4.1-42)$$

b. 当 $z_a > (a+b_1)/\tan\theta$ 时：

$$\Delta\sigma_{k,j} = \gamma h_1 \qquad (4.1-43)$$

c. 当 $z_a < a/\tan\theta$ 时：

$$\Delta\sigma_{k,j} = 0 \qquad (4.1-44)$$

式中　z_a——支护结构顶面至土中附加竖向应力计算点的竖向距离，m；

　　　a——支护结构外边缘至放坡坡脚的水平距离，m；

　　　b_1——放坡坡面的水平尺寸，m；

　　　θ——扩散角，($^\circ$)，宜取 $\theta = 45^\circ$；

　　　h_1——地面至支护结构顶面的竖向距离，m；

　　　γ——支护结构顶面以上土的天然重度，kN/m^3，对多层土取各层土按厚度加权的平均值；

　　　c——支护结构顶面以上土的黏聚力，kPa，按 4.1.2.8 规定取值；

　　　K_a——支护结构顶面以上土的主动土压力系数，对多层土取各层土按厚度加权的平均值；

　　　E_{ak1}——支护结构顶面以上土体的自重所产生的单位宽度主动土压力的标准值，kN/m。

（2）对于水土分算的土层：

$$p_{ak} = (\sigma_{ak} - u_a)K_{a,i} - 2c_i\sqrt{K_{a,i}} + u_a \tag{4.1-45}$$

$$p_{pk} = (\sigma_{pk} - u_p)K_{p,i} + 2c_i\sqrt{K_{p,i}} + u_p \tag{4.1-46}$$

式中　u_a、u_p——分别为支护结构外侧、内侧计算点的水压力，kPa，按下列规定取值。

当采用悬挂式截水帷幕时，应考虑地下水沿支护结构向基坑面的渗流对水压力的影响。

对静止地下水，水压力（u_a、u_p）可按下列公式计算：

$$u_a = \gamma_w h_{wa} \tag{4.1-47}$$

$$u_p = \gamma_w h_{wp} \tag{4.1-48}$$

式中　γ_w——地下水的重度，kN/m^3，取 $\gamma_w = 10$ kN/m^3。

　　　h_{wa}——基坑外侧地下水位至主动土压力强度计算点的垂直距离，m；对承压水，地下水位取测压管水位；当有多个含水层时，应以计算点所在含水层的地下水位为准。

　　　h_{wp}——基坑内侧地下水位至被动土压力强度计算点的垂直距离，m；对承压水，地下水位取测压管水位。

4.1.3.5　计算双排桩前、后排桩间土对桩侧的初始压力

根据《建筑基坑支护技术规程》(JGJ 120—2012)，前、后排桩间土体对桩侧的初始压力可按以下各式计算：

$$p'_{s0} = (2\alpha - \alpha^2)p_{ak} \tag{4.1-49}$$

$$\alpha = \frac{s_y - d}{h\tan(45^\circ - \varphi_m/2)} \tag{4.1-50}$$

式中　p_{ak}——支护结构外侧，第 i 层土中计算点的主动土压力强度标准值，kPa，按 4.1.3.4 规定计算；

　　　h——基坑深度，m；

　　　φ_m——基坑底面以上各土层按土层厚度加权的等效内摩擦角平均值，($^\circ$)；

　　　α——计算系数，当计算的 α 大于 1 时，取 $\alpha = 1$；

　　　s_y——双排桩的排距，m；

　　　d——桩的直径，m。

4.1.3.6　锚杆自由段长度计算

根据《建筑基坑支护技术规程》(JGJ 120—2012)4.7.5,锚杆自由段长度计算应采用下式(图 4.1-17):

$$l_{\mathrm{f}} \geqslant \frac{(a_1 + a_2 - d\tan\alpha)\sin\left(45° - \dfrac{\varphi_{\mathrm{m}}}{2}\right)}{\sin\left(45° + \dfrac{\varphi_{\mathrm{m}}}{2} + \alpha\right)} + \frac{d}{\cos\alpha} + 1.5 \qquad (4.1\text{-}51)$$

式中　l_{f}——锚杆自由段长度,m。

α——锚杆的倾角,(°)。

a_1——锚杆的锚头中点至基坑底面的距离,m。

a_2——基坑底面至基坑外侧主动土压力强度与基坑内侧被动土压力强度等值点 O 的距离,m;对多层土地层,当存在多个等值点时应按其中最深处的等值点计算。

d——挡土构件的水平尺寸,m。

φ_{m}——O 点以上各土层按厚度加权的内摩擦角平均值,(°)。

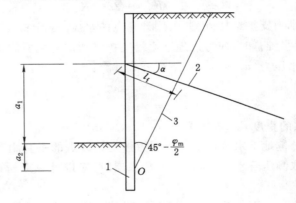

图 4.1-17　理论直线滑动面

1——挡土构件;2——锚杆;3——理论直线滑动面

4.1.3.7　锚拉式支挡结构和支撑式支挡结构采用圆弧滑动条分法的抗隆起稳定性验算

根据《建筑基坑支护技术规程》(JGJ 120—2012)4.2.3,锚拉式、悬臂式和双排桩支挡结构应按下列规定进行整体稳定性验算:

(1)锚拉式支挡结构的整体稳定性可采用圆弧滑动条分法进行验算。

(2)采用圆弧滑动条分法时,其整体稳定性应符合下列规定(图 4.1-18):

$$\min\{K_{\mathrm{s},1}, K_{\mathrm{s},2}, \cdots, K_{\mathrm{s},i}, \cdots\} \geqslant K_{\mathrm{s}}$$

$$K_{\mathrm{s},i} = \frac{\sum\{c_j l_j + [(q_j l_j + \Delta G_j)\cos\theta_j - u_j l_j]\tan\varphi_j\} + \sum R'_{k,k}[\cos(\theta_k + \alpha_k) + \psi_{\mathrm{v}}]/S_{\mathrm{x},k}}{\sum(q_j b_j + \Delta G_j)\sin\theta_j}$$

$$(4.1\text{-}52)$$

式中　K_{s}——圆弧滑动整体稳定安全系数;安全等级为一级、二级、三级的锚拉式支挡结构,K_{s} 分别不应小于 1.35、1.3、1.25。

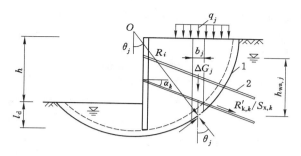

图 4.1-18　圆弧滑动条分法整体稳定性验算

1——任意圆弧滑动面；2——锚杆

$K_{s,i}$——第 i 个滑动圆弧的抗滑力矩与滑动力矩的比值；抗滑力矩与滑动力矩之比的最小值宜通过搜索不同圆心及半径的所有潜在滑动圆弧确定。

c_j、φ_j——分别为第 j 土条滑弧面处土的黏聚力（kPa）、内摩擦角（°），按规定取值。

b_j——第 j 土条的宽度，m。

θ_j——第 j 土条滑弧面中点处的法线与垂直面的夹角，（°）。

l_j——第 j 土条的滑弧段长度，m，取 $l_j = b_j / \cos \theta_j$。

q_j——作用在第 j 土条上的附加分布荷载标准值，kPa。

ΔG_j——第 j 土条的自重，kN，按天然重度计算。

u_j——第 j 土条在滑弧面上的水压力，kPa；基坑采用落底式截水帷幕时，对地下水位以下的砂土、碎石土、粉土，在基坑外侧，可取 $u_j = \gamma_w h_{wa,j}$，在基坑内侧，可取 $u_j = \gamma_w h_{wp,j}$；滑动面在地下水位以上或对地下水位以下的黏性土，取 $u_j = 0$。

γ_w——地下水重度，kN/m³。

$h_{wa,j}$——基坑外侧第 j 土条滑弧面中点的压力水头，m。

$h_{wp,j}$——基坑内侧第 j 土条滑弧面中点的压力水头，m。

$R'_{k,k}$——第 k 层锚杆在滑动面以外的锚固段的极限抗拔承载力标准值与锚杆杆体受拉承载力标准值（$f_{ptk} A_p$ 或 $f_{yk} A_s$）的较小值，kN；锚固体的极限抗拔承载力应按式（4.1-53）计算，但锚固段应取滑动面以外的长度；对悬臂式、双排桩支挡结构，不考虑 $\sum R'_{k,k} [\cos(\theta_k + \alpha_k) + \psi_v] / S_{x,k}$ 项。

α_k——第 k 层锚杆的倾角，（°）。

θ_k——滑弧面在第 k 层锚杆处的法线与垂直面的夹角，（°）。

$S_{x,k}$——第 k 层锚杆的水平间距，m。

ψ_v——计算系数，可按 $\psi_v = 0.5 \sin(\theta_k + \alpha_k) \tan \varphi$ 取值，此处，φ 为第 k 层锚杆与滑弧交点处土的内摩擦角。

锚杆极限抗拔承载力标准值也可按下式估算，但应通过抗拔试验进行验证：

$$R_k = \pi d \sum q_{sk,i} l_i \qquad (4.1-53)$$

式中　d——锚杆的锚固体直径，m。

　　　l_i——锚杆的锚固段在第 i 土层中的长度，m；锚固段长度为锚杆在理论直线滑动面以外的长度，理论直线滑动面按 4.1.3.6 的规定确定。

$q_{sk,i}$——锚固体与第 i 土层的极限黏结强度标准值,kPa,应根据工程经验并结合表 4.1-1 取值。

表 4.1-1　　　　　　　　　　　　　锚杆的极限黏结强度标准值 $q_{sk,i}$

土的名称	土的状态或密实度	$q_{sk,i}$/kPa	
		一次常压注浆	二次压力注浆
填土		16～30	30～45
淤泥质土		16～20	20～30
黏性土	$I_L > 1$	18～30	25～45
	$0.75 < I_L \leq 1$	30～40	45～60
	$0.50 < I_L \leq 0.75$	40～53	60～70
	$0.25 < I_L \leq 0.50$	53～65	70～85
	$I_L \leq 0.25$	65～73	85～100
	$I_L \leq 0$	73～90	100～130
粉土	$e > 0.90$	22～44	40～60
	$0.75 \leq e \leq 0.90$	44～64	60～90
	$e < 0.75$	64～100	80～130
粉细砂	稍密	22～42	40～70
	中密	42～63	75～110
	密实	63～85	90～130
中砂	稍密	54～74	70～100
	中密	74～90	100～130
	密实	90～120	130～170
粗砂	稍密	80～130	100～140
	中密	130～170	170～220
	密实	170～220	220～250
砾砂	中密、密实	190～260	240～290
风化岩	全风化	80～100	120～150
	强风化	150～200	200～260

注:1. 采用泥浆护壁成孔工艺时,应按表取低值后再根据具体情况适当折减;

　　2. 采用套管护壁成孔工艺时,可取表中的高值;

　　3. 采用扩孔工艺时,可在表中数值基础上适当提高;

　　4. 采用二次压力分段劈裂注浆工艺时,可在表中二次压力注浆数值基础上适当提高;

　　5. 当砂土中的细粒含量超过总质量的30%时,按表取值后应乘以0.75的系数;

　　6. 对有机质含量为5%～10%的有机质土,应按表取值后适当折减;

　　7. 当锚杆锚固段长度大于16 m时,应对表中数值适当折减。

4.1.3.8　锚拉式支挡结构和支撑式支挡结构抗隆起稳定性验算

根据《建筑基坑支护技术规程》(JGJ 120—2012)4.2.4,锚拉式支挡结构和支撑式支挡结构,其嵌固深度应满足坑底隆起稳定性要求,抗隆起稳定性可按下列公式验算(图 4.1-19、

图 4.1-20）：

$$\frac{\gamma_{m2} l_d N_q + c N_c}{\gamma_{m1}(h + l_d) + q_0} \geqslant K_{he} \tag{4.1-54}$$

$$N_q = \tan^2\left(45° + \frac{\varphi}{2}\right) e^{\pi \tan \varphi} \tag{4.1-55}$$

$$N_c = (N_q - 1)/\tan \varphi \tag{4.1-56}$$

式中　K_{he}——抗隆起安全系数；安全等级为一级、二级、三级的支护结构，K_{he} 分别不应小于 1.8、1.6、1.4。

γ_{m1}、γ_{m2}——分别为基坑外、基坑内挡土构件底面以上土的重度，kN/m^3；对多层土，取各层土按厚度加权的平均重度。

l_d——挡土构件的嵌固深度，m。

h——基坑深度，m。

q_0——地面均布荷载，kPa。

N_c、N_q——承载力系数。

c、φ——挡土构件底面以下土的黏聚力（kPa）、内摩擦角（°）。

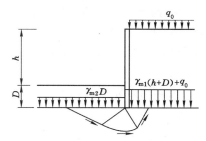

图 4.1-19　挡土构件底端平面下土的抗隆起稳定性验算

当挡土构件底面以下有软弱下卧层时。挡土构件底面土的抗隆起稳定性验算的部位尚应包括软弱下卧层。软弱下卧层的隆起稳定性可按式（4.1-54）验算，式中的 γ_{m1}、γ_{m2} 应取软弱下卧层顶面以上土的重度（图 4.1-20），l_d 应以 D 代替，取基坑底面至软弱下卧层顶面的土层厚度。

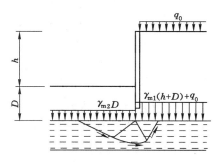

图 4.1-20　软弱下卧层的抗隆起稳定性验算

4.1.3.9　坑底以下为软土时的锚拉式支挡结构和支撑式支挡结构的抗隆起稳定性验算

锚拉式支挡结构和支撑式支挡结构，当坑底以下为软土时，其嵌固深度应符合以最下层支点为转动轴心的圆弧滑动模式验算抗隆起稳定性要求。

根据《建筑基坑支护技术规程》(JGJ 120—2012)4.2.5,按下式验算抗隆起稳定性(图 4.1-21):

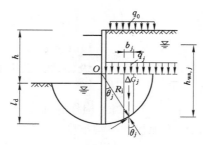

图 4.1-21　以最下层支点为轴心的圆弧滑动稳定性验算

$$\frac{\sum\left[c_j l_j + (q_j b_j + \Delta G_j)\cos\theta_j\tan\varphi_j\right]}{\sum(q_j b_j + \Delta G_j)\sin\theta_j} \geqslant K_r \tag{4.1-57}$$

式中　K_r——以最下层支点为轴心的圆弧滑动稳定安全系数;安全等级为一级、二级、三级的支挡式结构,K_r 分别不应小于 2.2、1.9、1.7。

c_j、φ_j——第 j 土条在滑弧面处土的黏聚力(kPa)、内摩擦角(°)。

l_j——第 j 土条的滑弧段长度,m,取 $l_j = b_j/\cos\theta_j$。

q_j——第 j 土条顶面上的竖向压力标准值,kPa。

b_j——第 j 土条的宽度,m。

θ_j——第 j 土条滑弧面中点处的法线与垂直面的夹角,(°)。

ΔG_j——第 j 土条的自重,kN,按天然重度计算。

4.1.3.10　土钉墙采用圆弧滑动条分法的整体滑动稳定性验算

根据《建筑基坑支护技术规程》(JGJ 120—2012)5.1.1,土钉墙采用圆弧滑动条分法计算其整体稳定性应采用下式(图 4.1-22):

$$\min\{K_{s,1}, K_{s,2}, \cdots, K_{s,i}, \cdots\} \geqslant K_s$$

$$K_{s,i} = \frac{\sum\left[c_j l_j + (q_j b_j + \Delta G_j)\cos\theta_j\tan\varphi_j\right] + \sum R'_{k,k}\left[\cos(\theta_k + \alpha_k) + \psi_v\right]/S_{x,k}}{\sum(q_j l_j + \Delta G_j)\sin\theta_j}$$

$$\tag{4.1-58}$$

式中　K_s——圆弧滑动整体稳定安全系数;安全等级为二级、三级的土钉墙,K_s 分别不应小于 1.3、1.25。

$K_{s,i}$——第 i 个滑动圆弧的抗滑力矩与滑动力矩的比值;抗滑力矩与滑动力矩之比的最小值宜通过搜索不同圆心及半径的所有潜在滑动圆弧确定。

c_j、φ_j——第 j 土条滑弧面处土的黏聚力(kPa)、内摩擦角(°),按 4.1.2.8 的规定取值。

b_j——第 j 土条的宽度,m。

l_j——第 j 土条的滑弧长度,m,取 $l_j = b_j/\cos\theta_j$。

q_j——第 j 土条上的附加分布荷载标准值,kPa。

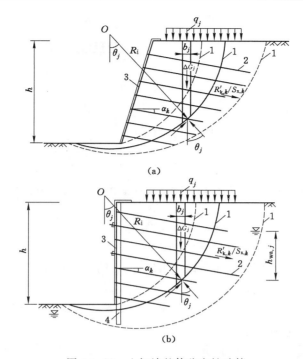

图 4.1-22　土钉墙整体稳定性验算

（a）土钉墙在地下水位以上；（b）水泥土桩或微型桩复合土钉墙

1——滑动面；2——土钉或锚杆；3——喷射混凝土面层；4——水泥土桩或微型桩

ΔG_j——第 j 土条的自重，kN，按天然重度计算。

θ_j——第 j 土条滑弧面中点处的法线与垂直面的夹角，(°)。

$R'_{k,k}$——第 k 层土钉或锚杆在滑动面以外的锚固段的极限抗拔承载力标准值与杆体受拉承载力标准值（$f_{yk}A_s$ 或 $f_{ptk}A_p$）的较小值，kN；锚固体的极限抗拔承载力应按《建筑基坑支护技术规程》第 5.2.5 条和第 4.7.4 条的规定计算，但锚固段应取圆弧滑动面以外的长度。

α_k——第 k 层土钉或锚杆的倾角，(°)。

θ_k——滑弧面在第 k 层土钉或锚杆处的法线与垂直面的夹角，(°)。

$S_{x,k}$——第 k 层土钉或锚杆的水平间距，m。

ψ_v——计算系数，可取 $\psi_v = 0.5 \sin(\theta_k + \alpha_k) \tan \varphi$，$\varphi$ 为第 k 层土钉或锚杆与滑弧交点处土的内摩擦角。

4.1.3.11　坑底有软土层的土钉墙结构坑底抗隆起稳定性验算

根据《建筑基坑支护技术规程》(JGJ 120—2012)5.1.3，基坑底面下有软土层的土钉墙结构应进行坑底隆起稳定性验算，验算可采用下列公式（图 4.1-23）：

$$\frac{\gamma_{m2} D N_q + c N_c}{(q_1 b_1 + q_2 b_2)/(b_1 + b_2)} \geqslant K_b \tag{4.1-59}$$

$$N_q = \tan^2\left(45° + \frac{\varphi}{2}\right) e^{\pi \tan \varphi} \tag{4.1-60}$$

$$N_c = (N_q - 1)/\tan \varphi \tag{4.1-61}$$

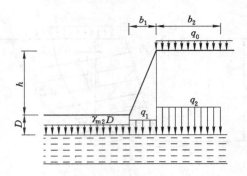

图 4.1-23　基坑底面下有软土层的土钉墙抗隆起稳定性验算

$$q_1 = 0.5\gamma_{m1}h + \gamma_{m2}D \tag{4.1-62}$$

$$q_2 = \gamma_{m1}h + \gamma_{m2}D + q_0 \tag{4.1-63}$$

式中　K_b——抗隆起安全系数,安全等级为二级、三级的土钉墙,K_b 分别不应小于 1.6、1.4;

　　　q_0——地面均布荷载,kPa;

　　　γ_{m1}——基坑底面以上土的重度,kN/m³,对多层土取各层土按厚度加权的平均重度;

　　　h——基坑深度,m;

　　　γ_{m2}——基坑底面至抗隆起计算平面之间土层的重度,kN/m³,对多层土取各层土按厚度加权的平均重度;

　　　D——基坑底面至抗隆起计算平面之间土层的厚度,m,当抗隆起计算平面为基坑底平面时,取 D 等于 0;

　　　N_c、N_q——承载力系数;

　　　c、φ——抗隆起计算平面以下土的黏聚力(kPa)、内摩擦角(°);

　　　b_1——土钉墙坡面的宽度,m,当土钉墙坡面垂直时取 b_1 等于 0;

　　　b_2——地面均布荷载的计算宽度,m,可取 b_2 等于 h。

4.1.3.12　土钉墙坡面倾斜时的主动土压力折减系数(ζ)计算

根据《建筑基坑支护技术规程》(JGJ 120—2012)5.2.3,土钉墙坡面倾斜时的主动土压力折减系数(ζ)可按下式计算:

$$\zeta = \tan\frac{\beta-\varphi_m}{2}\left(\frac{1}{\tan\dfrac{\beta+\varphi_m}{2}} - \frac{1}{\tan\beta}\right)\bigg/\tan^2\left(45° - \frac{\varphi_m}{2}\right) \tag{4.1-64}$$

式中　ζ——主动土压力折减系数;

　　　β——土钉墙坡面与水平面的夹角,(°);

　　　φ_m——基坑底面以上各土层按土层厚度加权的内摩擦角平均值,(°)。

4.1.3.13　重力式水泥土墙的抗滑移稳定性验算

根据《建筑基坑支护技术规程》(JGJ 120—2012)6.1.1,重力式水泥土墙的抗滑移稳定性应符合下式规定(图 4.1-24):

$$\frac{E_{pk} + (G - u_m B)\tan\varphi + cB}{E_{ak}} \geqslant K_{sl} \tag{4.1-65}$$

式中　K_{sl}——抗滑移稳定安全系数,其值不应小于 1.2。

E_{ak}、E_{pk}——作用在水泥土墙上的主动土压力、被动土压力标准值，kN/m。

G——水泥土墙的自重，kN/m。

u_m——水泥土墙底面上的水压力，kPa；水泥土墙底位于含水层时，可取 $u_m=\gamma_w(h_{wa}+h_{wp})/2$，在地下水位以上时，取 $u_m=0$，此处，h_{wa} 为基坑外侧水泥土墙底处的压力水头（m），h_{wp} 为基坑内侧水泥土墙底处的压力水头（m）。

c、φ——水泥土墙底面下土层的黏聚力（kPa）、内摩擦角（°）。

B——水泥土墙的底面宽度，m。

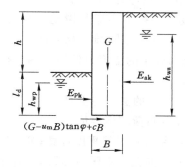

图 4.1-24　抗滑移稳定性验算

4.1.3.14　重力式水泥土墙的抗倾覆稳定性验算

根据《建筑基坑支护技术规程》（JGJ 120—2012）6.1.2，重力式水泥土墙的抗倾覆稳定性应符合下式规定（图 4.1-25）：

$$\frac{E_{pk}a_p+(G-u_mB)a_G}{E_{ak}a_a}\geqslant K_{ov} \tag{4.1-66}$$

式中　K_{ov}——抗倾覆稳定安全系数，其值不应小于 1.3；

a_a——水泥土墙外侧主动土压力合力作用点至墙趾的竖向距离，m；

a_p——水泥土墙内侧被动土压力合力作用点至墙趾的竖向距离，m；

a_G——水泥土墙自重与墙底水压力合力作用点至墙趾的水平距离，m。

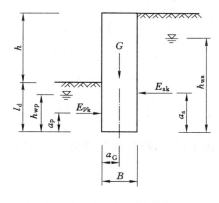

图 4.1-25　抗倾覆稳定性验算

4.1.3.15 重力式水泥土墙采用圆弧滑动条分法稳定性验算

根据《建筑基坑支护技术规程》(JGJ 120—2012)6.1.3,重力式水泥土墙的抗倾覆稳定性应符合下式规定(图 4.1-26):

$$\min\{K_{s,1}, K_{s,2}, \cdots, K_{s,i}, \cdots\} \geqslant K_s$$

$$\frac{\sum\{c_j l_j + [(q_j b_j + \Delta G_j)\cos\theta_j - u_j l_j]\tan\varphi_j\}}{\sum(q_j b_j + \Delta G_j)\sin\theta_j} = K_{s,i} \qquad (4.1\text{-}67)$$

式中　K_s——圆弧滑动稳定安全系数,其值不应小于 1.3。

$K_{s,i}$——第 i 个圆弧滑动体的抗滑力矩与滑动力矩的比值;抗滑力矩与滑动力矩之比的最小值宜通过搜索不同圆心及半径的所有潜在滑动圆弧确定。

c_j、φ_j——第 j 土条滑弧面处土的黏聚力(kPa)、内摩擦角(°)。

b_j——第 j 土条的宽度,m。

θ_j——第 j 土条滑弧面中点处的法线与垂直面的夹角,(°)。

q_j——第 j 土条上的附加分布荷载标准值,kPa。

ΔG_j——第 j 土条的自重,kN,按天然重度计算;分条时,水泥土墙可按土体考虑。

u_j——第 j 土条在滑弧面上的孔隙水压力,kPa;对地下水位以下的砂土、碎石土、粉土,当地下水是静止的或渗流水力梯度可忽略不计时,在基坑外侧,可取 $u_j = \gamma_w h_{wa,j}$,在基坑内侧,可取 $u_j = \gamma_w h_{wp,j}$;对地下水位以上的各类土和地下水位以下的黏性土,取 $u_j = 0$。

γ_w——地下水重度,kN/m³。

$h_{wa,j}$——基坑外侧第 j 土条滑弧面中点的压力水头,m;

$h_{wp,j}$——基坑内侧第 j 土条滑弧面中点的压力水头,m。

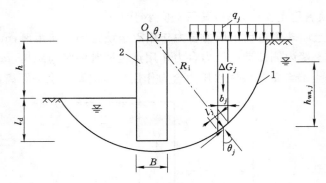

图 4.1-26　整体滑动稳定性验算

当墙底以下存在软弱下卧土层时,稳定性验算的滑动面中尚应包括由圆弧与软弱土层层面组成的复合滑动面。

4.1.3.16　计算侧向土压力

(1) 根据《建筑边坡工程技术规范》(GB 50330—2013)6.2.1,静止土压力可按下式计算:

$$e_{0i} = \left(\sum_{j=1}^{i}\gamma_j h_j + q\right)K_{0i} \qquad (4.1\text{-}68)$$

式中　e_{0i}——计算点处的静止土压力，kN/m^2；

　　　γ_j——计算点以上第 j 层土的重度，kN/m^3；

　　　h_j——计算点以上第 j 层土的厚度，m；

　　　q——坡顶附加均布荷载，kN/m^2；

　　　K_{0i}——计算点处的静止土压力系数。

（2）当墙背直立光滑、土体表面水平时，主动土压力可按下式计算：

$$e_{ai} = \left(\sum_{j=1}^{i} \gamma_j h_j + q \right) K_{ai} - 2c_i \sqrt{K_{ai}} \tag{4.1-69}$$

式中　e_{ai}——计算点处的主动土压力，kN/m^2，当 $e_{ai} < 0$ 时取 $e_{ai} = 0$；

　　　K_{ai}——计算点处的主动土压力系数，取 $K_{ai} = \tan^2(45° - \varphi_i/2)$；

　　　c_i——计算点处土的黏聚力，kPa；

　　　φ_i——计算点处土的内摩擦角，(°)。

（3）当墙背直立光滑、土体表面水平时，被动土压力可按下式计算：

$$e_{pi} = \left(\sum_{j=1}^{i} \gamma_j h_j + q \right) K_{pi} + 2c_i \sqrt{K_{pi}} \tag{4.1-70}$$

式中　e_{pi}——计算点处的被动土压力，kN/m^2；

　　　K_{pi}——计算点处的被动土压力系数，取 $K_{pi} = \tan^2(45° + \varphi_i/2)$。

4.2　静止侧压力系数

4.2.1　定义

在不允许有侧向变形的条件下，土样受到轴向压力增量 $\Delta\sigma_1$ 引起侧向压力增量 $\Delta\sigma_3$，比值 $\Delta\sigma_3/\Delta\sigma_1$ 即为静止侧压力系数。符号：K_0。

4.2.2　获取

4.2.2.1　土的室内试验——静止侧压力系数试验[《土工试验规程》(SL 237—1999)]

（1）黏质土试验步骤：

① 将带有环刀的试样装入框式饱和器内，按规定进行饱和，饱和度要求达到 95% 以上。

② 将试样推出环刀，贴上滤纸条，套上橡皮膜并涂薄层硅脂，放入侧压仪容器内（安装试样前，打开进水阀，用调压筒抽出密闭受压室中的部分水，使橡皮膜凹进，试样推进容器后，再将抽出的水压回受压室，使试样与橡皮膜紧密接触，关进水阀）。放上透水板、护水圈、传压板、钢珠。将容器置于加压框架正中，施加 1 kPa 预压力。安装轴向位移计，并调至零位。

③ 打开接侧压力量测装置的阀，调平电测仪表。测记受压室中水压力为零时的压力传感器读数（若用三轴压缩仪的测压板测定受压室压力时，则调整零位指示器内水银面于指示线处，并测定压力表初始读数）。

④ 施加轴向压力。压力等级一般按 25 kPa、50 kPa、100 kPa、200 kPa、400 kPa 施加。施加每级轴向压力后，随时调平电测仪表，按 0.5 min、1 min、4 min、9 min、16 min、25 min、36 min、49 min、…测记仪表读数和轴向变形（若用测压板测定受压室压力，则随时调节调压筒，使零位指示器内水银面保持初始位置，按上述时间间隔测定压力表读数），直至变形稳定为止。试样变形稳定标准为每小时变形不大于 0.01 mm，再加下一级轴向压力。

⑤ 试验结束后,关接侧压力装置阀,卸去轴向压力,拆除护水圈、传压板及透水板等,取出试样称量,并测定含水率。

(2) 砂质土试验步骤:

① 根据要求的干密度和试样体积称取所需的风干砂样,准确至 0.1 g。

② 将砂样装入容器中,拂平表面,放上一块硬木块,用手轻轻敲打,使试样达到要求的干密度,然后取下硬木块。若采用饱和砂样,则将干砂放入水中煮沸,冷却后填入容器。

③ 试样填好后,放上透水板、传压板,将容器置于加压框架正中,按黏质土的试验步骤进行。

(3) 计算:

① 侧向压力,应按下式计算:

$$\sigma'_3 = C(R - R_0) \tag{4.2-1}$$

式中　σ'_3——密封受压室的水压力即侧向有效应力,kPa;

C——压力传感器比例常数,kPa/$\mu\varepsilon$(kPa/mV);

R_0——侧向压力等于零时电测仪表的初读数($\mu\varepsilon = 10^{-6}$),mV;

R——试样竖向变形稳定时电测仪表读数($\mu\varepsilon = 10^{-6}$),mV。

② 以有效轴向压力为横坐标,有效侧向压力为纵坐标,绘制 σ'_1—σ'_3 关系曲线,如图4.2-1所示,其斜率为静止侧压力系数,即 $K_0 = \sigma'_3/\sigma'_1$。

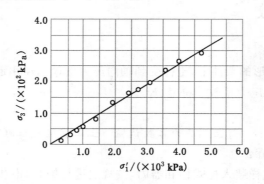

图 4.2-1　σ'_1—σ'_3 关系曲线

4.2.2.2　公式推导

(1) 用有效内摩擦角进行计算:

黏性土:

$$K_0 = 1 - \sin \varphi' \tag{4.2-2}$$

砂性土:

$$K_0 = 0.95 - \sin \varphi' \tag{4.2-3}$$

式中　φ'——土的有效内摩擦角,(°)。

(2) 用超固结比进行计算:

$$K_{oc} = (OCR)^\lambda K_0 \tag{4.2-4}$$

式中　K_{oc}——超压密土的静止侧压力系数;

K_0——正常固结土的静止侧压力系数;

　　OCR——土的超固结比；

　　λ——与砂土的内摩擦角 φ' 或与黏性土的塑性指数 I_P 有关的参数。

（3）通过相关方程计算：

$$K_0 = 0.19 + 0.233 \log I_P \tag{4.2-5}$$

　　正常固结沉积黏土的 K_0 一般介于 $0.4 \sim 0.7$ 之间，砂土约为 0.4。自然沉积超固结土的水平应力可以大于竖向方向应力，故 K_0 常大于 1.0，可以达到 3.0。

4.2.2.3　经验值

　　静止侧压力系数的参考值：饱和松砂为 0.46、饱和紧砂为 0.34、干紧砂（$e=0.6$）为 0.49、干松砂（$e=0.8$）为 0.64、原状有机质淤泥为 0.57、原状高岭土为 $0.64 \sim 0.70$、原状海相黏土为 0.48、灵敏性黏土为 0.52。

4.2.3　应用

4.2.3.1　计算泊松比 ν

$$\nu = K_0 / (1 + K_0) \tag{4.2-6}$$

4.2.3.2　计算弹性模量

$$E = \frac{(1 - 2K_0)(1 + K_0)}{m_V (1 - K_0)} \tag{4.2-7}$$

式中　m_V——体积压缩系数。

　　弹性模量 E 的参考值：很软的黏土为 $0.35 \sim 3$，软黏土为 $2 \sim 5$，中硬黏土为 $4 \sim 8$，硬黏土为 $7 \sim 18$，砂质黏土为 $30 \sim 40$，粉质黏土为 $7 \sim 20$，松砂为 $10 \sim 25$，紧砂为 $50 \sim 80$，紧密砂、卵石为 $100 \sim 200$。

4.2.3.3　计算作用于挡土墙上的静止土压力

　　当挡土墙绝对不动时，土体中的应力状态相当于自重下的应力状态，此种应力状态下土体处于弹性平衡。此时作用于墙背上的土压力为静止土压力。墙背后 z 深处的土压力强度用 P_0 表示。其值为：

$$P_0 = \gamma z K_0 \tag{4.2-8}$$

式中　γ——墙后土的重度，$\mathrm{kN/m^3}$；

　　　　K_0——静止土压力系数。

　　在均质土层中，静止土压力强度分布为三角形，墙高为 H 的总土压力为（在挡土墙长度方向上取单位长度）：

$$E_0 = \frac{1}{2} \gamma H^2 K_0 \tag{4.2-9}$$

4.2.3.4　计算桩侧向摩擦力

　　静止桩侧单位面积上的摩擦力和桩、土间的摩擦角以及桩土界面的法向压力有关，即：

$$f = \alpha \mu \sigma_h \tag{4.2-10}$$

式中　α——修正系数，取值范围 $0.1 \sim 0.3$；

　　　　μ——桩土间滑动摩擦系数，$\mu = \tan \varphi'_a$，φ'_a 为桩土间的滑动摩擦角，（°）；

　　　　σ_h——桩土间的法向压力，由初始压力 σ_0 和桩端扩张引起的压力 σ_{rh} 组成，其中：

$$\sigma_0 = K_0 \gamma'_s z \tag{4.2-11}$$

$$\sigma_{rh} = \frac{r_U^3 p}{2} \left[\frac{2}{R_1^3} - 3 \frac{(z-h)^2}{R_1^5} - 3 \frac{(z+h)^2}{R_2^5} - \frac{4\nu_s}{R_2^3} + \frac{6r_U^2}{R_2^5} + z \left(\frac{6(z+h)}{R_2^5} - \frac{30 r_U^2 (z+h)}{R_2^7} \right) \right]$$

$$\tag{4.2-12}$$

$$R_1 = \sqrt{r_U^2 + (z-h)^2}$$
$$R_2 = \sqrt{r_U^2 + (z+h)^2}$$

式中　γ'_s——土体的有效容重,kN/m³;

z——所计算的点离填土面的深度,m;

p ——桩端扩张压力,kN/m²;

r_U——桩体半径,m;

h ——桩体入土深度,m;

ν_s——土体泊松比。

4.2.3.5　计算土体静止侧压力

地下工程中,涉及土压力的结构主要有支挡式围护结构、暗挖法初支结构以及所有在地表以下的主体结构,如车站及附属的主体结构、矿山法隧道二衬结构以及盾构管片等。根据结构可能的位移情况及土体的应力状态,土体的侧压力可分为静止土压力、主动土压力和被动土压力。

结构设计时,除明挖法支挡式围护结构采用主、被动土压力验算结构强度与稳定性外,暗挖法初支结构、车站及附属的主体结构、矿山法隧道二衬结构以及盾构管片的验算均采用静止土压力。

静止土压力强度计算公式:

$$\sigma_h = K_0 \sigma_v \tag{4.2-13}$$

式中　K_0——静止侧压力系数;

σ_v——计算点土体竖向应力。

4.2.4　案例

4.2.4.1　题例1

某地铁车站标准断面及对应的地质柱状图如图 4.2-2 所示,图中标高单位为 m,尺寸单位为 mm,考虑地面超载 20 kPa。试计算车站在使用阶段所受的侧向土压力。

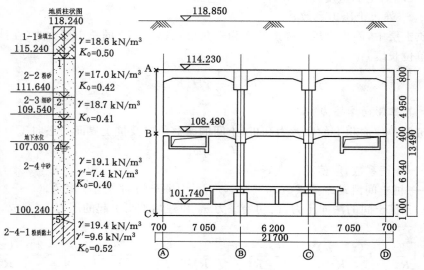

图 4.2-2　某地铁车站标准断面

解：车站在使用阶段所受的土压力为静止土压力，土体竖向自重应力不考虑成拱效应。使用阶段要考虑地下水位对土压力的影响。

位置 1：1-1 土层与 2-2 土层交界处

竖向土压力：

$$\sigma_{v1} = \gamma_1 h_1 + q = 18.6 \times (118.850 - 115.240) + 20 = 87.1 \text{ (kPa)}$$

静止土压力（上）：

$$\sigma_{h1} = K_0 \sigma_{v1} = 0.5 \times 87.1 = 43.6 \text{ (kPa)}$$

静止土压力（下）：

$$\sigma_{h1} = K_0 \sigma_{v1} = 0.42 \times 87.1 = 36.6 \text{ (kPa)}$$

位置 2：2-2 土层与 2-3 土层交界处

竖向土压力：

$$\sigma_{v2} = \sigma_{v1} + \gamma_2 \Delta h_{21} = 87.1 + 17.0 \times (115.240 - 111.640) = 148.3 \text{ (kPa)}$$

静止土压力（上）：

$$\sigma_{h2} = K_0 \sigma_{v2} = 0.42 \times 148.3 = 62.3 \text{ (kPa)}$$

静止土压力（下）：

$$\sigma_{h2} = K_0 \sigma_{v2} = 0.41 \times 148.3 = 60.8 \text{ (kPa)}$$

位置 3：2-3 土层与 2-4 土层交界处

竖向土压力：

$$\sigma_{v3} = \sigma_{v2} + \gamma_3 \Delta h_{23} = 148.3 + 18.7 \times (111.640 - 109.540) = 187.6 \text{ (kPa)}$$

静止土压力（上）：

$$\sigma_{h3} = K_0 \sigma_{v3} = 0.41 \times 187.6 = 76.9 \text{ (kPa)}$$

静止土压力（下）：

$$\sigma_{h3} = K_0 \sigma_{v3} = 0.40 \times 187.6 = 75.0 \text{ (kPa)}$$

位置 4：地下水位处

竖向土压力：

$$\sigma_{v4} = \sigma_{v3} + \gamma_4 \Delta h_{34} = 187.6 + 19.1 \times (109.540 - 107.030) = 235.5 \text{ (kPa)}$$

侧向土压力：

$$\sigma_{h4} = K_0 \sigma_{v4} = 0.40 \times 235.5 = 94.2 \text{ (kPa)}$$

位置 A：顶板顶

竖向土压力：

$$\sigma_{vA} = \sigma_{v1} + \gamma_2 \Delta h_{1A} = 87.1 + 17.0 \times (115.240 - 114.230) = 104.3 \text{ (kPa)}$$

静止土压力：

$$\sigma_{hA} = K_0 \sigma_{vA} = 0.42 \times 104.3 = 43.8 \text{ (kPa)}$$

位置 B：中板厚度中点位置

竖向土压力：

$$\sigma_{vB} = \sigma_{v3} + \gamma_4 \Delta h_{3B} = 187.6 + 19.1 \times (109.540 - 108.480 + 0.2) = 211.7 \text{ (kPa)}$$

静止土压力：

$$\sigma_{hB} = K_0 \sigma_{vB} = 0.40 \times 211.7 = 84.7 \text{ (kPa)}$$

位置 C：底板底

竖向土压力：

$$\sigma_{vC} = \sigma_{v4} + \gamma'_4 \Delta h_{AC} = 235.5 + 7.4 \times (107.030 - 100.740) = 282.0 \text{ (kPa)}$$

静止土压力：

$$\sigma_{hC} = K_0 \sigma_{vC} = 0.40 \times 282.0 = 112.8 \text{ (kPa)}$$

根据计算的数据，主体结构在远期使用阶段所受的侧向土压力如图 4.2-3 所示。

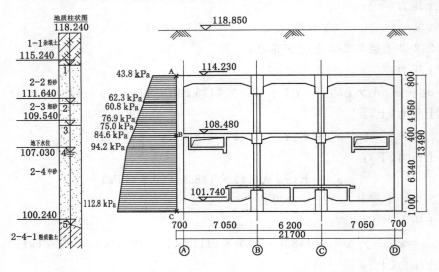

图 4.2-3 某地铁车站标准断面静止侧压力图

在实际设计过程中，土体的静止侧压力通常根据计算点土体加权重度与加权静止侧压力系数计算，计算过程如下。

顶板以上覆土加权容重：

$$\bar{\gamma}_0 = \sum (\gamma_i h_i) / \sum h_i$$

$$= [18.6 \times (118.850 - 115.240) + 17.0 \times (115.240 - 114.230)] / (118.850 - 114.230)$$

$$= 18.25 \text{ (kN/m}^3\text{)}$$

A、B 高度间断面所在土层加权容重：

$$\bar{\gamma}_{0AB} = \sum (\gamma_i h_i) / \sum h_i$$

$$= \left[\begin{array}{l} 17.0 \times (114.230 - 111.640) + 18.7 \times (111.640 - 109.540) + \\ 19.1 \times (109.540 - 108.280) \end{array} \right] \Big/ (114.230 - 108.280)$$

$$= 18.04 \text{ (kN/m}^3\text{)}$$

B、C 高度间断面所在土层加权容重：

$$\bar{\gamma}_{0BC} = \sum (\gamma_i h_i) / \sum h_i$$

$$= [19.1 \times (108.280 - 107.030) + 7.4 \times (107.030 - 100.740)] / (108.280 - 100.740)$$

$$= 9.34 \text{ (kN/m}^3\text{)}$$

断面土层加权侧压系数：

$$K_1 = \sum (K_i h_i) / \sum h_i$$

$$= \left[\begin{matrix} 0.42 \times (114.230 - 111.640) + 0.41 \times (111.640 - 109.540) + \\ 0.40 \times (109.540 - 100.740) \end{matrix} \right] \Big/ (114.230 - 100.740)$$

$$= 0.405$$

顶板顶位置 A：

竖向覆土压力：

$$\sigma_{vA} = \overline{\gamma}_0 h + q = 18.25 \times (118.850 - 114.230) + 20 = 104.3 \ (kPa)$$

则顶板顶静止侧压力：

$$\sigma_{hA} = K_0 \sigma_v = 0.405 \times 104.3 = 42.2 \ (kPa)$$

中板中位置 B：

竖向覆土压力：

$$\sigma_{vB} = \sigma_{vA} + \overline{\gamma}_{0AB} \Delta h_{AB} = 104.3 + 18.04 \times (114.230 - 108.280) = 211.6 \ (kPa)$$

则中板中静止侧压力：

$$\sigma_{hB} = K_0 \sigma_v = 0.405 \times 211.6 = 85.7 \ (kPa)$$

底板底位置 C：

竖向覆土压力：

$$\sigma_{vC} = \sigma_{vB} + \overline{\gamma}_{0BC} \Delta h_{BC} = 211.6 + 9.34 \times (108.280 - 100.740) = 282.0 \ (kPa)$$

则底板底静止侧压力：

$$\sigma_{hC} = K_0 \sigma_v = 0.405 \times 282.0 = 114.2 \ (kPa)$$

根据计算的数据，主体结构在远期使用阶段所受的侧向土压力如图 4.2-4 所示。

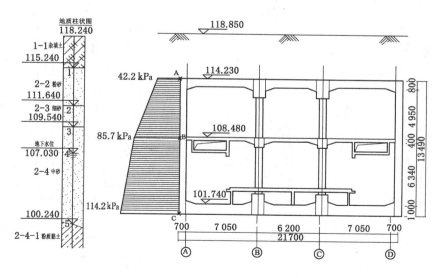

图 4.2-4 某地铁车站标准断面静止侧压力图（加权平均法）

比较图 4.2-3 与图 4.2-4，两种计算方法得到的静止土压力相差不大。计算表明：在顶、中、底板位置,加权平均法计算结果相比逐层计算法变化−3.8%、+1.3%、+1.2%,即不超过±5%。同时,采用加权平均法计算步骤更加简洁。也就是说,采用加权平均法计算结构静止土压力,既能保证计算结果的准确度,又能使计算过程简便。因此,实际设计时,常采用加权平均法计算结构受到的静止土压力。

4.2.4.2 题例 2

某暗挖断面结构尺寸及所处土层参数如图 4.2-5 及表 4.2-1 所示,试计算初衬及二衬受到的土压力。

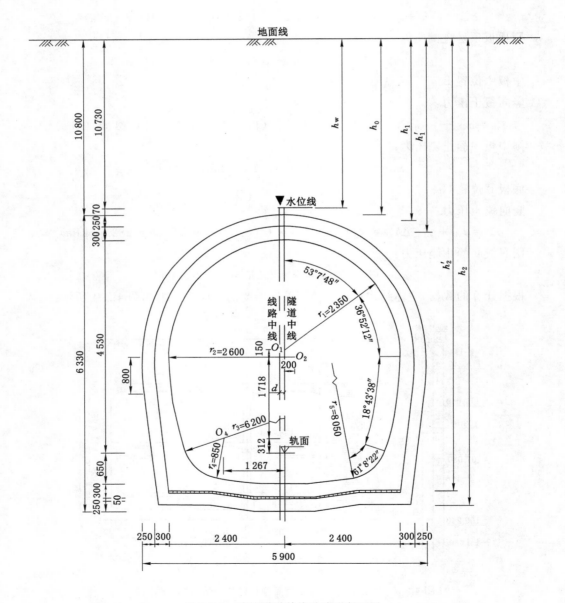

图 4.2-5 暗挖隧道单线马蹄形断面图

表 4.2-1　　　　　　　　　　　　　　　　　　土层参数表

编号	土层名称	厚度/m	容重/(kN/m³)	c/kPa	φ/(°)	静侧压系数
1-1	杂填土	1.8	16.5	—	—	—
2	粉土	1.1	19.2	29	29	—
2-1	粉质黏土	0.5	19.5	36	19	0.48
2	粉土	1.7	19.2	29	29	—
2-3	粉细砂	1.0	19.5	0	25	0.40
2-4	中粗砂	2.5	19.8	0	32	0.40
5	卵石圆砾	2.7	21.0	0	50	0.25
5-1	中粗砂	1.2	20.5	0	40	0.33
6-2	粉土	3.0	19.1	18	28	0.41
7-1	中粗砂	2.2	20.8	0	32	0.20

解：覆土加权容重为：

$$\overline{\gamma}_0 = \sum(\gamma_i h_i)/\sum h_i = 19.4 \ (kN/m^3)$$

断面所在土层加权容重为：

$$\overline{\gamma}_1 = \sum(\gamma_i h_i)/\sum h_i = 20.3 \ (kN/m^3)$$

断面土层加权侧压系数为：

$$K_1 = \sum(K_i h_i)/\sum h_i = 0.33$$

二衬结构计算时考虑水压力的作用，采用水土分算及水土合算分别进行内力分析。计算时假定初衬承担全部土荷载，不承担水荷载。二衬承担 70% 的土荷载及全部的水荷载。

（1）荷载计算

地面超载：20 kN/m³，由于结构覆土比较高，计算中地面超载可忽略不计。

① 初衬荷载标准值：

覆土加权容重 $\overline{\gamma}_0 = 19.4$ kN/m³，断面土层加权容重 $\overline{\gamma}_1 = 20.30$ kN/m³。土层含水量 $w > 20\%$，考虑施工降水作用含水量 w 减少 10%，则：

覆土计算容重：

$$\gamma_0 = \overline{\gamma}_0/(1+0.1) = 17.6 \ (kN/m^3)$$

断面土层计算容重：

$$\gamma_1 = \overline{\gamma}_1/(1+0.1) = 18.5 \ (kN/m^3)$$

顶拱竖向土压力：

$$e = h_0\gamma_0 + (h_1 - h_0)\gamma_1 = 10.8 \times 17.6 + 0.125 \times 18.5 = 192.4 \ (kN/m)$$

结构侧向土压力：

$$e_1 = 192.4 \times 0.33 = 63.5 \ (kN/m)$$

$$e_2 = (192.4 + 6.03 \times 18.5) \times 0.33 = 100.3 \ (kN/m)$$

底拱地基反力由地基弹簧变形提供。

② 二衬荷载标准值：

a. 水土合算

顶拱竖向土压力：

$$e = \bar{\gamma}_0 h_0 \times 0.7 + \bar{\gamma}_1 (h_1' - h_0) \times 0.7 = 19.4 \times 10.8 \times 0.7 + 20.3 \times 0.4 \times 0.7 = 152.3 \ (\text{kN/m})$$

结构侧向土压力：

$$e_1 = eK_1 = 152.3 \times 0.33 = 50.3 \ (\text{kN/m})$$

$$e_2 = [e + (h_2' - h_1')\bar{\gamma}_1 \times 0.7]K_1 = (152.3 + 5.33 \times 20.3 \times 0.7) \times 0.33 = 75.3 \ (\text{kN/m})$$

底拱地基反力由地基弹簧变形提供。

b. 水土分算

顶拱竖向水压力：

$$p_0 = (h_1' - h_w)\gamma_w = (11.2 - 10.73) \times 10 = 4.7 \ (\text{kN/m})$$

结构侧向水压力：

$$p_1 = p_0 = 4.7 \ (\text{kN/m})$$

$$p_2 = (h_2' - h_w)\gamma_w = 5.8 \times 10 = 58.0 \ (\text{kN/m})$$

底拱水压力：

$$p_3 = p_2 = 58.0 \ (\text{kN/m})$$

顶拱竖向土压力：

$$e = \bar{\gamma}_0 h_0 \times 0.7 + (\bar{\gamma}_1 - \gamma_w)(h_1' - h_0) \times 0.7 = 19.4 \times 10.8 \times 0.7 + 10.3 \times 0.4 \times 0.7 = 150.0 \ (\text{kN/m})$$

结构侧向土压力：

$$e_1 = eK_1 = 150.0 \times 0.33 = 49.5 \ (\text{kN/m})$$

$$e_2 = [e + (h_2' - h_1')(\bar{\gamma}_1 - \gamma_w) \times 0.7]K_1 = (150.0 + 5.33 \times 10.3 \times 0.7) \times 0.33$$
$$= 62.2 \ (\text{kN/m})$$

底拱地基反力按计算由地基弹簧变形提供。

(2) 计算简图

根据计算所得荷载，初衬计算简图见图 4.2-6，二衬计算简图见图 4.2-7（水土合算）、图 4.2-8（水土分算）。

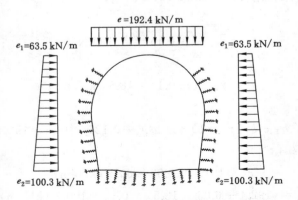

图 4.2-6　暗挖隧道马蹄形断面初衬计算简图

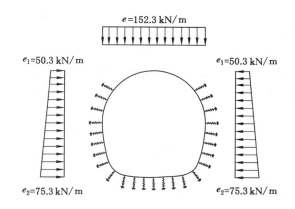

图 4.2-7　暗挖隧道马蹄形断面二衬计算简图(水土合算)

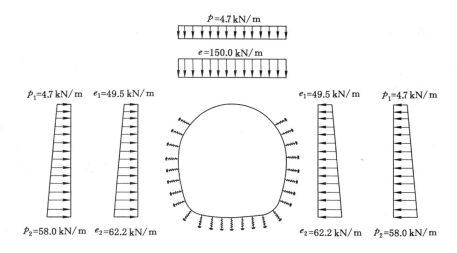

图 4.2-8　暗挖隧道马蹄形断面二衬计算简图(水土分算)

4.3　泊松比

4.3.1　定义

土体在无侧限条件下侧向应变与轴向应变的比值,又称为土的侧膨胀系数。符号:ν。

4.3.2　获取

4.3.2.1　土的室内试验——静止侧压力系数试验

(1)试验步骤见 4.2.2。

(2)计算:先测定土的静止侧压力系数,再根据公式 $\nu = K_0/(1+K_0)$ 计算出土的泊松比。

4.3.2.2　经验值

饱和黏土为 0.50、含砂和粉土的黏土为 0.30～0.42、非饱和黏土为 0.35～0.40、黄土为 0.44、砂质土为 0.15～0.25、砂土为 0.30～0.35。

4.3.3 应用

4.3.3.1 计算静止侧压力系数

$$K_0 = \nu/(1-\nu) \tag{4.3-1}$$

土的静止侧压力系数与泊松比是可以相互换算的,土的静止侧压力系数实验室可以测定,但试验结果不理想,与经验值相差较大,勘察单位一般都不采用,往往采用经验数据及公式计算。

上海对软土的研究较多,认为 $K_0 = 1 - \sin\varphi'$,φ' 为软土的有效内摩擦角,然后再来计算泊松比。对其余岩土层无相关公式,只能查阅有关规范得出土的泊松比经验值,进行反算土的静止侧压力系数。

4.3.3.2 确定压缩模量和变形模量的关系

在侧限压缩试验中,为竖向压力,由于侧向完全侧限,所以:

$$\varepsilon_x = \varepsilon_y = 0 \tag{4.3-2}$$

$$\sigma_x = \sigma_y = K_0 \sigma_z \tag{4.3-3}$$

式中,K_0 为侧压力系数,利用三向应力状态下的广义虎克定律,可得:

$$\varepsilon_x = \frac{\sigma_x}{E_0} - \nu\left(\frac{\sigma_y}{E_0} + \frac{\sigma_z}{E_0}\right) = 0 \tag{4.3-4}$$

式中,ν 为土的泊松比。

由于:

$$K_0 = \nu/(1-\nu) \tag{4.3-5}$$

可得:

$$\varepsilon_z = \frac{\sigma_z}{E_0} - \nu\left(\frac{\sigma_x}{E_0} + \frac{\sigma_y}{E_0}\right) = \frac{\sigma_z}{E_0}(1 - 2\nu K_0) = \frac{\sigma_z}{E_0}\left(1 - \frac{2\nu^2}{1-\nu}\right) \tag{4.3-6}$$

将侧限压缩条件 $\varepsilon_z = \dfrac{\sigma_z}{E_s}$ 代入上式,则:

$$\frac{\sigma_z}{E_s} = \frac{\sigma_z}{E_0}(1 - 2\nu K_0) \tag{4.3-7}$$

这样就得到:

$$E_0 = E_s(1 - 2\nu K_0) = E_s\left(1 - \frac{2\nu^2}{1-\nu}\right) \tag{4.3-8}$$

令 $\beta = 1 - \dfrac{2\nu^2}{1-\nu} = 1 - 2\nu K_0$,则:

$$E_0 = \beta E_s \tag{4.3-9}$$

以上就是得出的变形模量与压缩模量的关系,由于 $0 \leqslant \nu \leqslant 0.5$,所以,$0 \leqslant \beta \leqslant 1$。上式只是 E_0 和 E_s 之间的理论关系,是基于线弹性假设得到的。

4.4 基床系数

4.4.1 定义

外力作用下,单位面积岩土体产生单位变形时所需的压力,也称弹性抗力系数或地基反力系数,单位为 MPa/m。按照岩土体受力方向分为水平基床系数和垂直基床系数。可以理解为土体的刚度,基床系数越大,土体越不容易变形。符号:K。

4.4.2　获取

原位载荷板试验、K_{30} 试验、室内试验(三轴试验法、固结试验法)、经验法(标贯锤击数、规范查表)。

(1)垂直基床系数的测定建议采用平板载荷试验法,承压板形状为方形,边长 30.5 cm,鉴于基础尺寸的换算都是以宽度为标准的,因此不宜采用圆形的承压板试验。

(2)水平基床系数的测定建议采用桩的水平载荷试验法,这种方法可以得到任何条件下的水平基床系数或水平基床系数的比例系数 m 值。鉴于用平板载荷试验法测定的水平基床系数无法反映桩的刚度对基床系数的影响,也无法反映承压板以下土体对抗力的影响,故建议不采用平板载荷试验测定水平基床系数。

(3)地基系数 K_{30} 的测定建议采用直径为 30 cm 的圆形承压板的载荷试验,取与 0.125 cm 变形相对应的接触压力计算 K_{30},并成为一种专门的标准,不要和弹性地基梁板的计算参数相混淆。

(4)室内试验——固结试验法:根据固结试验中测得的应力与变形关系来确定基床系数 K:

$$K = \frac{\sigma_2 - \sigma_1}{e_1 - e_2} \times \frac{1 + e_{\mathrm{m}}}{h_0} \qquad (4.4\text{-}1)$$

式中　$\sigma_2 - \sigma_1$——应力增量,MPa;

　　　$e_1 - e_2$——相应的孔隙比减量;

　　　e_{m}——$e_{\mathrm{m}} = \dfrac{e_1 + e_2}{2}$;

　　　h_0——样品高度,m。

4.4.3　应用

4.4.3.1　弹性地基梁板的计算

弹性地基梁板计算所用的计算参数,建议称为垂直基床系数 K_{V}。由标准承压板试验得到的基床系数称为基准基床系数 K_{V1}。

如图 4.4-1 所示,两端自由的弹性地基梁,长 $l = 4$ m,宽 $b = 0.2$ m,$EI = 1\,333 \times 10^3$ N·m²,地基的基床系数 $K = 4.0 \times 10^4$ kN/m³,算出 1#、2#、3# 截面的弯矩。

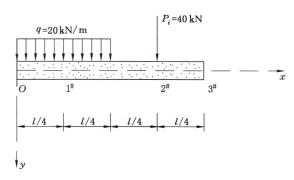

图 4.4-1　某弹性地基梁计算

(1) 判断梁的类型：

$$\alpha = \sqrt[4]{\frac{bK}{4EI}} = 1.106\ 7(1/\mathrm{m})$$

考虑集中截距右端为 $1\ \mathrm{m}$，$\lambda < 2.75$，故属短梁。

(2) 计算初参数：

梁左端条件：

$$\begin{cases} M_0 = 0 \\ Q_0 = 0 \end{cases}$$

梁右端条件：

$$\begin{cases} M_1 = 0 \\ Q_1 = 0 \end{cases}$$

$$M_1 = \frac{bK}{2\alpha^2}y_0\varphi_{3(al)} + \frac{bK}{4\alpha^3}\theta_0\varphi_{4(al)} - \frac{P_i}{2\alpha}\varphi_{2a(l-3)} + \frac{q}{2\alpha^2}\big[\varphi_{3a(l-2)} - \varphi_{3a(l-0)}\big] = 0$$

$$Q_1 = \frac{bK}{2\alpha}y_0\varphi_{2(al)} + \frac{bK}{2\alpha^2}\theta_0\varphi_{3(al)} - P_i\varphi_{1a(l-3)} + \frac{q}{2\alpha}\big[\varphi_{2a(l-2)} - \varphi_{2a(l-0)}\big] = 0$$

(3) 将各值代入后得：

$$-332\ 238y_0 - 10\ 343\theta_0 + 78.492 = 0$$

$$-41\ 601y_0 - 29\ 130\theta_0 + 99.412 = 0$$

解之得：

$$\begin{cases} y_0 = 2.472\ 9 \times 10^{-3} \\ \theta_0 = -1.189\ 1 \times 10^{-4} \end{cases}$$

(4) 计算各截面的弯矩：

$$M_{1\#} = \frac{bK}{2\alpha^2}y_0\varphi_{3(2.1)} + \frac{bK}{4\alpha^3}\theta_0\varphi_{4(2.1)} - \frac{q}{2\alpha^2}\varphi_{3a(1.0)} = -266(\mathrm{N \cdot m})$$

$$M_{2\#} = \frac{bK}{2\alpha^2}y_0\varphi_{3(2.3)} + \frac{bK}{4\alpha^3}\theta_0\varphi_{4(2.3)} - \frac{P_i}{2\alpha}\varphi_{2a(3-3)} + \frac{q}{2\alpha^2}\big[\varphi_{3a(3-2)} - \varphi_{3a(3-0)}\big] = 8\ 135(\mathrm{N \cdot m})$$

$$M_{3\#} = \frac{bK}{2\alpha^2}y_0\ \varphi_{3(2.4)} + \frac{bK}{4\alpha^3}\theta_0\varphi_{4(2.4)} - \frac{P_i}{2\alpha}\varphi_{2a(4-3)} + \frac{q}{2\alpha^2}\big[\varphi_{3a(4-2)} - \varphi_{3a(4-0)}\big] = 0$$

4.4.3.2 桩和挡土结构物在横向荷载作用下的内力与变形计算

桩和挡土结构物内力和变形计算所用的计算参数，建议称为水平基床系数 K_H。

横向荷载下竖向挡土结构的内力及变形计算，目前较常用平面杆系结构弹性支点法求解，其计算模型如图 4.4-2 所示。

该模型中，基坑围护结构外侧土压力为主动土压力，开挖面以下各土层的土压力不随深度变化而呈矩形分布；坑内侧开挖面以下的土体用土弹簧模拟。

围护结构求解的基本方程：

内力变形关系：

$$M = EI\rho = -EI\ \frac{\mathrm{d}^2x}{\mathrm{d}z^2} \tag{4.4-2}$$

平衡方程：

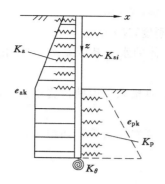

图 4.4-2　明挖基坑围护计算简图

$$Q = \frac{\mathrm{d}M}{\mathrm{d}z} = -EI\,\frac{\mathrm{d}^3 x}{\mathrm{d}z^3} \tag{4.4-3}$$

$$-\frac{\mathrm{d}Q}{\mathrm{d}z} = EI\,\frac{\mathrm{d}^4 x}{\mathrm{d}z^4} = e_{\mathrm{ak}} b_{\mathrm{s}} - K_{\mathrm{a}} b_0 x - K_{\mathrm{p}} b_0 x \tag{4.4-4}$$

支撑边界条件：

$$Q_{z_{\mathrm{si}}} = -EI\frac{\mathrm{d}^3 x}{\mathrm{d}z^3}\bigg|_{z=z_{\mathrm{si}}} = -K_{\mathrm{si}} b_{\mathrm{s}} (x_{z_{\mathrm{si}}}^{m} - x_{z_{\mathrm{si}}}^{m-1}) - T_{0i} \tag{4.4-5}$$

桩端处边界条件：

$$M_{z_{\mathrm{L}}} = -EI\frac{\mathrm{d}^2 x}{\mathrm{d}z^2}\bigg|_{z=z_{\mathrm{L}}} = -K_{\theta}\frac{\mathrm{d}x}{\mathrm{d}z}\bigg|_{z=z_{\mathrm{L}}} \tag{4.4-6}$$

式中　M——桩身弯矩，$\mathrm{N \cdot m}$。

EI——围护墙抗弯刚度，$\mathrm{N \cdot mm^2}$；E 为墙体材料的弹性模量，$\mathrm{N/mm^2}$；I 为截面惯性矩，$\mathrm{mm^4}$。

ρ——曲率。

x——水平位移，m。

z——深度，m。

Q——桩身剪力，N。

e_{ak}——主动侧水土压力，N。

K_{a}——基底以上土的水平基床系数，$\mathrm{N/m^3}$。

K_{p}——基底以下土的水平基床系数，$\mathrm{N/m^3}$。

b_{s}——主动侧水土压力计算宽度，m。

b_0——土体抗力计算宽度，m。

z_{si}——第 i 道支撑的深度，m。

K_{si}——第 i 道支撑每延米的水平刚度，$\mathrm{N/m}$。

$Q_{z_{\mathrm{si}}}$——第 i 道支撑处的墙体剪力，N。

$x_{z_{\mathrm{si}}}^{m}$——第 i 道支撑处第 m 工况的水平位移，m。

T_{0i}——第 i 道支撑每延米的水平向预加轴力，N。

z_{L}——墙底端的深度，m。

M_{z_L}——墙底端的墙体弯矩，N·m。

K_θ——墙底端旋转约束刚度，N·m/rad。

以上参数中，K_a、K_p均为土体的水平基床系数，只是按土体与基底的位置关系进行了区分。

土体水平基床系数并不一定直接采用地勘报告中提供的土层水平基床系数，而是通过一定的计算方法取得。

现将国内外几种典型的基床系数图式简述如图 4.4-3 所示。

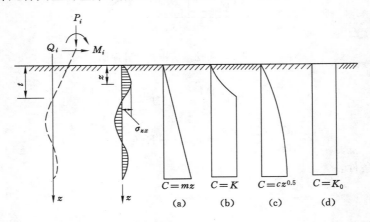

图 4.4-3　典型基床系数图式

(a) m 法；(b) K 法；(c) C 值法；(d) 张有龄法

其具体含义如表 4.4-1 所列。

表 4.4-1　　　　　　　　　　　桩的几种典型的基床系数求法

计算方法	基床系数随深度分布规律	基床系数 K_H 表达式	说明
m 法	与深度成正比	$K_H = mz$	m 为土层的水平基床系数随深度增长的比例系数
K 法	桩身第一挠曲线零点以上抛物线变化，以下不随深度变化	$K_H = K$	K 为常数
C 值法	与深度呈抛物线变化	$K_H = Cz^{0.5}$	C 为地基土比例系数
张有龄法	沿深度均匀分布	$K_H = K_0$	K_0 为常数

以上方法中，K 法与张有龄法计算结果与实际不符，目前已经很少采用。C 值法是由陕西省交通科学研究院于 1974 年提出的一种弹性地基反力法，在我国公路部门应用较多。m 法假定水平基床反力系数随深度呈线性增加，该方法既可以用解析解又可以用数值解法求解，使用方便，是目前我国大多数相关规范推荐的计算方法，主要适用于一般正常固结的黏性土和一般砂土。

m 法中，z 为计算点距离开挖面的深度（对于主动侧就是距桩顶的距离）。按此计算方法，K_H 与 z 呈线性关系，但土体的水平基床系数不可能无限大，因而将地勘报告中提供的土层水平基床系数作为其限值。

求得各参数后,求解微分方程,即可得到桩身变形与内力。

4.4.3.3　地下暗挖及盾构管片结构内力计算

在地铁区间建造过程中,矿山法与盾构法是两种常用的工法。矿山法涉及的结构有初衬及二衬,盾构法涉及的结构为盾构管片。这些结构在地下服役过程中,既受到周围土体的压力作用,又受到土体的约束作用,而约束作用的强度即是通过土体的基床系数表示。

如图 4.4-4 所示,该图是某矿山法区间结构分析示意图,该结构在上部受到地面超载及顶部覆土压力,两侧受到地面超载及土体引起的静止侧压力。同时,为了模拟周围土体的约束作用,在结构两侧及底部均将土体简化为只能受压的地基弹簧。地基弹簧的方向与结构在该点的切线方向垂直,其刚度由结构划分的单元体长度、弹簧角度以及对应土层水平与竖向基床系数确定。

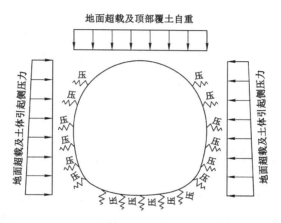

图 4.4-4　暗挖隧道马蹄形断面计算简图

需要说明的是,实际上结构与土体有无数个接触点,因而可以认为有无数个地基弹簧作用在结构上;但是,为了计算的简便并考虑简化后的计算结果能够满足工程设计需要,设计上通常将结构划分为有限个单元,只在每个单元两端考虑地基弹簧的作用。最终,计算简图上只有有限个地基弹簧作用在每个结构单元的两端,如图 4.4-5 所示。

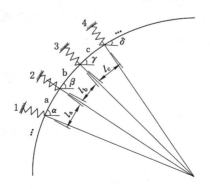

图 4.4-5　结构单元划分与地基弹簧

从图 4.4-5 中可以看出,结构被划分为 a、b、c 等若干个结构单元,每个单元两端作用有两个地基弹簧,相邻单元共用一个地基弹簧。以结构单元 b 为例,其两端分别有地基弹簧 2

和 3,弹簧 2 与结构单元 a 共用,弹簧 3 与单元 c 共用。

对于某地基弹簧,可以认为其刚度由该结构单元在水平与竖直方向上投影长度对应的弹簧刚度合成,如图 4.4-6 所示。从而可求得:

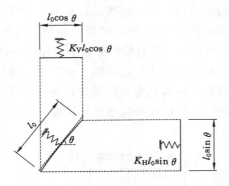

图 4.4-6　结构单元地基弹簧刚度合成

$$K = \sqrt{(K_V l_0 \sin \theta)^2 + (K_V l_0 \cos \theta)^2} \tag{4.4-7}$$
$$l_0 = (l_1 + l_r)/2$$

式中　K_H、K_V——地基弹簧作用点土层的水平、垂直基床系数;

　　　l_1、l_r——地基弹簧作用点邻近两个结构单元的长度,m;

　　　θ——地基弹簧作用点结构切线与水平方向夹角,(°)。

求出各个弹簧的刚度并计算出结构荷载后,即可求解结构内力,从而进一步根据计算结果进行配筋计算。

题例:某出入口暗挖初支结构及对应的勘察资料如图 4.4-7 所示,其计算模型如图 4.4-8 所示,试分析各约束弹簧的刚度。

图 4.4-8 中,初支下部结构被均分为单元体 a~j,每个单元体有两个弹性支座,以模拟土体的约束作用。

对弹性支座 2~10:对应单元长度 $l_0 = 0.911$ m,所在土层 $K_H = 20$ MPa/m,$K_V = 15$ MPa/m,单元体与水平方向夹角 $\theta = 0°$,则弹性支座刚度:

$$K = \sqrt{(K_H l_0 \sin \theta)^2 + (K_V l_0 \cos \theta)^2}$$
$$= \sqrt{(20 \times 0.911 \times \sin 0°)^2 + (15 \times 0.911 \times \cos 0°)^2}$$
$$= 13\ 700\ (\text{kPa})$$

对弹性支座 1、11:对应单元长度 $l_0/2 = 0.911/2$ m,所在土层 $K_H = 20$ MPa/m,$K_V = 15$ MPa/m,单元体与水平方向夹角 $\theta = 0°$,则弹性支座刚度:

$$K = \sqrt{(K_H l_0 \sin \theta)^2 + (K_V l_0 \cos \theta)^2}$$
$$= \sqrt{(20 \times 0.911/2 \times \sin 0°)^2 + (15 \times 0.911/2 \times \cos 0°)^2}$$
$$= 6\ 800\ (\text{kPa})$$

对弹性支座 12、13:对应单元长度取 $l_0 = 1.0$ m,所在土层 $K_H = 14$ MPa/m,$K_V = $

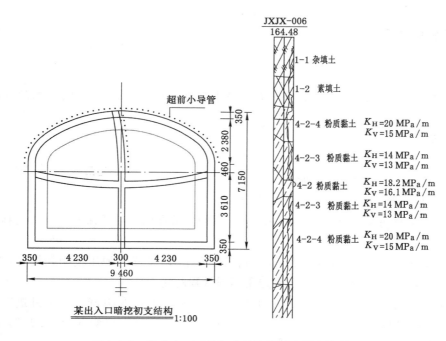

图 4.4-7　某出入口暗挖初支结构及对应勘察资料

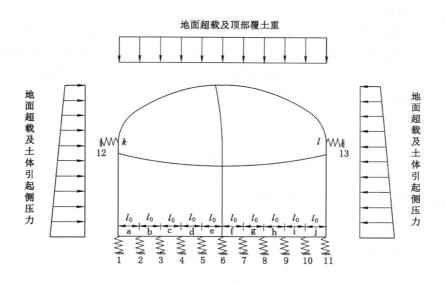

图 4.4-8　某出入口暗挖初支结构计算模型

13 MPa/m,单元体与水平方向夹角 $\theta = 90°$,则弹性支座刚度:

$$K = \sqrt{(K_H l_0 \sin\theta)^2 + (K_V l_0 \cos\theta)^2}$$

$$= \sqrt{(14 \times 1.0 \times \sin 90°)^2 + (13 \times 1.0 \times \cos 90°)^2}$$

$$= 14\,000\ (\text{kPa})$$

4.5　无侧限抗压强度

4.5.1　定义

土体在无侧限条件下抵抗垂直压力的极限强度,单位为 kPa。反映土体的软硬程度。符号:q_u。

4.5.2　获取

室内试验:

(1) 本试验方法适用于饱和黏土。

(2) 试验步骤:

① 将试样两端抹一薄层凡士林,在气候干燥时,试样周围亦需抹一薄层凡士林,防止水分蒸发。

② 将试样放在底座上,转动手轮,使底座缓慢上升,试样与加压板刚好接触,将测力计读数调整为零。根据试样的软硬程度选用不同量程的测力计。

③ 轴向应变速率宜为每分钟应变 1%～3%。转动手柄,使升降设备上升进行试验,轴向应变小于 3% 时,每隔 0.5% 应变(或 0.4 mm)读数一次;轴向应变等于、大于 3% 时,每隔 1% 应变(或 0.8 mm)读数一次。试验宜在 8～10 min 内完成。

④ 当测力计读数出现峰值时,继续进行 3%～5% 的应变后停止试验;当读数无峰值时,试验应进行到应变达 20% 为止。

⑤ 试验结束,取下试样,描述试样破坏后的形状。

⑥ 当需要测定灵敏度时,应立即将破坏后的试样除去涂有凡士林的表面,加少许余土,包于塑料薄膜内用手搓捏,破坏其结构,重塑成圆柱形,放入重塑筒内,用金属垫板,将试样挤成与原状试样尺寸、密度相等的试样,并按①～⑤款的步骤进行试验。

(3) 计算:

① 轴向应变,应按下式计算:

$$\varepsilon_1 = \frac{\Delta h}{h_0} \tag{4.5-1}$$

② 试样面积的校正,应按下式计算:

$$A_a = \frac{A_0}{1 - \varepsilon_1} \tag{4.5-2}$$

③ 试样所受的轴向应力,应按下式计算:

$$\sigma = \frac{C \cdot R}{A_a} \times 10 \tag{4.5-3}$$

式中　R——测力计量表读数,0.01 mm;

　　　C——测力计率定系数,N/0.01 mm 或 N/mV;

　　　A_0——试样初始断面积,cm^2;

　　　A_a——试样的校正断面积,cm^2;

　　　ε_1——轴向应变,%;

　　　Δh——试样的高度变化,mm;

h_0——试样初始高度,mm;

σ——轴向应力,kPa;

10——单位换算系数。

④ 以轴向应力为纵坐标,轴向应变为横坐标,绘制轴向应力与轴向应变关系曲线(图 4.5-1)。取曲线上最大轴向应力作为无侧限抗压强度,当曲线上峰值不明显时,取轴向应变 15% 所对应的轴向应力作为无侧限抗压强度。

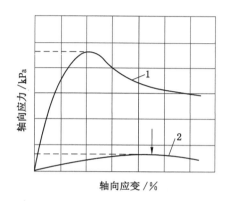

图 4.5-1　轴向应力与轴向应变的关系曲线

1——原状试样;2——重塑试样

4.5.3　应用

(1)求土的灵敏度。

根据原状土与重塑土的无侧限抗压强度值可得到土的灵敏度,即 $S_t = q_u / q_u'$(该式只适用于 $\varphi \approx 0°$ 的饱和软黏土)。

(2)划分黏性土的软硬程度。

黏性土软硬度按无侧限抗压强度分类见表 4.5-1[《工程地质手册》(第四版)]。

表 4.5-1　　　　　　　　黏性土软硬度按无侧限抗压强度分类

无侧限抗压强度 q_u/kPa	$q_u \geqslant 240$	$240 > q_u \geqslant 120$	$120 > q_u \geqslant 60$	$60 > q_u \geqslant 30$	$q_u < 30$
软硬度分类	很硬	硬	中等软	软	很软

(3)根据无侧限抗压强度确定 $\varphi \approx 0°$ 的饱和软黏土的抗剪强度,土的不排水抗剪强度 $S = q_u / 2$。

4.6　灵敏度

4.6.1　定义

原状土的无侧限抗压强度与其重塑土(土的结构性彻底破坏、密度与含水量与原状土相同)的无侧限抗压强度之比。反映土的性质受结构扰动影响的程度,灵敏度越大,结构扰动影响越明显,受扰动后土的强度降低就越多。符号:S_t。

4.6.2 获取

室内试验：

（1）本试验方法适用于饱和黏土。

（2）试验步骤见 4.5.2。

（3）计算：

$$S_t = \frac{q_u}{q_u'} \qquad (4.6\text{-}1)$$

式中　S_t——灵敏度；

　　　q_u——原状试样的无侧限抗压强度，kPa；

　　　q_u'——重塑试样的无侧限抗压强度，kPa。

4.6.3 应用

工程上常用灵敏度 S_t 来衡量黏性土结构性对强度的影响。

黏性土灵敏度分类见表 4.6-1[《工程地质手册》（第四版）]。

表 4.6-1　　　　　　　　　黏性土结构性按灵敏度分类

灵敏度 S_t	<2	2~4	4~8	8~16	>16
结构性分类	不灵敏	中等灵敏	灵敏	高灵敏	极灵敏

地基土的灵敏性在工程中的应用：天然状态下的黏性土，由于地质历史作用常具有一定的结构性。当土体受到外力扰动作用，其结构遭受破坏时，土的强度降低，压缩性增高。土的灵敏度越高，其结构性越强，受扰动后土的强度降低就越明显。在黏土中打桩时可根据土体的灵敏性，判定桩侧土的结构受到破坏而强度降低的程度。

4.7　压实系数

4.7.1 定义

填土的实际干密度与由击实试验得到的最大干密度之比。符号：λ_c。

4.7.2 获取

填土的压实系数需要通过两个试验分别获得填土的实际干密度与最大干密度，其中实际干密度由室内、现场密度试验获得，最大干密度由室内击实试验获得。

4.7.2.1 土的室内试验——密度试验

（1）环刀法密度试验步骤（适用于细粒土）：

① 用环刀切取试样时，应在环刀内壁涂一薄层凡士林，刃口向下放在土样上，将环刀垂直下压，并用切土刀沿环刀外侧切削土样，边压边削至土样高出环刀，根据试样的软硬采用钢丝锯或切土刀整平环刀两端土样，擦净环刀外壁，称环刀和土的总质量。

② 试样的湿密度，应按下式计算：

$$\rho_0 = \frac{m_0}{V} \qquad (4.7\text{-}1)$$

式中　ρ_0——试样的湿密度，g/cm³，准确到 0.01 g/cm³。

③ 试样的干密度,应按下式计算:

$$\rho_d = \frac{\rho_0}{1 + 0.01 w_0}$$ （4.7-2）

（2）蜡封法密度试验步骤(适用于易破裂土和形状不规则的坚硬土):

① 从原状土样中,切取体积不小于 30 cm³ 的代表性试样,清除表面浮土及尖锐棱角,系上细线,称试样质量,准确至 0.01 g。

② 持线将试样缓缓浸入刚过熔点的蜡液中,浸没后立即提出,检查试样周围的蜡膜,当有气泡时应用针刺破,再用蜡液补平,冷却后称蜡封试样质量。

③ 将蜡封试样挂在天平的一端,浸没于盛有纯水的烧杯中,称蜡封试样在纯水中的质量,并测定纯水的温度。

④ 取出试样,擦干蜡面上的水分,再称蜡封试样质量。当浸水后试样质量增加时,应另取试样重做试验。

⑤ 试样的密度,应按下式计算:

$$\rho_0 = \frac{m_0}{\dfrac{m_n - m_{nw}}{\rho_{wT}} - \dfrac{m_n - m_0}{\rho_n}}$$ （4.7-3）

式中　m_n——蜡封试样质量,g;

　　　m_{nw}——蜡封试样在纯水中的质量,g;

　　　ρ_{wT}——纯水在 T ℃时的密度,g/cm³;

　　　ρ_n——蜡的密度,g/cm³。

⑥ 试样的干密度,应按下式计算:

$$\rho_d = \frac{\rho_0}{1 + 0.01 w_0}$$ （4.7-4）

4.7.2.2　土的现场试验——密度试验

（1）灌水法密度试验步骤(适用于现场测定粗粒土的密度):

① 根据试样最大粒径确定试坑尺寸,见表 4.7-1。

表 4.7-1　　　　　　　　　　　　　　试坑尺寸　　　　　　　　　　　　　　单位:mm

试样最大粒径	试坑尺寸	
	直径	深度
5(20)	150	200
40	200	250
60	250	300

② 将选定试验处的试坑地面整平,除去表面松散的土层。

③ 按确定的试坑直径划出坑口轮廓线,在轮廓线内下挖至要求深度,边挖边将坑内的试样装入盛土容器内,称试样质量,准确到 10 g,并应测定试样的含水率。

④ 试坑挖好后,放上相应尺寸的套环,用水准尺找平,将大于试坑容积的塑料薄膜袋平铺于坑内,翻过套环压住薄膜四周。

⑤ 记录储水筒内初始水位高度,拧开储水筒出水管开关,将水缓慢注入塑料薄膜袋中。

当袋内水面接近套环边缘时,将水流调小,直至袋内水面与套环边缘齐平时关闭出水管,持续3～5 mm,记录储水筒内水位高度。当袋内出现水面下降时,应另取塑料薄膜袋重做试验。

⑥ 试坑的体积,应按下式计算:

$$V_p = (H_1 - H_2) \times A_w - V_0 \qquad (4.7\text{-}5)$$

式中 V_p——试坑体积,cm³;

      H_1——储水筒内初始水位高度,cm;

      H_2——储水筒内注水终了时水位高度,cm;

      A_w——储水筒断面积,cm²;

      V_0——套环体积,cm³。

⑦ 试样的密度,应按下式计算:

$$\rho_0 = \frac{m_p}{V_p} \qquad (4.7\text{-}6)$$

式中 m_p——取自试坑内的试样质量,g。

(2) 灌砂法密度试验步骤(适用于现场测定粗粒土的密度):

① 按上条灌水法密度试验步骤①～③挖好规定的试坑尺寸,并称试样质量。

② 向容砂瓶内注满砂,关阀门,称容砂瓶、漏斗和砂的总质量,准确至 10 g。

③ 将密度测定器倒置(容砂瓶向上)于挖好的坑口上,打开阀门,使砂注入试坑。在注砂过程中不应震动。当砂注满试坑时关闭阀门,称容砂瓶、漏斗和余砂的总质量,准确至10 g,并计算注满试坑所用的标准砂质量。

④ 试样的密度,应按下式计算:

$$\rho_0 = \frac{m_p}{\dfrac{m_s}{\rho_s}} \qquad (4.7\text{-}7)$$

式中 m_s——注满试坑所用标准砂的质量,g。

⑤ 试样的干密度,应按下式计算,准确至 0.01 g/cm³:

$$\rho_d = \frac{\dfrac{m_p}{1 + 0.01w_1}}{\dfrac{m_s}{\rho_s}} \qquad (4.7\text{-}8)$$

4.7.2.3 土的室内试验——击实试验

(1) 本试验分轻型击实和重型击实。轻型击实试验适用于粒径小于 5 mm 的黏性土,重型击实试验适用于粒径不大于 20 mm 的土。采用 3 层击实时,最大粒径不大于 40 mm。

轻型击实试验的单位体积击实功约 592.2 kJ/m³,重型击实试验的单位体积击实功约 2 684.9 kJ/m³。

(2) 试验步骤:

① 将击实仪平稳置于刚性基础上,击实筒与底座连接好,安装好护筒,在击实筒内壁均匀涂一薄层润滑油。称取一定量试样,倒入击实筒内,分层击实,轻型击实试样为 2～5 kg,分 3 层,每层 25 击;重型击实试样为 4～10 kg,分 5 层,每层 56 击,若分 3 层,每层 94 击。每层试样高度宜相等,两层交界处的土面应刨毛。击实完成时,超出击实筒顶的试样高度应小于 6 mm。

② 卸下护筒，用直刮刀修平击实筒顶部的试样，拆除底板。试样底部若超出筒外，也应修平。擦净筒外壁，称筒与试样的总质量，准确至 1 g，并计算试样的湿密度。

③ 用推土器将试样从击实筒中推出，取 2 个代表性试样测定含水率，2 个含水率的差值应不大于 1%。

④ 对不同含水率的试样依次击实。

（3）计算。

① 试样的干密度应按下式计算：

$$\rho_{\mathrm{d}} = \frac{\rho_0}{1 + 0.01 w_i} \tag{4.7-9}$$

式中　w_i——某点试样的含水率，%。

② 干密度和含水率的关系曲线，应在直角坐标纸上绘制（图 4.7-1），并应取曲线峰值点相应的纵坐标为击实试样的最大干密度，相应的横坐标为击实试样的最优含水率。当关系曲线不能绘出峰值点时，应进行补点，土样不宜重复使用。

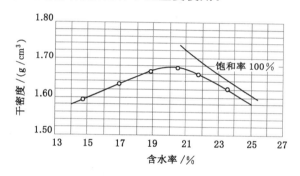

图 4.7-1　ρ_{d}—w 曲线

③ 气体体积等于零（即饱和度 100%）的等值线应按下式计算，并应将计算值绘于图 4.7-1 的关系曲线上：

$$w_{\mathrm{set}} = \left(\frac{\rho_{\mathrm{w}}}{\rho_{\mathrm{d}}} - \frac{1}{G_{\mathrm{s}}} \right) \times 100\% \tag{4.7-10}$$

式中　w_{set}——试样的饱和含水率，%；

　　　ρ_{w}——温度 4 ℃时水的密度，g/cm³；

　　　ρ_{d}——试样的干密度，g/cm³；

　　　G_{s}——土颗粒比重。

④ 轻型击实试验中，当试样中粒径大于 5 mm 的土质量小于或等于试样总质量的 30% 时，应对最大干密度和最优含水率进行校正。

A. 最大干密度应按下式校正：

$$\rho'_{\mathrm{dmax}} = \frac{1}{\dfrac{1 - P_5}{\rho_{\mathrm{dmax}}} + \dfrac{P_5}{\rho_{\mathrm{w}} \cdot G_{\mathrm{s2}}}} \tag{4.7-11}$$

式中　ρ'_{dmax}——校正后试样的最大干密度，g/cm³；

　　　ρ_{dmax}——击实试样的最大干密度，g/cm³；

P_5——粒径大于 5 mm 土粒的质量百分数,%;

G_{s2}——粒径大于 5 mm 土粒的饱和面干比重。

注:饱和面干比重指当土粒呈饱和面干状态时的土粒总质量与相当于土粒总体积的纯水 4 ℃时质量的比值。

B. 最优含水率应按下式进行校正,计算至 0.1%:

$$w'_{opt} = w_{opt}(1 - P_5) + P_5 \cdot w_{ab}$$ (4.7-12)

式中 w'_{opt}——校正后试样的最优含水率,%;

w_{opt}——击实试样的最优含水率,%;

w_{ab}——粒径大于 5 mm 土粒的吸着含水率,%。

4.7.2.4   计算 λ_c

压实系数为填土的实际干密度(ρ_d)与最大干密度(ρ_{dmax})之比。

4.7.3   应用

压实系数主要用来评价填土的压实程度。

根据《建筑地基基础设计规范》(GB 50007—2011),压实填土的质量以压实系数控制,并应根据结构类型、压实填土所在部位按表 1.3-1 确定。

4.8   天然休止角

4.8.1   定义

无黏性土堆积起来所形成的最大坡角。符号:α。

其主要影响因素如下:

(1) 形状。无黏性土颗粒越接近于球形,其休止角越小。

(2) 尺寸。对于同一种颗粒,其粒径越小休止角越大,这是由于颗粒越细小其颗粒间的相互黏附力越大。

(3) 含水率。休止角随含水率增加而增大。

(4) 堆放条件。振动环境中休止角减小。

4.8.2   获取

4.8.2.1   土的室内试验——无黏性土天然休止角试验[《水电水利工程土工试验规程》(DL/T 5355—2006)]

(1) 本试验方法适用于粒径小于 5 mm 的无黏性土。

(2) 试验步骤:

① 取充分风干试样约 8 kg。

② 将圆盘置放于槽底中央,连接升降装置和圆盘中心的金属杆顶端。

③ 用小勺装试样后沿金属杆四周缓慢倾倒,勺口离试样表面的距离宜始终保持在 1 cm 左右,直至试样刚好将圆盘完全覆盖为止。

④ 缓慢转动升降装置,使圆盘平稳升起,直至圆盘底面离开槽内堆积土样表面为止。测记试样锥体顶端与金属圆杆接触处的刻度值,即试样高度。

⑤ 如测定土在水下状态的休止角,则在完成第③步后,沿槽壁向槽内缓慢注水,直至水将试样全部淹没,待试样充分浸水饱和后,徐徐转动升降装置,使圆盘平稳升起,直至圆盘底

面离开槽内堆积土样表面且试样锥体顶端露出水面约 1 cm。测记试样锥体顶端与金属圆杆接触处的刻度值,即试样高度。

⑥ 读数精确至 1 mm。

(3) 计算:

$$\alpha = \arctan \frac{2h}{d_0 - d_1} \tag{4.8-1}$$

式中　α——试样的休止角,(°);

　　　h——试样高度,cm;

　　　d_0——圆盘直径,cm;

　　　d_1——圆杆直径,cm。

4.8.2.2　土的现场试验——无黏性土天然休止角试验[《水电水利工程土工试验规程》(DL/T 5355—2006)]

(1) 本试验方法适用于无黏性粗粒土,不适用于水下试验。

(2) 试验步骤:

① 选取足够数量的有代表性风干试样。

② 平整场地,将金属圆杆竖立在场地中央并固定,使金属圆杆在地表面的读数为零。

③ 在地面以金属圆杆为中心画圆线,圆线直径宜为试样中最大颗粒粒径的 50 倍。当试样中最大颗粒粒径大于 60 mm 时,可适当减小圆线直径与最大颗粒粒径的比值。

④ 充分拌匀土样,并将土样分为若干份。

⑤ 沿金属圆杆四周缓慢堆积试样,试样的落距应始终保持在 2 cm 左右,直至试样形成的圆锥体底面达到圆线为止,堆积时应防止土样颗粒分离。

⑥ 测记试样圆锥体顶端与金属圆杆接触处的刻度值,即试样高度。

⑦ 圆线直径和试样高度精确至 1 cm。

(3) 计算:

$$\alpha = \arctan \frac{2h}{d_0 - d_1} \tag{4.8-2}$$

式中　α——试样的休止角,(°);

　　　h——试样高度,cm;

　　　d_0——圆盘直径,cm;

　　　d_1——圆杆直径,cm。

4.8.3　应用

天然休止角主要用来评价无黏性土的天然自稳能力。

4.9　地基承载力

4.9.1　定义

地基极限承载力:使地基土发生剪切破坏而即将失去整体稳定性时相应的最小基础地面压力,单位为 kPa。

地基容许承载力:要求作用在基底压应力不超过地基的极限承载力,并且有足够的安全度,而且所引起的变形不能超过建筑物的容许变形,满足以上两项要求,地基单位面积上所能承受的荷载为地基的容许承载力,单位为 kPa。

4.9.2 获取

原位试验、理论公式、规范表格、当地经验。

《建筑地基基础设计规范》(GB 50007—2011)规定,地基承载力特征值可由载荷试验或其他原位测试、公式计算,并结合工程实践经验等方法综合确定。

具体确定时,应结合当地建筑经验按下列方法综合考虑:

(1) 对一级建筑物采用载荷试验、理论公式计算及原位测试方法综合确定。

(2) 对二级建筑物可按当地有关规范查表,或原位测试确定,有些二级建筑物尚应结合理论公式计算确定。

(3) 对三级建筑物可根据邻近建筑物的经验确定。

4.9.2.1 按理论公式计算地基承载力

(1) 按塑性状态计算:

① 临塑压力计算:基础受中心荷载,地基土刚开始出现剪切破坏(即开始由弹性变形进入塑性变形)时的临界压力,由下式计算:

$$f_{cr} = \frac{\pi(\gamma_m d + c_k \cot \varphi_k)}{\cot \varphi_k + \varphi_k - \frac{\pi}{2}} + \gamma_m d = M_d \gamma_m d + M_c c_k \qquad (4.9\text{-}1)$$

② 进入塑性区一定范围时的临界压力计算:即容许地基土有一定的塑性区开展,此一定塑性区一般规定为其最大深度不大于基础宽度的 1/4。《建筑地基基础设计规范》(GB 50007—2011)和苏联的有关规范均采用此方法计算地基承载力特征值。

$$f_v = \frac{\pi\gamma_m d + \dfrac{\gamma d}{4} + c_k \cot \varphi_k}{\cot \varphi_k + \varphi_k - \dfrac{\pi}{2}} + \gamma_m d = M_b \gamma b + M_d \gamma_m d + M_c c_k \qquad (4.9\text{-}2)$$

式中　f_{cr}——临塑压力,可直接作为地基承载力特征值,kPa。

$\quad\quad f_v$——塑性区开展深度为 1/4 基础宽度时的压力,《建筑地基基础设计规范》(GB 50007—2011)规定,当偏心距 e 小于或等于 0.033 倍基础底面宽度时,可作为地基承载力特征值,kPa。

$\quad\quad \gamma$——基础底面以下土的重度,地下水位以下取有效重度,kN/m³。

$\quad\quad \gamma_m$——基础底面以上土的加权平均重度,地下水位以下取有效重度,kN/m³。

$\quad\quad d$——基础埋置深度,对于建筑物基础,一般自室外地面起算。在填方整平地区,可从填土地面起算,但填土在上部结构施工后完成时,应以天然地面起算。对于地下室,如采用箱形基础或筏基时,基础埋置深度自室外地面起算,在其他情况下,应从室内地面起算,m。

$\quad\quad b$——基础地面宽度,m,大于 6 m 时按 6 m 考虑。对于砂土,小于 3 m 时按 3 m 考虑。对于圆形或多边形基础,可按 $b = 2\sqrt{\dfrac{F}{\pi}}$ 考虑,F 为圆形或多边形基础面积。

$\quad\quad c_k$、φ_k——分别为基底下一倍基础宽度的深度范围内土的黏聚力(kPa)和内摩擦角(°)标准值。

M_b、M_d、M_c——承载力系数,可根据 φ_k 值按表 4.9-1 查取或按下式计算:

$$M_b = \frac{\pi}{4\left(\cot \varphi_k + \varphi_k - \dfrac{\pi}{2}\right)} \qquad (4.9\text{-}3)$$

$$M_d = 1 + \frac{\pi}{\cot \varphi_k + \varphi_k - \dfrac{\pi}{2}} \qquad (4.9\text{-}4)$$

$$M_c = \frac{\pi}{\tan \varphi_k \left(\cot \varphi_k + \varphi_k - \dfrac{\pi}{2}\right)} \qquad (4.9\text{-}5)$$

表 4.9-1　　　　　　　　　　　　承载力系数 M_b、M_d、M_c

内摩擦角 φ_k /(°)	M_b	M_d	M_c	内摩擦角 φ_k /(°)	M_b	M_d	M_c
0	0	1.00	3.14	22	0.61	3.44	6.04
2	0.03	1.12	3.32	24	0.80	3.87	6.45
4	0.06	1.25	3.51	26	1.10	4.37	6.90
6	0.10	1.39	3.71	28	1.40	4.93	7.40
8	0.14	1.55	3.93	30	1.90	5.59	7.95
10	0.18	1.73	4.17	32	2.50	6.35	8.55
12	0.23	1.94	4.42	34	3.20	7.21	9.22
14	0.29	2.17	4.69	36	4.20	8.25	9.97
16	0.36	2.43	5.00	38	5.00	9.44	10.80
18	0.43	2.72	5.31	40	5.80	10.84	11.73
20	0.51	3.06	5.66	—	—	—	—

注:26°~40°的 M_b 值系根据砂土的载荷试验资料做了修正。

式(4.9-1)和式(4.9-2)是按条形荷载导出的,用于矩形或方形地基土的承载力形的局部荷载作用下的情况,将偏于安全。在采用式(4.9-2)计算地基土的承载力特征值时,基础的宽度不宜过小,以防止塑性区的贯通,使地基发生较大的变形或失去稳定。同时,还必须验算变形。

利用上述公式确定地基承载力时,对于 c、φ 值的可靠程度要求是比较高的,因此试验的方法必须和地基土的工作状态相适应。

(2) 按极限状态计算:

① Prandtl、Buisman、Terzaghi 极限承载力公式:

极限承载力公式是 Prandtl 于 1921 年最先提出的,它的基本假设是把土体作为刚-塑体,在剪切破坏以前不显示任何变形,破坏以后则在恒值应力下产生塑流。按条形基础进行计算,计算时作了如下简化:

A. 略去了基底以上土的抗剪强度;

B. 略去了上覆土层与基础之间的摩擦力,及上覆土层与持力层之间的摩擦力;

C. 与基础宽度 b 相比,基础的长度是很大的。

② Prandtl(1921 年)和 Reissner(1924 年)得出的极限承载力公式是:

$$f_u = c_k N_c + \gamma_0 d N_d \tag{4.9-6}$$

式中 f_u——极限承载力，kPa；

γ_0——土的重度，kN/m^3；

N_d、N_c——承载力系数，按下式或按表 4.9-2 计算。

$$N_d = e^{x \tan \varphi_k} \left(\tan \frac{\pi}{4} + \frac{\varphi_k}{2} \right)^2 \tag{4.9-7}$$

$$N_c = (N_d - 1) \cot \varphi_k \tag{4.9-8}$$

③ Buisman(1940 年)和 Terzaghi(1943 年)对上式作了补充，提出如下公式：

$$f_u = c_k N_c + \gamma_0 d N_d + \frac{1}{2} \gamma b N_b \tag{4.9-9}$$

$$N_b = 2(N_d + 1) \tan \varphi_k \tag{4.9-10}$$

式中 N_b——承载力系数，按表 4.9-2 确定。

表 4.9-2　　　　　　　　　　极限承载力系数

$\varphi_k/(°)$	N_c	N_d	N_b	$\varphi_k/(°)$	N_c	N_d	N_b
0	5.14	1.00	0.00	26	22.25	11.85	12.54
1	5.38	1.09	0.97	27	23.94	13.20	14.47
2	5.63	1.20	0.15	28	25.80	14.72	16.72
3	5.90	1.31	0.24	29	27.86	16.44	19.34
4	6.19	1.43	0.34	30	30.14	18.40	22.40
5	6.49	1.57	0.45	31	32.67	20.63	25.99
6	6.81	1.72	0.57	32	35.49	23.18	30.22
7	7.16	1.88	0.71	33	38.64	26.09	35.19
8	7.53	2.06	0.86	34	42.16	29.44	41.06
9	7.92	2.26	1.03	35	46.12	33.30	48.03
10	8.35	2.47	1.22	36	50.59	37.75	56.31
11	8.80	2.71	1.44	37	55.63	42.92	66.19
12	9.28	2.97	1.69	38	61.35	48.93	78.03
13	9.81	3.26	1.97	39	67.87	55.96	92.25
14	10.37	3.59	2.29	40	75.31	64.20	109.41
15	10.98	3.94	2.65	41	83.86	73.90	130.22
16	11.63	4.34	3.06	42	93.71	85.38	155.55
17	12.34	4.77	3.53	43	105.11	99.02	186.54
18	13.10	5.26	4.07	44	108.37	115.31	224.64
19	13.93	5.80	4.68	45	133.88	134.88	271.76
20	14.83	6.40	5.39	46	152.10	158.51	330.35
21	15.82	7.07	6.20	47	173.64	187.21	403.67
22	16.88	7.82	7.13	48	199.26	222.31	496.01
23	18.05	8.66	8.20	49	229.93	265.51	613.16
24	19.32	9.60	9.44	50	266.89	319.07	762.86
25	20.72	10.66	10.88				

④ E.E.DeBeer(1967 年)和 A.S.Vesic(1970 年)提出了形状修正系数,对上式又作了补充,形成了目前国内外常用的极限承载力公式:

$$f_u = c_k N_c \zeta_c + \gamma_0 d N_d \rfloor_c + \frac{1}{2} \gamma b N_b \rfloor_b \tag{4.9-11}$$

式中 ζ_c、$\rfloor_c$、$\rfloor_b$——基础形状系数,按表 4.9-3 确定。

表 4.9-3 基础形状系数

基础形状	ζ_c	$\rfloor_c$	$\rfloor_b$
条形	1.00	1.00	1.00
矩形	$1 + \dfrac{bN_d}{lN_c}$	$1 + \dfrac{b}{l}\tan\varphi_k$	$1 - 0.4\dfrac{b}{l}$
圆形和方形	$1 + \dfrac{bN_d}{lN_c}$	$1 + \tan\varphi_k$	0.60

注:l 为基础地面长度,m。

4.9.2.2 按原位测试确定地基承载力特征值 f_{ak}

(1)浅层平板载荷试验。

根据《建筑地基基础设计规范》(GB 50007—2011)附录 C,承载力特征值的确定应符合下列规定:

① 当 p—s 曲线上有比例界限时,取该比例界限所对应的荷载值。

② 当极限荷载小于对应比例界限的荷载值的 2 倍时,取极限荷载值的一半。

③ 当不能按上述二款要求确定时,当压板面积为 $0.25 \sim 0.50$ m²,可取 $s/b = 0.01 \sim 0.015$ 所对应的荷载,但其值不应大于最大加载量的一半。

④ 同一土层参加统计的试验点不应少于三点,各试验实测值的极差不得超过其平均值的 30%,取此平均值作为该土层的地基承载力特征值(f_{ak})。

(2)深层平板载荷试验。

根据《建筑地基基础设计规范》(GB 50007—2011)附录 D,承载力特征值的确定应符合下列规定:

① 当 p—s 曲线上有比例界限时,取该比例界限所对应的荷载值。

② 满足终止加载条件三款条件之一时[a. 沉降 s 急剧增大,荷载—沉降(p—s)曲线上有可判定极限承载力的陡降段,且沉降量超过 $0.04d$(d 为承压板直径);b. 在某级荷载下,24 h 内沉降速率不能达到稳定;c. 本级沉降量大于前一级沉降量的 5 倍],其对应的前一级荷载定为极限荷载,当该值小于对应比例界限的荷载值的 2 倍时,取极限荷载值的一半。

③ 不能按上述二款要求确定时,可取 $s/d = 0.01 \sim 0.015$ 所对应的荷载值,但其值不应大于最大加载量的一半。

④ 同一土层参加统计的试验点不应少于三点,当试验实测值的极差不超过平均值的 30% 时,取此平均值作为该土层的地基承载力特征值(f_{ak})。

(3)岩石地基载荷试验。

根据《建筑地基基础设计规范》(GB 50007—2011)附录 H,岩石地基承载力特征值的确定应符合下列规定：

① 对应于 p—s 曲线上起始直线段的终点为比例界限。符合终止加载条件(a. 沉降量读数不断变化,在 24 h 内,沉降速率有增大的趋势;b. 压力加不上或勉强加上而不能保持稳定)的前一级荷载为极限荷载。将极限荷载除以 3 的安全系数,所得值与对应于比例界限的荷载相比较,取小值。

② 每个场地载荷试验的数量不应少于 3 个,取最小值作为岩石地基承载力特征值。

③ 岩石地基承载力不进行深宽修正。

(4) 标准贯入试验、圆锥动力触探试验、静力触探试验、旁压试验、十字板剪切试验、扁铲侧胀试验确定地基承载力的方法分别见本书 5.1、5.2、5.3、5.5、5.7、5.8 节。

4.9.2.3 按《建筑地基基础设计规范》(GB 50007—2011)确定地基承载力特征值 f_a

(1) 地基承载力特征值可由载荷试验或其他原位测试、公式计算,并结合工程实践经验等方法综合确定。

(2) 当基础宽度大于 3 m 或埋置深度大于 0.5 m 时,从载荷试验或其他原位测试、经验值等方法确定的地基承载力特征值,尚应按下式修正：

$$f_a = f_{ak} + \eta_b \gamma (b - 3) + \eta_d \gamma_m (d - 0.5) \tag{4.9-12}$$

式中　f_a——修正后地基承载力特征值,kPa。

　　f_{ak}——地基承载力特征值,kPa,可由载荷试验或其他原位测试、公式计算,并结合工程实践经验等方法综合确定。

　　η_b、η_d——基础宽度和埋置深度的地基承载力修正系数,按基底下土的类别查表 4.9-4 取值。

　　γ——基础底面以下土的重度,kN/m³,地下水位以下取浮重度。

　　b——基础底面宽度,m,当基础底面宽度小于 3 m 时按 3 m 取值,大于 6 m 时按 6 m 取值。

　　γ_m——基础底面以上土的加权平均重度,kN/m³,位于地下水位以下的土层取有效重度。

　　d——基础埋置深度,m,宜自室外地面标高算起。在填方整平地区,可自填土地面标高算起,但填土在上部结构施工后完成时,应从天然地面标高算起。对于地下室,当采用箱形基础或筏基时,基础埋置深度自室外地面标高算起;当采用独立基础或条形基础时,应从室内地面标高起算。

表 4.9-4　　　　　　　　　　　　承载力修正系数

土的类别		η_b	η_d
淤泥和淤泥质土		0	1.0
人工填土 e 或 I_L 大于等于 0.85 的黏性土		0	1.0
红黏土	含水比 $\alpha_w > 0.8$	0	1.1
	含水比 $\alpha_w \leqslant 0.8$	0.15	1.4
大面积压实填土	压实系数大于 0.95、黏粒含量 $\rho_c \geqslant 10\%$ 的粉土	0	1.5
	最大干密度大于 2 100 kg/m³ 的级配砂石	0	2.0

续表 4.9-4

土的类别		η_b	η_d
粉土	黏粒含量 $\rho_c \geqslant 10\%$ 的粉土	0.3	1.5
	黏粒含量 $\rho_c < 10\%$ 的粉土	0.5	2.0
e 和 I_L 均小于 0.85 的黏性土		0.3	0.6
粉砂、细砂(不包括很湿与饱和时的稍密状态)		2.0	3.0
中砂、粗砂、砾砂和碎石土		3.0	4.4

注:1. 强风化和全风化的岩石,可参照所风化成的相应土类取值,其他状态下的岩石不修正;

2. 地基承载力特征值按《建筑地基基础设计规范》附录 D 深层平板载荷试验确定时 η_d 取 0;

3. 含水比是指土的天然含水量与液限的比值;

4. 大面积压实填土是指填土范围大于两倍基础宽度的填土。

（3）当偏心距 e 小于或等于 0.033 倍基础底面宽度时,根据土的抗剪强度指标确定地基承载力特征值可按下式计算,并应满足变形要求:

$$f_a = M_b \gamma b + M_d \gamma_m d + M_c c_k \tag{4.9-13}$$

式中　f_a——由土的抗剪强度指标确定的地基承载力特征值,kPa;

M_b、M_d、M_c——承载力系数,按表 4.9-5 确定;

b——基础底面宽度,m,大于 6 m 时按 6 m 取值,对于砂土小于 3 m 时按 3 m 取值;

c_k——基底下一倍短边宽度的深度范围内土的黏聚力标准值,kPa。

表 4.9-5　　承载力系数 M_b、M_d、M_c

土的内摩擦角标准值 $\varphi_k/(°)$	M_b	M_d	M_c
0	0	1.00	3.14
2	0.03	1.12	3.32
4	0.06	1.25	3.51
6	0.10	1.39	3.71
8	0.14	1.55	3.93
10	0.18	1.73	4.17
12	0.23	1.94	4.42
14	0.29	2.17	4.69
16	0.36	2.43	5.00
18	0.43	2.72	5.31
20	0.51	3.06	5.66
22	0.61	3.44	6.04
24	0.80	3.87	6.45
26	1.10	4.37	6.90
28	1.40	4.93	7.40
30	1.90	5.59	7.95
32	2.60	6.35	8.55
34	3.40	7.21	9.22

续表 4.9-5

土的内摩擦角标准值 $\varphi_k/(°)$	M_b	M_d	M_c
36	4.20	8.25	9.97
38	5.00	9.44	10.80
40	5.80	10.84	11.73

注：φ_k——基底下一倍短边宽度的深度范围内土的内摩擦角标准值，(°)。

（4）对于完整、较完整、较破碎的岩石地基承载力特征值可按《建筑地基基础设计规范》（GB 50007—2011）附录 H 岩石地基载荷试验方法确定；对破碎、极破碎的岩石地基承载力特征值，可根据平板载荷试验确定。对完整、较完整和较破碎的岩石地基承载力特征值，也可根据室内饱和单轴抗压强度按下式进行计算：

$$f_a = \psi_r \cdot f_{rk} \tag{4.9-14}$$

式中　f_a——岩石地基承载力特征值，kPa。

　　　　f_{rk}——岩石饱和单轴抗压强度标准值，kPa，可按《建筑地基基础设计规范》（GB 50007—2011）附录 J 确定。

　　　　ψ_r——折减系数。根据岩体完整程度以及结构面的间距、宽度、产状和组合，由地方经验确定。无经验时，对完整岩体可取 0.5；对较完整岩体可取 0.2～0.5；对较破碎岩体可取 0.1～0.2。

注：① 上述折减系数值未考虑施工因素及建筑物使用后风化作用的继续；

② 对于黏土质岩，在确保施工期及使用期不致遭水浸泡时，也可采用天然湿度的试样，不进行饱和处理。

4.9.2.4　按《铁路桥涵地基和基础设计规范》确定地基容许承载力 $[\sigma]$

（1）地基容许承载力 $[\sigma]$ 系指在保证地基稳定的条件下，桥梁和涵洞基础下地基单位面积上容许承受的力。地基的基本承载力 σ_0 系指基础宽度 $b \leqslant 2$ m、埋置深度 $h \leqslant 3$ m 时的地基容许承载力，可按第（2）条诸表确定，用原位测试方法确定时，可不受上述诸表限制；对重要桥梁或地质复杂桥梁应采用载荷试验及原位测试方法等综合确定。当 $b > 2$ m 或 $h > 3$ m 时，地基容许承载力可按第（3）条计算确定。软土地基容许承载力按第（4）条确定。

注：① 基础宽度 b，对于矩形基础为短边宽度（m），对于圆形或正多边形基础为 $\sqrt{F}$，F 为基础的底面积（m²）；

② 各类岩土地基基本承载力表中的数值允许内插；

③ 原位测试方法及成果的应用，可参照国家和铁道部有关标准的规定。

（2）土和岩石地基的基本承载力 σ_0 可按表 4.9-6～表 4.9-15 确定。

表 4.9-6　　　　　　　　　　**岩石地基的基本承载力 σ_0**　　　　　　　　单位：kPa

岩石类别 ＼ 节理发育程度 节理间距/cm	节理很发育 2～20	节理发育 20～40	节理不发育或较发育 >40
硬质岩	1 500～2 000	2 000～3 000	>3 000
较软岩	800～1 000	1 000～1 500	1 500～3 000

续表 4.9-6

节理发育程度 节理间距/cm 岩石类别	节理很发育 2～20	节理发育 20～40	节理不发育或较发育 >40
软　岩	500～800	700～1 000	900～1 200
极软岩	200～300	300～400	400～500

注:1. 对于溶洞、断层、软弱夹层、易溶岩的岩石等,应个别研究确定;

　　2. 裂隙张开或有泥质填充时,应取低值。

表 4.9-7　碎石类土地基的基本承载力 σ_0　　　　单位:kPa

密实程度 土　　名	松　散	稍　密	中　密	密　实
卵石土、粗圆砾土	300～500	500～650	650～1 000	1 000～1 200
碎石土、粗角砾土	200～400	400～550	550～800	800～1 000
细圆砾土	200～300	300～400	400～600	600～850
细角砾土	200～300	300～400	400～500	500～700

注:1. 半胶结的碎石类土可按密实的同类土的 σ_0 值提高 10%～30%;

　　2. 由硬质岩块组成,充填砂类土者用高值;由软质岩块组成,充填黏性土者用低值;

　　3. 自然界中很少见松散的碎石类土,定为松散应慎重;

　　4. 漂石土、块石土的 σ_0 值,可参照卵石土、碎石土适当提高。

表 4.9-8　砂类土地基的基本承载力 σ_0　　　　单位:kPa

密实程度 土名　　湿度		松散	稍密	中密	密实
砾砂、粗砂	与湿度无关	200	370	430	550
中砂	与湿度无关	150	330	370	450
细砂	稍湿或潮湿	100	230	270	350
细砂	饱和	—	190	210	300
粉砂	稍湿或潮湿	—	190	210	300
粉砂	饱和	—	90	110	200

表 4.9-9　粉土地基的基本承载力 σ_0　　　　单位:kPa

$w/\%$ e	10	15	20	25	30	35	40
0.5	400	380	(355)	—	—	—	—
0.6	300	290	280	(270)	—	—	—
0.7	250	235	225	215	(205)	—	—
0.8	200	190	180	170	(165)	—	—
0.9	160	150	145	140	130	(125)	—

续表 4.9-9

$w/\%$ e	10	15	20	25	30	35	40
1.0	130	125	120	115	110	105	(100)

注:1. e 为天然孔隙比,w 为天然含水率,有括号者仅供内插;

  2. 在湖、塘、沟、谷与河漫滩地段以及新近沉积的粉土,应根据当地经验取值。

表 4.9-10   **Q₄ 冲、洪积黏性土地基的基本承载力 σ_0**   单位:kPa

液性指数 I_L 天然孔隙比 e	0	0.1	0.2	0.3	0.4	0.5	0.6	0.7	0.8	0.9	1.0	1.1	1.2
0.5	450	440	430	420	400	380	350	310	270	240	220	—	
0.6	420	410	400	380	360	340	310	280	250	220	200	180	
0.7	400	370	350	330	310	290	270	240	220	190	170	160	150
0.8	380	330	300	280	260	240	230	210	180	160	150	140	130
0.9	320	280	260	240	220	210	190	180	160	140	130	120	100
1.0	250	230	220	210	190	170	160	150	140	120	110	—	
1.1	—		160	150	140	130	120	110	100	90	—		

注:土中含有粒径大于 2 mm 的颗粒且按土重计占全重 30% 以上时,σ_0 可酌情提高。

表 4.9-11   **Q₃ 及其以前冲、洪积黏性土地基的基本承载力 σ_0**   单位:kPa

压缩模量 E_s/MPa	10	15	20	25	30	35	40
σ_0/kPa	380	430	470	510	550	580	620

注:1. 压缩模量 $E_s = \dfrac{1+e_1}{a_{1\sim2}}$,式中,$e_1$ 为压力为 0.1 MPa 时土样的孔隙比;$a_{1\sim2}$ 为对应于 0.1~0.2 MPa 压力段的压缩系数,MPa^{-1}。

  2. 当 $E_s<10$ MPa 时,其基本承载力 σ_0 按表 4.9-10 确定。

表 4.9-12   **残积黏性土地基的基本承载力 σ_0**   单位:kPa

压缩模量 E_s/MPa	4	6	8	10	12	14	16	18	20
σ_0/kPa	190	220	250	270	290	310	320	330	340

注:本表适用于西南地区碳酸盐类岩层的残积红土,其他地区可参照使用。

表 4.9-13   **新黄土(Q₄、Q₃)地基的基本承载力 σ_0**   单位:kPa

液限 w_L/%	天然含水率 w/% 孔隙比 e	5	10	15	20	25	30	35
	0.7	—	230	190	150	110	—	—
24	0.9	240	200	160	125	85	(50)	—
	1.1	210	170	130	100	60	(20)	—
	1.3	180	140	100	70	40	—	—

续表 4.9-13

液限 w_L/%	孔隙比 e	天然含水率 w/%						
		5	10	15	20	25	30	35
28	0.7	280	260	230	190	150	110	—
	0.9	260	240	200	160	125	85	—
	1.1	240	210	170	140	100	60	—
	1.3	220	180	140	110	70	40	—
32	0.7	—	280	260	230	180	150	—
	0.9	—	260	240	200	150	125	—
	1.1	—	240	210	170	130	100	60
	1.3	—	220	180	140	100	70	40

注:1. 非饱和 Q_3 新黄土,当 $0.85<e<0.95$ 时,σ_0 值可提高 10%;

2. 本表不适用于坡积、崩积和人工堆积等黄土;

3. 括号内数值供内插用。

表 4.9-14　　　　　**老黄土(Q_2、Q_1)地基的基本承载力 σ_0**　　　　　单位:kPa

w/w_L	e			
	$e<0.7$	$0.7\leqslant e<0.8$	$0.8\leqslant e\leqslant 0.9$	$e>0.9$
<0.6	700	600	500	400
0.6~0.8	500	400	300	250
>0.8	400	300	250	200

注:1. w——天然含水率,w_L——液限含水率,e——天然孔隙比;

2. 山东地区老黄土黏聚力小于 50 kPa,内摩擦角小于 25°,σ_0 应降低 20% 左右。

表 4.9-15　　　　　**多年冻土地基的基本承载力 σ_0**　　　　　单位:kPa

序号	土名	基础底面的月平均最高土温/℃					
		-0.5	-1.0	-1.5	-2.0	-2.5	-3.5
1	块石土、卵石土、碎石土、粗圆砾土、粗角砾土	800	950	1 100	1 250	1 380	1 650
2	细圆砾土、细角砾土、砾砂、粗砂、中砂	600	750	900	1 050	1 180	1 450
3	细砂、粉砂	450	550	650	750	830	1 000
4	粉土	400	450	550	650	710	850
5	粉质黏土、黏土	350	400	450	500	560	700
6	饱冰冻土	250	300	350	400	450	550

注:1. 本表序号 1~5 类的地基基本承载力适用于少冰冻土、多冰冻土,当序号 1~5 类的地基为富冰冻土时,表列数值应降低 20%;

2. 含土冰层的承载力应实测确定;

3. 基础置于饱冰冻土的土层上时,基础底面应敷设厚度不小于 0.20~0.30 m 的砂垫层。

（3）当基础的宽度 $b>2$ m 或基础底面的埋置深度 $h>3$ m，且 $h/b\leqslant 4$ 时，地基的容许承载力可按下式计算：

$$[\sigma]=\sigma_0+k_1\gamma_1(b-2)+k_2\gamma_2(h-3) \tag{4.9-15}$$

式中　$[\sigma]$——地基的容许承载力，kPa。

σ_0——地基的基本承载力，kPa。

b——基础的短边宽度，m，大于 10 m 时，按 10 m 计算。

h——基础底面的埋置深度，m。对于受水流冲刷的墩台，由一般冲刷线算起；不受水流冲刷者，由天然地面算起；位于挖方内，由开挖后地面算起。

γ_1——基底以下持力层土的天然容重，kN/m³；如持力层在水面以下，且为透水者，应采用浮重。

γ_2——基底以上土的天然容重的平均值，kN/m³；如持力层在水面以下，且为透水者，水中部分应采用浮重；如为不透水者，不论基底以上水中部分土的透水性质如何，应采用饱和容重。

k_1,k_2——宽度、深度修正系数，按持力层土的类别确定，见表 4.9-16。

表 4.9-16　　　　　　　　　　　宽度、深度修正系数

土的类别	黏性土				黄土		砂类土								碎石类土			
	Q_4 的冲、洪积土		Q_3 及其以前的冲、洪积土	残积土	粉土	新黄土	老黄土	粉砂		细砂		中砂		砾砂粗砂		碎石圆砾角砾		卵石	
修正系数	$I_L<0.5$	$I_L\geqslant0.5$						稍、中密	密实	稍、中密	密实	稍、中密	密实	稍、中密	密实	稍、中密	密实	稍、中密	密实
k_1	0	0	0	0	0	0	0	1	1.2	1.5	2	2	3	3	4	3	4	3	4
k_2	2.5	1.5	2.5	1.5	1.5	1.5	1.5	2	2.5	3	4	4	5.5	5	6	5	6	6	10

注：1. 节理不发育或较发育的岩石不作宽深修正；节理发育或很发育的岩石，k_1、k_2 可按碎石类土的系数；对已风化成砂、土状者，则按砂类土、黏性土的系数。

2. 稍松状态的砂类土和松散状态的碎石类土，k_1、k_2 值可采用表列稍、中密值的 50%。

3. 冻土的 $k_1=0$、$k_2=0$。

（4）软土地基的容许承载力，必须同时满足稳定和变形两方面的要求，可按下列方法确定，但应同时检算基础的沉降量，并符合有关规定：

$$[\sigma]=5.14C_u\frac{1}{m'}+\gamma_2 h \tag{4.9-16}$$

对于小桥和涵洞基础，也可由下式确定软土地基容许承载力：

$$[\sigma]=\sigma_0+\gamma_2(h-3) \tag{4.9-17}$$

式中　$[\sigma]$——地基容许承载力，kPa。

m'——安全系数，可视软土灵敏度及建筑物对变形的要求等因素选 1.5～2.5。

C_u——不排水剪切强度，kPa。

γ_2——基底以上土的天然容重的平均值，kN/m³。如持力层在水面以下，且为透水

者,水中部分应采用浮重;如为不透水者,不论基底以上水中部分土的透水性
质如何,应采用饱和容重。

　　h——基础底面的埋置深度,m。对于受水流冲刷的墩台,由一般冲刷线算起;不受水
流冲刷者,由天然地面算起;位于挖方内,由开挖后地面算起。

　　σ_0——地基基本承载力,由表 4.9-17 确定。

表 4.9-17　　　　　　　　　　软土地基的基本承载力 σ_0　　　　　　　　　单位:kPa

天然含水率 w/%	36	40	45	50	55	65	75
σ_0/kPa	100	90	80	70	60	50	40

　　(5)地基承载力的提高:

　　① 墩台建在水中,基底土为不透水层,常水位高出一般冲刷线每高 1 m,容许承载力可
增加 10 kPa。

　　② 主力加附加力时,地基容许承载力[σ]可提高 20%。主力加特殊荷载(地震力除外)
时,地基容许承载力[σ]可按表 4.9-18 提高。

表 4.9-18　　　　　　　　地基容许承载力的提高系数

地基情况	提高系数
基本承载力 $\sigma_0>500$ kPa 的岩石和土	1.4
150 kPa$<\sigma_0\leq500$ kPa 的岩石和土	1.3
100 kPa$<\sigma_0\leq150$ kPa 的土	1.2

　　③ 既有桥墩台的地基土因多年运营被压密,其基本承载力可予以提高,但提高值不应
超过 25%。

4.9.2.5　北京地区

　　北京市地区的一般第四纪黏性土、新近沉积黏性土、一般第四纪粉细砂、新近沉积粉细
砂、粉质黏土填土及变质炉灰的地基承载力见表 4.9-19~表 4.9-24。

表 4.9-19　　　　　　一般第四纪黏性土及粉土地基承载力标准值 f_{ka}

压缩模量 E_s/MPa	4	6	8	10	12	14	16	18	20	22	24
轻型圆锥动力触探锤击数 N_{10}	10	17	22	29	39	50	60	70	80	90	100
比贯入阻力 p_s/MPa	1.0	1.3	2.0	3.1	4.6	6.2	7.7	9.2	11.0	12.5	14.0
下沉 1 cm 时的附加压力 $k_{0.08}$/kPa	162	200	237	275	312	350	387	425	462	499	536
承载力标准值 f_{ka}/kPa	120	160	190	210	230	250	270	290	310	330	350

　　注:1. 粉土指黏质粉土及塑性指数大于或等于 5 的砂质粉土。塑性指数小于 5 的砂质粉土按粉砂考虑。

　　　2. $k_{0.08}$ 系承压板面积为 50 cm×50 cm 的平板载荷试验,当沉降量为 1 cm 时的附加压力(简称"下沉 1 cm 时的附加
压力"),单位为 kPa。

表 4.9-20 新近沉积黏性土及粉土地基承载力标准值 f_{ka}

压缩模量 E_s/MPa	2	3	4	5	6	7	8	9	10	11
轻型圆锥动力触探锤击数 N_{10}	6	8	10	12	14	16	18	20	23	25
比贯入阻力 p_s/MPa	0.4	0.6	0.9	1.2	1.5	1.8	2.1	2.5	2.9	3.3
下沉 1 cm 时的附加压力 $k_{0.08}$/kPa	57	71	85	98	112	125	139	153	166	180
承载力标准值 f_{ka}/kPa	50	80	100	110	120	130	150	160	180	190

表 4.9-21 一般第四纪粉、细砂地基承载力标准值 f_{ka}

标准贯入试验锤击数校正值	15	20	25	30	35	40
比贯入阻力 p_s/MPa	12	15	18	21	24	27.5
下沉 1 cm 时的附加压力 $k_{0.08}$/kPa	378	471	565	658	752	845
承载力标准值 f_{ka}/kPa	180	230	280	330	380	420

表 4.9-22 新近沉积粉、细砂地基承载力标准值 f_{ka}

标准贯入试验锤击数校正值 $N'_{63.5}$	4	6	9	11	14
比贯入阻力 p_s/MPa	3.3	4.6	6.5	7.7	10.0
轻型圆锥动力触探锤击数 N_{10}	22	32	48	59	75
下沉 1 cm 时的附加压力 $k_{0.08}$/kPa	128	177	249	295	370
承载力标准值 f_{ka}/kPa	90	110	140	160	180

表 4.9-23 卵石、圆砾地基承载力标准值 f_{ka} 单位:kPa

土类	剪切波速 v_s/(m/s)		
	250～300	300～400	400～500
	密实度		
	稍密	中密	密实
卵石	300～400	400～600	600～800
圆砾	200～300	300～400	400～600

表 4.9-24 素填土及变质炉灰地基承载力标准值 f_{ka}

压缩模量 E_s/MPa	1.5	3.0	5.0	7.0	9.0	11.0
轻型圆锥动力触探锤击数 N_{10}	5	9	14	20	26	31
比贯入阻力 p_s/MPa	0.5	0.9	1.4	2.0	2.6	3.1
下沉 1 cm 时的附加压力 $k_{0.08}$/kPa	74	94	122	149	177	205

压缩模量 E_s/MPa		1.5	3.0	5.0	7.0	9.0	11.0
承载力标准值 f_{ka}/kPa	素填土	60～80	75～100	90～120	105～135	120～155	135～170
	变质炉灰	50～70	65～85	80～100	85～120	95～135	105～150

注:本表适用于自重固结完成后饱和度为 0.60～0.90 的均匀素填土和变质炉灰,饱和度高的取低值。

4.9.2.6 哈尔滨市区

按《哈尔滨市市区建筑地基承载力特征值技术规定(试行)》(HDB 001—2005)确定地基承载力特征值 f_{ak}。

(1)地基承载力特征值可根据标准贯入试验锤击数 N、静力触探比贯入阻力 p_s、轻型圆锥动力触探锤击数 N_{10} 按表 4.9-25～表 4.9-29 确定。

表 4.9-25　　　　　一般黏性土地基承载力特征值 f_{ak}

N	3	5	7	9	11	13	15
f_{ak}/kPa	110	145	180	215	250	290	325

注:1. N 为修正后的标准贯入锤击数平均值,统计子样数不少于 6 个,最大值或最小值与平均值相差不超过 20%;
　　2. 本表可内插使用。

表 4.9-26　　　　　粉土地基承载力特征值 f_{ak}

N	3	4	5	6	7	8	9	10	11	12	13	14	15
f_{ak}/kPa	95	105	120	135	150	165	180	195	215	230	245	265	280

注:1. N 为修正后的标准贯入锤击数平均值,统计子样数不少于 6 个,最大值或最小值与平均值相差不超过 20%;
　　2. 本表可内插使用。

表 4.9-27　　　　　砂土地基承载力特征值 f_{ak}

N		10	15	30
f_{ak}/kPa	中砂、粗砂	180	250	340
	粉砂、细砂	140	180	250

注:1. N 为修正后的标准贯入锤击数平均值,统计子样数不少于 6 个,且满足数理统计要求;
　　2. 本表可内插使用。

表 4.9-28　　一般黏性土、粉土及饱和砂土地基承载力特征值 f_{ak}

p_s/MPa		0.5	1	2	3	4	5	6	7	8	9	10
f_{ak}/kPa	一般黏性土	100	120	155	195	230	270	300	—	—	—	—
	粉土及饱和砂土	—	80	120	150	180	200	220	240	260	280	300

注:1. p_s 为静力触探比贯入阻力平均值,统计子样数不少于 6 个,且满足数理统计要求;
　　2. 本表可内插使用。

表 4.9-29　　　　　　　　　一般黏性土地基承载力特征值 f_{ak}

N_{10}	15	20	25	30
f_{ak}/kPa	100	140	180	220

注:1. N_{10} 为统计后轻型圆锥动力触探锤击数平均值,统计子样数不少于6个,且满足数理统计要求;

　2. 本表可内插使用。

（2）一般黏性土地基承载力特征值可根据地基土孔隙比 e 和液性指数 I_L 按表 4.9-30 确定;淤泥及淤泥质土地基承载力特征值可根据地基土天然含水量 $w(\%)$ 按表 4.9-31 确定。

表 4.9-30　　　　　　　　　一般黏性土地基承载力特征值 f_{ak}　　　　　单位:kPa

e＼I_L	0	0.25	0.50	0.75	1.00	1.20
0.60	(380)	320	250	(200)	(160)	—
0.70	310	275	215	170	140	120
0.80	260	240	190	150	125	105
0.90	220	210	170	135	110	100
1.00	190	180	150	120	100	

注:1. 查用此表前应对 e、I_L 值进行数理统计,统计子样数不少于6个,且满足数理统计要求;

　2. 本表可内插使用;

　3. 括号内的数值仅供内插使用;

　4. 漫滩区的黏性土其工程性质一般较差且变化较大,宜与载荷试验成果对照使用。

表 4.9-31　　　　　　　　　淤泥及淤泥质土地基承载力特征值 f_{ak}

$w/\%$	36	40	45	50	55	65	75
f_{ak}/kPa	100	90	80	70	60	50	40

注:1. 查用此表前应对 $w(\%)$ 值进行数理统计,统计子样数不少于6个,统计方法应符合 HDB 001—2005 附录 C 的规定。

　2. 本表可内插使用。

4.9.2.7　天津地区

天津市地区不同土类地基承载力见表 4.9-32～表 4.9-39。

表 4.9-32　　　　　　　　　黏性土承载力基本值 f_0　　　　　单位:kPa

孔隙比 e＼液性指数 I_L	0.25	0.50	0.75	1.00	1.20
0.60	280	250	220	200	—
0.70	240	220	200	185	160
0.80	210	190	170	160	135
0.90	190	170	155	130	110
1.00	170	155	140	110	—
1.10	150	140	120	100	—
1.20	135	120	110	90	—

表 4.9-33　　　　　　　　　　　粉土承载力基本值 f_0　　　　　　　　　　　单位:kPa

孔隙比 e \ 含水量 $w/\%$	10	15	20	25	30	35	40
0.50	410	390	365	—	—	—	—
0.60	310	300	280	270	—	—	—
0.70	250	240	225	215	205	—	—
0.80	200	190	180	170	165	—	—
0.90	160	150	145	140	130	125	—
1.00	130	125	120	115	110	105	100

注:分布在沟、塘、洼地、古运河及河漫滩地段的新近沉积土,根据实测或经验取值。

表 4.9-34　　　　　　　　淤泥和淤泥质土承载力基本值 f_0

原状土天然含水量 $w/\%$	36	40	45	50	55	65	70
f_0/kPa	100	90	80	70	60	55	40

表 4.9-35　　　　　　　　　素填土承载力基本值 f_0

压缩模量 E_{s1-2}/MPa	7	5	4	3	2
f_0/kPa	160	135	115	85	65

注:本表只适用于堆填时间超过 10 年的黏性土,以及超过 5 年的粉土。

表 4.9-36　　　　　　　　　砂土承载力基本值 f_0

土类 \ 密实度 N		10～15	15～30	＞30
		稍密	中密	密实
f_0/kPa	中、粗砂	180～250	250～340	340～500
	粉、细砂	140～180	180～250	250～340

表 4.9-37　　　　　　　　粉土、黏性土承载力基本值 f_0

N'	3	5	7	9	11	13	15	17	19	21	23
f_0/kPa	105	145	190	235	280	325	370	430	515	600	680

注:N' 为经修正后标准贯入试验锤击数。

表 4.9-38　　　　　　　　粉土、黏性土承载力基本值 f_0

N_{10}	15	20	25	30
f_0/kPa	105	145	190	230

表 4.9-39　　　　　　　　　素填土承载力基本值 f_0

N_{10}	10	20	30	40
f_0/kPa	85	115	135	160

4.9.2.8 成都地区

成都市地区不同土类地基承载力见表 4.9-40~表 4.9-51。

表 4.9-40   **岩石地基极限承载力标准值 f_{uk}**   单位:kPa

岩石类别	强风化	中风化	微风化
硬质岩	1 000~3 000	3 000~8 000	>8 000
软质岩	500~1 000	1 000~3 000	3 000~8 000
极软质岩	300~500	500~1 000	1 000~3 000

表 4.9-41   **黏性土极限承载力基本值 f_{u0}**   单位:kPa

第二指标液性指数 I_L 第一指标孔隙比 e	0	0.25	0.50	0.75	1.00
0.5	950	860	780	(720)	—
0.6	800	720	650	590	(530)
0.7	650	590	530	480	420
0.8	550	480	440	400	340
0.9	460	420	380	340	270
1.0	400	360	320	270	230

表 4.9-42   **粉土极限承载力基本值 f_{u0}**   单位:kPa

第二指标含水量 w/% 第一指标孔隙比 e	10	15	20	25	30	35	40
0.5	820	780	(730)	—	—	—	—
0.6	620	600	560	(540)	—	—	—
0.7	500	480	450	430	(410)	—	—
0.8	400	380	360	340	(330)	—	—
0.9	320	300	290	280	260	(250)	—
1.0	260	250	240	230	220	210	(200)

表 4.9-43   **淤泥和淤泥质土极限承载力标准值 f_{u0}**

天然含水量 w/%	36	40	45	50	55	65
f_{u0}/kPa	200	180	160	140	120	100

表 4.9-44   **素填土极限承载力标准值 f_{u0}**

压缩模量 E_{s1-2}/%	7	5	4	3	2
f_{u0}/kPa	320	270	230	170	130

表 4.9-45　　　　　　　　卵石土极限承载力标准值 f_{uk} 及变形模量 E_0

N_{120}	4	5	6	7	8	9	10	12	14	16	18	20
f_{uk}/kPa	700	860	1 000	1 160	1 340	1 500	1 640	1 800	1 950	2 040	2 140	2 200
E_0/MPa	21	23.5	26	28.5	31	34	37	42	47	52	57	62

表 4.9-46　　　　　　　　松散卵石、圆砾、砂土极限承载力标准值 f_{uk}

	$N_{63.5}$	2	3	4	5	6	8	10
f_{uk}/kPa	卵石	—	—	—	400	480	640	800
	圆砾	—	—	320	400	480	640	800
	中、粗、砾砂	—	240	320	400	480	640	800
	粉细砂	160	220	280	330	380	450	—

表 4.9-47　　　　　　　　砂土极限承载力标准值 f_{uk}

	N	4	6	8	10	15	20	30
f_{uk}/kPa	中、粗砂	240	280	320	360	500	560	680
	粉细砂	200	220	250	280	360	410	500

表 4.9-48　　　　　　　　粉土极限承载力标准值 f_{uk}

N	2	4	6	8	10	12	15
f_{uk}/kPa	160	220	280	340	400	460	550

表 4.9-49　　　　　　　　黏性土极限承载力标准值 f_{uk}

N	3	5	7	9	11	13	15
f_{uk}/kPa	210	290	380	470	560	650	740

表 4.9-50　　　　　　　　黏性土极限承载力标准值 f_{uk}

N_{10}	15	20	25	30
f_{uk}/kPa	210	290	380	460

表 4.9-51　　　　　　　　素填土极限承载力标准值 f_{uk}

N_{10}	10	20	30	40
f_{uk}/kPa	170	230	270	320

4.9.2.9　湖北地区

湖北地区不同土类地基承载力见表 4.9-52～表 4.9-59。

表 4.9-52　　　　　　　　岩石地基承载力特征值 f_a　　　　　　　　　单位：kPa

岩石类别	强风化	中风化	未、微风化
坚硬岩	800～1 500	1 800～4 000	>4 000
较硬岩	600～1 200	1 500～2 500	3 000～4 000

岩石类别	强风化	中风化	未、微风化
较软岩	500～1 000	1 200～2 000	2 500～3 500
软 岩	400～500	900～1 500	1 600～2 500
极软岩	300～400	700～1 000	1 100～1 600

注:1. 对强风化岩,当含泥量(风化残积土)较少时,取表中上限值,反之取下限值;

2. 对中风化、微风化岩石,当节理裂隙不发育、整体性较好时,取表中上限值,反之取下限值。

表 4.9-53　　　　　　　　　　**碎石土承载力特征值 f_{ak}**　　　　　　　　　单位:kPa

土名 ＼ 密实度	稍密	中密	密实
卵石	300～500	500～800	800～1 000
碎石	250～400	400～700	700～900
圆砾	200～300	300～500	500～700
角砾	200～250	250～400	400～600

注:1. 表中数值适用于骨架颗粒空隙中全部由中砂、粗砂或硬塑、坚硬状态的黏性土或稍湿的粉土所充填;

2. 当粗颗粒为中风化或强风化时,可按其风化程度适当降低承载力,当颗粒间呈半胶结状时,可适当提高承载力。

表 4.9-54　　　　　　　　　　**粉土承载力特征值 f_{ak}**　　　　　　　　　单位:kPa

孔隙比 e ＼ 含水量 $w/\%$	20	25	30	35
0.6	(260)	(240)	—	—
0.7	200	190	(160)	—
0.8	160	150	130	(90)
0.9	130	120	100	(80)
1.0	110	100	90	(70)
1.1	100	90	80	—

表 4.9-55　　　　　　　　　　**一般黏性土承载力特征值 f_{ak}**　　　　　　　　　单位:kPa

孔隙比 e ＼ 液性指数 I_L	0	0.25	0.50	0.75	1.00	1.20
0.6	—	270	250	230	210	—
0.7	250	220	200	180	160	(135)
0.8	220	200	180	160	140	(120)
0.9	190	170	150	130	110	(100)
1.0	160	140	120	110	100	(90)
1.1	—	130	110	100	90	80

表 4.9-56　　　　　　　　　　新近沉积黏性土承载力特征值 f_{ak}　　　　　　　　　　单位：kPa

孔隙比 e ＼ 液性指数 I_L	0.25	0.75	1.25
0.8	120	100	80
0.9	110	90	80
1.0	100	80	70
1.1	90	70	—

表 4.9-57　　　　　　　　　　　老黏性土承载力特征值 f_{ak}

含水比 α_w	0.50	0.55	0.60	0.65	0.70	0.75
f_{ak}/kPa	630	560	480	430	380	(350)

表 4.9-58　　　　　　　　　　淤泥和淤泥质土承载力特征值 f_{ak}

天然含水量 w/%	36	40	45	50	55	65
f_{ak}/kPa	70	65	60	55	50	40

表 4.9-59　　　　　　　　　　　素填土承载力特征值 f_{ak}

压缩模量 E_{s1-2}/MPa	7	5	4	3	2
f_{ak}/kPa	130	110	90	70	50

4.9.2.10　广东地区

广东省地区不同土类地基承载力见表 4.9-60～表 4.9-66。

表 4.9-60　　　　较破碎、破碎、极破碎岩石地基承载力特征值 f_a　　　　单位：kPa

岩石类别 ＼ 风化程度	强风化	中风化	微风化
硬质岩石	700～1 500	1 500～4 000	≥4 000
软质岩石	600～1 000	1 000～2 000	≥2 000

表 4.9-61　　　　　　　　碎石土承载力特征值的经验值 f_{ak}　　　　　　　　单位：kPa

土名 ＼ 密实度	稍密	中密	密实
卵石	300～500	500～800	800～1 000
碎石	200～400	400～700	700～900
圆砾	200～300	300～500	500～700
角砾	150～250	250～400	400～600

表 4.9-62   **砂土承载力特征值的经验值 f_{ak}**   单位:kPa

土名	密实度	稍密	中密	密实
砾砂、粗砂、中砂		160～240	240～340	>340
细砂、粉砂	稍湿	120～160	160～220	>220
	很湿		120～160	>160

表 4.9-63   **粉土承载力特征值的经验值 f_{ak}**   单位:kPa

第一孔隙比 e	第二指标液性指数 I_L					
	0	0.25	0.50	0.75	1.00	1.20
0.50	350	330	310	290	280	—
0.60	300	280	260	240	230	—
0.70	250	230	210	200	190	150
0.80	200	180	170	160	150	120
0.90	160	150	140	130	120	100
1.00	—	130	120	110	100	—
1.10	—	—	100	90	80	—

注:在湖、塘、沟、谷与河漫滩地段沉积的粉土,其工程特质较差,特征值应根据当地实践经验取值。

表 4.9-64   **一般黏性土承载力特征值的经验值 f_{ak}**   单位:kPa

第一孔隙比 e	第二指标液性指数 I_L					
	0	0.25	0.50	0.75	1.00	1.20
0.50	450	410	370	(340)	—	—
0.60	380	340	310	280	(250)	—
0.70	310	280	250	230	190	160
0.80	260	230	210	190	160	130
0.90	220	200	180	160	130	100
1.00	190	170	150	130	110	—
1.10	—	150	130	110	100	—

注:在湖、塘、沟、谷与河漫滩地段沉积的粉土,其工程特质较差;第四纪晚更新世(Q_3)及其以前沉积的老黏性土,其工程性能通常较好。这些土均应根据当地实践经验取值。

表 4.9-65   **沿海地区淤泥和淤泥质土承载力特征值的经验值 f_{ak}**

天然含水量 w/%	36	40	45	50	55	65	75
f_{ak}/kPa	100	90	80	70	60	50	40

表 4.9-66   **黏性素填土承载力特征值的经验值 f_{ak} 与 E_s 的关系**

压缩模量 E_s/MPa	7	5	4	3	2
f_{ak}/kPa	150	130	110	80	60

4.9.3　应用

4.9.3.1　确定基础底面尺寸

在确定基础类型和埋置深度后,用持力层的承载力来设计基础底面尺寸。

（1）刚性基础

先根据地基承载力确定基础底面尺寸,为了保证基础不发生弯曲破坏,需通过构造措施来满足基础的强度要求,且要求基础的外伸长度和基础高度的比值（称为台阶宽高比）在允许范围内,即:

$$\frac{b_z}{H_0} \leqslant \left[\frac{b_z}{H_0}\right] = \tan \alpha \tag{4.9-18}$$

$$b_z = \frac{b - b_0}{2} \leqslant H_0 \tan \alpha \tag{4.9-19}$$

$$b \leqslant b_0 + 2H_0 \tan \alpha \tag{4.9-20}$$

式中　$\left[\dfrac{b_z}{H_0}\right]$——刚性基础台阶宽高比的允许值;

　　α——基础的刚性角,（°）;

　　b——基础的底面宽度,m;

　　b_0——基础的顶面的墙体宽度或柱脚宽度,m。

（2）柔性基础

① 轴心荷载作用,基础底面尺寸的确定。

根据地基承载力校核公式 $\dfrac{F}{A} + \gamma_G d \leqslant f$,得 $A \geqslant \dfrac{F}{f - \gamma_G d}$ 为矩形基础底面积设计公式。轴心荷载作用下,基础为正方形。f 为经过深宽修正后的地基承载力设计值。

对于条形基础,可沿基础长方向取单位长度 1 m 进行计算,荷载也同样按单位长度计算,条形基础宽度为: $b \geqslant \dfrac{F}{f - \gamma_G d}$。

在利用以上两式时,由于基础尺寸还没有确定,可先按未经深宽修正的承载力标准值 f_k 计算,初步确定基础底面尺寸,根据第一次计算的基础底面尺寸,修正 f_k 值,计算地基承载力设计值 f 值,再重新设计基础尺寸,经过多次反复计算才能设计出最佳基础尺寸。另一种方法就是先假设基础底面尺寸,并经过多次反复地基承载力验算,使基底压力接近地基持力层的承载力设计值,这样的设计既安全又节约。

② 偏心荷载作用,基础底面尺寸的确定。

受偏心荷载作用基础底面尺寸不能用公式直接写出,通常的计算方法如下:

A. 按轴心荷载作用条件,利用公式 $A \geqslant \dfrac{F}{f - \gamma_G d}$ 初步估算所需的基础底面积 A;

B. 根据偏心距的大小,将基础底面积 A 增大 10%～30%,并适当比例选定基础长度和宽度;

C. 由调整后的基础底面尺寸按 $p_{\min}^{\max} = \dfrac{F + G}{lb} \pm \dfrac{M}{W}$ 计算基底最大压力和最小压力,并使其满足 $p = \dfrac{F + G}{A} \leqslant f$ 和 $p_{\max} \leqslant 1.2 f$ 的要求。

其中，p 为相应于作用的标准组合时，基础底面处的平均压力值，kPa；p_{max} 为相应于作用的标准组合时，基础底面边缘的最大压力值，kPa；p_{min} 为相应于作用的标准组合时，基础底面边缘的最小压力值，kPa；F 为相应于作用的标准组合时，上部结构传至基础顶面的竖向压力值，kN；G 为基础自重和基础上的土重，kN；l、b 分别为基础的长和宽，m；A 为基础地面面积，m^2；M 为相应于作用的标准组合时，作用于基础底面的力矩值，kN·m；W 为基础地面的抵抗矩，m^3。

4.9.3.2 评价地基的承载能力

相应于作用的标准组合时，基础底面处的平均压力值小于地基承载力时，有采取天然地基的可能性；反之，须采取处理措施或者采用深基础。

4.10 强度特征参数小结(表 4.10-1)

表 4.10-1 强度特征参数小结

指标	符号	实际应用
抗剪强度	c、φ	1.确定土的地基承载力特征值；2.计算土压力系数；3.计算土的水平反力系数的比例系数；4.计算建筑基坑侧向土压力；5.计算双排桩前、后排桩间土对桩侧的初始压力；6.锚杆自由段长度计算；7.锚拉式支挡结构和支撑式支挡结构采用圆弧滑动条分法的抗隆起稳定性验算；8.锚拉式支挡结构和支撑式支挡结构抗隆起稳定性验算；9.坑底以下为软土时的锚拉式支挡结构和支撑式支挡结构的抗隆起稳定性计算；10.土钉墙采用圆弧滑动条分法的整体滑动稳定性验算；11.坑底有软土层的土钉墙结构坑底抗隆起稳定性验算；12.土钉墙坡面倾斜时的主动土压力折减系数计算；13.重力式水泥土墙的抗滑移稳定性验算；14.重力式水泥土墙的抗倾覆稳定性验算；15.重力式水泥土墙采用圆弧滑动条分法稳定性验算；16.计算侧向土压力
静止侧压力系数	K_0	1.计算泊松比；2.计算弹性模量；3.计算作用于挡土墙上的静止土压力；4.计算桩侧向摩擦力；5.计算土体静止侧压力
泊松比	ν	1.计算静止侧压力系数；2.确定压缩模量和变形模量的关系
基床系数	K	1.弹性地基梁板的计算；2.桩和挡土结构物在横向荷载作用下的内力与变形计算；3.地下暗挖及盾构管片结构内力计算
无侧限抗压强度	q_u	1.求土的灵敏度；2.划分黏性土的软硬程度；3.确定饱和软黏土的抗剪强度
灵敏度	S_t	衡量黏性土结构性对强度的影响
压实系数	λ_c	评价填土的压实程度
天然休止角	α	评价无黏性土的天然自稳能力
地基承载力	f	1.确定基础底面尺寸；2.评价地基的承载能力

第 5 章　原位测试参数

5.1　标准贯入试验

5.1.1　概念

用质量为 63.5 kg 的重锤,从 76 cm 的高度自由落下,将标准贯入器击入被测定地基土中 30 cm 时的锤击次数,即为该土层的标准贯入试验锤击数。用来判定土层的性质。这种测试方法适用于砂土、粉土和一般黏性土。

5.1.2　获取

5.1.2.1　标准贯入试验设备规格

标准贯入试验设备由标准贯入器、触探杆及穿心锤组成。标准贯入设备规格见表 5.1-1。标准贯入器组成如图 5.1-1 所示。

表 5.1-1　标准贯入试验设备规格

落锤		锤的质量/kg	63.5
		落距/cm	76
贯入器	对开管	长度/mm	>500
		外径/mm	51
		内径/mm	35
	管靴	长度/mm	50~76
		刃口角度/(°)	18~20
		刃口单刃厚度/mm	1.6
钻杆		直径/mm	42
		相对弯曲	<1/1 000

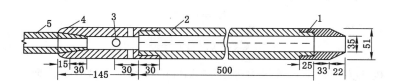

图 5.1-1　标准贯入器

1——贯入器靴;2——贯入器身;3——出入孔;4——贯入器头;5——触探杆

5.1.2.2　试验要点

（1）标准贯入试验孔采用回转钻进，并保持孔内水位略高于地下水位。当孔壁不稳定时，可用泥浆护壁，钻至试验标高以上 15 cm 处，清除孔底残土后再进行试验。

（2）采用自动脱钩的自由落锤法进行锤击，并减小导向杆与锤间的摩阻力，避免锤击时的偏心和侧向晃动，保持贯入器、探杆、导向杆连接后的垂直度，锤击速率应小于 30 击/min。

（3）贯入器打入土中 15 cm 后，开始记录每打入 10 cm 的锤击数，累计打入 30 cm 的锤击数为标准贯入试验锤击数 N。当锤击数已达 50 击，而贯入深度未达 30 cm 时，可记录 50 击的实际贯入深度，按下式换算相当于 30 cm 的标准贯入锤击数 N，并终止试验：

$$N = 30 \times \frac{50}{\Delta S} \qquad (5.1\text{-}1)$$

式中　N——实测标准贯入锤击数；

　　　ΔS——50 击时的贯入度，cm。

（4）拔出贯入器，取出贯入器中的土样进行鉴别描述。

（5）标准贯入试验成果 N 可按其测试深度标注于钻孔柱状图或直接标在工程地质剖面图上，也可绘制单孔标准贯入击数 N 与深度关系曲线或直方图。统计分层标准贯击数平均值时，应剔除异常值。

（6）应用标准贯入试验成果时，标准贯入试验锤击数应根据具体情况修正。

每个车站、区间在同一地质单元体内，每层标准贯入试验次数不少于 6 次。

5.1.2.3　影响因素及其校正

（1）触探杆长度影响：

①《岩土工程勘察规范》（GB 50021—2001）的规定：应用 N 值时是否修正和如何修正，应根据建立统计关系时的具体情况确定。

② 福建和南京地区地基基础设计规范（DBJ 13-07—2006、DB 32/112—95）对触探杆长度校正系数按表 5.1-2 确定。

表 5.1-2　　　　　　　福建和南京规范标准贯入试验触探杆长度校正系数

杆长/m	≤3	6	9	12	15	18	21	25	30	40	50	75
α	1.00	0.92	0.86	0.81	0.77	0.73	0.70	0.70	0.68	0.64	0.60	0.50

（2）土的自重压力影响：

① 美国 Peck 的校正公式：Peck（1974）得出砂土自重压力对标准贯入试验的影响为：

$$N = C_N N' \qquad (5.1\text{-}2)$$

$$C_N = 0.77\ln\frac{1\,960}{\sigma_v} \qquad (5.1\text{-}3)$$

式中　N——校正为相当于自重压力等于 98 kPa 的标准贯入试验锤击数；

　　　N'——实测标准贯入试验锤击数；

　　　C_N——自重压力影响校正系数；

　　　σ_v——标准贯入试验深度处砂土有效垂直上覆压力，kPa。

②《北京地区建筑地基基础勘察设计规范》（DBJ 11-501—2009）的校正方法：

当有效覆盖压力 $\sigma_v > 25$ kPa 时,标准贯入试验锤击数校正值 N' 宜按 $C_N = 0.77\ln\dfrac{1\,960}{\sigma_v}$ 计算,有效覆盖压力校正系数 C_N 按表 5.1-3 取值。

表 5.1-3　　　　　　　　　　有效覆盖压力校正系数值 C_N

密实度	有效覆盖压力 σ_v/kPa						
	25	50	100	200	300	400	500
密实	1.00	0.98	0.93	0.85	0.78	0.72	0.67
中上	1.00	0.97	0.91	0.81	0.73	0.66	0.61
中密	1.00	0.95	0.87	0.74	0.65	0.57	0.52
中下	1.00	0.93	0.81	0.64	0.53	0.46	0.40
松	1.00	0.78	0.54	0.34	0.25	0.19	0.16

(3) 地下水位影响:

美国 Terzaghi 和 Peck(1953)认为:对于有效粒径 d_{10} 在 0.1～0.05 mm 范围内的饱和粉、细砂,当其密度大于某一临界密度时,贯入阻力将会偏大。相应于此临界密度的标准贯入击数为 15,故在此类砂土中贯入击数 N' 大于 15 时,其有效击数应按下式校正:

$$N = 15 + \frac{1}{2}(N' - 15) \tag{5.1-4}$$

式中　N——校正后的标准贯入击数;

　　　N'——未校正的饱和粉、细砂的标准贯入击数。

5.1.3　应用

5.1.3.1　确定砂土的密实度

(1) 国内主要规范采用标准贯入试验锤击数 N 判定粉土和砂土密实度,见表 5.1-4。

表 5.1-4　　　国内主要规范采用标准贯入试验锤击数 N 判定粉土和砂土密实度

标准	地层	密实度				
		松散	稍密	中密	密实	极密
国家规范	砂土	≤10	10～15	15～30	>30	—
天津规范	粉土	—	≤12	12～18	>18	—
	砂土	≤10	10～15	15～30	>30	—
上海规范	粉土、砂土	≤7	7～15	15～30	>30	—

注:表内所列 N 值不进行探杆长度校正。

(2) 判定砂土的相对密实度。Meyerhof 根据 Gibbs 和 Holtz 的试验结果整理得到的公式如下:

$$D_r = 210\sqrt{\frac{N}{\sigma + 70}} \tag{5.1-5}$$

式中　D_r——砂土相对密实度,%;

　　　N——标准贯入试验锤击数;

　　　σ——有效上覆压力,kPa。

5.1.3.2　确定黏性土的状态和无侧限抗压强度

（1）标准贯入试验锤击数与黏性土状态的关系见表 5.1-5（冶金部勘察公司资料）。

表 5.1-5　　　　　　　　　$N_{\text{手}}$ 与黏性土液性指数 I_L 的关系

$N_{\text{手}}$	<2	2~4	4~7	7~18	18~35	>35
I_L	>1	1~0.75	0.75~0.50	0.50~0.25	0.25~0	<0
土的状态	流塑	软塑	软可塑	硬可塑	硬塑	坚塑

注:1. 适用于冲积、洪积的一般黏性土层。

　　2. 标准贯入锤击数是用手拉绳方法测得,其值比机械化自动落锤方法所得锤击数略高,换算关系如下:$N_{\text{手}}=0.74+$
　　1.12$N_{\text{机}}$,适用范围:2<$N_{\text{机}}$<23。

（2）标准贯入试验锤击数与黏性土状态和无侧限抗压强度的关系如下:

① Terzaghi 和 Peck 的资料如表 5.1-6 和图 5.1-2 所示。

表 5.1-6　　　　　　　　　N 与稠度状态和无侧限抗压强度的关系

N	<2	2~4	4~7	7~18	18~35	>35
稠度状态	极软	软	中等	硬	很硬	坚硬
q_u/kPa	<25	25~50	50~100	100~200	200~400	>400

② 北京附近、长江、淮河流域第四纪黏性土和雷州半岛地区古近纪和新近纪灰色黏土,标准贯入试验锤击数与黏性土状态和无侧限抗压强度的关系如图 5.1-2 所示。

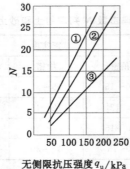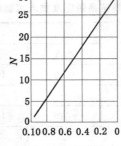

无侧限抗压强度q_u/kPa　　　　　　液性指数 I_L

图 5.1-2　N 与 q_u 和 I_L 的关系

①——北京附近、长江、淮河流域第四纪黏性土资料;

②——雷州半岛地区古近纪和新近纪灰色黏土间夹砂资料;③——Terzaghi 和 Peck 的资料

5.1.3.3　确定地基承载力

（1）国内外关于标准贯入试验与砂土、黏性土承载力的关系见表5.1-7。

表 5.1-7　　　　　　　　**标准贯入试验锤击数与地基承载力的关系**

	研究者	回归式	适用范围	备注
国内	江苏省水利工程总队	$p_0 = 23.3N$	黏性土、粉土	不作杆长修正
	冶金部成都勘察公司	$p_0 = 56N - 558$	老堆积土	
		$p_0 = 19N - 74$	一般黏性土、粉土	
	冶金部武汉勘察公司	$N = 3 \sim 23$ $p_0 = 35.8N_{机} + 4.9$	第四纪冲、洪积黏土、粉质黏土、粉土	
		$N = 23 \sim 41$ $p_0 = 33N_{手} + 31.6$		
		$N = 23 \sim 41$ $p_{kp} = 30.9N_{手} + 20.5$		
	武汉市规划设计院、湖北勘察院、湖北水利电力勘察设计院	$N = 3 \sim 18$ $f_k = 20.2N + 80$	黏性土、粉土	
		$N = 18 \sim 22$ $f_k = 17.48N + 152.6$		
国内	铁道部第三勘察设计院	$f_k = 9.4N^{1.2} + 72$	粉土	
		$f_k = 222N^{0.3} - 212$	粉细砂	
		$f_k = 850N^{0.1} - 803$	中、粗砂	
	纺织工业部设计院	$f_k = N/(0.003\,08N + 0.015\,04)$	粉土	
		$f_k = 10N + 105$	细、中砂	
	冶金部长沙勘察公司	$N = 8 \sim 37$ $p_0 = 33.4N + 360$	红土	
		$N = 8 \sim 37$ $f_k = 5.3N + 387$	老堆积土	
国外	Terzaghi	$f_k = 12N$	黏性土、粉土	条形基础 $F_s = 3$
		$f_k = 15N$		独立基础 $F_s = 3$
	日本住宅公团	$f_k = 0.8N$		

注：1. p_0 为载荷试验比例界限；2. f_k 为地基承载力（kPa）。

（2）国内外关于依据标准贯入试验锤击数计算地基承载力的经验公式：

① Peck、Hanson 和 Tgornburn（1953）的计算公式：

当 $D_w \geqslant B$ 时：

$$f_k = S_a(1.36\overline{N} - 3)\left(\frac{B + 0.3}{2B}\right)^2 + \gamma_2 D_t \tag{5.1-6}$$

当 $D_w < B$ 时：

$$f_k = S_a(1.36\overline{N} - 3)\left(\frac{B + 0.3}{2B}\right)^2\left(0.5 + \frac{D_w}{2B}\right) + \gamma_2 D_t \tag{5.1-7}$$

式中 D_w——地下水离基础地面的距离，m；

f_k——地基土承载力，kPa；

S_a——允许沉降，cm；

$\overline{N}$——地基土标准贯入锤击数的平均值；

B——基础短边宽度，m；

D_t——基础埋置深度，m；

γ_2——基础地面以上土的重度，kN/m³。

② Peck 和 Terzaghi 的干砂极限承载力公式：

条形、矩形基础：

$$f_u = \gamma(DN_D + 0.5BN_B) \tag{5.1-8}$$

方形、圆形基础：

$$f_u = \gamma(DN_D + 0.4BN_B) \tag{5.1-9}$$

式中 f_u——极限承载力，kPa；

D——基础埋置深度，m；

B——基础宽度，m；

γ——土的重度，kN/m³；

N_D、N_B——承载力系数，取决于砂的内摩擦角 φ。

内摩擦角、承载力系数和锤击数 N 值的关系见图 5.1-3。

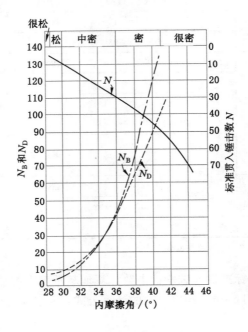

图 5.1-3 内摩擦角、承载力系数和锤击数 N 值的关系

5.1.3.4 确定土的抗剪强度

砂土的标准贯入试验锤击数与抗剪强度指标的关系见图 5.1-4 和表 5.1-8。

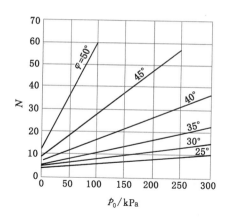

图 5.1-4　*N* 与 *φ* 统计关系（Gibbs 和 Holtz）

表 5.1-8　　　　　　　　　**国外用 *N* 值推算砂土的剪切角 *φ***　　　　　　　单位：(°)

研究者	*N*				
	<4	4～10	10～30	30～50	>50
Peck	<28.5	28.5～30	30～36	36～41	>41
Meyerhof	<30	30～35	35～40	40～45	>45

注：国外用 *N* 值推算出 *φ* 角，再用 Terzaghi 公式求砂基的极限承载力。

黏性土标准贯入试验锤击数与抗剪强度指标的关系见表 5.1-9。

表 5.1-9　　　　　　　　　　　**黏性土 *N* 与 *c*、*φ* 的关系**

N	15	17	19	21	25	29	31
c/kPa	78	82	87	92	98	103	110
φ/(°)	24.3	24.8	25.3	25.7	26.4	27.0	27.3

注：手拉落锤。

5.1.3.5　确定土的变形参数

（1）西德 E.Schultze 和 H.Menzenhach 的经验关系为：

$$N > 15, E_s = C(N + 6) \tag{5.1-10}$$

或：

$$E_s = C_1 + C_2 N \tag{5.1-11}$$

式中　E_s——压缩模量，MPa；

　　　C、C_1、C_2——系数，由表 5.1-10 和表 5.1-11 确定。

表 5.1-10　　　　　　　　　　　　**不同土类的 *C* 值**

土名	含砂粉土	细砂	中砂	粗砂	含砾砂土	含砾砂石
C/(MPa/击)	0.3	0.35	0.45	0.7	1.0	1.2

表 5.1-11   不同土类的 C_1、C_2 值

土名	细砂		砂土	黏质砂土	砂质黏土	松砂
	地下水以上	地下水以下				
C_1/MPa	5.2	7.1	3.9	4.3	3.8	2.4
C_2/(MPa/击)	0.33	0.49	0.45	1.18	1.05	0.53

（2）冶金部武汉勘察公司的关系，如表 5.1-12 所列。

表 5.1-12 $N_手$ 与 E_s、c、φ 的关系

$N_手$	3	5	7	9	11	13	15	17	19	21	25	29	31
E_s/kPa	7	9	11	13	14.6	16	18	20	22	24	27.5	31	33
c/kPa	17	36	49	49	66	72	78	83	87	91	98	103	107
φ/(°)	17.7	19.8	21.2	22.2	23.0	23.8	24.3	24.8	25.3	25.7	26.4	27.0	27.3

（3）广东省《建筑地基基础设计规范》（DBJ 15-31—2016）根据标准贯入锤击数 N 估算花岗岩残积土的变形模量 E_0（MPa）：

$$E_0 = 2.2N \quad (4 < N < 30) \tag{5.1-12}$$

（4）《天津市岩土工程技术规范》（DB/T 29-20-2017）用标准贯入试验锤击数 N 估算一般沉积黏性土的压缩模量 E_{s1-2}（MPa）：

$$E_{s1-2} = 4.6 + 0.21N \quad (N = 3 \sim 15) \tag{5.1-13}$$

（5）《北京地区建筑地基基础勘察设计规范》（DBJ 11-501—2009）根据实测标准贯入试验锤击数 N 确定一般第四纪沉积砂土和新近沉积砂土的压缩模量，如表 5.1-13 和表 5.1-14所列。

表 5.1-13   一般第四纪沉积砂土的压缩模量

深度 Z/m	实测标准贯入试验锤击数 N						
	15	20	30	40	50	70	90
	18.8	20.1	22.6	25.1	27.6	32.5	—
5	21.3	22.6	25.1	27.6	30.0	35.0	—
	25.5	26.7	29.2	31.7	34.2	39.2	44.2
	22.4	23.6	26.1	28.6	31.1	36.1	—
10	24.9	26.1	28.6	31.1	33.6	38.6	—
	29.0	30.3	32.8	35.3	37.8	42.8	47.7
	29.5	30.8	33.3	35.8	38.2	43.2	—
20	32.0	33.3	35.8	38.2	40.7	45.7	—
	36.2	37.4	39.9	42.4	44.9	49.9	54.9
	36.6	37.9	40.4	42.9	45.4	50.4	—
30	39.1	40.4	42.9	45.4	47.9	52.8	—
	43.3	44.5	47.0	49.5	52.0	57.0	62.0

深度 Z/m	实测标准贯入试验锤击数 N						
	15	20	30	40	50	70	90
40	—	—	—	—	—	—	—
	46.3	47.5	50.0	52.5	55.0	60.0	—
	50.4	51.7	54.2	56.7	59.1	64.1	69.1
50	—	—	—	—	—	—	—
	53.4	54.6	57.1	59.6	62.1	67.1	—
	57.6	58.8	61.3	63.3	66.3	71.3	76.2

注:表中土的压缩模量 E_0 值分别适用于塑性指数 I_P 小于 5 的一般第四纪砂质粉质黏土、粉砂和细砂。

表 5.1-14　新近沉积砂土的压缩模量 E_0 统计值

N	5	8	10	12	15	20	25
E_0/MPa	6.5	10.0	12.5	14.5	17.5	21.5	25.0

注:表中 E_0 值适用于新近沉积粉、细砂和塑性指数 I_L 小于 5 的砂质粉土。

5.1.3.6　估算单桩承载力

Schmertmann(1967)方法见表 5.1-15。

表 5.1-15　用 N 预估桩尖阻力和桩身阻力

土名	q_c/N	摩阻力 /%	桩尖阻力 p_p/kPa	桩身阻力 p_f/kPa
各种密度的净砂(地下水位以上、以下)	374.5	0.60	$2.03N$	$342.4N$
粉土、粉砂、砂混合,粉砂及泥炭土	214.0	2.00	$4.28N$	$171.2N$
可塑黏土	107.0	5.00	$5.35N$	$74.9N$
含贝壳的砂、软石灰岩	428.0	0.25	$1.07N$	$385.2N$

注:1. 该表用于预制打入混凝土桩,$N=5\sim60$,当 $N<5$ 时 N 取 5,当 $N>60$ 时 N 取 60;

2. q_c(静力触探探头阻力)、p_p,p_f 原单位为 tf/m^2,现为 kPa,其乘项为 107。

5.1.3.7　计算剪切波速

(1)《南京地区地基基础设计规范》(DB 32/112—95)用标准贯入试验锤击数实测值 N 与剪切波速 v_s(m/s)的相关关系换算地层的剪切波速:

淤泥及淤泥质土:

$$v_s = 81N^{0.24} \tag{5.1-14}$$

粉质黏土:

$$v_s = 105N^{0.30} \tag{5.1-15}$$

黏土:

$$v_s = 58N^{0.54} \tag{5.1-16}$$

粉土:

$$v_s = 90N^{0.34} \tag{5.1-17}$$

砂土：

$$v_s = 99N^{0.32} \tag{5.1-18}$$

（2）《上海地基基础设计规范》（DBJ 08-11—2010）中规定：对于一般动力基础，如无试验资料时，土的剪切波速 v_s 公式如下：

$$v_s = \alpha(117.59 + 0.45N + 2.19Z) \tag{5.1-19}$$

式中　α——系数，褐黄色黏性土取 0.75，暗绿色、草绿色黏土取 1.20，草黄色砂质粉土、粉砂取 1.35，其他类土取 1.00；

　　　　N——标准贯入试验击数；

　　　　Z——土层深度，m。

5.1.3.8　评价砂土液化

当初步判别认为需进一步进行液化判别时，应采用标准贯入试验判别法判别地面下 15 m 深度范围内的液化；当采用桩基或埋深大于 5 m 的深基础时，尚应判别 15～20 m 范围内土的液化。当饱和土标准贯入锤击数（未经杆长修正）小于液化判别标准贯入锤击数临界值时，应判为液化土。

在地面下 15 m 深度范围内，液化判别标准贯入锤击数临界值可按下式计算：

$$N_{cr} = N_0 \left[0.9 + 0.1(d_s - d_w)\right] \sqrt{3/\rho_c} \quad (d_s \leqslant 15) \tag{5.1-20}$$

在地面下 15～20 m 深度范围内，液化判别标准贯入锤击数临界值可按下式计算：

$$N_{cr} = N_0 (2.4 - 0.1d_w) \sqrt{3/\rho_c} \quad (15 \leqslant d_s \leqslant 20) \tag{5.1-21}$$

式中　N_{cr}——液化判别标准贯入锤击数临界值，如表 5.1-16 所列；

　　　　N_0——液化判别标准贯入锤击数基准值；

　　　　d_s——饱和土标准贯入点深度，m；

　　　　d_w——地下水位深度，m；

　　　　ρ_c——黏粒含量百分率，当小于 3 或为砂土时，应采用 3。

表 5.1-16　　　　　　　　　　　　标准贯入锤击数临界值

设计地震分组	7 度	8 度	9 度
第一组	6(8)	10(13)	16
第二、三组	8(10)	12(15)	18

注：括号内数值分别用于设计基本地震加速度为 0.15g（7 度）和 0.30g（8 度）的地区。

5.1.4　工程案例

某场地抗震设防烈度为 8 度，设计地震分组为第一组，基本地震加速度为 0.2g，地下水位深度 $d_w = 4.0$ m，土层名称、深度、黏粒含量及标准贯入锤击数如表 5.1-17 所列。按《城市轨道交通结构抗震设计规范》（GB 50909—2014）采用标准贯入试验法进行液化判别。问表 5.1-17 中的这四个标准贯入点中有几个点可判别为液化土。（选自《注册岩土工程师专业考试案例考点精讲》）

表 5.1-17

土层名称	深度/m	标准贯入试验				黏粒含量 ρ_c /%
		编号	深度/m	实测值	校正值	
粉土	6.0～10.0	3-1	7.0	5	4.5	12
		3-2	9.0	8	6.6	10
粉砂	10.0～15.0	4-1	11.0	11	8.8	8
		4-2	13.0	20	15.4	5

解:设计地震分组为第一组,调整系数 $\beta = 0.80$。

基本地震加速度为 $0.2g$,液化判别标准贯入锤击数基准值 $N_0 = 12$。

液化判别标准贯入锤击数临界值按 $N_{cr} = N_0 \beta [\ln(0.6d_s + 1.5) - 0.1 d_w] \sqrt{3/\rho_c}$ 计算。

7.0 m 处: $N_{cr} = 12 \times 0.8 \times [\ln(0.6 \times 7 + 1.5) - 0.1 \times 4.0] \times \sqrt{3/12} = 6.4$ 大于实测值 5,为液化土。

9.0 m 处: $N_{cr} = 12 \times 0.8 \times [\ln(0.6 \times 9 + 1.5) - 0.1 \times 4.0] \times \sqrt{3/10} = 8.0$ 等于实测值 8,为液化土。

当土层为砂土时,黏粒含量取 3。所以:

11.0 m 处: $N_{cr} = 12 \times 0.8 \times [\ln(0.6 \times 11 + 1.5) - 0.1 \times 4.0] \times \sqrt{3/3} = 16.0$ 大于实测值 11,为液化土。

13.0 m 处: $N_{cr} = 12 \times 0.8 \times [\ln(0.6 \times 13 + 1.5) - 0.1 \times 4.0] \times \sqrt{3/3} = 17$ 小于实测值 20,不为液化土。

所以 7 m、9 m、11 m 处可判为液化土。

5.2　圆锥动力触探试验

5.2.1　概念

圆锥动力触探(DPT)是利用一定的锤击动能,将一定规格的圆锥探头打入土中,根据每打入土中一定深度的锤击数(或动贯入阻力)判别土层的变化,确定土的工程性质,对地基土进行岩土工程评价的一种原位测试方法。国外使用的动力触探种类繁多,国内按其锤击能量划分为轻型(N_{10})、重型($N_{63.5}$)、超重型(N_{120})3 种类型的动力触探。

影响圆锥动力触探的因素主要有以下几种。

5.2.1.1　人为因素

(1)落锤高度、锤击速度和操作方法。

(2)读数量测方法和精度。

(3)触探孔的垂直深度和探杆的偏斜度。

(4)在钻孔中进行触探时钻孔的钻进方法和护壁、清孔情况。

5.2.1.2　设备因素

(1)穿心锤的形状和质量。

(2)探头的形状和大小。

（3）触探杆的截面尺寸、长度和质量。

（4）导向锤座的构造和尺寸。

（5）所用材料的材型及性能。

5.2.1.3 其他主要影响因素

（1）土的性质：如土的密度、状态、含水量、颗粒组成、结构强度、抗剪强度、压缩性和超固结比等。

（2）触探深度：主要包括触探杆侧壁摩擦和触探杆长度的影响两部分。

一般认为，触探贯入时由于土堆触探杆侧壁的摩擦作用消耗了部分能量而使触探击数增大。侧壁摩擦的影响有随土的密度和触探深度的增大而增大的趋势。国外资料介绍，对于一般土层条件，用泥浆护壁钻进，触探深度小于 15 m 时，可不考虑侧壁摩擦的影响。

（3）地下水：地下水的影响，与土层的粒径和密度有关。一般的规律是颗粒越细、密度越小，地下水对触探击数的影响就越大，而对密实的砂土或碎石土，地下水的影响就不明显。苏联索洛杜兴认为，当密度相同时，饱和砂土的触探阻力要比干砂小些，而在松散砂土中水的影响要比密实砂中更大一些。一般认为，利用圆锥动力触探确定地基承载力时可不考虑地下水的影响。

5.2.1.4 圆锥动力触探影响因素的考虑方法

（1）设备规格定型化。遵照规范规程，可以使人为因素和设备因素的影响降低到最低限度。

（2）操作方法标准化。对于明显的影响因素，例如触探杆侧壁摩擦的影响，可经采取一定的技术措施，如泥浆护壁、分段触探等予以消除，或通过专门的试验研究，以对触探指标进行必要的修正。

（3）限制应用范围。例如对触探深度、土的密度和适用土层进行必要的限制。

5.2.2 分类

圆锥动力触探试验的类型分为轻型、重型和超重型三种，各种试验的类型和规格见表 5.2-1。

表 5.2-1　　　　　　　　　　各种圆锥动力触探试验类型和规格

类型		轻型	重型	超重型
落锤	锤的质量/kg	10	63.5	120
	落距/cm	50	76	100
探头	直径/mm	40	74	74
	锥角/(°)	60	60	60
探杆直径/mm		25	42	50～60
贯入指标	贯入深度/cm	30	10	10
	锤击数符号	N_{10}	$N_{63.5}$	N_{120}
主要适用岩土		浅部的填土、砂土、粉土、黏性土	砂土、中密以下的碎石土、极软岩	密实和很密的碎石土、软岩、极软岩

5.2.3 获取

5.2.3.1 轻型动力触探击数 N_{10}（单位：击）

定义和获取：用质量为 10 kg 的重锤，从 50 cm 的高度自由落下，将直径 40 mm、锥角

$60°$的标准规格的圆锥形探头击入被测定地基土中 30 cm 时的锤击次数,即为该土层的轻型动力触探击数 N_{10}。

适用范围:一般用于贯入深度小于 6 m 的黏性土、黏性土组成的素填土和粉土。可用于施工验槽、地基检验和地基处理效果的检测。

轻型动力触探试验方法:

① 先用轻便钻具钻至试验土层标高以上 0.3 m 处,然后对土层进行连续触探。

② 试验时,穿心锤落距为(0.50 ± 0.02) m,记录每打入 0.30 m 所需的锤击数。

③ 如想取样,则需把触探杆拔出,换钻头进行取样。

④ 用于触探深度小于 6 m 的土层。

应用:用于判定被测土层的性质,适用于黏性土、粉土、粉砂、细砂地基及其人工地基的地基土性状、地基土处理效果和判定地基承载力。

5.2.3.2　重型动力触探击数 $N_{63.5}$(单位:击)

定义和获取:用质量为 63.5 kg 的重锤,从 76 cm 的高度自由落下,将直径 74 mm、锥角 $60°$的标准规格的圆锥形探头击入被测定地基土中 10 cm 时的锤击次数,即为该土层的重型动力触探击数 $N_{63.5}$。

适用范围:适用于砂土、中密以下的碎石土和极软岩。

重型动力触探试验方法:

① 试验前将触探架安装平稳,使触探保持垂直地进行。垂直度的最大偏差不得超过 2%。

② 贯入时应使穿心锤自由落下。地面上的触探杆的高度不宜过高,以免倾斜与摆动太大。

③ 锤击速率宜为每分钟 15～30 击。

④ 及时记录每贯入 0.10 m 所需的锤击数。

⑤ 对于一般砂、圆砾和卵石,触探深度不宜超过 12～15 m;超过该深度时,需考虑触探杆的侧壁摩阻的影响。

⑥ 每贯入 0.1 m 所需锤击数连续三次超过 50 击时,应停止试验。

应用:用于判定被测土层的性质,适用于黏性土、粉土、砂土、中密以下的碎石土及其人工地基以及极软岩的地基土性状、地基土处理效果和判定地基承载力;也可用于检验砂石桩和初凝状态的水泥土搅拌桩、旋喷桩、灰土桩、夯实水泥土桩、注浆加固地基的成桩质量、处理效果以及评价强夯置换效果及置换墩着底情况。

5.2.3.3　超重型动力触探击数 N_{120}(单位:击)

定义和获取:用质量为 120 kg 的重锤,从 100 cm 的高度自由落下,将直径 74 mm、锥角 $60°$的标准规格的圆锥形探头击入被测定地基土中 10 cm 时的锤击次数,即为该土层的超重型动力触探击数 N_{120}。

适用范围:适用于较密实的碎石土、极软岩和软岩。

超重型动力触探试验方法:

① 试验前将触探架安装平稳,使触探保持垂直地进行。垂直度的最大偏差不得超过 2%。

② 贯入时应使穿心锤自由落下。地面上的触探杆的高度不宜过高,以免倾斜与摆动

太大。

③ 锤击速率宜为每分钟 15~30 击。

④ 及时记录每贯入 0.10 m 所需的锤击数。

⑤ 对于一般砂、圆砾和卵石,触探深度不宜超过 12~15 m;超过该深度时,需考虑触探杆的侧壁摩阻的影响。

⑥ 每贯入 0.1 m 所需锤击数连续三次超过 50 击时,应停止试验。

5.2.4 应用

用于判定被测土层的性质,适用于评价密实碎石土、极软岩和软岩等地基土性状和判定地基承载力;也可用于评价强夯置换效果及置换墩着底情况。

5.2.4.1 利用触探曲线进行力学分层

圆锥动力触探试验是在地层的某一段进行连续测试的方法,因此,在每个触探点的深度方向上,触探指标的大小可以反映不同地基土的密实度、地基承载力和其他工程性质指标的大小。在实际工作中,可以利用每个勘探点的触探指标随深度的关系曲线,结合场地内的钻探资料和地区经验,划分出不同的地层,但在进行土的分层和确定土的力学性质时应考虑触探的界面效应,即超前和滞后反应。

当触探头尚未达到下卧土层时,在一定深度以上,下卧土层的影响已经超前反应出来,叫作"超前反应"。而当探头已经穿过上覆土层进入下卧土层时,在一定深度以内,上覆土层的影响仍会有一定反应,这叫作"滞后反应"。

根据中铁二院工程集团有限责任公司的试验研究,当上覆为硬层下卧为软层时,对触探击数的影响范围大,超前反应量(约为 0.5~0.7 m)大于滞后反应量(约为 0.2 m);上覆为软层下卧为硬层时,影响范围较小,超前反应量(约为 0.1~0.2 m)小于滞后反应量(约为 0.3~0.5 m)。在划分地层分层界线时应根据具体情况作适当调整:触探曲线由软层进入硬层时,分层界线可定在软层最后一个小值点以下 0.1~0.2 m 处;触探曲线由硬层进入软层时,分层界线可定在软层第一个小值点以上 0.1~0.2 m。

5.2.4.2 评价地基土的密实度

(1)用重型圆锥动力触探击数确定砂土、碎石土的孔隙比和砂土的密实度。参考表 5.2-2、表 5.2-3。

表 5.2-2   触探击数与孔隙比的关系

土的分类	校正后的动力触探击数 $N_{63.5}$									
	3	4	5	6	7	8	9	10	12	15
中砂	1.14	0.97	0.88	0.81	0.76	0.73	—	—	—	—
粗砂	1.05	0.90	0.80	0.73	0.58	0.64	0.62	—	—	—
砾砂	0.90	0.75	0.65	0.58	0.53	0.50	0.47	0.45	—	—
圆砾	0.73	0.62	0.55	0.50	0.46	0.43	0.41	0.39	0.36	—
卵石	0.66	0.56	0.50	0.45	0.41	0.39	0.36	0.35	0.32	0.29

表 5.2-3　　　　　　　　　　　　　触探击数与砂土密实度的关系

土的分类	$N_{63.5}$	砂土密实度	孔隙比
砾砂	<5	松散	>0.65
	5~8	稍密	0.65~0.50
	8~10	中密	0.50~0.45
	>10	密实	<0.45
粗砾	<5	松散	>0.80
	5~6.5	稍密	0.80~0.70
	6.5~9.5	中密	0.70~0.60
	>9.5	密实	<0.60
中砂	<5	松散	>0.90
	5~6	稍密	0.90~0.80
	6~9	中密	0.80~0.70
	>9	密实	<0.70

（2）《岩土工程勘察规范》(GB 50021—2001)按表 5.2-4 和表 5.2-5 确定碎石土的密实度。表中锤击数是经修正后的值。

表 5.2-4　　　　　　　　　　　　碎石土密实度按 $N_{63.5}$ 分类

重型动力触探锤击数 $N_{63.5}$	密实度	重型动力触探锤击数 $N_{63.5}$	密实度
$N_{63.5} \leqslant 5$	松散	$10 < N_{63.5} \leqslant 20$	中密
$5 < N_{63.5} \leqslant 10$	稍密	$N_{63.5} > 20$	密实

注：本表适用于平均粒径等于或小于 50 mm，且最大粒径小于 100 mm 的碎石土。对于平均粒径大于 50 mm，或最大粒径大于 100 mm 的碎石土，可用超重型动力触探或用野外观察鉴别。

表 5.2-5　　　　　　　　　　　　碎石土密实度按 N_{120} 分类

超重型动力触探锤击数 N_{120}	密实度	超重型动力触探锤击数 N_{120}	密实度
$N_{120} \leqslant 3$	松散	$11 < N_{120} \leqslant 14$	密实
$3 < N_{120} \leqslant 6$	稍密	$N_{120} > 14$	很密
$6 < N_{120} \leqslant 11$	中密		

（3）《成都地区建筑地基基础设计规范》(DB51/T5026—2001)按表 5.2-6 划分碎石土的密实度。

表 5.2-6　　　　　　　　　　　　成都地区碎石土密实度的划分

触探类型 ＼ 密实度	松散	稍密	中密	密实
N_{120}	$N_{120} \leqslant 4$	$4 < N_{120} \leqslant 7$	$7 < N_{120} \leqslant 10$	$N_{120} > 10$
$N_{63.5}$	$N_{63.5} \leqslant 7$	$7 < N_{63.5} \leqslant 15$	$15 < N_{63.5} \leqslant 30$	$N_{63.5} > 30$

5.2.4.3　评价地基承载力

（1）用轻型动力触探击数 N_{10} 确定地基土承载力。

① 广东省建筑设计研究院资料参考表 5.2-7。

表 5.2-7　黏性土 N_{10} 与承载力 f_k 的关系

N_{10}	6	10	20	30	40	50	60	70	80	90
f_k/kPa	51	69	114	159	204	249	294	339	384	429

②《铁路工程地质原位测试规程》(TB 10018—2018/J261—2018)资料见表 5.2-8。

表 5.2-8　用 N_{10} 评价黏性土的承载力

N_{10}	15	20	25	30
基本承载力/kPa	100	140	180	220
极限承载力/kPa	180	260	330	400

注：表中数值可以线性内插，极限承载力的变异系数为 0.291。

③ 西安市资料，见表 5.2-9。

表 5.2-9　含少量杂物的填土 N_{10} 与承载力 f_k 的关系

N_{10}	15～20	18～25	23～30	27～35	32～40	35～50
e	1.25～1.15	1.20～1.10	1.10～1.00	1.05～0.90	0.95～0.80	0.8
f_k/kPa	40～70	60～90	80～120	100～150	130～180	150～200

注：饱和度 $S_r > 0.6$ 取下限，$S_r < 0.5$ 取上限。

④ 浙江省标准《建筑软弱地基基础设计规范（试行）》(DBJ 10-1—90) 的资料见表 5.2-10。

表 5.2-10　素填土 N_{10} 与 q_c 和 f_k 的关系

静力触探锥尖阻力 q_c/kPa	1 000	1 700	2 000	2 500
N_{10}	10	20	30	40
承载力标准值 f_k/kPa	80	110	130	150

注：本表适用于堆填时间超过 10 年的黏性土组成的素填土。

⑤ 广东省标准《建筑地基基础设计规范》(DBJ 15-31—2016) 用 N_{10} 确定地基承载力标准值 f_k(kPa) 的关系式为：

$$f_k = 24 + 4.5 N_{10} \tag{5.2-1}$$

（2）用重型动力触探击数 $N_{63.5}$ 确定地基土承载力。

①《成都地区建筑地基基础设计规范》(DB51/T5026—2001) 确定松散卵石、圆砾、砂土地基极限承载力标准值见表 5.2-11。

表 5.2-11 　　　成都地区用 $N_{63.5}$ 确定卵石、圆砾、砂土极限承载力标准值 f_{ak} 　　　单位:kPa

$N_{63.5}$	2	3	4	5	6	8	10
卵石	—	—	—	400	480	640	800
圆砾	—	—	320	400	480	640	800
中、粗、砾砂	—	240	320	400	480	640	800
粉细砂	160	220	280	330	380	450	—

②《铁路工程地质原位测试规程》(TB 10018—2018/J261—2018)用 $N_{63.5}$ 平均值评价冲积、洪积成因的中砂、砾砂和碎石类土地基的承载力见表 5.2-12。

表 5.2-12 　　　　　　　用 $N_{63.5}$ 确定地基承载力标准值 　　　　　　　单位:kPa

击数平均值 $\overline{N}_{63.5}$	3	4	5	6	7	8	9	10	12	14
碎石类土	140	170	200	240	280	320	360	400	480	540
中砾、砾砂	120	150	180	220	260	300	340	380	—	—
击数平均值 $\overline{N}_{63.5}$	16	18	20	22	24	26	28	30	35	40
碎石类土	600	660	720	780	830	870	900	930	970	1 000

注: $\overline{N}_{63.5}$ 值进行触探杆长度修正。

③ 广东省建筑设计研究院资料,见表 5.2-13 和表 5.2-14。

表 5.2-13 　　　　　黏性土、粉土 $N_{63.5}$ 与承载力 f_k 的关系

$N_{63.5}$	1	1.5	2	3	4	5	6	7	8	9	10	11	12
f_k/kPa	60	90	120	150	180	210	240	265	290	320	350	375	400
状态	流塑		软塑		可塑					硬塑-坚硬			

表 5.2-14 　　　　　　　砂土 $N_{63.5}$ 与承载力 f_k 的关系

f_k/kPa	$N_{63.5}$		3	4	5	6	7	8	9	10
	中、粗、砾砂		120	160	200	240	280	320	360	400
	粉、细砂	很湿	60	80	100	120	140	160	180	200
		稍湿	90	120	150	180	210	240	270	300
密实度			松散		稍密		中密			密实

④ 辽宁省地区标准《建筑地基基础技术规范》(DB 21/T 907—2015)资料,见表 5.2-15。

表 5.2-15 　　　　　$N_{63.5}$ 确定碎石土、砂土承载力特征值 f_{ak} 　　　　　单位:kPa

$N_{63.5}$	碎石土	中、粗、砾砂	粉、细砂
3	190	120	100
4	250	160	140
5	300	200	175
6	350	240	205
8	450	320	250

$N_{63.5}$	碎石土	中、粗、砾砂	粉、细砂
10	550	400	290
12	600	480	320
16	700	640	365
20	850	800	400
25	900	850	—
30	1 000	900	—

注：1. 本表适用于冲、洪积成因的碎石土、砂土，对碎石土，d_{60} 不大于 30 mm，不均匀系数不大于 120，对中、粗砂，不均匀系数不大于 6，对砾砂，不均匀系数不大于 20；

　　2. 沈阳地区砾砂承载力特征值可参照碎石土取值。

（3）用超重型动力触探击数 N_{120} 确定地基土承载力。

《成都地区建筑地基基础设计规范》（DB51/T5026—2001）利用 N_{120} 评价卵石土的极限承载力标准值，见表 5.2-16。

表 5.2-16　　　　　　　成都地区卵石土极限承载力标准值

N_{120}	4	5	6	7	8	9	10	12	14	16	18	20
f_{uk}/kPa	700	860	1 000	1 160	1 340	1 500	1 640	1 800	1 950	2 040	2 140	2 200

注：本表的 N_{120} 值经过触杆长度修正；f_{uk} 为极限承载力标准值。

5.2.4.4　确定地基土的变形模量

（1）铁道部第二勘测设计院的研究成果（1988）。

圆砾、卵石土地基变形模量 E_0 与 $N_{63.5}^{0.7554}$ 的相关关系为：

$$E_0 = 4.48 N_{63.5}^{0.7554} \tag{5.2-2}$$

在《铁路工程地质原位测试规程》（TB 10018—2018）中规定：冲、洪积卵石土和圆砾土地基的变形模量 E_0，当贯入深度小于 12 m 时，可根据场地土层的 $\overline{N}_{63.5}$ 按表 5.2-17 取值。

表 5.2-17　　　　　　用 $N_{63.5}$ 确定圆砾、卵石土的变形模量 E_0

击数平均值 $\overline{N}_{63.5}$	3	4	5	6	8	10	12	14	16	18
E_0/MPa	9.9	11.8	13.7	16.2	21.3	26.4	31.4	35.2	39.0	42.8
击数平均值 $\overline{N}_{63.5}$	20	22	24	26	28	30	35	40		
E_0/MPa	46.6	50.4	53.6	56.1	58.0	59.9	62.4	64.3		

（2）《成都地区建筑地基基础设计规范》（DB51/T 5026—2001）编制组利用卵石土的载荷试验与超重型圆锥动力触探击数进行对比分析，得到 N_{120} 与 E_0（MPa）的关系式：

$$E_0 = 15 + 2.7 N_{120} \tag{5.2-3}$$

同时，利用成都地区建筑在卵石土地基上的高层建筑的沉降观测资料反算各土层的压缩模量 E_s（MPa）与 N_{120} 的关系式：

$$E_s = 6.2 + 5.9 N_{120} \tag{5.2-4}$$

该规范推荐的 N_{120} 与 E_0（MPa）的关系见表 5.2-18。

表 5.2-18　　　　　　　　　　成都地区卵石土 N_{120} 与变形模量 E_0

N_{120}	4	5	6	7	8	9	10	12	14	16	18	20
E_0/MPa	21	23.5	26	28.5	31	34	37	42	47	52	57	62

（3）辽宁省地区标准《建筑地基基础技术规范》(DB21/T 907—2015)资料详见表 5.2-19。

表 5.2-19　　　　　　　$N_{63.5}$ 确定碎石土、砂土的变形模量 E_0　　　　　　　单位：MPa

$N_{63.5}$	碎石土	砾、粗、中砂	粉、细砂
2	14.3	8.5	5.4
4	19.7	13.7	9.6
6	25.2	19.0	13.8
8	30.7	24.3	18.0
10	36.2	29.6	22.1
12	41.6	34.8	26.3
14	47.1	40.1	30.5
16	52.6	45.4	34.6
18	58.1	50.7	38.8
20	63.5	56.0	43.0
22	69.0	61.2	—
24	74.5	66.5	—
26	80.0	71.8	—
28	85.4	77.1	—
30	91.0	82.3	

注：1. 本表适用于冲、洪积成因的碎石土、砂土，对碎石土，d_{60} 不大于 30 mm，不均匀系数不大于 120，对中、粗砂不均匀系数不大于 6，对砾砂，不均匀系数不大于 20；

　　2. 碎石、角砾的变形模量，可按击数相同的卵石、圆砾的变形模量适当下调。

5.2.4.5　确定单桩承载力

（1）沈阳市桩基础试验研究小组资料。

在沈阳地区用重型圆锥动力触探与桩载荷试验测得的单桩竖向承载力建立相关关系，得到经验公式：

$$P_a = \alpha \sqrt{\frac{Ll}{Ee}} \tag{5.2-5}$$

$$P_a = 24.3 N_{63.5} + 365.4 \tag{5.2-6}$$

式中　　P_a——单桩竖向承载力特征值，kN；

　　　　L——桩长，m；

　　　　l——桩进入持力层的长度，m；

　　　　E——打桩贯入度，采用最后 10 击的每一击的贯入度，cm；

e——动力触探在桩尖以上 10 cm 深度内修正后的平均每击贯入度,cm;

$N_{63.5}$——由地面至桩尖处,重型圆锥动力触探平均每 10 cm 修正后的锤击数;

α——系数,按表 5.2-20 确定。

表 5.2-20 　　　　　　　　　　　　　　　　经验系数 α 值

桩的类型	打桩机型号	持力层情况	α 值
桩管 ϕ320 mm 打入式灌注桩	D₁-1200	中、粗砂	150
	D₁-1200	圆砾、卵石	200
300 mm×300 mm 钢筋 混凝土预制桩	D₂-1800	中、粗砂	100
		圆砾、卵石	200

(2)广东省建筑设计研究院资料。

在广州沙河顶和文冲两工程用现场打桩资料和重型动力触探资料进行对比,找出桩尖持力层桩的击数和动力触探击数的关系和桩的总锤击数与动力触探总击数的关系,并把动力触探在持力层的击数和总击数换算成桩的持力层击数和总击数,代入打桩公式,估算单桩竖向承载力。计算公式如下:

对大桩机:

$$P_a = \frac{QH}{9(0.15+e)} + \frac{QH(2N_{63.5})}{12\ 000} \tag{5.2-7}$$

对中桩机:

$$P_a = \frac{QH}{8(0.15+e)} + \frac{QH(2N_{63.5})}{4\ 500} \tag{5.2-8}$$

式中　P_a——单桩竖向承载力,kN;

　　　Q——打桩机的锤重,kN;

　　　H——打桩机锤的落距,cm;

　　　e——打桩机最后 30 锤平均每一锤的贯入度,cm,$e = \dfrac{10}{3.5N''_{63.5}}$;

　　　$N''_{63.5}$、$N_{63.5}$——重型圆锥动力触探持力层的锤击数和总锤击数。

5.2.4.6　确定抗剪强度

辽宁省地方标准《建筑地基基础技术规范》(DB21/T 907—2015)资料见表 5.2-21。

表 5.2-21 　　　　　　　　　　$N_{63.5}$ 确定砂土、碎石土内摩擦角 φ

$N_{63.5}$	$\varphi/(°)$		
	碎土石	砾、粗、中砂	粉、细砂
2	32.0	30.0	21.0
4	33.5	32.0	23.0
6	35.0	34.0	25.0
8	36.0	35.4	27.0
10	37.0	36.5	29.0

$N_{63.5}$	$\varphi/(°)$		
	碎土石	砾、粗、中砂	粉、细砂
12	38.0	37.4	30.4
14	39.0	38.2	31.0
16	40.0	38.8	32.0
18	41.0	39.5	33.0
20	42.0	40.0	34.0
25	45.0	42.5	—
≥30	48.0	45.0	—

注:1. 本表适用于冲、洪积成因的碎石土、砂土。对碎石土, d_{60} 不大于 30 mm,不均匀系数不大于 120;对中、粗砂,不均匀系数不大于 6;对砾砂,不均匀系数不大于 20。

2. 当考虑地下水影响,对地下水位以下土层内摩擦角一般应降低 1°～3°(细粒土取最大值,粗粒土取小值)。

5.3　静力触探试验

5.3.1　概念

静力触探(CPT)是利用压力装置将有触探头的触探杆以一定的速率均匀垂直压入试验土层,利用探头内的力传感器,通过电子量测器将探头受到的贯入阻力记录下来。由于贯入阻力的大小与土层的性质有关,因此通过贯入阻力的变化情况可以达到了解土层工程性质的目的。

静力触探试验的技术要求应符合下列规定:

(1)探头圆锥锥底截面积应采用 10 cm² 或 15 cm²,单桥探头侧壁高度应分别采用 57 mm 或 70 mm,双桥探头侧壁面积应采用 150～300 cm²,锥尖锥角应为 60°。

(2)探头应匀速垂直压入土中,贯入速率为 1.2 m/min。

(3)探头测力传感器应连同仪器、电缆进行定期标定,室内探头标定测力传感器的非线性误差、重复性误差、滞后误差、温度漂移、归零误差均应小于 1%FS,现场试验归零误差应小于 3%,绝缘电阻不小于 500 MΩ。

(4)深度记录的误差不应大于触探深度的 ±1%。

(5)当贯入深度超过 30 m,或穿过厚层软土后再贯入硬土层时,应采取措施防止孔斜或断杆,也可配置测斜探头,量测触探孔的偏斜角,校正土层界线的深度。

(6)孔压探头在贯入前,应在室内保证探头应变腔为已排除气泡的液体所饱和,并在现场采取措施保持探头的饱和状态,直至探头进入地下水位以下的土层为止;在孔压静探试验过程中不得上提探头。

(7)当在预定深度进行孔压消散试验时,应量测停止贯入后不同时间的孔压值,其计时间隔由密而疏合理控制;试验过程不得松动探杆。

5.3.2　获取

将圆锥形探头按一定速率匀速压入土中量测其贯入阻力、锥尖阻力及侧摩阻力。

5.3.2.1　单桥探头的比贯入阻力 p_s(单位:MPa)

静力触探(CPT)采用单桥探头时,测定比贯入阻力 p_s,也就是静力触探圆锥探头贯入土层时所受的总贯入阻力与探头平面投影面积的比,反映锥尖阻力和侧壁摩擦力的综合效应。适用于黏性土、粉土、中等密实度以下的砂土的土层划分、地基承载力和压缩模量的初步判定。

5.3.2.2 双桥探头的锥尖阻力 q_c(单位:MPa)

静力触探(CPT)采用双桥探头时,可测定锥尖阻力 q_c,也就是静力触探圆锥探头贯入土层时所受的锥尖总阻力与探头平面投影面积的比。适用于黏性土、粉土、中等密实度以下的砂土的土层划分、桩基承载力初步判定等。

5.3.2.3 双桥探头的侧摩阻力 f_s(单位:MPa)

静力触探(CPT)采用双桥探头时,可测定侧摩阻力 f_s,也就是静力触探圆锥探头贯入土层时所受的锥头侧摩阻力与锥头侧面积的比。适用于黏性土、粉土、中等密实度以下的砂土的土层划分、桩基承载力初步判定等。

5.3.3 应用

用静力触探法推求土的工程性质指标比室内试验方法可靠、经济,周期短,因此很受欢迎,应用很广,可以判断土的潮湿程度及重力密度、计算饱和土重力密度 γ_{sat}、计算土的抗剪强度参数、求取地基土基本承载力、确定桩基参数、用孔压触探求饱和土层固结系数及渗透系数等。

5.3.3.1 划分土层及土类判别

根据静力触探资料划分土层应按以下步骤进行:

(1) 将静力触探探头阻力与深度曲线分段。根据各种阻力大小和曲线形状进行综合分段。如阻力较小、摩阻比较大、超孔隙水压力大、曲线变化小的曲线段所代表的土层多为黏土层;而阻力较大、摩阻比较小、超孔隙水压力很小、曲线呈急剧变化的锯齿状所代表的则为砂土。

(2) 按临界深度等概念准确判定各土层界面深度。静力触探自地表匀速贯入过程中,锥头阻力逐渐增大(硬壳层影响除外),到一定深度(临界深度)后才达到一较为恒定值,临界深度及曲线第一较为恒定值段为第一层;探头继续贯入到第二层附近时,探头阻力会受到上下土层的共同影响而发生变化,变大或变小,一般规律是位于曲线变化段的中间深度即为层面深度,第二层也有较为恒定值段,以下类推。

(3) 经过上述两步骤后,再将每一层土的探头阻力等参数分别进行算术平均,其平均值可用来定土层名称,定土层(类)名称办法可依据各种经验图形进行。还可用多孔静力触探曲线求场地土层剖面。

5.3.3.2 确定地基土的承载力

目前为了利用静力触探确定地基土的承载力,国内外都是根据静力触探试验结果与载荷试验求得的比例界限值建立经验公式进行判别,如表 5.3-1 和表 5.3-2 所列。

表 5.3-1　　　　　　　　　　　　对于黏性土静力触探承载力经验式

序号	公式	适应范围	公式来源
1	$f_0 = 183.4\sqrt{p_s} - 46$	$0 \leqslant p_s \leqslant 5$	中国铁路设计集团有限公司
2	$f_0 = 90p_s + 90$		机械工业勘察设计研究院
3	$f_0 = 112p_s + 5$	软土,$0.085 < p_s < 0.9$	铁道部(1988)

注:f_0 单位为 kPa,p_s、q_c 单位为 MPa。

表 5.3-2　　　　　　　　　　　对于砂土静力触探承载力经验式

序号	公式	适应范围	公式来源
1	$f_0 = 20p_s + 59.5$	粉细砂 $1 < p_s < 15$	用静探测定砂土承载力
2	$f_0 = 36p_s + 76.6$	中细砂 $1 < p_s - 10$	联合试验小组报告
3	$f_0 = 91.7\sqrt{p_s} - 23$	水下砂土	中国铁路设计集团有限公司
4	$f_0 = (25 \sim 33)q_c$	砂土	国外

注：f_0 单位为 kPa，p_s、q_c 单位为 MPa。

对于粉土则采用下式：

$$f_0 = 36p_s + 44.6 \tag{5.3-1}$$

式中，f_0 的单位为 kPa；p_s 的单位为 MPa。

《铁路工程地质原位测试规程》（TB 10018—2018/J261—2018）中天然地基基本承载力 σ_0 和极限承载力 P_u 分别按表 5.3-3 和表 5.3-4 确定。

表 5.3-3　　　　　　　　　　　天然地基基本承载力（σ_0）算式

土层名称		算式 $\sigma_0 = f(p_s)$/kPa	p_s 值范围/kPa	相关系数	标准差	变异系数
老黏性土（$Q_1 \sim Q_3$）		$\sigma_0 = 0.1p_s$	2 700～6 000	—	—	0.095
一般黏性土（Q_4）		$\sigma_0 = 5.8\sqrt{p_s} - 46$	$\leqslant 6\,000$	0.920	26	0.095
软土		$\sigma_0 = 0.112p_s + 5$	85～800	0.850	16.7	0.259
砂土及粉土		$\sigma_0 = 0.89p_s^{0.63} + 14.4$	$\leqslant 24\,000$	0.945	31.6	0.154
新黄土（Q_4、Q_3）	东南带	$\sigma_0 = 0.05p_s + 65$	500～5 000	0.878	33	0.204
	西北带	$\sigma_0 = 0.05p_s + 35$	650～5 500	0.930	23.4	0.148
	北部边缘带	$\sigma_0 = 0.05p_s + 40$	1 000～6 500	0.823	26.2	0.151

表 5.3-4　　　　　　　　　　　天然地基极限承载力（p_u）算式

土层名称		p_u 算式/kPa	p_s 值范围/kPa	相关系数	标准差	变异系数
老黏性土（$Q_1 \sim Q_3$）		$p_u = 0.14p_s + 265$	2 700～6 000	0.810	153	0.203
一般黏性土（Q_4）		$p_u = 0.94p_s^{0.8} + 8$	700～3 000	0.818	60.2	0.199
软土		$p_u = 0.196p_s + 15$	< 800	0.827	36.5	0.310
粉、细砂		$p_u = 3.89p_s^{0.58} - 65$	1 500～24 000	0.874	137.6	0.256
中、粗砂		$p_u = 3.6p_s^{0.60} + 80$	800～12 000	0.670	236.6	0.336
砂土		$p_u = 3.74p_s^{0.58} + 47$	1 500～24 000	0.710	217.0	0.350
粉土		$p_u = 1.78p_s^{0.68} + 29$	$\leqslant 8\,000$	0.945	63.2	0.139
新黄土（Q_4、Q_3）	东南带	$p_u = 0.1p_s + 130$	500～4 500	0.878	66.0	0.204
	西北带	$p_u = 0.1p_s + 70$	650～5 300	0.930	46.8	0.148
	北部边缘带	$p_u = 0.08p_s + 80$	1 000～6 000	0.823	52.4	0.204

5.3.3.3　确定土的变形指标

（1）基本公式。

Buisman 曾建议砂土的关系式为：

$$E_s = 1.5q_c \tag{5.3-2}$$

式中　E_s——固结试验求得的压缩模量，MPa。

这个公式基于下列假设：

① 触探头类似压进半无限弹性压缩体的圆锥；

② 压缩模量是常数，并且等于固结试验的压缩模量 E_s；

③ 应力分布的 Boussinesq 理论是适用的；

④ 与土的自重应力相比，应力增量很小。

(2)《铁路工程地质原位测试规程》(TB 10018—2018/J261—2018)规定土层的压缩模量 E_s 可按表 5.3-5 确定，地基变形模量 E_0 可按表 5.3-6 确定。对于 $p_s \leqslant 1$ MPa 的饱和黏性土，其不排水杨氏模量 E_u 可按下式计算：

$$E_u = 11.4 p_s \tag{5.3-3}$$

式中的 E_u 值为剪应力水平达 50% 时的割线模量。

表 5.3-5　　　　　　　　　E_s 值　　　　　　　　　单位：MPa

土层名称	p_s/MPa								
	0.1	0.3	0.5	0.7	1	1.3	1.8	2.5	3
软土及一般黏性土	0.9	1.9	2.6	3.3	4.5	5.7	7.7	10.5	12.5
饱和砂土	—	—	2.6~5.0	3.2~5.4	4.1~6.0	5.1~7.5	6.0~9.0	7.5~10.2	9.0~11.5
新黄土(Q_4、Q_3)	—	—	—	—	1.7	3.5	5.3	7.2	9.0

土层名称	p_s/MPa							
	4	5	6	7	8	9	11	13	15
软土及一般黏性土	16.5	20.5	24.4	—	—	—	—	—	
饱和砂土	11.5~13.0	13.0~15.0	15.0~16.5	16.5~18.5	18.5~20.0	20.0~22.5	24.0~27.0	28.0~31.0	35.0
新黄土(Q_4、Q_3)	12.6	16.3	20.0	23.6	—	—	—	—	

注：1. E_s 为压缩曲线上 $p_1 = 0.1$ MPa~$p_2 = 0.2$ MPa 压力段的压缩模量。

　　2. 粉土可按表列砂土 E_s 值的 70% 取值。

　　3. Q_3 及其以前的黏性土和新近堆积土应根据当地经验取值或采用原状土样做压缩试验。

　　4. 表内数值可内插。

表 5.3-6　　　　　　　　　E_0 值经验公式

土层名称		E_0 算式/MPa	p_s 值范围/MPa	相关系数 r	标准差 s/MPa	变异系数 δ
老黏性土($Q_1 \sim Q_3$)		$E_0 = 11.78 p_s - 4.69$	3~6	—	—	—
软土及饱和黏性土(Q_4)		$E_0 = 6.03 p_s^{1.45} + 0.8$	0.085~2.5	0.860	0.63	0.066
细砂、粉砂、粉土		$E_0 = 3.57 p_s^{0.684}$	1~20	0.840	3.9	0.219
新黄土(Q_4、Q_3)	东南带	$E_0 = 13.09 p_s^{0.64}$	0.5~5	0.53	11.7	0.468
	西北带	$E_0 = 5.95 p_s + 1.41$	1~5.5	0.70	7.2	0.347
	北部边缘带	$E_0 = 5 p_s$	1~6.5	取下限值公式		

5.3.3.4　确定不排水抗剪强度 c_u 值

《铁路工程地质原位测试规程》(TB 10018—2018/J261—2018)规定对灵敏度 $S_t = 2 \sim 7$,塑性指数 $I_P = 12 \sim 40$ 的轻黏土,不排水抗剪强度 c_u 按下式计算:

$$c_u = 0.9(p_s - \sigma_{v0})/N_k \tag{5.3-4}$$

$$N_k = 25.81 - 0.75 S_t - 2.25 \ln I_P \tag{5.3-5}$$

式中,p_s 单位为 kPa。

当缺乏 S_t、I_P 数据时,可按下式估算 c_u 值:

$$c_u = 0.04 p_s + 2 \tag{5.3-6}$$

5.3.3.5　确定土的内摩擦角

(1)砂土的内摩擦角可根据表 5.3-7 取值。

表 5.3-7　　　　　　　　　　　　　　　砂土的内摩擦角 φ

p_s/MPa	1	2	3	4	5	11	15	30
$\varphi/(°)$	29	31	32	33	34	36	37	39

(2)黏性土的内摩擦角可根据静力触探下列公式确定。

根据《铁路工程地质原位测试规程》(TB 10018—2018/J261—2018)对于正常固结和超固结比 OCR≤2 的轻度超固结的软黏性土,当贯入阻力 p_s(或 q_c)随深度呈线性递增时,其固结快剪内摩擦角(φ_{CU})可用下列公式估算:

$$\tan \varphi_{CU} = (1.4 \Delta c_u)/\Delta \sigma_{v0}' \tag{5.3-7}$$

$$\Delta \sigma_{v0}' = \Delta \sigma_{v0} - \gamma_w \Delta d \tag{5.3-8}$$

$$\Delta \sigma_{v0} = \gamma \Delta d \tag{5.3-9}$$

式中　Δd——线性化静力触探曲线上任意两点间的深度增量,m;

　　　Δc_u——对应于 Δd 的不排水抗剪强度增量,kPa;

　　　$\Delta \sigma_{v0}$——土的自重应力增量,kPa。

5.3.3.6　估计饱和黏性土的天然重度 γ

《铁路工程地质原位测试规程》(TB 10018—2018/J261—2018)中用 p_s 值确定的 γ 公式如表 5.3-8 所列。

表 5.3-8　　　　　　　　　　　　　　用 p_s 估算的 γ　　　　　　　　　　　　　单位:kN/m³

$p_s < 400$ kPa	$\gamma = 8.23 p_s^{0.12}$
400 kPa$\leqslant p_s < 4\,500$ kPa	$\gamma = 9.56 p_s^{0.095}$
$p_s \geqslant 4\,500$ kPa	$\gamma = 21.3$

注:γ 单位为 kN/m³。

5.3.3.7　判别黏性土的塑性状态

(1)用过滤法置于锥面的孔压触探参数判别黏性土的塑性状态,如表 5.3-9 所列。

表 5.3-9　　　　　　　　　　用孔压触探参数判别黏性土的塑性状态

分级		液性指数	主判别	副判别
坚硬状态		$I_L \leqslant 0$	$(q_T > 5)$	$B_q < 0.2$
可塑状态	硬塑	$0 < I_L \leqslant 0.5$	$3.12B_q - 2.77q_T < -2.21$	$B_q < 0.3$
	软塑	$0.5 < I_L < 1$	$3.12B_q - 2.77q_T \geqslant -2.21$ $11.2B_q - 21.3q_T < -2.56$	$B_q \geqslant 0.2$
流塑状态		$I_L \geqslant 1$	$11.2B_q - 21.3q_T \geqslant -2.56$	$B_q \geqslant 0.42$

注:1. q_T 为总锥尖阻力,单位为 MPa;B_q 为孔隙压力参数比。

　2. 坚硬状态土已非饱和土,括号内为参考值。

(2) 用单桥触探参数判别黏性土的塑性状态,如表 5.3-10 所列。

表 5.3-10　　　　　　　　　用单桥触探参数判别黏性土的塑性状态

I_L	0	0.25	0.50	0.75	1
p_s/MPa	$(5\sim6)$	$(2.7\sim3.3)$	$1.2\sim1.5$	$0.7\sim0.9$	<0.5

5.3.3.8　估算单桩承载力

静力触探试验可以看作一小直径桩的现场载荷试验。对比结果表明,用静力触探成果估算单桩极限承载力是行之有效的。通常是按单桥或双桥探头实测曲线进行估算。

(1) 按双桥探头估算单桩竖向承载力:

$$P_u = \alpha \bar{q_c} A + U_P \sum \beta_i f_{si} l_i \tag{5.3-10}$$

式中　P_u——单桩竖向极限承载力,kN;

　　　α——桩尖阻力修正系数,对黏性土取 2/3,对饱和砂土取 1/2;

　　　$\bar{q_c}$——桩端上下探头阻力,取桩尖平面以上 $4d$(d 为桩的直径)范围内按厚度的加权平均值,然后再和桩尖平面以下 $1d$ 范围内的 q_c 值平均,kPa;

　　　A——桩端面积,m^2;

　　　U_P——桩身周长,m;

　　　l_i——第 i 层土厚度,m;

　　　f_{si}——第 i 层土的探头侧摩阻力,kPa;

　　　β_i——第 i 层土桩身侧摩阻力修正系数,按下式计算:

对于黏性土:

$$\beta_i = 10.05 f_{si}^{-0.55} \tag{5.3-11}$$

对于砂土:

$$\beta_i = 5.05 f_{si}^{-0.45} \tag{5.3-12}$$

确定桩的承载力时,安全系数取 $2\sim2.5$,以端承力为主时取 2,以摩阻力为主时取 2.5。

(2)《铁路工程地质原位测试规程》(TB 10018—2018/J 261—2018)的计算方法。

① 打入混凝土桩承载力。

打入钢筋混凝土预制桩的极限荷载 Q_u 可按下列公式及要求计算:

$$Q_u = U \sum_{i=1}^{n} h_i \beta_i \bar{f}_{si} + \alpha A_c q_{cp} \tag{5.3-13}$$

式中　U——桩身周长,m;

　　　h_i——桩身穿过的第 i 层土厚度,m;

　　　A_c——桩底(不包括桩靴)全断面面积,m^2;

　　　$\overline{f}_{si}$——第 i 层土的侧阻平均值,kPa;

　　　q_{cp}——桩底端阻计算值,kPa;

　　　β_i、α——分别为第 i 层土的极限摩阻力和桩尖土的极限承载力综合修正系数。

式中的 q_{cp}、β_i、α 应根据桩侧土和桩端土的性质分别按下列要求计算。

a. 当桩底高程以上 $4d$(d 为桩径)范围内平均端阻 $\overline{q}_{cp1}$ 小于桩底高程以下 $4d$ 范围内平均端阻 $\overline{q}_{cp2}$ 时:

$$q_{cp} = (\overline{q}_{cp1} + \overline{q}_{cp2})/2 \tag{5.3-14}$$

反之,则取:

$$q_{cp} = \overline{q}_{cp2} \tag{5.3-15}$$

b. 当桩侧第 i 层土平均端阻 $\overline{q}_{ci} > 2\,000$ kPa,且相应的摩阻比 $\overline{f}_{si}/\overline{q}_{ci} \leqslant 0.014$ 时:

$$\beta_i = 5.067(\overline{f}_{si})^{-0.45} \tag{5.3-16}$$

如 $\overline{q}_{ci}$ 及 $\overline{f}_{si}/\overline{q}_{ci}$ 不能同时满足上述条件时:

$$\beta_i = 10.045(\overline{f}_{si})^{-0.55} \tag{5.3-17}$$

由上二式得 $\beta_i \overline{f}_{si} > 100$ kPa 时,宜取 $\beta_i \overline{f}_{si} = 100$ kPa。

c. 当 $\overline{q}_{cp2} > 2\,000$ kPa,且相应的摩阻比 $\overline{f}_{s2}/\overline{q}_{cp2} \leqslant 0.014$ 时:

$$\alpha = 3.975(q_{cp})^{-0.25} \tag{5.3-18}$$

当 $\overline{q}_{cp2}$ 及 $\overline{f}_{s2}/\overline{q}_{cp2}$ 不能同时满足上述条件时:

$$\alpha = 12.064(q_{cp})^{-0.35} \tag{5.3-19}$$

② 混凝土钻孔灌注桩及沉管灌注桩的极限荷载 Q_u 可按下式估算,但式中的综合修正系数 β_i 和 α 值应按下列规定计算:

a. 钻孔灌注桩:

$$\beta_i = 18.24(\overline{f}_{si})^{-0.75} \tag{5.3-20}$$

$$\alpha = 130.53(q_{cp})^{-0.76} \tag{5.3-21}$$

b. 沉管灌注桩:

$$\beta_i = 4.14(\overline{f}_{si})^{-0.4} \tag{5.3-22}$$

当柱底高程以下 $4d$ 范围内的摩阻比 $R_f(\%) > 0.101\,3\overline{q}_{cp2} + 0.32$ 时:

$$\alpha = 1.65(q_{cp})^{-0.14} \tag{5.3-23}$$

当柱底高程以下 $4d$ 范围内的摩阻比 $R_f(\%) \leqslant 0.101\,3\overline{q}_{cp2} + 0.32$ 时:

$$\alpha = 0.45(q_{cp})^{-0.09} \tag{5.3-24}$$

(3)《建筑桩基技术规范》(JGJ 94—2008)的计算方法。

当根据单桥探头静力触探资料确定混凝土预制桩单桩竖向极限承载力标准值时,如无当地经验可按下式计算:

$$Q_{uk} = Q_{sk} + Q_{pk} = u \sum q_{sik} l_i + \alpha p_{sk} A_p \tag{5.3-25}$$

式中　Q_{sk}、Q_{pk}——分别为总极限侧阻力标准值和总极限端阻力标准值，kN；

　　　　u——桩身周长，m；

　　　　q_{sik}——用静力触探比贯入阻力值估算的桩周第 i 层土的极限侧阻力标准值，kPa；

　　　　l_i——桩周第 i 层土的厚度，m；

　　　　α——桩端阻力修正系数；

　　　　p_{sk}——桩端附近的静力触探比贯入阻力标准值（平均值），kPa；

　　　　A_p——桩端面积，m^2。

q_{sik} 值应结合土工试验资料，依据土的类型、埋藏深度、排列次序，按图 5.3-1 折线取值。

注：图 5.3-1 中直线段Ⓐ（线段 gh）适用于地表下 6 m 范围内的土层；折线Ⓑ（线段 $oabc$）适用于粉土及砂土层以上（或无粉土及砂土土层地区）的黏性土；折线Ⓒ（线段 $odef$）适用于粉土及砂土层以下的黏性土；折线Ⓓ（线段 oef）适用于粉土、粉砂、细砂及中砂。

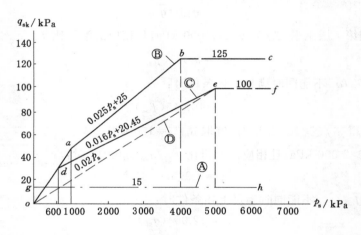

图 5.3-1　q_{sk}—p_s 曲线

当桩端穿越粉土、粉砂、细砂及中砂层底面时，折线Ⓓ估算的 q_{sik} 值需乘以表 5.3-11 中的系数 ξ_s 值。

表 5.3-11　　　　　　　　　　　　系数 ξ_s 值

p_s/p_{si}	$\leqslant 5$	7.5	$\geqslant 10$
ξ_s	1.00	0.50	0.33

注：1. p_s 为桩端穿过的中密～密实砂土、粉土的比贯入阻力平均值；p_{si} 为砂土、粉土的下卧软土层的比贯入阻力平均值。

　　2. 采用的单桥探头，圆锥底面积为 15 cm^2，底面带 7 cm 高滑套，锥角 60°，桩端阻力修正系数 α 按表 5.3-12 取值。

表 5.3-12　　　　　　　　　　桩端阻力修正系数 α 值

桩长 h/m	$h<15$	$15\leqslant h\leqslant 30$	$30<h\leqslant 60$
α	0.75	0.75～0.90	0.90

注：桩长 $15\leqslant h\leqslant 30$ m 时，α 值按 h 值直线内插；h 为桩长（不包括桩尖高度）。

p_{sk} 可按下式计算：

当 $p_{sk1} \leqslant p_{sk2}$ 时：

$$p_{sk} = \frac{1}{2}(p_{sk1} + \beta p_{sk2}) \qquad (5.3-26)$$

当 $p_{sk1} > p_{sk2}$ 时：

$$p_{sk} = p_{sk2} \qquad (5.3-27)$$

式中　p_{sk1}——桩端全截面以上 8 倍桩径范围内的比贯入阻力平均值；

p_{sk2}——桩端全截面以下 4 倍桩径范围内的比贯入阻力平均值，如桩端持力层为密实的砂土层，其比贯入阻力平均值 p_s 超过 20 MPa 时，则需乘以表 5.3-13 中的系数 C 予以折减后，再计算 p_{sk2} 及 p_{sk1} 值；

β——折减系数，按 p_{sk2}/p_{sk1} 值从表 5.3-14 中选用。

表 5.3-13　　　　　　　　　　　　　　系数 C

p_s/MPa	$20\sim30$	35	>40
系数 C	5/6	2/3	1/2

表 5.3-14　　　　　　　　　　　　　　折减系数 β

p_{sk2}/p_{sk1}	$\leqslant5$	7.5	12.5	$\geqslant15$
β	1	5/6	2/3	1/2

当根据双桥探头静力触探资料确定混凝土预制桩单桩竖向极限承载力标准值时，对于黏性土、粉土和砂土，如无当地经验时可按下式计算：

$$Q_u = u\sum l_i \beta_i f_{si} + \alpha A_p q_c \qquad (5.3-28)$$

式中　u——桩身周长，m；

l_i——桩穿越第 i 层土的厚度，m；

f_{si}——第 i 层土的探头平均侧阻力，kPa；

q_c——桩端平面上、下探头阻力，取桩端平面以上 $4d$（d 为桩的直径或边长）范围内按土层厚度的探头阻力加权平均值，然后再和桩端平面以下 $1d$ 范围内的探头阻力进行平均，kPa；

A_p——桩端面积，m²；

α——桩端阻力修正系数，对于黏性土、粉土取 2/3，饱和砂土取 1/2；

β_i——第 i 层土桩侧阻力综合修正系数，按下式计算：

黏性土、粉土：

$$\beta_i = 10.04(f_{si})^{-0.55} \qquad (5.3-29)$$

砂土：

$$\beta_i = 5.05(f_{si})^{-0.45} \qquad (5.3-30)$$

注：双桥探头的圆锥底面积为 15 cm²，锥角 60°，摩擦套筒高 21.85 cm，侧面积 300 cm²。

5.3.3.9　检验地基加固效果和压实填土的质量

静力触探可用来检验压实填土的密实和均匀程度，其优点是迅速经济，可使取样数量大大减少,缩短检验周期。

5.3.3.10 评价砂土液化

当采用静力触探试验对地面以下 15 m 深度范围内的饱和砂土或饱和粉土进行液化判别时,可按下式计算。当实测值小于临界值时,可判为液化土:

$$p_{scr} = p_{s0}\alpha_w \cdot \alpha_u \cdot \alpha_p \tag{5.3-31}$$

$$q_{ccr} = q_{c0}\alpha_w \cdot \alpha_u \cdot \alpha_p \tag{5.3-32}$$

$$\alpha_w = 1 - 0.065(d_w - 2) \tag{5.3-33}$$

$$\alpha_u = 1 - 0.05(d_u - 2) \tag{5.3-34}$$

式中　　p_{scr}、q_{ccr}——分别为饱和土液化静力触探比贯入阻力和锥尖阻力临界值,MPa;

p_{s0}、q_{c0}——分别为 $d_w = 2$ m、$d_u = 2$ m 时,饱和土液化判别比贯入阻力和液化判别锥尖阻力基准值,MPa,如表 5.3-15 所列。

α_w——地下水位埋深影响系数,地面常年有水且地下水有水力联系时,取 1.13;

α_u——上覆非液化土层厚度影响系数,对于深基础 $\alpha_u = 1$;

d_w——地下水位深度,m;

d_u——上覆非液化土层厚度,m,计算时应将淤泥和淤泥质土层厚度扣除;

α_p——与静力触探摩阻比有关的土性修正系数,如表 5.3-16 所列。

表 5.3-15　　　　　　　　　　　　液化判别 p_{s0} 及 q_{c0} 值

烈度	7 度	8 度	9 度
p_{s0}/MPa	5.0～6.0	11.5～13.0	18.0～20.0
q_{c0}/MPa	4.6～5.5	10.5～11.8	16.4～18.2

表 5.3-16　　　　　　　　　　　　土类综合影响系数 α_p 值

土类	砂土	粉土	
静力触探摩阻比 R_f	$R_f \leqslant 0.4$	$0.4 < R_f \leqslant 0.9$	$R_f > 0.9$
α_p	1.0	0.6	0.45

5.4　波速测试

弹性波在地层介质中传播,可分为体波和面波。体波又可分为压缩波(P 波)和剪切波(S 波)。剪切波的垂直分量为 SV 波,水平分量为 SH 波。在地层表面传播的面波可分为 R 波和 L 波。它们在地层介质中传播的特征和速度各不相同,由此,可以在时域波形中加以区别。

5.4.1 概念

5.4.1.1 剪切波速 v_S

剪切波速是指剪切波(S 波)在土内的传播速度,单位是 m/s。可通过人为激振的方法产生振动波,在相隔一定距离处记录振动信号到达时间,以确定 S 波在土内的传播速度。

5.4.1.2　压缩波速 v_P

压缩波速是指压缩波（P 波）在土内的传播速度，单位是 m/s。可通过人为激振的方法产生振动波，在相隔一定距离处记录振动信号到达时间，以确定 P 波在土内的传播速度。

5.4.1.3　瑞雷波波速 v_R

瑞雷波波速是指瑞雷波沿地表传播的速度，单位为 m/s。瑞雷波传播的波阵面为一个圆柱体，传播深度约为一个波长，同一波长的瑞雷波传播特性反映了地基土水平方向的动力特性。

5.4.2　获取

采用单孔法，在波形记录上识别压缩波和第一个剪切波的初至时间；计算由振源到达测点的距离；根据波的传播时间和距离确定波速；计算土层小应变的动弹性模量、动剪切模量、动泊松比等参数，划分场地类型。绘制波速—孔深度（v_P—H）曲线，结合钻孔资料，分层统计波速平均值，提出分层波速。

5.4.3　应用

5.4.3.1　划分场地类别和场地土类型

土的类型划分和剪切波速范围如表 5.4-1 所列。

表 5.4-1　　　　　　　　　　　　　土的类型划分和剪切波速范围

土的类型	岩土名称和性状	土层剪切波速范围 v_S/(m/s)
岩石	坚硬、较硬且完整的岩石	$v_S > 800$
坚硬土或软质岩石	破碎和较破碎的岩石或软和较软的岩石，密实的碎石土	$800 \geqslant v_S > 500$
中硬土	中密、稍密的碎石土，密实、中密的砾、粗、中砂，$f_{ak} > 150$ kPa 的黏性土和粉土，坚硬黄土	$500 \geqslant v_S > 250$
中软土	稍密的砾、粗、中砂，除松散外的细、粉砂，$f_{ak} \leqslant 150$ kPa 的黏性土和粉土，$f_{ak} > 140$ kPa 的填土，可塑新黄土	$250 \geqslant v_S > 150$
软弱土	淤泥和淤泥质土，松散的砂，新近沉积的黏性土和粉土，$f_{ak} \leqslant 140$ kPa 的填土，流塑黄土	$v_S \leqslant 150$

注：f_{ak} 为由载荷试验等方法得到的地基承载力特征值，单位为 kPa；v_S 为岩土剪切波速，单位为 m/s。

详见第 11 章相关章节。

5.4.3.2　计算岩土动力参数

测得岩体中声波的纵、横波速 v_P(m/s)、v_S(m/s) 后，可计算岩体的动弹性系数：

$$E_d = \frac{\rho v_S^2 (3v_P^2 - 4v_S^2)}{v_P^2 - v_S^2} \tag{5.4-1}$$

$$G_d = \rho \cdot v_S^2 \tag{5.4-2}$$

$$\nu_d = \frac{v_P^2 - 2v_S^2}{2(v_P^2 - v_S^2)} \tag{5.4-3}$$

式中　E_d——岩体的动弹性模量,kPa;

　　　G_d——岩体的动剪变模量,kPa;

　　　ρ——介质的质量密度,t/m³;

　　　ν_d——动泊松比。

5.4.3.3　计算建筑场地地基卓越周期

地基卓越周期在抗震设计中,是防止建筑物与地基产生共振的依据。卓越周期是地脉动测试所获得的波群波形,通过傅里叶频谱分析,在频谱图中幅值最大值所对应的周期。日本学者经过剪切波速 v_s 与地脉动测试的对比研究,提出单一土层的地基,由剪切波速 v_s 计算地基卓越周期 T_c 的公式为:

$$T_c = \frac{4h}{v_S} \tag{5.4-4}$$

式中　T_c——地基的卓越周期,s;

　　　h——计算厚度,m,相当于《建筑抗震设计规范》的覆盖层厚度 d_{0w},从地面算起,算至 $v_S > 500/s$ 的土层顶面,或算至相邻两土层的下层 v_{Si+1} 与上层 v_{Si} 之比大于等于 2 时的上、下层交界处;

　　　v_s——实测的剪切波速,m/s。

多层土组成的地基卓越周期 T_c',根据日本《结构计算指南和解说》(1986 年版)的规定,按下式计算:

$$T_c' = \sqrt{32 \sum_{i=1}^{n} \left\{ h_i \left(\frac{H_{i-1} + H_i}{2} \right) \bigg/ v_{Si}^2 \right\}} \tag{5.4-5}$$

式中　T_c'——地基卓越周期,s;

　　　H_{i-1}——基础地面至第 $i-1$ 层土地面的深度,m;

　　　H_i——建筑物基底至第 i 层地面的距离,m;

　　　h_i——第 i 层的厚度,m;

　　　v_{Si}——第 i 层实测的剪切波速,m/s。

5.4.3.4　剪切波速试验判别液化

地面以下 15 m 深度范围内的饱和砂土或饱和粉土,其实测剪切波速值 v_s 大于按下列公式计算的土层剪切波速临界值 v_{Scr} 时,可判别为不液化:

$$v_{Scr} = v_{S0} (d_S - 0.013\ 3d_S^2)^{0.5} \left[1 - 0.185 \left(\frac{d_w}{d_S} \right) \right] \sqrt{3/\rho_c} \tag{5.4-6}$$

式中　v_{Scr}——饱和砂土或饱和粉土液化剪切波速临界值,m/s;

　　　v_{S0}——与地震烈度、土类有关的经验系数,按表 5.4-2 取值;

　　　d_S——剪切波速测点深度,m;

　　　d_w——地下水位深度,m;

　　　ρ_c——黏粒含量百分率,%。

表 5.4-2 　　　　　　　　与地震烈度、土类有关的经验系数 v_{s0}

土类	v_{s0}/(m/s)		
	7 度	8 度	9 度
砂土	65	95	130
粉土	45	65	90

5.4.3.5　地震小区划

在对场地进行地震小区划和地震反应谱分析时,均需进行钻孔剪切波速测试,并提供 v_s 随深度变化的资料,以便根据地层的剪切波速确定土层的最大剪切模量,为土层地震反应分析提供必需参数。

5.4.3.6　检验地基加固处理的效果

常规的载荷试验、静力触探、动力触探、标准贯入试验,能提供地基加固处理后承载力的可靠资料。但如能在地基加固处理的前后进行波速测试,则可作出评价地基承载力的辅助资料。因为地层波速与岩土的密实度、结构等物理力学指标密切相关,而波速测试(如瑞雷波速)效率高,掌握数据面广,而且成本低。将波速法与载荷试验等结合使用,无疑是地基加固处理后评价的经济有效手段。

5.4.3.7　土层剪切波速参考值

不同土层剪切波速随深度的变化规律如表 5.4-3 所列。

表 5.4-3 　　　　　　　　　　　不同土层剪切波速范围

土层名称	剪切波速范围/(m/s)	剪切波速与深度的关系
回填土、表土	90～220	
淤泥、淤泥质土	100～170	
软黏土	90～170	
硬黏土	120～190	剪切波随深度的变化规律计算式:
坚硬黏土	170～240	$$v_s = aH^b$$
粉细砂	100～200	式中　H——深度,m;
中粗砂	160～250	a、b——系数。
粗砂、砾砂	240～350	对 149 个钻孔分层剪切波速平均值为:
砾石、卵石、碎石	300～600	$$v_s = 124.5H^{0.267}$$
风化岩	350～500	其相关系数为 0.99
岩石	>500	

5.5　旁压试验

5.5.1　概念

在现场钻孔中进行的一种水平荷载试验。适用于黏性土、粉土、砂土、碎石土、残积土、极软岩和软岩等。

预钻式旁压试验（PMT）：通过旁压器在预先打好的钻孔中对孔壁施加横向压力，使土体产生径向变形，利用仪器量测压力与变形的关系，测求地基土的力学参数。预钻式旁压试验适用于孔壁能保持稳定的黏性土、粉土、砂土、碎石土、残积土、风化岩和软岩。

自钻式旁压试验：把成孔和旁压器的放置、定位、试验一次完成，可测求地基承载力、变形模量、原位水平应力、不排水抗剪强度、静止侧压力系数和孔隙水压力等。与预钻式旁压试验相比，自钻式旁压试验消除了预钻式旁压试验中由于钻进孔壁土层所受的各种扰动和天然应力的改变，因此，试验成果比预钻式旁压试验更符合实际。主要适用于黏性土、粉土、砂土和饱和软土。

5.5.2 获取

将一个圆柱形的旁压器放到钻孔内设计标高，加压使得旁压器横向膨胀，根据试验的读数可以得到钻孔横向扩张的体积—压力或应力—应变关系曲线，据此可用来估计地基承载力，测定土的强度参数、变形参数、基床系数，估算基础沉降、单桩承载力与沉降。

（1）具体要求：

① 旁压试验应在有代表性的位置和深度进行，旁压器的量测腔应在同一土层内，试验点的垂直间距不宜小于 1 m，每层土的测点不应少于 1 个，厚度大于 3 m 的土层测点不应少于 3 个。

② 预钻式旁压试验保证成孔质量，钻孔直径与旁压器直径应配合良好，防止孔壁坍塌。

③ 自钻式旁压试验的自钻钻头、钻头转速、钻进速率、刃口距离、泥浆压力和流量等应符合有关规定。

④ 在饱和软黏土层中宜采用自钻式旁压试验，在试验前宜通过试钻确定最佳回转速率、冲洗液流量、切削器的距离等参数。

⑤ 加荷等级可采用预期临塑压力的 1/7～1/5 或极限压力的 1/12～1/10，如不易预估临塑压力或极限压力时，可按表 5.5-1 的规定确定加载增量。初始阶段加荷等级可取小值，必要时，可做卸荷再加荷试验，测定再加荷旁压模量。

表 5.5-1　　　　　　　　　　　　试验加载增量

土性特征	加载增量/kPa
淤泥、淤泥质土，流塑黏性土，松散的粉土、砂土	≤15
软塑黏性土，新黄土，稍密的粉土、砂土	15～25
可塑-硬塑黏性土，一般黄土，中密的粉土、砂土	25～50
坚硬黏性土，老黄土，密实的粉土、砂土	50～150
软质岩，风化岩	100～600

⑥ 每级压力应保持相对稳定的观测时间，对黏性土、砂土宜为 3 min，对软质岩石和风化岩宜为 1 min。维持 1 min 时，加荷后 15 s、30 s、60 s 测读变形量；维持 3 min 时，加荷后 15 s、30 s、60 s、120 s、180 s 测读变形量。

（2）旁压试验成果资料整理应包括下列内容：

① 对各级压力及相应的扩张体积或半径增量分别进行约束力及体积的修正后,绘制压力与体积曲线,需要时可做蠕变曲线。

② 根据压力与体积曲线,结合蠕变曲线确定初始压力 p_0、临塑压力 p_f 和极限压力 p_L,地基极限强度 f_L 和临塑强度 f_y 按下列公式计算:

$$f_L = p_L - p_0 \tag{5.5-1}$$

$$f_y = p_f - p_0 \tag{5.5-2}$$

式中　p_0——旁压试验初始压力,kPa;

　　　p_L——旁压试验极限压力,kPa;

　　　p_f——旁压试验临塑压力,kPa。

5.5.3　应用

5.5.3.1　预钻式旁压试验成果应用

（1）计算地基土承载力。根据旁压试验特征值计算地基土承载力:

临塑荷载法:

$$f_{ak} = p_f - p_0 \tag{5.5-3}$$

极限荷载法:

$$f_{ak} = \frac{p_L - p_0}{F_s} \tag{5.5-4}$$

式中　f_{ak}——地基土承载力特征值,kPa;

　　　F_s——安全系数,一般取 2～3,也可根据地区经验确定。

对于一般土宜采用临塑荷载法;对旁压试验曲线过临塑压力后急剧变陡的土宜采用极限荷载法。

（2）计算旁压模量:

$$E_M = 2(1 + \nu)(V_c + V_m)\frac{\Delta p}{\Delta V} \tag{5.5-5}$$

式中　E_M——旁压模量,MPa;

　　　ν——泊松比;

　　　Δp——旁压试验曲线上直线段的压力增量,MPa;

　　　ΔV——相应于 Δp 的体积增量（由量管水位下降值 S 乘以量管水柱界面积 A 得到）,cm³;

　　　V_c——旁压器中腔固有体积,cm³;

　　　V_m——平均体积,cm³,$V_m = (V_0 + V_f)/2$;

　　　V_0——对应于 p_0 值的体积,cm³;

　　　V_f——对应于 p_f 值的体积,cm³;

　　　$\dfrac{\Delta p}{\Delta V}$——旁压曲线直线段的斜率,kPa/cm³。

（3）计算变形模量和压缩模量。

① 黏性土变形模量 E_0 及压缩模量 E_s 可根据旁压剪切模量 G_m 按表 5.5-2 取值。

表 5.5-2 黏性土的变形模量 E_0 及压缩模量 E_s

G_m/MPa	0.5	1.0	1.5	2.0	2.5	3.0
E_0/MPa	2.0～2.4	3.3～4.8	4.3～7.2	5.8～9.6	7.2～12.0	8.7～14.4
E_s/MPa	2.0～2.2	3.0～3.5	3.8～4.5	5.0～7.0	6.3～8.7	7.5～10.5
G_m/MPa	3.5	4.0	5.0	6.0	7.0	8.0
E_0/MPa	10.1～16.8	11.6～19.2	14.5～24.0	17.4～28.8	20.3～33.6	23.2～38.4
E_s/MPa	8.8～12.2	10.0～14.0	12.5～17.5	15.0～21.0	17.5～24.5	—

② 黄土变形模量 E_0 及压缩模量 E_s 可根据旁压剪切模量 G_m 按表 5.5-3 取值。

表 5.5-3 黄土的变形模量 E_0 及压缩模量 E_s

G_m/MPa		0.5	1.0	1.5	2.0	2.5	3.0	3.5	4.0
E_0/MPa		4.5	6.2	8.4	10.6	13.3	15.9	18.6	21.2
E_s/MPa	$d \leqslant 3.0$ m	1.7	2.1	2.7	3.6	4.5	5.4	6.3	7.2
	$d > 3.0$ m	1.6	2.0	2.4	2.8	3.5	4.2	4.9	5.6
G_m/MPa		5.0	6.0	7.0	8.0	10.0	12.0	14.0	15.0
E_0/MPa		26.5	31.8	37.1	—	—	—	—	—
E_s/MPa	$d \leqslant 3.0$ m	9.0	10.8	12.6	14.4	18.0	—	—	—
	$d > 3.0$ m	7.0	8.4	9.8	11.2	14.0	16.8	19.6	21.0

注:d 为测试深度。

③ 砂类土变形模量 E_0 可按下式估算:

$$E_0 = KG_m \tag{5.5-6}$$

式中 K——变形模量转换系数,可按表 5.5-4 取值。

表 5.5-4 变形模量转换系数

砂类土分类	粉砂	细砂	中砂	粗砂
K	4.0～5.0	5.0～7.0	7.0～9.0	9.0～11.0

5.5.3.2 自钻式旁压试验成果应用

经应力、应变校正后,绘制应力与应变(p—ε)曲线,绘制应力与应变的倒数(p—$1/\varepsilon$)曲线,绘制剪应力与应变(τ—ε)曲线。

作图 5.5-1,方法如下:从旁压曲线 p—ε 曲线上任取一点 E,作切线交 p 轴于 G,则 E、G 两点在 p 轴上的差值即为 EH,求出 p—ε 曲线上各点(至少选择三点)的 EH,作 EH—ε 曲线,此曲线即为剪切强度与应变(τ—ε)曲线。

(1)确定地基土承载力。

极限压力法:取应力与应变的倒数(p—$1/\varepsilon$)曲线与 p 轴相交的压力作为极限压力,除以一定的安全系数(一般取 3)即为地基承载力。

临塑压力法：取 p—ε 曲线上的转折点为临塑压力 p_f，减去原位水平应力 σ_h 和弹性膜约束力 K_R 即为地基承载力。

（2）计算弹性模量。

① 根据初始剪切模量 G_i 计算。旁压器弹性膜膨胀以后的 p—ε 曲线初始线性段的斜率为 $2G_i$，则可由下式计算弹性模量：

$$E_i = 2(1+\nu)\,G_i \qquad (5.5\text{-}7)$$

② 根据 Lame 解答计算：

$$E_{cp} = (1+\nu)r\,\frac{\Delta p}{\Delta r} \qquad (5.5\text{-}8)$$

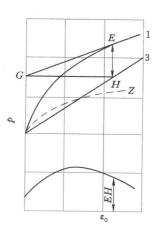

图 5.5-1　p—ε 曲线

式中　E_{cp}——平均弹性模量，MPa；

　　　ν——泊松比；

　　　r——旁压器半径，cm；

　　　Δp——压力增量，MPa；

　　　Δr——与 Δp 相应的径向位移增量，cm。

（3）测求原位水平应力：旁压器弹性膜开始膨胀，孔壁刚刚开始产生径向应变时膜套外所承受的压力即为土的原位水平应力 σ_h。

（4）确定不排水抗剪强度：取 τ—ε 曲线的峰值即为不排水抗剪强度 c_u 或 S_u。

（5）计算侧压力系数和孔隙水压力：

侧压力系数 K_0 为原位水平有效应力 σ'_h 与有效覆盖压力 σ'_v 之比，即：

$$K_0 = \frac{\sigma'_h}{\sigma'_v} \qquad (5.5\text{-}9)$$

地下水位以上时：

$$\sigma'_h = \sigma_h,\ \sigma'_v = \gamma h \qquad (5.5\text{-}10)$$

地下水位以下时：

$$\sigma'_h = \sigma_h - u,\ \sigma'_v = \gamma h_1 + \gamma' h_2 \qquad (5.5\text{-}11)$$

式中　γ——土的重度，kN/m³；

　　　γ'——土的水下重度，kN/m³；

　　　h——试验深度，m；

　　　h_1——地下水位埋深，m；

　　　h_2——试验段到地下水位的距离，m；

　　　u——孔隙水压力，$u = \sigma_h - \sigma'_h$。

5.5.4　工程案例

在西部某地铁工程中，选两个不同标段，将旁压试验获得的静止侧压力系数 K_0 与室内试验、《工程地质手册》、工程建议值进行比较，结果如图 5.5-2 所示。

静止侧压力系数：

$$K_0 = p_0 / \sum \gamma_i h_i$$

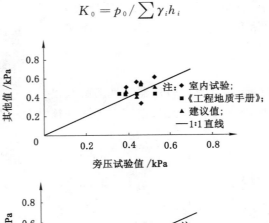

图 5.5-2　静止侧压力系数 K_0 比较图

可以看出,由旁压试验获得的 K_0 值与室内试验、《工程地质手册》、工程建议值等值十分接近,且深度的变化并不明显,说明旁压试验所得 K_0 值可信度很高。

5.6　载荷试验

载荷试验是一种地基土的原位测试方法,可用于测定承压板下应力主要影响范围内岩土的承载力和变形特性。载荷试验可分为浅层平板载荷试验、深层平板载荷试验和螺旋板载荷试验三种。浅层平板载荷试验适用于浅层地基土;深层平板载荷试验适用于埋深大于 3 m 和地下水位以上的地基土;螺旋板载荷试验适用于深层地基土或地下水位以下的地基土。下面主要介绍浅层平板载荷试验和深层平板载荷试验。

5.6.1　浅层平板载荷试验

5.6.1.1　概念

在拟建建筑物场地上将一定尺寸和几何形状(圆形或方形)的刚性板,安放在被测的地基持力层上,逐级增加荷载,并测得每一级荷载下的稳定沉降,直至达到地基破坏标准,由此可得到荷载(p)—沉降(s)曲线(即 p—s 曲线)。

5.6.1.2　获取

(1)平板载荷试验的试坑开挖应符合下列规定:

① 在基础底面设计工程处试验时,试坑底面宽度应不小于 $3b$(b 为承压板直径或宽度);在自然地面下 0.5 m 处试验时,试坑底面宽度可取 $(1\sim1.2)b$。试验前应保持坑底土层的天然湿度和原状结构。

② 试验点位于地下水位以下时,开挖试坑及安装设备前,应先将坑内地下水位降到坑底面以下。安装设备,待水位恢复后再进行试验。

③ 根据需要,试验前在坑边、试验后在承压板下(0.5~1)b 处采取不扰动土样方式进行有关试验分析。

④ 试验过程中应避免受冻、暴晒和雨淋。

(2)试验荷载应分级施加,施加荷载时应保持静力条件及荷载对承压板中心的竖向传递。各级荷载增量可按下列方法确定:

① 第一级荷载(含设备自重)宜接近坑底以上土的有效自重压力。

② 后续各级荷载增量可取预估极限荷载的 1/7~1/10;当极限荷载不易估计时,可按表 5.6-1 取值。

表 5.6-1　　　　　　　　　　　　　　荷载增量取值

试验土层及特性	荷载增量/kPa
淤泥、流塑黏性土、松散砂土	<15
软塑黏性土、新近沉积黄土、稍密砂土、粉土	15~25
硬塑黏性土、新黄土(Q_4)、中密砂土	25~50
坚硬黏性土、密实砂土、老黄土、新黄土(Q_3)	50~100
碎石类土、软岩及风化岩	100~200

(3)根据工程需要,试验方法可采用慢法(沉降相对稳定法)或快法(沉降非稳定法)。慢法主要用于饱和软黏土及对变形有明确要求的建筑物;快法一般适用于可塑~坚硬状粉质黏土、粉土、砂类土和碎石类土及软质岩。

(4)施加荷载 p 后,应按时观测相应沉降量 s'。每级荷载下的沉降观测时间 t 及其稳定标准和试验终止条件应符合下列规定:

① 对于慢法,自加荷开始按 1 min、2 min、2 min、5 min、5 min、15 min、15 min、15 min 间隔,以后每隔 30 min 观测沉降一次,直至连续 2 h 内,每小时的沉降量小于 0.1 mm 时,可施加下一级荷载。

② 对于快法,每施加一级荷载后,隔 15 min 观测一次沉降,累积观测 2 h 时,再施加下一级荷载。

③ 试验总加载重量不宜小于设计值的 2 倍。出现下列情况之一时,可终止试验;末级荷载的前一级荷载可定为极限荷载:

a. 承压板周围土层明显地侧向挤出;

b. 荷载增加不大,沉降急骤增大,荷载—沉降曲线出现陡降段;

c. 在某级荷载下,24 h 沉降速率不能达到稳定标准(<0.1 mm/h);

d. 总沉降量与承压板直径或宽度之比超过 0.06。

(5)在现场试验过程中,应及时记录观测数据,绘制 $p-s'$、$s'-t$ 或 $s'-\lg t$ 曲线草图。

(6)当需观测卸荷回弹时,每级卸荷量可取每级加荷量的 2 倍或 3 倍,每级卸荷后每隔 15 min 观测一次回弹量,1 h 后再卸下一级荷载。荷载全部卸除后,宜继续观测 2~3 h。

5.6.1.3 应用

5.6.1.3.1 确定地基土承载力

(1) 强度控制法：

① 当 p—s 曲线上有明显的直线段时,一般采用直线段的终点对应的荷载值为比例界限,取该比例界限所对应的荷载值为承载力特征值。

② 当 p—s 曲线上无明显的直线段时,可用下述方法确定比例界限：

a. 在某一荷载下,其沉降量超过前一级荷载下沉量的两倍,即 $\Delta s_n > 2\Delta s_{n-1}$ 的点所对应的荷载即为比例界限。

b. 绘制 $\log p$—$\log s$ 曲线,曲线上转折点所对应的荷载即为比例界限。

c. 绘制 $p-\dfrac{\Delta p}{\Delta s}$ 曲线,曲线上的转折点所对应的荷载值即为比例界限,其中 Δp 为荷载增量,Δs 为相应的沉降量。

当极限荷载小于对应比例界限的荷载值的 2 倍时,取极限荷载值的一半作为承载力特征值。

(2) 相对沉降控制法：

当不能按比例界限和极限荷载确定时,承压板面积为 0.25～0.50 m²,可取 $s/b=0.01$～0.015 所对应的荷载,作为地基土承载力特征值,但其值不应大于最大加载量的 1/2。

同一土层参加统计的试验点不应少于 3 点,当试验实测值的极差不超过平均值的 30% 时,取此平均值为该土层的地基承载力特征值 f_{ak}。

5.6.1.3.2 确定地基土的变形模量

浅层平板载荷试验的变形模量 E_0(MPa)可按下式计算：

$$E_0 = I_0(1-\nu^2)\frac{pd}{s} \tag{5.6-1}$$

式中 I_0——刚性承压板的形状系数,圆形承压板取 0.785,方形承压板取 0.886；

ν——土的泊松比,碎石土取 0.27,砂土取 0.30,粉土取 0.35,粉质黏土取 0.38,黏土取 0.42；

d——承压板直径或边长,m；

p——p—s 曲线线性段的压力,kPa；

s——与 p 对应的沉降,mm。

5.6.1.3.3 估算地基土的不排水抗剪强度

用沉降非稳定法(快速法)载荷试验(不排水条件)的极限荷载 p_u 可估算饱和黏性土的不排水抗剪强度 c_u($\varphi_u=0$)：

$$c_u = \frac{p_u - p_0}{N_c} \tag{5.6-2}$$

式中 p_u——快速法载荷试验所得极限压力,kPa。

p_0——承压板周边外的超载或土的自重压力,kPa。

N_c——对方形或圆形承压板,当周边无超载时,$N_c=6.15$；当承压板埋深大于或等于 4 倍板径或边长时,$N_c=9.25$；当承压板埋深小于 4 倍板径或边长时,N_c 由线性内插确定。

c_u——地基土的不排水抗剪强度,kPa。

5.6.1.4　工程案例

某场地三个浅层平板载荷试验,试验数据见表 5.6-2,试确定该土层的地基承载力特征值。(选自《注册岩土工程师专业考试案例考点精讲》)

表 5.6-2

试验点号	1	2	3
比例界限对应的荷载值	160 kPa	165 kPa	173 kPa
极限荷载	300 kPa	340 kPa	330 kPa

解:根据《建筑地基基础设计规范》(GB 50007—2011)附录 C,各试验点极限荷载的一半分别为 150 kPa、170 kPa 和 165 kPa。

与其各自的比例界限所对应的荷载值相比较取小值,分别为:

$$f_{ak1} = 150 \text{ kPa}, f_{ak2} = 165 \text{ kPa}, f_{ak3} = 165 \text{ kPa}$$

平均值:

$$\overline{f}_{ak} = (150 + 165 + 165)/3 = 160 \text{ (kPa)}$$

极差:

$$165 - 150 = 15 \text{ kPa} < 0.3 \times 160 = 48 \text{ kPa}$$

所以承载力特征值 $f_{ak} = 160$ kPa。

5.6.2　深层平板载荷试验

5.6.2.1　概念

深层平板载荷试验是平板载荷试验的一种,适用于埋深等于或大于 3.0 m 和地下水位以上的地基土。

深层平板载荷试验用于确定深部地基土及大直径桩桩端土层在承压板下应力主要影响范围内的承载力及变形模量。

5.6.2.2　获取

(1)平板载荷试验的试坑开挖应符合下列规定:

① 承压板选用面积为 0.5 m² 的刚性板。

② 试坑直径应等于承压板直径。当试坑直径大于承压板直径时,紧靠承压板周围外侧的土层高度不应小于承压板直径。

③ 试坑底的岩土应避免扰动,保持其原状结构和天然湿度。

④ 在承压板下铺设不超过 20 mm 的中、粗砂找平层。

(2)试验荷载应分级施加,加荷等级可取预估极限承载力的 1/10～1/15 分级加荷。

(3)对于慢速法,每级加荷后,第一个小时内按 10 min、10 min、10 min、15 min、15 min,以后每隔 30 min 观测沉降一次,直至连续 2 h 内,每小时的沉降量小于 0.1 mm 时,则认为沉降趋于稳定,可施加下一级荷载。

(4)终止加载条件:

① 沉降急骤增大,荷载—沉降曲线上有可判定极限承载力的陡降段,且沉降量超过 0.04d(d 为承压板直径)。

② 在某级荷载下,24 h 内沉降速率不能达到稳定。

③ 本级沉降量大于前一级沉降量的 5 倍。

④ 当持力层坚硬,沉降量很小时,最大加载量不小于设计要求的 2 倍。

(5) 观测卸荷回弹同浅层平板载荷试验。

(6) 整理资料同浅层平板载荷试验。

5.6.2.3　应用

5.6.2.3.1　确定地基土的承载力特征值

(1) 强度控制法:

① 当 p—s 曲线上有比例界限,取该比例界限所对应的荷载值。

② 当满足以下三个条件之一时:a. 沉降 s 急骤增大,p—s 曲线上有可判定极限承载力的陡降段,且沉降量超过 $0.04d$(d 为承压板直径);b. 在某级荷载下,24 h 内沉降速率不能达到稳定;c. 本级沉降量大于前一级沉降量的 5 倍。

其对应前一级荷载定为位极限荷载,当该值小于对应比例界限的荷载值的 2 倍时,取极限荷载的一半。

(2) 相对沉降控制法。

当不能按比例界限和极限荷载确定时,可取 $s/d=0.01\sim0.015$ 所对应的荷载,但其值不应大于最大加载量的 1/2。

同一土层参加统计的试验点不应少于 3 点,当试验实测值的极差不超过平均值的 30% 时,取此平均值为该土层的地基承载力特征值 f_{ak}。

根据深层平板载荷试验所确定的地基承载力特征值 f_{ak},在使用时不再进行基础埋深的地基承载力修正,即基础埋深的地基承载力修正系数 η_d 取 0。

5.6.2.3.2　计算变形模量

深层平板载荷试验的变形模量 E_0(MPa)可按下式计算:

$$E_0 = w\frac{pd}{s} \tag{5.6-3}$$

式中　w——与试验深度和土类有关的系数,可按表 5.6-3 选用。

表 5.6-3　　　　　　　　　　　　深层平板载荷试验计算系数 w

d/z＼土类	碎石土	砂土	粉土	粉质黏土	黏土
0.30	0.477	0.489	0.491	0.515	0.524
0.25	0.469	0.480	0.482	0.506	0.514
0.20	0.460	0.471	0.474	0.497	0.505
0.15	0.444	0.454	0.457	0.479	0.487
0.10	0.435	0.446	0.448	0.470	0.478
0.05	0.427	0.437	0.439	0.461	0.468
0.01	0.418	0.429	0.431	0.452	0.459

注:d/z 为承压板直径和承压板底面深度之比。

5.6.2.4　工程案例

某黏土场地在 8 m 处进行深层平板载荷试验,圆形载荷板面积 $S = 0.5$ m²,比例界限荷载为 250 kPa,与之对应的沉降为 2.5 mm,根据《岩土工程勘察规范》(GB 50021—2001),试计算变形模量。(选自《注册岩土工程师专业考试案例考点精讲》)

解:因为 $\dfrac{d}{z} = \dfrac{\sqrt{4 \times 0.5/3.14}}{8} = 0.1$,对黏土场地,查表得深层平板载荷试验计算系数 $w = 0.478$,则变形模量:

$$E_0 = w \frac{pd}{s} = 0.478 \times \frac{250 \times \sqrt{4 \times 0.5/3.14}}{2.5} = 38.15 \text{ (MPa)}$$

5.7　十字板剪切试验

十字板剪切试验(VST)是用插入土中的标准十字板探头,以一定速率扭转,量测土破坏时的抵抗力矩,测定土的不排水剪的抗剪强度和残余抗剪强度。

十字板剪切试验可用于测定饱和软黏性土($\varphi \approx 0°$)的不排水抗剪强度和灵敏度。

5.7.1　开口钢环式十字板剪切试验

5.7.1.1　概念

开口钢环式十字板剪切试验是利用涡轮旋转插入土中的十字板头,借开口钢环测出土的抵抗力矩,从而计算出土的抗剪强度。

5.7.1.2　获取

(1)用回转钻机开孔,并用旋转法(不宜用击入法)下套管至预定试验深度以上 3～5 倍套管直径处,再用提土器清孔,在钻孔内允许有少量虚土残存,但不宜超过 15 cm。在软土中钻进时,应在孔中保持足够水位,以防止软土在孔底涌起。

(2)将十字板头、离合器、轴杆与试验钻杆逐节接好下入孔内,使十字板头与孔底接触,接上导杆,先用专用摇把套在导杆上向右旋转,使十字板头离合器咬合,再将十字板头徐徐压入土中的预定试验深度。如压入有困难,可用锤轻轻击入。

(3)装上底座和测力装置,并将底座和套管、底座与固定套之间用置紧轴置紧。装上量测钢环变形的百分表,并调整百分表至零。

(4)试验开始即开动秒表,以约每 10 s 一转的速率旋转转盘,使最大扭力值在 3～10 min 内达到。每转一圈,测记钢环变形读数一次,直到土体剪损(即读取最大读数),仍继续读数 1 min。此时施加于钢环的作用力,即是使原状土剪损时的总作用力 R_y 值。

(5)在完成上述原状土试验后,拔下连接导杆与测力装置的特制键,套上摇把连续转动导杆、轴杆数转,使土体完全破坏,再插上特制键,按第(4)步骤以每 10 s 一转的速率进行试验,即可获得扰动土的总作用力 R_c 值。

(6)拔掉特制键将十字板轴杆向上提起 3～5 cm,使连接轴杆与十字板头的离合器分离,再插上特制键,仍按第(4)步骤测得轴杆和设备的机械阻力 R_g 值。至此一个试验点的试验工作全部结束。

5.7.1.3　应用

(1)计算土的抗剪强度:

$$c_u = KC(R_y - R_g) \tag{5.7-1}$$

$$K = \frac{2R}{\pi D^2 \left(\dfrac{D}{3} + H\right)} \tag{5.7-2}$$

式中　c_u——土的不排水抗剪强度，kPa；

　　　C——钢环系数，kN/0.01 mm；

　　　R_y——原状土剪损时量表最大读数，0.01 mm；

　　　R_g——轴杆与土摩擦时量表最大读数，0.01 mm；

　　　K——十字板常数，m^{-2}，可按式(5.7-2)或表5.7-1采用；

　　　R——转盘半径，m；

　　　D——十字板头直径，m；

　　　H——十字板头高度，m。

表 5.7-1　　　　　　　　　　**十字板规格及十字板常数 K 值**

十字板规格 $D \times H$ /(mm×mm)	十字板头尺寸/mm			转盘半径/mm	十字板常数 K /(m^{-2})
	直径 D	高度 H	厚度 B		
50×100	50	100	2～3	200	436.78
				250	545.97
50×100	50	100	2～3	210	458.62
75×150	75	150	2～3	200	129.41
				250	161.77
75×150	75	150	2～3	210	135.88

(2) 计算重塑土的抗剪强度：

$$c_u' = KC(R_c - R_g) \tag{5.7-3}$$

式中　c_u'——重塑土不排水抗剪强度，kPa；

　　　R_c——重塑土剪损时量表最大读数，0.01 mm。

(3) 计算土的灵敏度：

$$S_t = \frac{c_u}{c_u'} \tag{5.7-4}$$

(4) 绘制抗剪强度与试验深度的关系曲线(图5.7-1)，以了解土的抗剪强度随深度变化规律。

(5) 绘制抗剪强度与回转角的关系曲线(图5.7-2)，以了解土的结构性和受剪时的破坏过程。

5.7.1.4　工程案例

某工程软土某深度处用十字板剪切试验测得原状土剪损时量表最大读数 $R_y = 214$ (0.01 mm)，轴杆与土摩擦时量表最大读数 $R_g = 20$(0.01 mm)；重塑土剪损时量表最大

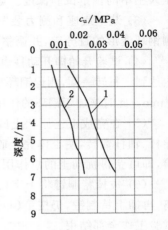

图 5.7-1　抗剪强度随深度变化曲线
1——未扰动土；2——扰动土

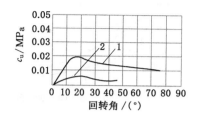

图 5.7-2　抗剪强度与回转角关系曲线
1——未扰动土;2——扰动土

读数 $R_c = 63(0.01\ mm)$,轴杆与土摩擦时量表最大读数 $R'_g = 10(0.01\ mm)$。已知钢环系数为 1.3 N/0.01 mm,转盘半径为 0.5 m,十字板直径为 0.1 m,高度为 0.2 m,试计算土的灵敏度。(选自《注册岩土工程师专业考试案例考点精讲》)

解:十字板常数:

$$K = \frac{2R}{\pi D^2\left(\dfrac{D}{3} + H\right)} = \frac{2 \times 0.5}{3.14 \times 0.1^2 \times \left(\dfrac{0.1}{3} + 0.2\right)} = 136.5\ (m^{-2})$$

原状土的抗剪强度:

$$c_u = KC(R_y - R_g) = 136.5 \times 1.3 \times (214 - 20)/1\ 000 = 34.4\ (kPa)$$

重塑土的抗剪强度:

$$c'_u = KC(R_c - R'_g) = 136.5 \times 1.3 \times (63 - 10)/1\ 000 = 9.4\ (kPa)$$

$$S_t = \frac{c_u}{c'_u} = \frac{34.4}{9.4} = 3.66$$

5.7.2　电阻应变式十字板剪切试验

5.7.2.1　概念

电阻应变式十字板剪切试验是利用静力触探仪的贯入装置将十字板头压入不同的试验深度,借助齿轮扭力装置旋转十字板头,用电子仪器量测土的抵抗力矩,从而计算出土的抗剪强度。它可以在饱和软黏土中用一套仪器进行静力触探和十字板剪切试验。

5.7.2.2　应用

(1)计算土的抗剪强度:

$$c_u = K \cdot \xi \cdot R_y \tag{5.7-5}$$

式中　c_u——土的不排水抗剪强度,kPa;

　　　ξ——电阻应变式十字板头传感器的率定系数,$kN/\mu\varepsilon$;

　　　R_y——未扰动土剪损时最大微应变值,$\mu\varepsilon$。

一般认为十字板测得的不排水抗剪强度是峰值强度,其值偏高。长期强度只有峰值强度的 60%~70%。因此,十字板测得的强度 S_u 需进行修正后才能用于设计计算。Daccal 等建议用修正系数 μ 来折减[式(5.7-6)和图 5.7-3]。图中曲线 1 适用于液性指数大于 1.1 的土,曲线 2 适用于其他软黏土。

$$c_u = \mu S_u \tag{5.7-6}$$

《铁路工程地质原位测试规程》(TB 10018—2018/J261—2018)规定:当 $I_P \leqslant 20$ 时,$\mu =$

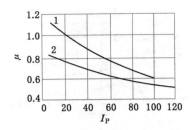

图 5.7-3　修正系数 μ

1；当 $20 < I_P \leqslant 40$ 时，$\mu = 0.9$。

（2）计算重塑土的抗剪强度：

$$c'_u = K \cdot \xi \cdot R_c \tag{5.7-7}$$

式中　c'_u——重塑土不排水抗剪强度，kPa；

R_c——重塑土剪损时量表最大微应变值，$\mu\varepsilon$。

（3）计算地基承载力。

① 中国建筑科学研究院、华东电力设计院公式：

$$q = 2c_u + \gamma h \tag{5.7-8}$$

式中　q——地基承载力，kPa；

c_u——修正后的十字板抗剪强度，kPa；

γ——土的重度，kN/m^3；

h——基础埋置深度，m。

② Skempton 公式（适用于 $D/B \leqslant 2.5$）：

$$q_u = 5c_u \left(1 + 0.2\, \frac{B}{L}\right) \left(1 + 0.2\, \frac{D}{B}\right) + p_0 \tag{5.7-9}$$

式中　q_u——极限承载力，kPa；

B、L——基础底面宽度、长度，m；

D——基础砌置深度，m；

p_0——基础底面以上的覆土压力，kPa。

（4）估算单桩极限承载力：

$$Q_{max} = N_c c_u A + U \sum_{i=1}^{n} c_{ui} L \tag{5.7-10}$$

式中　Q_{max}——单桩最终极限承载力，kN；

N_c——承载力系数，均质土取 9；

c_u——桩端土的不排水抗剪强度，kPa；

c_{ui}——桩周土的不排水抗剪强度，kPa；

A——桩的截面积，m^2；

U——桩的周长，m；

L——桩的入土长度，m。

（5）判定软土的固结历史。根据抗剪强度与深度的关系曲线，可判定土的固结性质。

① 在曲线上，抗剪强度与深度成正比，并可根据实测的抗剪强度值绘制一直线且通过

原点,则认为该土属正常固结土。

②　在曲线上,抗剪强度与深度成正比,实测的抗剪强度值大致呈一直线,但直线不通过原点而与纵轴(深度轴)的向上延长线相交,则认为该土属于超固结土。

③　在曲线上,仅在某一深度 Z_c 以下实测的抗剪强度仍大致有通过原点的直线趋势,而 Z_c 以上的抗剪强度值偏离直线较多。如 Z_c 上、下的土质没有明显的差异,则可以认为 Z_c 以下的土属正常固结性质,而 Z_c 以上的土属超固结性质。但这种超固结性不是由于卸荷作用造成的,而是受大气活动的影响,如温差变化、干湿循环等原因所致。

(6) 检验地基加固改良的效果。对于软土地基预压加固工程,可用十字板剪切试验探测加固过程中地基强度的变化,检验地基加固的效果。

5.8　扁铲侧胀试验

5.8.1　概念

扁铲侧胀试验(DMT)是岩土工程勘察一种新兴的原位测试方法,试验时将接在探杆上的扁铲侧头压入土中预定深度,然后施压,使位于扁铲测头一侧面的圆形钢膜向土内膨胀,量测钢膜膨胀三个特殊位置的压力(A、B、C),从而获得多种岩土参数,如侧胀模量、侧胀土性指数、侧胀水平应力指数、侧胀孔压力指数。适用于软土、一般黏性土、粉土、黄土和松散~中密的砂土。在密实砂土、杂填土和含砾土层中,因膜片容易损坏,故一般不宜采用。

扁铲侧胀试验的设备主要由扁铲测头、测控箱、率定附件、气-电管路、压力源和贯入设备所组成。

5.8.2　获取

扁铲侧胀试验的技术要求应符合下列规定:扁铲探头在每个孔的试验前后必须率定,标准型膜片合格的率定值一般为 $\Delta A = 5 \sim 25$ kPa,$\Delta B = 10 \sim 110$ kPa,当试验的主要土层为软黏性土时,率定值宜为 $\Delta A = 10 \sim 20$ kPa,$\Delta B = 10 \sim 70$ kPa,取试验前后的平均值作为修正值。

(1) 试验宜采用静力匀速将探头压入土中,贯入速率约为 2 cm/s,试验间距一般可取 $20 \sim 50$ cm,但用于判别液化时,试验间距不应大于 20 cm。

(2) 到达测试点,应在 5 s 内,开始匀速加压及泄压试验,测读钢膜片中心外扩 0.05 mm、1.10 mm 时的压力 A 和 B 值,每个间隔时间约为 15 s;也可以根据需要测读钢膜片中心外扩后回复到 0.05 mm 时的压力 C 值,砂土约为 $30 \sim 60$ s,黏性土宜为 $2 \sim 3$ min 完成。

(3) 扁铲消散试验,可在需测试的深度,测读 A 或 C 随时间的变化。测读时间可取 1 min、2 min、4 min、8 min、15 min、30 min、60 min、90 min、以后每 60 min 测读一次,直至消散大于 50%。

试验资料整理:

经过上述测试后,得出膜片在三个特殊位置上的压力值,即 A、B、C。在数据整理前,首先应检查"$B - A \geqslant \Delta A + \Delta B$"是否成立。若不能成立,则应检查仪器并对膜片重新进行率定或更换后重新试验。

(1) 由 A、B、C 值经膜片修正系数的修正后可分别得出 p_0、p_1、p_2 值:

$$p_0 = 1.05(A - Z_m + \Delta A) - 0.05(B - Z_m - \Delta B) \tag{5.8-1}$$

$$p_1 = B - Z_m - \Delta B \tag{5.8-2}$$

$$p_2 = C - Z_m + \Delta A \tag{5.8-3}$$

式中　Z_m——未加压时仪表的压力初读数,kPa,在 DMT-W_1 型扁铲侧胀仪中,因数显示仪
　　　　　　表本身有调零装置,故不考虑 Z_m 值的影响,即 $Z_m=0$;

　　　　p_0——土体水平位移 0.05 mm 时,土体所受的侧压力,kPa;

　　　　p_1——土体水平位移 1.10 mm 时,土体所受的侧压力,kPa;

　　　　p_2——土体水平位移回复到 0.05 mm 时,土体所受的侧压力,kPa;

　　　　A——土体水平位移 0.05 mm 时的实测气压值,kPa;

　　　　B——土体水平位移 1.10 mm 时的实测气压值,kPa;

　　　　C——土体水平位移回复到 0.05 mm 时的实测气压值,kPa;

　　　　ΔA——率定时钢膜片膨胀至 0.05 mm 时的实测气压值,kPa,$\Delta A=5\sim25$ kPa;

　　　　ΔB——率定时钢膜片膨胀至 1.10 mm 时的实测气压值,kPa,$\Delta B=10\sim110$ kPa。

　　根据上述参数,分别绘制 p_0、p_1、Δp(即 p_1-p_0)与深度 H 的变化曲线。由于扁铲试验点的间距为 0.2 m,因此各试验孔的 p_0—H 曲线、p_1—H 曲线和 Δp—H 曲线就是较完整的连续曲线,Δp—H 曲线与静探曲线非常一致。

　　(2) 根据 p_0、p_1 和 p_2 值由下列各式计算 4 个试验指标:

$$I_D = (p_1 - p_0)/(p_0 - u_0) \tag{5.8-4}$$
$$K_D = (p_0 - u_0)/\sigma_{v0} \tag{5.8-5}$$
$$E_D = 34.7(p_1 - p_0) \tag{5.8-6}$$
$$U_D = (p_2 - u_0)/(p_0 - u_0) \tag{5.8-7}$$

式中　I_D——扁胀指数(也称材料指数);

　　　　K_D——水平应力指数;

　　　　E_D——侧胀模量(也称扁胀模量),kPa;

　　　　U_D——孔隙水压力指数(简称孔压指数);

　　　　u_0——静水压力,kPa;

　　　　σ_{v0}——试验点有效上覆土压力,kPa。

　　根据上述试验指标,可判断土的特性,同时通过经验公式与岩土参数建立一系列关系,从而用于岩土工程设计,如:I_D、U_D 可划分土类;K_D 反映了土的水平应力,K_D 越大,说明土的固结及密实度越好;E_D 反映了土的固结特性等。

5.8.3　应用

　　根据试验值及试验指标,按地区经验可划分土类,确定黏性土的状态,计算静止侧压力系数、超固结比 OCR、不排水抗剪强度、变形参数,进行液化判别等。

5.8.3.1　用 I_D 划分土类

　　1980 年,意大利人 Marchetti 提出了依据材料指数 I_D 来划分土类:$I_D\leqslant0.6$ 时为黏性土,$0.6<I_D\leqslant1.8$ 为粉土,$I_D>1.8$ 为砂土。具体见表 5.8-1。

表 5.8-1　　　　　　　　　　　　　　　　用 I_D 划分土类

材料指数 I_D	$I_D<0.10$	$0.1\leqslant I_D<0.3$	$0.3\leqslant I_D<0.6$	$0.6\leqslant I_D<1.8$	$I_D\geqslant1.8$
土类	泥炭及灵敏性黏土	黏土	粉质黏土	粉土	砂类土

实践证明,根据表 5.8-1 划分土类,与土工试验及静探成果相比,基本一致。但是由于各地区的土性不完全相同,因此在具体用 I_D 来划分土类时,应结合本地区的土质情况和经验,对表 5.8-1 作适当修正,这样才能更符合当地实际情况。如在上海地区黏土和粉质黏土分界值约为 0.29,黏质粉土与砂质粉土的分界值约为 1.0,砂质粉土与粉砂土的分界值约为 3.0。

5.8.3.2　计算静止侧压力系数 K_0

扁铲测头贯入土中,对周围土体产生挤压,故不能由扁铲侧胀试验直接测定原位初始侧向应力。可通过经验建立静止侧压系数 K_0 与水平应力指数 K_D 的关系式。最早也是由意大利人 Marchetti 于 1980 年提出的经验公式:

$$K_0 = \left(\frac{K_D}{1.5}\right)^{0.47} - 0.6 \, (I_D \leqslant 1.2) \tag{5.8-8}$$

后经 Lunne 等人的补充,在 1989 年又提出下列公式:

新近沉积黏土:

$$K_0 = 0.34 K_D^{0.54} \, (c_u/c_{v0} \leqslant 0.5) \tag{5.8-9}$$

老黏土:

$$K_0 = 0.68 K_D^{0.54} \, (c_u/c_{v0} > 0.8) \tag{5.8-10}$$

还有人根据挪威试验资料提出了:

$$K_0 = 0.35 K_D^m \, (K_0 < 4) \tag{5.8-11}$$

式中,m 为系数,对高塑性黏土 $m = 0.44$,对低塑性土 $m = 0.64$。

但是上述公式在不同地区,是不同的,具体使用时应进行修正。如上海地区根据已有工程经验,对淤泥质土的修正:

$$K_0 = 0.34 K_D^n$$

其中 n 的取值:淤泥质粉质黏土取 0.44,淤泥质黏土取 060。

对褐黄色硬壳层和粉土、砂土的修正:

$$K_0 = 0.34 K_D^n - 0.06 K_D$$

其中 n 的取值:褐黄色硬壳层取 0.54,粉性土和砂土取 0.47。

5.8.3.3　计算超固结比 OCR

利用 K_D 可以计算土的超固结比 OCR:

若 $I_D < 1.2$,则:

$$OCR = (0.5 K_D)^{1.56} \tag{5.8-12}$$

若 $I_D > 2.0$,则:

$$OCR = (0.67 K_D)^{1.91} \tag{5.8-13}$$

若 $1.2 < I_D < 2.0$,则:

$$OCR = (m K_D)^n \tag{5.8-14}$$

式中,$m = 0.5 + 0.17P$,$n = 1.56 + 0.35P$。而:

$$P = (I_D - 1.2)/0.8 \tag{5.8-15}$$

若 OCR < 0.3 时,说明已超出修正范围,应予以注明。

另外,还有人提出另一种计算公式:

对新近沉积的黏土,$c_u/c_{v0} < 0.8$:

$$OCR = 0.3 K_D^{1.17} \tag{5.8-16}$$

对老黏土，$c_u/c_{v0} \geqslant 0.8$：

$$OCR = 2.7 K_D^{1.17} \tag{5.8-17}$$

5.8.3.4　计算不排水抗剪强度 c_u

1980 年，Marchetti 提出了利用 K_D 计算 c_u 的经验公式：

$$c_u = 0.22 \left(\frac{K_D}{2}\right)^{1.25} \sigma_{v0} \tag{5.8-18}$$

但此式只在 $I_D < 1.2$ 时使用，若 $I_D \geqslant 1.2$，土体无黏性，不需计算 c_u 值。

1988 年，Lacasse 和 Lunne 用现场十字板、室内单剪试验和三轴压缩试验对上式进行了验证，结果为：

十字板：

$$c_u = (0.17 \sim 0.21)(K_D/2)^{1.25} \sigma_{v0} \tag{5.8-19}$$

室内单剪试验：

$$c_u = 0.14(K_D/2)^{1.25} \sigma_{v0} \tag{5.8-20}$$

室内三轴压缩试验：

$$c_u = 0.2(K_D/2)^{1.25} \sigma_{v0} \tag{5.8-21}$$

实践证明，用扁铲侧胀试验计算得出 c_u 与现场十字板、室内单剪试验及室内三轴压缩试验得出的 c_u 很接近，有很大的实用价值。

在上海地区，利用公式 $c_u = 0.22(K_D/2)^{1.25} \sigma_{v0}$ 对于 $I_D > 0.35$ 的土层计算得出的值要比实际值偏小，因此有人对该式进行了修正：

当 $I_D > 0.35$ 时：

$$c_u = 0.22(K_D/2)^{1.25} \sigma_{v0} + 60(I_D - 0.35)$$

若 $I_D < 0.35$，则 I_D 取 0.35。

5.8.3.5　计算土的变形参数

(1) 压缩模量 E_s 的计算公式：

$$E_s = R_m E_D \tag{5.8-22}$$

式中，R_m 为与水平应力指数 K_D 有关的函数，具体如下：

$I_D \leqslant 0.6$：

$$R_m = 0.14 + 2.361 K_D \tag{5.8-23}$$

$I_D \geqslant 3.0$：

$$R_m = 0.5 + 2\log K_D \tag{5.8-24}$$

$0.6 < I_D < 3.0$：

$$R_m = R_{m0} + (2.5 - R_{m0})\log K_D \tag{5.8-25}$$

其中：

$$R_{m0} = 0.14 + 0.15(I_D - 0.6) \tag{5.8-26}$$

$I_D > 10$：

$$R_m = 0.32 + 2.18\log K_D \tag{5.8-27}$$

一般情况下，$R_m \geqslant 0.85$。若按上述公式计算出的 $R_m < 0.85$，则取 $R_m = 0.85$。

（2）弹性模量 E 的计算公式：

$$E = FE_{\mathrm{D}} \tag{5.8-28}$$

式中，F 为经验系数，取值见表 5.8-2。

表 5.8-2　经验系数 F

土类	E	F
黏性土	E_1	10
粉土	E_1	2
砂土	E_{25}	1
NC 砂土	E_{25}	0.85
OC 砂土	E_{25}	3.5
重超固结黏土	E_1	1.5
黏性土	E_1	0.4～1.1

注：E_1 为初始切线模量；E_{25} 为达到 25％破坏应力时的割线模量。

5.8.3.6　计算水平固结系数 C_{h}

可以用扁铲试验时的 A 压力或 C 压力来分别估算 C_{h} 值。

（1）由 A 压力的消散试验，绘制 A—$\lg t$（压力—时间）曲线，在曲线上找相应反弯点的时间 t_{f}，则水平固结系数为：

$$C_{\mathrm{h}} = X/t_{\mathrm{f}}（X \text{ 为一常数值，一般在 } 5～10 \text{ 之间}）$$

由 t_{f} 值还可以评定固结速率的快慢，见表 5.8-3。

表 5.8-3　反弯点时间 t_{f}

$t_{\mathrm{f}}/\mathrm{min}$	＜10	10～30	30～80	80～200	＞200
固结速率	极快	快	中等	慢	极慢

（2）根据 C 压力的读数，绘制 C—$(t)^{1/2}$ 曲线，由曲线确定相应的 C 消散 50％的时间 t_{50}，则：

$$C_{\mathrm{h}} = 600(T_{50}/t_{50}) \tag{5.8-29}$$

式中，T_{50} 为孔压消散 50％的时间因素，见表 5.8-4。

表 5.8-4　孔压消散 50％的时间因素（T_{50}）

E/c_{u}	100	200	300	400
T_{50}	1.1	1.5	2.0	2.7

用扁铲侧胀试验结果由上式确定的 C_{h}，由于扁胀测头压入土体相当于再加荷（初始阶段），所以要确定现场的水平固结系数 C_{hf} 还须按下式进行修正。修正系数见表 5.8-5。

$$C_{\mathrm{hf}} = C_{\mathrm{h}}/\alpha \tag{5.8-30}$$

表 5.8-5   修正系数 α

土的固结历史	正常固结	正常超固结	低超固结	重超固结
α	7	6	3	1

5.8.3.7 计算水平向基床反力系数 K_H

$$K_H = \Delta p / \Delta s \tag{5.8-31}$$

式中，Δp、Δs 分别为 DMT 的压力增量(kPa)和相对应的位移增量(m)。

当考虑 Δs 为平面变形量时，其值为 2/3 中心位移量。把扁铲试验的应力和变形用双曲线拟合时，土的水平向初始切线基床系数为：

$$K_{H0} = 955\Delta p \tag{5.8-32}$$

实际工程中的 K_H 往往处于弹-塑性阶段或塑性阶段的应力状态，故 $K_H = \Delta p / \Delta s$ 估算值偏大很多，实用时需根据不同应力条件、土性、工况及变形量乘以不同的修正系数加以修正。如上海地区在基坑中修正系数参考值取 $0.1 \sim 0.4$ 时，与实际工程经验值较接近。

5.8.3.8 计算地基土承载力

$$f_0 = n\Delta p \tag{5.8-33}$$

式中 f_0——地基土的计算强度；

      n——经验修正系数，黏土取 1.14(相对变形约 0.02)，粉质黏土取 0.86(相对变形约 0.015)。

5.9 原位测试参数小结(表 5.9-1)

表 5.9-1   原位测试参数小结

指标	测试参数	参数应用
标准贯入试验	标准贯入锤击数 N	1. 确定砂土的密实度；2. 确定黏性土的状态和无侧限抗压强度；3. 确定地基承载力；4. 确定土的抗剪强度；5. 确定土的变形参数；6. 估算单桩承载力；7. 计算剪切波速；8. 评价砂土液化
圆锥动力触探试验	轻型动力触探数 N_{10} 重型动力触探击数 $N_{63.5}$ 超重型动力触探击数 N_{120}	1. 利用触探曲线进行力学分层；2. 评价地基土的密实度；3. 评价地基承载力；4. 确定地基土的变形模量；5. 确定单桩承载力；6. 确定抗剪强度
静力触探试验	单桥探头的比贯入阻力 p_s 双桥探头的锥尖阻力 q_c、侧摩阻力 f_s	1. 划分土层及土类判别；2. 确定地基土的承载力；3. 确定土的变形指标；4. 确定不排水抗剪强度 c_u 值；5. 确定土的内摩擦角；6. 估计饱和黏性土的天然重度；7. 判别黏性土的塑性状态；8. 估算单桩承载力；9. 检验地基加固效果和压实填土的质量；10. 评价砂土液化

指标		测试参数	参数应用
波速测试		剪切波速 v_S	1.划分场地类别和场地土类型;2.计算岩土动力参数;3.计算建筑场地地基卓越周期;4.剪切波速试验判别液化;5.地震小区划;6.检验地基加固处理的效果;7.土层剪切波速参考值
		压缩波速 v_P	
		瑞雷波波速 v_R	
旁压试验	预钻式	初始压力	1.计算地基土承载力;2.计算旁压模量;3.计算变形模量和压缩模量
	自钻式	临塑压力	1.确定地基土承载力;2.计算弹性模量;3.测求原位水平应力;4.确定不排水抗剪强度;5.计算侧压力系数和孔隙水压力
		极限压力	
载荷试验	浅层平板载荷试验	比例界限压力极限压力荷载沉降曲线(即 $p—s$ 曲线)	1.确定地基土承载力;2.确定地基土的变形模量;3.估算地基土的不排水抗剪强度
	深层平板载荷试验		1.确定地基土的承载力特征值;2.计算变形模量
十字板剪切试验	开口钢环式十字板剪切试验	不排水抗剪强度重塑土不排水抗剪强度	1.计算土的抗剪强度;2.计算重塑土的抗剪强度;3.计算土的灵敏度;4.绘制抗剪强度与试验深度的关系曲线,以了解土的抗剪强度随深度变化规律;5.绘制抗剪强度与回转角的关系曲线,以了解土的结构性和受剪时的破坏过程
	电阻应变式十字板剪切试验		1.计算土的抗剪强度;2.计算重塑土的抗剪强度;3.计算地基承载力;4.估算单桩极限承载力;5.判定软土的固结历史;6.检验地基加固改良的效果
扁铲侧胀试验		侧胀模量侧胀土性指数侧胀水平应力指数侧胀孔压力指数	1.用 I_D 划分土类;2.计算静止侧压力系数 K_0;3.计算超固结比 OCR;4.计算不排水抗剪强度 c_u;5.计算土的变形参数;6.计算水平固结系数 C_h;7.计算水平向基床反力系数 K_H;8.计算地基土承载力

第6章 水文地质参数

6.1 渗透系数与导水系数

6.1.1 定义

渗透系数是表示岩土透水性的指标,也称作水力传导率,它是含水层重要的水文地质参数之一,一般情况下,是同岩石和渗透液体的物理性质有关的常数,用符号 K 表示。根据达西定律,当水力坡度 $I = 1$ 时,渗透系数在数值上等于渗透流速。由于水力坡度无量纲,故渗透系数具有速度量纲,即 K 的单位和 v 的单位相同,都是以 cm/s 或者 m/d 表示。

渗透系数根据其方向又可分为水平渗透系数 K_h 和垂直渗透系数 K_v。水平渗透系数 K_h 的定义为水流平行于土层平面且水力梯度等于 1 时的渗透流速。垂直渗透系数 K_v 的定义为水流垂直于土层平面且水力梯度等于 1 时的渗透流速。

导水系数是指水力坡度等于 1 时,通过整个含水层厚度上的单宽流量。表示含水层导水能力的大小,在数值上等于渗透系数(K)与含水层厚度(M)的乘积,即 $T = KM$。

6.1.2 获取

渗透系数获取方法按大类可以分为室内渗透试验、野外测定试验和经验值。

目前,我国通常采用的室内渗透试验有常水头渗透试验和变水头渗透试验,野外测定试验主要有抽水试验、注水试验以及压水试验。水平渗透系数 K_h 通过以上方法均能测定,而垂直渗透系数 K_v 仅能通过室内渗透试验调整土样方向来测定。通过以上方法求得渗透系数(K)后,乘以含水层厚度(M)即可获得导水系数(T)。以下内容为各种渗透系数测定试验的步骤和技术要求,以及计算方法。

6.1.2.1 室内渗透试验

6.1.2.1.1 常水头渗透试验(适用于粗粒土)

(1)试验步骤和技术要求:

① 装好仪器,量测滤网至筒顶的高度,将调节管和供水管相连,从渗水孔向圆筒充水至高出滤网顶面。

② 取具有代表性的风干土样 3~4 kg,测定其风干含水率。将风干土样分层装入圆筒内,每层 2~3 cm,根据要求的孔隙比,控制试样厚度。当试样中含黏粒时,应在滤网上铺 2 cm 厚的粗砂作为过滤层,防止细粒流失。每层试样装完后从渗水孔向圆筒充水至试样顶面,最后一层试样应高出测压管 3~4 cm,并在试样顶面铺 2 cm 砾石作为缓冲层。当水面高出试样顶面时,应继续充水至溢水孔有水溢出。

③ 量试样顶面至筒顶高度,计算试样高度,称剩余土样的质量,计算试样质量。

④ 检查测压管水位,当测压管与溢水孔水位不平时,用吸球调整测压管水位,直至两者

水位齐平。

⑤ 将调节管提高至溢水孔以上,将供水管放入圆筒内,开止水夹,使水由顶部注入圆筒,降低调节管至试样上部 1/3 高度处,形成水位差使水渗入试样,经过调节管流出。调节供水管止水夹,使进入圆筒的水量多于溢出的水量,溢水孔始终有水溢出,保持圆筒内水位不变,试样处于常水头下渗透。

⑥ 当测压管水位稳定后,测记水位,并计算各测压管之间的水位差。按规定时间记录渗出水量,接取渗出水量时,调节管口不得浸入水中,测量进水和出水处的水温,取平均值。

⑦ 降低调节管至试样的中部和下部 1/3 处,按步骤⑤、⑥重复测定渗出水量和水温,当不同水力坡降下测定的数据接近时,结束试验。

⑧ 根据工程需要,改变试样的孔隙比,继续试验。

(2) 计算公式:

$$K_T = \frac{QL}{AHt} \tag{6.1-1}$$

式中　K_T——水文为 T ℃时试样的渗透系数,cm/s;

　　　A——试样的断面积,cm²;

　　　Q——时间 t s 内的渗出水量,cm³;

　　　L——两测压管中心间的距离,cm;

　　　t——时间,s;

　　　H——平均水头差,cm,可按 $(H_1 + H_2)/2$ 计算。

6.1.2.1.2　变水头渗透试验(适用于细粒土)

(1) 试验步骤及技术要求:

① 按密度试验的取样方法,用环刀垂直或平行于土样层面切取试样,防止脱环,环刀周围涂加凡士林油,取土样时应尽量避免结构扰动。

② 将试样装入上下附有橡皮圈的护环内,装入放有潮湿滤纸和透水石的渗透容器内,扭紧上下盖螺丝,要求密封至不漏水不漏气。

③ 将容器进水管与变水头管连接,利用供水瓶中的水向进水管充水,并渗入渗透容器,开排气夹,排除渗透容器底部的空气,直至溢出水中无气泡,关排气夹,放平渗透容器,关闭容器的进水管夹。

④ 向变水头管注纯水,使水升至预定高度,水头高度根据试样结构的疏松程度确定,一般不应大于 2 m,待水位稳定后切断水源,开进水管夹,使水通过试样,当出水口有水溢出时开始测记变水头管中起始水头高度和起始时间,按预定时间间隔测记水头和时间的变化,并测记出水口的水温。

⑤ 将变水头管中的水位变换高度,待水位稳定再进行测记水头和时间变化,重复试验 5～6 次。当不同开始水头下测定的渗透系数在允许差值范围内时,结束试验。

(2) 计算公式:

$$K_T = 2.3 \frac{aL}{A(t_2 - t_1)} \lg \frac{H_1}{H_2} \tag{6.1-2}$$

式中　a——变水管的断面积,cm²;

　　　2.3——ln 和 lg 的变换因数;

L——渗径,即试样高度,cm;

t_1,t_2——分别为测读水头的起始和终止时间,s;

H_1,H_2——起始和终止水头,m。

根据计算的渗透系数,应取 3～4 个在允许差值范围内的数据的平均值。

6.1.2.2　野外测定试验

6.1.2.2.1　抽水试验

抽水试验前,应具备试验区的工程地质与水文地质资料,主要包括试验区的地下水分布、流向及埋深条件;含水层岩性结构、厚度、颗粒组成、成层特性及透水性;必要时可布置专门的钻孔(井),补充有关的其他地质及水文地质资料。

抽水试验从试验井布置的角度主要分为单井抽水、多井抽水、群井干扰抽水试验。试验方法的选择,应根据场地工程地质与水文地质条件的复杂程度及其对工程的影响大小和设计要求进行,通常来讲:① 对于工程地质与水文地质条件比较简单的工程区,为初步查明松散含水层的渗透性,可选择单井抽水试验;② 工程地质与水文地质条件复杂的工程区,为查明松散含水层的渗透性和渗透各向异性时,宜在区内典型地段或含水层渗透性及渗透各向异性对渗流控制设计有重大影响的地段布置多井抽水试验;③ 工程地质与水文地质条件复杂或超深基坑(地下四层及以上车站、悬挂式止水帷幕或基坑深度大于 30 m)宜进行群井干扰抽水试验,并查明承压含水层与上、下部各土层之间的水力联系。

(1) 抽水试验井、水位观测井布置的基本要求:

① 抽水试验井、水位观测井应布置在有代表性的场地处,且抽水井应尽量远离周围建筑、地下设施及管线。

② 每个目的含水层不应少于一组抽水试验井,且应根据降水工程设计复杂程度适当增加抽水试验井数量。

③ 多井抽水试验的抽水井、观测井布置应满足下列要求。

a. 均质松散含水层中的多井试验,应布置 1 条观测线,其方向应垂直地下水流向;当含水层中地下水水力坡降较大时,应布置 2 条观测线,2 条观测线应分别垂直和平行地下水流向布置;每条观测线上的观测井不应少于 2 个,可视场地水文地质条件和设计要求适当增加。

b. 在非均质各向异性的松散含水层中的多井试验,应布置两条观测线,其中一条应沿渗透性最大的方向布置,另一条应与前一条相垂直;每条观测线上的观测井不宜少于 3 个。

c. 抽水井到最近的第一个观测井距离一般大于 1 倍含水层厚度且不小于 4 m,第二、第三观测井距抽水井的距离宜为抽水试验目的含水层厚度的 2～2.5 倍和 3～4 倍,最远观测井至抽水井的距离应能保证该观测井内水位有一定降深。

④ 群井干扰抽水试验的抽水井、观测井布置应满足下列要求:

a. 抽水试验井应设置一组抽水井,井点平面按正方形或六边形等角点方位布置,井点相互之间距离由抽水试验单位根据场地水文地质条件与降水设计人员确定。

b. 群井中心范围应布置目的含水层水位观测井,观测井数量应确保能够反映承压水头坡降情况。

c. 为获取准确的水文地质参数和所抽承压含水层与各含水层、相对隔水层之间的水力联系,尚应设置目的含水层上、下含水层的水位观测井。

抽水试验井剖面设计可参考图 6.1-1。

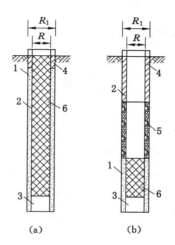

图 6.1-1　井管结构示意图

（a）潜水井；（b）承压水井

1——滤料；2——井管；3——沉淀段；4——黏土；5——优质黏土球；6——滤管

R_1——井孔外径；R——井管外径

（2）抽水试验观测的基本要求：

① 稳定流抽水试验：

a. 抽水试验宜采用 3 次降深，其中抽水井最大下降值应大于基坑工程设计所需的地下水位降深 1～2 m，其余 2 次下降值可分别为最大降深值的 1/3 和 2/3。

b. 抽水试验的稳定标准应符合在抽水稳定延续时间内，抽水井出水量和动水位与时间关系曲线只在一定的范围内波动，且没有持续上升或下降的趋势，并应以最远观测井的动水位波动值判定。

c. 抽水试验的最大降深稳定延续时间不宜少于 8 h，并应以最远观测井的动水位波动情况确定；透水性弱的含水层应适当延长稳定延续时间。

d. 对稳定流抽水试验，应及时绘制 s—t、Q—t 和 Q—s 或 Q—Δh^2 关系曲线；对非稳定流抽水试验，主要应绘制 s—$\lg t$ 或 $\lg s$—$\lg t$ 关系曲线。

② 非稳定流抽水试验：

a. 抽水井的出水量，应保持常量。

b. 抽水试验的延续时间应按观测井水位下降与时间 $[s（或 \Delta h^2）$—$\lg t]$ 关系曲线确定；$s（\Delta h^2）$—$\lg t$ 关系曲线有拐点时，则延续时间宜至拐点后的线段趋于水平；$s（\Delta h^2）$—$\lg t$ 关系曲线没有拐点时，则延续时间宜不少于 24 h。

c. 抽水试验时，应对动水位和出水量进行观测，观测时间宜在抽水开始后的第 1 min、2 min、3 min、4 min、6 min、8 min、10 min、12 min、15 min、20 min、30 min、40 min、50 min、60 min、80 min、100 min、120 min 各观测一次，以后可每隔 30 min 观测一次；稳定流抽水试验应观测至水位趋于稳定；恢复水位观测时间与此相同。

（3）渗透系数计算：

① 单孔稳定流抽水试验，当利用抽水孔的水位下降资料计算渗透系数时，可采用下列公式：

A. 当 $Q-s$ 或 (Δh^2) 关系曲线呈直线时：

a. 承压水完整孔：

$$K = \frac{Q}{2\pi s M} \ln \frac{R}{r} \tag{6.1-3}$$

b. 承压水非完整孔：

当 $M > 150r$，$l/M > 0.1$ 时：

$$K = \frac{Q}{2\pi s M} \left(\ln \frac{R}{r} + \frac{M-l}{l} \ln \frac{1.12M}{\pi r} \right) \tag{6.1-4}$$

或当过滤器位于含水层的顶部或底部时：

$$K = \frac{Q}{2\pi s M} \left[\ln \frac{R}{r} + \frac{M-l}{l} \ln \left(1 + 0.2 \frac{M}{r} \right) \right] \tag{6.1-5}$$

c. 潜水完整孔：

$$K = \frac{Q}{\pi(H^2 - h^2)} \ln \frac{R}{r} \tag{6.1-6}$$

d. 潜水非完整孔：

当 $\bar{h} > 150r$，$l/\bar{h} > 0.1$ 时：

$$K = \frac{Q}{\pi(H^2 - h^2)} \left(\ln \frac{R}{r} + \frac{\bar{h}-l}{l} \ln \frac{1.12\bar{h}}{\pi r} \right) \tag{6.1-7}$$

或当过滤器位于含水层的顶部或底部时：

$$K = \frac{Q}{\pi(H^2 - h^2)} \left[\ln \frac{R}{r} + \frac{\bar{h}-l}{l} \ln \left(1 + 1.2 \frac{\bar{h}}{r} \right) \right] \tag{6.1-8}$$

式中　K——渗透系数，m/d；

　　　Q——出水量，m³/d；

　　　s——水位下降值，m；

　　　M——承压水含水层的厚度，m；

　　　H——自然情况下潜水含水层的厚度，m；

　　　$\bar{h}$——潜水含水层在自然情况下和抽水试验时的厚度的平均值，m；

　　　h——潜水含水层在抽水试验时的厚度，m；

　　　l——过滤器的长度，m；

　　　r——抽水孔过滤器的半径，m；

　　　R——影响半径，m。

B. 当 $Q-s$（或 Δh^2）关系曲线呈曲线时，可采用插值法得出 $Q-s$ 代数多项式，即：

$$s = a_1 Q + a_2 Q^2 + \cdots + a_n Q^n \tag{6.1-9}$$

式中　a_1、a_2、a_n——待定系数。

注：a_1 按均差表求得后，可相应地将式（6.1-3）、式（6.1-4）、式（6.1-5）中的 Q/s 和式（6.1-6）、式（6.1-7）、式（6.1-8）中的 $\frac{Q}{H^2 - h^2}$ 以 $\frac{1}{a_1}$ 代换，分别进行计算。

C. 当 s/Q（或 $\Delta h^2/Q$）$-Q$ 关系曲线呈直线时，可采用作图截距法求出 a_1 后，按本条 B

款代换,并计算。

② 单孔稳定流抽水试验,当利用观测孔中的水位下降资料计算渗透系数时,若观测孔中的值(s 或 Δh^2)在 s(或 Δh^2)—$\lg r$ 关系曲线上能连成直线,可采用下列公式:

a. 承压水完整孔:

$$K = \frac{Q}{2\pi M(s_1 - s_2)}\ln\frac{r_2}{r_1} \tag{6.1-10}$$

b. 潜水完整孔:

$$K = \frac{Q}{\pi(\Delta h_1^2 - \Delta h_2^2)}\ln\frac{r_2}{r_1} \tag{6.1-11}$$

式中　s_1、s_2——在 s—$\lg r$ 关系曲线的直线段上任意两点的纵坐标值,m;

Δh_1^2、Δh_2^2——在 Δh^2—$\lg r$ 关系曲线的直线段上任意两点的纵坐标值,m^2;

r_1、r_2——在 s(或 Δh^2)—$\lg r$ 关系曲线上纵坐标为 s_1、s_2(或 Δh_1^2、Δh_2^2)的两点至抽水孔的距离,m。

③ 单孔非稳定流抽水试验,在没有补给的条件下,利用抽水孔或观测孔的水位下降资料计算渗透系数时,可采用下列公式:

A. 配线法:

a. 承压水完整孔:

$$\begin{cases} K = \dfrac{0.08Q}{Ms}W(u) & (6.1\text{-}12) \\[2ex] u = \dfrac{S}{4KM} \cdot \dfrac{r^2}{t} & (6.1\text{-}13) \end{cases}$$

b. 潜水完整孔:

$$\begin{cases} K = \dfrac{0.159Q}{\Delta h^2}W(u) \\[2ex] u = \dfrac{\mu}{4KH} \cdot \dfrac{r^2}{t} \end{cases} \text{或} \begin{cases} K = \dfrac{0.08Q}{\bar{h}s}W(u) & (6.1\text{-}14) \\[2ex] u = \dfrac{\mu}{4K\bar{h}} \cdot \dfrac{r^2}{t} & (6.1\text{-}15) \end{cases}$$

B. 直线法:

当 $\dfrac{r^2 s}{4KMt}$(或 $\dfrac{r^2 \mu}{4K\bar{h}t}$)$< 0.01$ 时,可采用式(6.1-3)、式(6.1-4)或下列公式:

a. 承压水完整孔:

$$K = \frac{Q}{2\pi M(s_2 - s_1)} \cdot \ln\frac{t_2}{t_1} \tag{6.1-16}$$

b. 潜水完整孔:

$$K = \frac{Q}{2\pi(\Delta h_2^2 - \Delta h_1^2)} \cdot \ln\frac{t_2}{t_1} \tag{6.1-17}$$

式中　t_1、t_2——任意两个试验时间点,min;

s_1、s_2——任意两个试验时间点对应的降深,m。

④ 单孔非稳定流抽水试验,在有越流补给(不考虑弱透水层水的释放)的条件下,利用 s—$\lg t$ 关系曲线上拐点处的斜率计算渗透系数时,可采用下式:

$$K = \frac{2.3Q}{4\pi M m_i \mathrm{e}^{r/B}} \qquad (6.1\text{-}18)$$

式中　r——观测孔至抽水孔的距离，m；

　　　B——越流参数；

　　　m_i——s—$\lg t$ 关系曲线上拐点处的斜率。

注：a. 拐点处的斜率，应根据抽水孔或观测孔中的稳定最大下降值的 1/2 确定曲线的拐点位置及拐点处的水位下降值，再通过拐点作切线计算得出。

b. 越流参数，应根据 $\mathrm{e}^{r/B} \cdot K_0^{r/B} = 2.3 \dfrac{s_i}{m_i}$，从函数表中查出相应的 r/B，然后确定越流参数 B。

⑤ 稳定流抽水试验或非稳定流抽水试验，当利用水位恢复资料计算渗透系数时，可采用下列公式：

A. 停止抽水前，若动水位已稳定，可采用式(6.1-3)～式(6.1-18)计算，式中的 m_i 值应采用恢复水位的 s—$\lg \left(1 + \dfrac{t_k}{t_T}\right)$ 曲线上拐点的斜率。

B. 停止抽水前，若动水位没有稳定，仍呈直线下降时，可采用下列公式：

a. 承压水完整孔：

$$K = \frac{Q}{4\pi M s} \ln\left(1 + \frac{t_k}{t_T}\right) \qquad (6.1\text{-}19)$$

b. 潜水完整孔：

$$K = \frac{Q}{2\pi(H^2 - h^2)} \ln\left(1 + \frac{t_k}{t_T}\right) \qquad (6.1\text{-}20)$$

式中　t_k——抽水开始到停止的时间，min；

　　　t_T——抽水停止时算起的恢复时间，min；

　　　s——水位恢复时间剩余下降值，m；

　　　h——水位恢复时的潜水含水层主厚度，m。

注：a. 当利用观测孔资料时，应符合 $\dfrac{r^2 s}{4KM t_k}$（或 $\dfrac{r^2 \mu}{4K\bar{h} t_k}$）$< 0.01$ 的要求。

b. 如恢复水位曲线直线段的延长线不通过原点时，应分析其原因，必要时应进行修正。

⑥ 利用同位素示踪测井资料计算渗透系数时，可采用下列公式：

$$K = \frac{v_f}{I} \qquad (6.1\text{-}21)$$

$$v_f = \frac{\pi(r^2 - r_0^2)}{2art} \ln \frac{N_0 - N_b}{N_t - N_b} \qquad (6.1\text{-}22)$$

式中　v_f——测点的渗透速度，m/d；

　　　I——测试孔附近的地下水水力坡度；

　　　r——测试孔滤水管内半径，m；

　　　r_0——探头半径，m；

　　　t——示踪剂浓度从 N_0 变化到 N_t 所需的时间，d；

　　　N_0——同位素在孔中的初始计数率；

N_t——同位素 t 时的计数率;

N_b——放射性本底计数率;

a——流场畸变校正系数。

6.1.2.2.2　注水试验

注水试验是用人工抬高水头,向试坑或钻孔内注入清水,来测定松散岩土体渗透性的一种原位测试方法。它适用于不能进行抽水试验和压水试验,取原状样进行试验又比较困难的松散岩土体。

注水试验目的:通过注水试验,定性地了解岩土层的相对透水性和裂隙发育的相对程度,评价岩土层的透水性。

注水试验原理:其原理同抽水试验,以注水代替抽水,通过钻孔向试段注水,保持固定水头高度,量测岩土层的注入水量或量测水头高度随试验时间的变化率,以确定岩土层(非饱水透水层)的渗透系数。不同在于抽水试验是在含水层内形成降落漏斗,而注水试验是在含水层上形成反漏斗。其观测要求和计算方法与抽水试验类似。

注水试验分类:① 试坑单环注水试验;② 试坑双环注水试验;③ 钻孔常水头注水试验;④ 钻孔降水头注水试验。

(1) 试坑注水试验。

保持固定水头高度向试坑注水,量测渗入土层的水量,以确定土层渗透系数的一种原位试验方法,分为单环和双环注水试验。

① 试坑单环注水试验。

适用条件:地下水位以上的砂土、砂卵砾石等无黏性土层,渗流为三维流。

试验设备:铁环(高 20 cm,直径 25~50 cm),水箱(1 m³),量桶(断面上下均一,面积不大于 5 000 cm²,且有刻度清晰的水尺或玻璃管),计时钟表(秒表)。

现场试验要求:

a. 试坑开挖:在选定的试验位置,挖一个圆形或方形试坑至预定深度;在试坑底部一侧再挖一个深 15~20 cm 注水试坑,坑底应修平,并确保试验土层的结构不被扰动。

b. 铁环安装:在注水试坑内放入铁环,使其与试坑紧密接触,外部用黏土填实,确保四周不漏水;在环底铺 2~3 cm 厚的粒径 5~10 mm 的细砾作为缓冲层;向铁环内注水,使环内水头高度保持在 10 cm,记录观测时间和注入水量,在试验过程中,试验水头波动幅度不应大于 0.5 cm。

c. 流量观测:流量观测精度应达到 0.1 L;开始 5 次观测时间间隔为 5 min,以后每隔 20 min观测一次并至少观测两次;当连续两次观测的流量之差不大于 10%时,试验即可结束,取最后一次注入流量作为计算值。

试验资料整理:绘制流量—时间关系曲线。渗透系数计算公式:

$$K = \frac{Q}{F} \tag{6.1-23}$$

式中　K——试验土层的渗透系数,cm/s;

Q——注入流量,cm³/s;

F——铁环的面积,cm²。

② 试坑双环注水试验。

适用条件:地下水位以上的黏性土层(毛细力作用较大)。

试验设备:铁环(高 20 cm,直径 25 cm 和 50 cm),水箱(1 m³),流量瓶(5 L),瓶架,玻璃管(直径 1～2 cm),计时钟表。

现场试验要求:

a. 试坑开挖:在选定的试验位置,挖一个圆形或方形试坑至预定深度;在试坑底部一侧再挖一个深 15～20 cm 注水试坑,坑底应修平,并确保试验土层的结构不被扰动。

b. 铁环安装:在注水试坑内放入铁环,将直径分别为 25 cm 和 50 cm 的两个铁环按同心圆状压入坑底,深约 5～8 cm,并确保试验土层的结构不被扰动;在内环及内、外环之间环底铺上厚 2～3 cm 的粒径为 5～10 mm 的细砾作为缓冲层。

c. 安装瓶架:将流量瓶装满清水,用带两个孔的胶塞塞住,孔中分别插入长短不等的两根玻璃管(管端切成斜口)作为出水管和进气管,安装如图 6.1-2 所示。

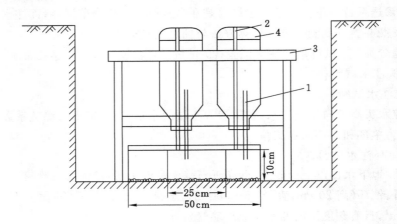

图 6.1-2 双环注水法安装示意图

1——进水管;2——进气管;3——瓶架;4——流量瓶

d. 试验过程中,应用两个流量瓶同时向内环和内、外环之间注水(内、外环之间为三维流,内环基本上为平行流),水深均为 10 cm。流量瓶通气孔的玻璃管口距坑底应为 10 cm,以保持试验水头不变。

e. 流量观测:注入水量由瓶上刻度读出;开始 5 次观测时间间隔为 5 min,以后每隔 30 min测记一次并至少观测两次;当连续两次观测的流量之差不大于 10% 时,试验即可结束,取最后一次注入流量作为计算值。

f. 注水试验的渗入深度确定:试验前在距试坑 3～5 m 处打一个比坑底深 3～4 m 的钻孔,并每隔 20 cm 取样测定其含水量。试验结束后,立即排出环内积水,在试坑中心打一个同样深度的钻孔,每隔 20 cm 取样测定其含水量,与试验前资料对比,以确定注水试验的渗入深度(或者以试坑内环直径为一边向下开挖,通过对土层进行观测来确定注水试验的渗入深度)。

试验资料整理:绘制内环注入流量与时间关系曲线,渗透系数计算公式:

$$K = \frac{Qz}{F(H + z + 0.5H_a)} \tag{6.1-24}$$

式中　K——试验土层的渗透系数,cm/s;

Q——内环的注入流量,cm³/s;

F——内环的底面积,cm²;

H——试验水头,cm;

z——从试坑底算起的渗入深度,cm;

H_a——试验土层的毛细上升高度,cm(不同土层毛细上升高度的取值可通过试验确定或参见表 6.1-1)。

表 6.1-1　　　　　　　　　　　　不同土层的毛细上升高度

土层名称	毛细上升高度/cm	土层名称	毛细上升高度/cm
黏土	200	细砂	40
粉质黏土	160	中砂	20
粉土	120	粗砂	10
粉砂	60		

(2) 钻孔注水试验。

通过钻孔向试段注水,保持固定水头高度,量测注入岩土层的水量或量测水头高度随试验时间的变化率,以确定岩土层的渗透系数的原位试验方法,分为钻孔常水头和降水头注水试验。

① 钻孔常水头注水试验:

适用条件:地下水位以下渗透性比较大的粉土、砂土和砂卵砾石层,或不能进行压风试验的风化、破碎岩体,断层破碎带和其他透水性强的岩体等。

试验设备:供水设备(水箱、水泵);量测设备(水表、量桶、瞬时流量计、秒表、米尺等);止水设备[气压、水压栓塞,套管塞(黏土与套管结合)];水位计。

现场试验要求:

a. 用钻机造孔,至预定深度下套管,严禁使用泥浆钻进。孔底沉积物厚度不得大于5 cm,同时要防止试验土层被扰动。

b. 在进行注水试验前,应进行地下水位观测,作为压力计算零线的依据。

c. 钻至预定深度后,可采用栓塞或套管塞进行试段隔离,并应保证止水可靠。对孔底进水的试段,用套管塞进行隔离;对孔壁和孔底同时进水的试段,除采用栓塞隔离试段外,还要根据试验土层种类,决定是否下入护壁花管,以防孔壁坍塌。

d. 试段隔离后,用带流量计的注水管或量筒向套管内注入清水,套管中水位高出地下水位一定高度(或至孔口)并保持固定,测定试验水头值。保持试验水头不变,观测注入流量。

e. 流量观测:开始 5 次流量观测间隔为 5 min,以后每隔 20 min 观测一次并至少观测两次;当连续两次观测流量之差不大于 10% 时,即可结束试验,取最后一次注入流量作为计算值;当试段漏水量大于供水能力时,应记录最大供水量。

试验资料整理:绘制注入流量与时间关系曲线。渗透系数的计算公式:

$$K = \frac{Q}{AH} \tag{6.1-25}$$

式中　K——试验土层的渗透系数,cm/s;

　　　Q——注入流量,cm³/s;

　　　H——试验水头,cm;

　　　A——形状系数,cm,由钻孔和水流边界条件确定,按图 6.1-3 选用。

试验条件	简图	形状系数值	备注
试段位于地下水位以下,钻孔套管下至孔底,孔底进水	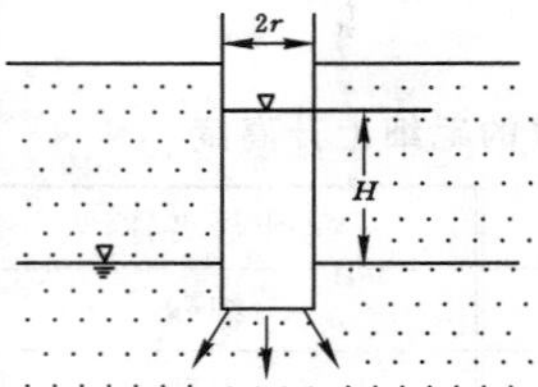	$A=6.6r$	
试段位于地下水位以下,钻孔套管下到孔底,孔底进水,试验土层顶板为不透水层	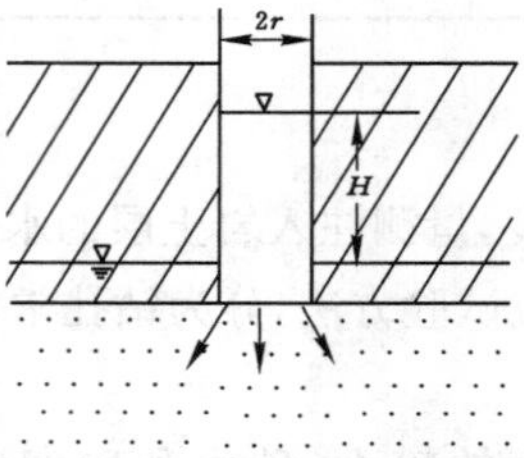	$A=4r$	
试段位于地下水位以下,孔内不下套管或部分下套管,试验段裸露或下花管,孔壁和孔底进水	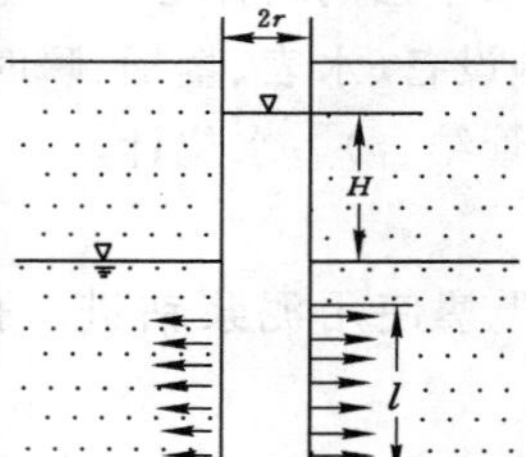	$A=\dfrac{2\pi l}{\ln\dfrac{ml}{r}}$	$\dfrac{l}{r}>8$ $m=\sqrt{K_{\mathrm{h}}\big/K_{\mathrm{v}}}$ 式中,K_{h}、K_{v} 分别为试验土层的水平、垂直渗透系数,无资料时,m 值可根据土层情况估计。
试段位于地下水位以下,孔内不下套管或部分下套管,试验段裸露或下花管,孔壁和孔底进水,试验土层为顶部不透水	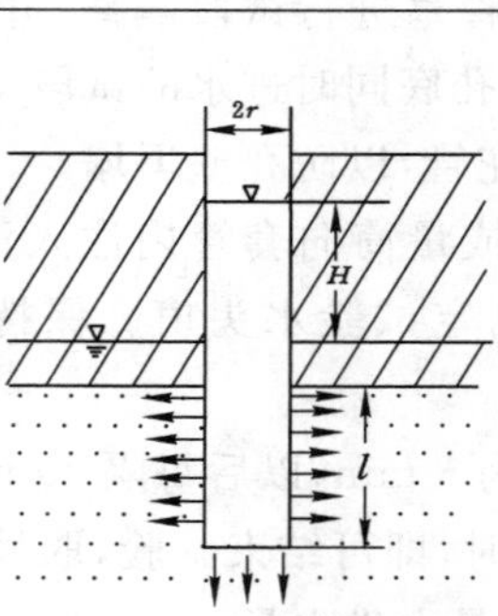	$A=\dfrac{2\pi l}{\ln\dfrac{2ml}{r}}$	$\dfrac{l}{r}>8$ $m=\sqrt{K_{\mathrm{h}}\big/K_{\mathrm{v}}}$ 式中,K_{h}、K_{v} 分别为试验土层的水平、垂直渗透系数,无资料时,m 值可根据土层情况估计。

图 6.1-3　钻孔和水流边界条件

② 钻孔降水头注水试验：

适用条件：地下水位以下渗透系数比较小的黏性土层。

试验设备：供水设备（水箱、水泵）；量测设备（水表、量桶、瞬时流量计、秒表、米尺等）；止水设备［气压、水压栓塞，套管塞（黏土与套管结合）］；水位计。

现场试验要求：

a. 用钻机造孔，至预定深度下套管，严禁使用泥浆钻进。孔底沉积物厚度不得大于 5 cm，同时要防止试验土层被扰动。

b. 在进行注水试验前，应进行地下水位观测，作为压力计算零线的依据。

c. 钻至预定深度后，可采用栓塞或套管塞进行试段隔离，并应保证止水可靠。对孔底进水的试段，用套管塞进行隔离；对孔壁和孔底同时进水的试段，除采用栓塞隔离试段外，还要根据试验土层种类，决定是否下入护壁花管，以防孔壁坍塌。

d. 试段隔离后，向套管内注入清水，应使管中水位高出地下水位一定高度（初始水头值）或至套管顶部后，停止供水，开始记录管内水位高度随时间的变化。

e. 管内水位下降速度观测应符合下列规定：量测管中水位下降速度，开始间隔为 5 min 观测 5 次，然后间隔为 10 min 观测 3 次，最后根据水头下降速度，一般可按 30 min 间隔进行；在现场，采用半对数坐标纸绘制水头下降比与时间（$\ln H_t / H_0$—t）的关系曲线。当水头比与时间关系呈直线时说明试验正确；当试验水头下降到初始水头的 0.3 倍或连续观测点达到 10 个以上时，即可结束试验。

试验资料整理：根据注水试验的边界条件和套管中水位下降速度与延续时间的关系，采用以下公式计算试验土层的渗透系数：

$$K = \frac{\pi r^2}{A} \cdot \frac{\ln \dfrac{H_1}{H_2}}{t_2 - t_1} \tag{6.1-26}$$

式中　H_1——在时间 t_1 时的试验水头，cm；

　　　H_2——在时间 t_2 时的试验水头，cm；

　　　r——套管内径，cm；

　　　A——形状系数，cm。

也可根据 $\ln H_t / H_0$—t 关系曲线求得的注水试验特征时间，采用以下公式计算试验土层的渗透系数：

$$K = \frac{\pi r^2}{A T_0} \tag{6.1-27}$$

式中　T_0——注水试验的特征时间，s，可根据 $\ln H_t / H_0$—t 曲线确定，取 $H_t / H_0 = 0.37$ 或 $\ln H_t / H_0 = 1$ 时对应的时间作为 T_0 值；

　　　H_t——注水时间为 t 时的水头值，cm；

　　　H_0——注水试验的初始水头值，cm；

　　　其他符号含义同上式。

6.1.2.2.3　压水试验

（1）压水试验的原理。

　　压水试验适用于渗透系数较小,地下水位较深,抽水试验有困难或无地下水的地层中。压水试验是利用水泵或者水柱自重,将清水压入钻孔试验段,根据岩体吸水量计算了解岩体裂隙发育情况和渗透系数的一种原位试验。压水试验要用专门的止水设备把一定长度的钻孔试验段隔离出来,然后用固定的水头压力向这一段钻孔压水,水通过孔壁周围的裂隙向岩体内渗透,最终渗透的水量会趋于一个稳定值。根据一定时间内的压水水头、试段长度和稳定渗入水量的关系,计算岩体相对渗透系数和了解裂隙发育程度。

　　压水试验装置连接简图如图 6.1-4 所示。

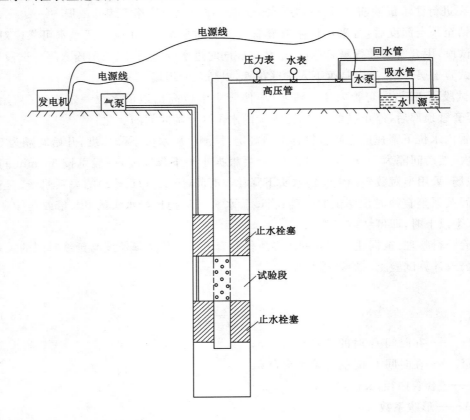

图 6.1-4　压水试验装置连接简图

　　(2) 压水试验步骤和要求。

　　压水试验,按照《水利水电工程钻孔压水试验规程》(SL 31—2003)的步骤和要求进行,主要内容如下。

　　① 试段隔离。根据孔径和试段位置,选择合适的栓塞直径和压水管长度。将栓塞放置在设计要求的深度后,采用试验的最大压力进行试验,测定管内外水位,检查栓塞止水效果,如果有绕塞返水现象,应进行处理。

　　② 测定地下水静止水位。试验前观测试验孔段的地下水位,以确定压力计算零点,观测每 5 min 进行一次,当水位下降速度连续 2 次均小于 5 cm/min 时观测工作即可结束,用

最后的观测结果确定压力计算零线。

③ 流量的观测。把压力调到设计值并保持稳定后，每隔 $1 \sim 2$ min 测读一次流量，当流量无持续增大趋势，且 5 次流量读数中最大值与最小值之差小于最终值的 10%，或最大值与最小值之差小于 1 L/min 时，本阶段试验即可结束，取最终值作为计算值。

（3）压水试验的资料整理及参数计算：

① 根据野外试验数据整理绘制 $p—Q$ 曲线图。经数据整理后绘制各试验段的 $p—Q$ 曲线。

② 试段透水率 q 计算公式：

$$q = \frac{Q_3}{L p_3} \tag{6.1-28}$$

式中　q——试段的透水率，Lu；

　　　L——试段长度，m；

　　　Q_3——第三阶段的计算流量，L/min；

　　　p_3——第三阶段的试段压力，MPa。

③ 渗透系数计算公式：

$$K = \frac{Q}{2\pi HL} \ln \frac{L}{r_0} \tag{6.1-29}$$

式中　K——岩体渗透系数，m/d；

　　　Q——压入流量，m^3/d；

　　　H——试验水头，m；

　　　L——试段长度，m；

　　　r_0——钻孔半径，m。

6.1.2.3　经验值法

渗透系数可根据试验指标提供，《工程地质手册》（第四版）经验值见表 6.1-2。

表 6.1-2　　　　　　　　　　　　　　几种土的渗透系数

土类	渗透系数/(cm/s)	土类	渗透系数/(cm/s)
黏土	$<1.2 \times 10^{-6}$	细砂	$1.2 \times 10^{-3} \sim 6 \times 10^{-3}$
粉质黏土	$1.2 \times 10^{-6} \sim 6 \times 10^{-5}$	中砂	$6 \times 10^{-3} \sim 2.4 \times 10^{-2}$
黏质粉土	$6 \times 10^{-5} \sim 6 \times 10^{-4}$	粗砂	$2.4 \times 10^{-2} \sim 6 \times 10^{-2}$
黄土	$3 \times 10^{-4} \sim 6 \times 10^{-4}$	砾砂	$6 \times 10^{-2} \sim 1.8 \times 10^{-1}$
粉砂	$6 \times 10^{-4} \sim 1.2 \times 10^{-3}$		

6.1.3　应用

（1）评价土体渗透性。根据《城市轨道交通岩土工程勘察规范》（GB 50307—2012），含水层的透水性根据渗透系数 K 按表 6.1-3 的规定划分。

表 6.1-3 含水层的透水性

类别	特强透水	强透水	中等透水	弱透水	微透水	不透水
$K/(\mathrm{m/d})$	$K>200$	$10\leqslant K\leqslant200$	$1\leqslant K<10$	$0.01\leqslant K<1$	$0.001\leqslant K<0.01$	$K<0.001$

（2）计算基坑涌水量,最终用于地下水控制方案设计。关于渗透系数 K 在基坑涌水量计算中的应用详见 6.6 节。

6.2 影响半径

6.2.1 定义

降落漏斗的周边在平面上投影的半径。影响半径的大小与含水层的透水性、抽水延续时间、水位降深等因素有关。符号:R。单位:m。影响半径经验值见表 6.2-1。

表 6.2-1 影响半径经验值

岩性	主要颗粒粒径/mm	影响半径/m	岩性	主要颗粒粒径/mm	影响半径/m
粉砂	0.05～0.1	25～50	极粗	1～2	400～500
细砂	0.1～0.25	50～100	小砾	2～3	500～600
中砂	0.02～0.5	100～200	中砾	3～5	600～1 500
粗砂	0.5～1.0	300～400	大砾	5～10	1 500～3 000

注:来自《水利水电工程地质手册》。

6.2.2 获取

（1）通常利用稳定流抽水试验观测孔中的水位下降资料计算影响半径时,可采用下列公式:

承压水完整孔:

$$\lg R = \frac{s_1\lg r_2 - s_2\lg r_1}{s_1 - s_2} \tag{6.2-1}$$

潜水完整孔:

$$\lg R = \frac{\Delta h_1^2\lg r_2 - \Delta h_2^2\lg r_1}{\Delta h_1^2 - \Delta h_2^2} \tag{6.2-2}$$

式中　s_1,s_2——在 $s-\lg r$ 关系曲线的直线段上任意两点的纵坐标值,m;

$\Delta h_1^2,\Delta h_2^2$——在 $\Delta h^2-\lg r$ 关系曲线的直线段上任意两点的纵坐标值,m^2;

r_1,r_2——在 s(或 Δh^2)$-\lg r$ 关系曲线上纵坐标为 s_1、s_2(或 Δh_1^2、Δh_2^2)的两点至抽水孔的距离,m。

（2）图解法确定影响半径:在直角坐标系上,将抽水孔与分布在同一线上的各观测孔的同一时刻所得的水位连接起来,沿曲线趋势延长,与抽水前的静止水位线相交,该交点至抽水孔的距离即为影响半径(见图 6.2-1)。在观测孔较多时,用图解法确定影响半径最为精确。

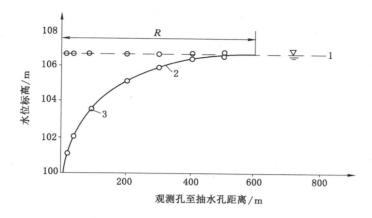

图 6.2-1　图解法确定影响半径示意图

1——静止水位；2——动水位；3——观测孔水位

6.2.3　应用

主要应用于基坑涌水量计算，最终应用于地下水控制方案设计。关于影响半径 R 在基坑涌水量计算中的应用详见 6.6 节。

6.3　给水度与释水系数

6.3.1　定义

给水度体现的是潜水含水层的释水能力，地下水位下降单位体积时，释出水的体积与疏干体积的比值，记做 μ，用小数表示。当地下水位下降时，原先饱水带岩土空隙中的水，只能释出一部分，有时仅仅释出很小的一部分。一系列复杂的原因影响水分的释出：首先，结合水不释出；其次，孔角毛细水也不会释出；第三，地下水位快速下降时，一部分水以悬挂毛细水形式滞留于非饱和带中（贝尔，1985）。

松散岩土的给水度取决于颗粒大小、分选性、粗细颗粒成层分布状况，以及地下水位下降速度。

释水系数又称为贮水系数或弹性给水度，是表征承压含水层（或弱透水层）全部厚度释水（贮水）能力的参数。其值为水头下降一个单位时，从单位面积含水层全部厚度的柱体中，由于水的膨胀和岩层的压缩而释放出的水量；或者水头上升一个单位时，其所贮入的水量。

6.3.2　获取

6.3.2.1　实验室法

对于砂质土，可在一定容积的器皿中倒满烘干的砂样，轻轻捣实后，向器皿中注水，使砂完全饱和，然后再让水自由流尽。流出重力水体积与盛砂器皿体积之比即为给水度。对于黏质土，一般采取原状样，加压或用离心机使其土样完全失水，然后再用失水量除以原土样体积，即为给水度。对于裂隙岩溶岩石，可用裂隙率或岩溶率近似代替给水度。

6.3.2.2　根据单孔抽水资料确定给水度

潜水钻孔抽水刚开始一瞬间，钻孔出水量主要消耗储存量 Q（静储量），径流量 Q_g（动储量）近乎为零。抽水达到稳定状态后，钻孔出水量全部由径流量供给。

从抽水开始至稳定状态之间的径流量应介于上述二极端值之间,可依据多次降深抽水资料 $Q = f(S)$ 求得。用求积仪直接从图上求出钻孔达到抽水稳定状态之前消耗的全部储存量(静储量) $\sum Q_c$,则给水度可按下式计算:

$$\mu = \frac{\sum Q_c}{V} \tag{6.3-1}$$

$$V = \frac{\pi(H^2 - h_0^2)(R^2 - r_w^2)}{4\lambda H(\ln R - \ln r_w)} \tag{6.3-2}$$

式中　V——稳定降落漏斗的体积,m^3;

　　　H——抽水前含水层厚度,m;

　　　h_0——抽水达到稳定状态后,孔内水柱高度,m;

　　　λ——取决于降落漏斗的形态 h_0/H 和 r_0/R 值的系数,查表6.3-1确定;

　　　R——引用补给半径,m;

　　　r_w——抽水井半径,m。

表 6.3-1　　　　　　　　　　　　　　　　系数 λ 值表

$\dfrac{r_0}{R}$　　$\dfrac{h_0}{H}$	0.2	0.4	0.6	0.8
0.5	0.77	0.80	0.83	0.85
0.1	0.88	0.88	0.91	0.93
0.01	0.93	0.95	0.96	0.97
0.001	0.95	0.96	0.97	0.98
0.000 1	0.97	0.97	0.98	0.99

6.3.2.3　根据 Jacob 直线图解法计算给水度(或释水系数)

对于潜水含水层完整井,当满足条件 $\dfrac{r^2}{4at} \leqslant 0.05$ 时,观测孔降深曲线会存在线性段,可用 Jacob 直线图解法求参。计算公式为:

$$s' \approx \frac{Q}{4\pi K h_0} \ln \frac{2.25at}{r_1^2} = \frac{Q}{4\pi K h_0} \ln t + \frac{Q}{4\pi K h_0} \ln \frac{2.25a}{r_1^2} \tag{6.3-3}$$

式中　h_0——潜水含水层厚度,m;

　　　K——含水层渗透系数,m/d;

　　　a——含水层的压力传导系数,m^2/d;

　　　t——抽水持续的时间,d;

　　　r_1——观测井1与抽水井的距离,m。

Jacob 直线图解法的本质是当满足 $\dfrac{r^2}{4at} \leqslant 0.05$ 的条件时,根据直线段的斜率 m 和直线的截距 s_0 求得渗透系数 K 和给水度 μ,即:

$$K = \frac{Q}{4\pi m h_0} \tag{6.3-4}$$

$$\mu = \frac{2.25T}{r^2 \mathrm{e}^{s_0/m}} \tag{6.3-5}$$

对于承压含水层非完整井,当抽水时间足够长,即 $t > \dfrac{M^2}{2a}$ 时,降深方程为:

$$s(r,z,t) = \frac{Q}{4\pi T}[W(u) + \zeta] \tag{6.3-6}$$

其中:

$$\zeta\left(\frac{1}{M}, \frac{r}{M}, \frac{z}{M}\right) = \frac{4M}{\pi l} \sum_{n=1}^{\infty} \frac{1}{n} \sin\left(\frac{n\pi l}{M}\right) \cos\left(\frac{n\pi z}{M}\right) K_0\left(\frac{n\pi r}{M}\right) \tag{6.3-7}$$

式中　$W(u)$——井函数;

　　　　T——含水层的导水系数,m^2/d;

　　　　ζ——非完整性附加阻力系数;

　　　　M——含水层厚度,m;

　　　　l——井底距含水层顶板距离,m;

　　　　z——观测点距含水层顶板距离,m;

　　　　r——观测点距抽水井的水平距离,m;

　　　　K_0——虚宗量零阶第二类贝塞尔函数。

　　对于承压含水层非完整井可将降深先修正非完整性附加水头损失后采用 Jacob 直线图解法求取含水层的压力传导系数和释水系数。

6.3.3　应用

　　主要应用于止水帷幕控制措施下坑内降水涌水量计算,关于给水度和释水系数在坑内降水涌水量计算中的应用详见 6.6 节。

6.4　地下水流向与流速

6.4.1　定义

　　地下水流向即地下水流动的方向,某一点地下水的流向也是该点流线的切线方向。

　　从水力学可知,通过某一断面的流量 Q 等于流速 v 与过水断面 ω 的乘积,即:

$$Q = v\omega \tag{6.4-1}$$

式中的过水断面 ω 系指砂柱的横断面积。该面积包括砂颗粒所占据的面积及空隙所占据的面积,而水流实际流过的乃是扣除结合水所占据的范围以外的空隙面积 ω',即:

$$\omega' = \omega n_e$$

式中,n_e 为有效孔隙度。

　　有效孔隙度 n_e 为重力水流动的空隙体积(不包括结合水占据的空间)与岩石体积之比。

　　显然,有效孔隙度 $n_e <$ 孔隙度 n。由于重力释水时空隙中所保持的除结合水外,还有孔角毛细水乃至悬挂毛细水,因此,有效孔隙度 $n_e >$ 给水度 μ。对于黏性土,由于空隙细小,结合水所占比例大,所以有效孔隙度很小。对于空隙大的岩层(例如溶穴发育的可溶岩、有宽大裂隙的裂隙岩层),$n_e = \mu = n$。

6.4.2 获取

6.4.2.1 水位等值线

根据等水位线图确定垂直于等水位线,水位由高到低的方向即为地下水流向。

6.4.2.2 三角形井孔法

即大体按等边三角形布置三个钻孔,并测得各孔天然地下水位,用插值的方法作出等水位线,垂直于等水位线、水位由高到低的方向即为地下水流向。

6.4.2.3 示踪剂法

应用示踪剂测定地下水实际流速的同时,亦可确定地下水流向(单井法或多井法)。

6.4.2.4 物探法

采用充电法测定地下水流向,亦可测流速。

地下水流速流向的原理是将盐水溶解于揭露含水层的钻孔中,较高浓度的盐水沿地下水流动方向形成电导率较高的电解质低阻带。将食盐装入编织袋放入井内待测水中,这时溶有食盐的水形成电导率较高的带,开始时导电带的中心和井轴一致,导电带随着地下水流方向扩展,其中心向地下水流动的方向移动,当在井中的地下水充电时,在地表所测到的等位线也将顺着地下水流动的方向逐渐移动,根据此位移的方向和速度可以判断地下水的流向和流速,如图 6.4-1 和图 6.4-2 所示。

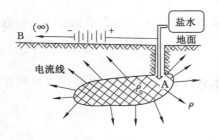

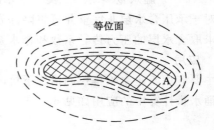

图 6.4-1　纵向剖面示意图　　　　　图 6.4-2　水平向定位线示意图

(1) 地下水流向确定:通过地下水流速流向成果图可见,盐化后图形为一椭圆形,其长轴方向是地下水的流向,即等位线移动位移最大的方向。

(2) 地下水流速 v 计算:根据异常等电位线距开始放入食盐袋等电位线偏移的最大距离($R_2 - R_1$),最后一次测量异常等电位线时间与放入食盐袋前时间差为($t_2 - t_1$),再由公式 $v = (R_2 - R_1)/(t_2 - t_1)$ 计算得出地下水流速。

6.4.3 应用

冻结法是利用人工制冷技术使地层中的水结冰,形成止水帷幕(冻结壁),隔绝地下水与地下工程的联系,在冻结壁的保护下进行地下工程施工的地基处理方法。21 世纪初,工程师一般认为在流速小于 6 m/d 时,冻结壁就可形成,后来逐渐认识到在地下水流速 5 m/d 以上时,会阻碍冻结的进行。2006 年起实施的上海市工程建设规范《旁通道冻结法技术规程》(DG/TJ 08-902—2006)要求,在需要采用冻结法施工的部位,当含水层的地下水流速有可能超过 5 m/d 时,勘察成果中应提供该含水层的地下水流速流向资料。目前在城市轨道交通领域,地下水流速流向作为一项限制冻结法施工的指标。

6.5　越流系数和越流因素

6.5.1　定义

表示越流特性的水文地质参数是越流系数(σ)和越流因素(B)。

越流系数(σ)表示当抽水含水层和供给越流的非抽水含水层之间的水头差为一个单位时,单位时间内通过两含水层之间弱透水层单位面积的水量。显然,当其他条件相同时,越流系数越大,通过的水量就越多。

越流因素(B)或称阻越系数,其值为主含水层的导水系数和弱透水层的越流系数倒数乘积的平方根。

弱透水层的渗透性越小,厚度越大,则越流因素越大,可以从数米到数千米。对于不完全不透水的覆盖岩层来说,越流因素 B 为无穷大,而越流系数 σ 为零。

6.5.2　获取

越流因素和越流系数可通过野外抽水试验获得。通过抽水试验和室内渗透试验分别确定抽水含水层的导水系数 $T(T=MK)$ 和弱透水层的渗透系数 K',利用以下公式计算求得越流系数和越流因素:

$$\sigma = K'/b' \tag{6.5-1}$$

$$B = \sqrt{\frac{Tb'}{K'}} \tag{6.5-2}$$

式中　T——抽水含水层的导水系数,m^2/d;

　　　b'——弱透水层的厚度,m;

　　　K'——弱透水层的渗透系数,m/d;

　　　B——越流因素,m。

6.5.3　应用

主要用于存在弱透水层的多层含水层之间水量交换计算。

6.6　基坑涌水量

6.6.1　定义

当基坑开挖至地下水位以下时,地层中的水流向基坑的现象称为基坑涌水。基坑涌水量的定义为地下水位降至设计降深时,单位时间内涌入基坑(或降水井等降水措施)的水量,通常以 m^3/h、m^3/d 表示。基坑涌水量取决于地层的透水特性、地下水的补给条件及基坑在地下水水位以下的深度等。一般来说,地层渗透性强,有稳定的补给源,地下水水位或补给水源的水位较高且基坑开挖较深时,则涌水量大。

6.6.2　获取

6.6.2.1　基坑周边无隔水帷幕的开放式降水

(1)群井按大井简化的均质含水层潜水完整井的基坑降水总涌水量可按下式计算(图 6.6-1):

$$Q = \pi K \frac{(2H_0 - s_0)s_0}{\ln\left(1 + \dfrac{R}{r_0}\right)} \tag{6.6-1}$$

式中　Q——基坑降水的总涌水量，$\mathrm{m^3/d}$；

　　　K——渗透系数，$\mathrm{m/d}$；

　　　H_0——潜水含水层厚度，m；

　　　s_0——基坑水位降深，m；

　　　R——降水影响半径，m；

　　　r_0——沿基坑周边均匀布置的降水井群所围面积等效圆的半径，m；可按 $r_0 = \sqrt{A/\pi}$ 计算，此处，A 为降水井群连线所围的面积，$\mathrm{m^2}$。

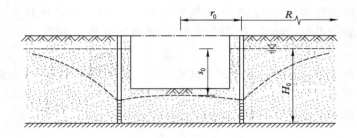

图 6.6-1　按均质含水层潜水完整井简化的基坑涌水量计算

（2）群井按大井简化的均质含水层潜水非完整井的基坑降水总涌水量可按下式计算（图 6.6-2）：

$$Q = \pi K \frac{H_0^2 - h_{\mathrm{m}}^2}{\ln\left(1 + \dfrac{R}{r_0}\right) + \dfrac{h_{\mathrm{m}} - l}{l}\ln\left(1 + 0.2\dfrac{h_{\mathrm{m}}}{r_0}\right)}$$

$$h_{\mathrm{m}} = \frac{H_0 + h}{2} \tag{6.6-2}$$

式中　h_{m}——基坑动水位至含水层底面的深度，m；

　　　l——滤管有效工作部分的长度，m。

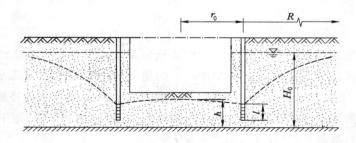

图 6.6-2　按均质含水层潜水非完整井简化的基坑涌水量计算

（3）群井按大井简化的均质含水层承压水完整井的基坑降水总涌水量可按下式计算（图 6.6-3）：

$$Q = 2\pi K \frac{Ms_0}{\ln\left(1 + \dfrac{R}{r_0}\right)} \qquad (6.6\text{-}3)$$

式中　M——承压含水层厚度,m。

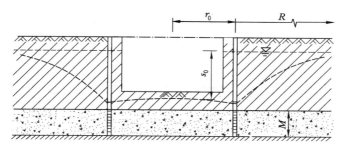

图 6.6-3　按均质含水层承压水完整井简化的基坑涌水量计算

（4）群井按大井简化的均质含水层承压水非完整井的基坑降水总涌水量可按下式计算（图 6.6-4）：

$$Q = 2\pi K \frac{Ms_0}{\ln\left(1 + \dfrac{R}{r_0}\right) + \dfrac{M-l}{l}\ln\left(1 + 0.2\dfrac{M}{r_0}\right)} \qquad (6.6\text{-}4)$$

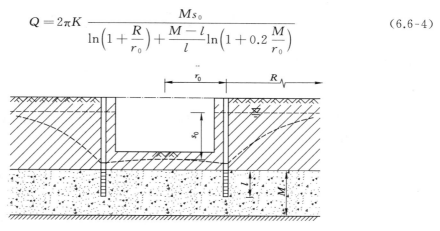

图 6.6-4　按均质含水层承压水非完整井简化的基坑涌水量计算

（5）群井按大井简化的均质含水层承压-潜水完整井的基坑涌水量可按下式计算（图 6.6-5）：

$$Q = \pi K \frac{(2H_0 - M)M - h^2}{\ln\left(1 + \dfrac{R}{r_0}\right)} \qquad (6.6\text{-}5)$$

6.6.2.2　基坑帷幕截断降水目的含水层的封闭式疏干降水

基坑降水出水量应按式(6.6-6)～式(6.6-8)进行计算：

$$Q_w = Q_1 + Q_2 \qquad (6.6\text{-}6)$$

$$Q_1 = A \sum_{i=n}^{i=1} \Delta h_i \mu_i \qquad (6.6\text{-}7)$$

$$Q_2 = A\overline{K}_{v_1} \frac{\Delta h_1}{m} T \qquad (6.6\text{-}8)$$

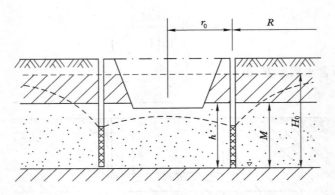

图 6.6-5　按均质含水层承压-潜水完整井的基坑涌水量计算

式中　Q_w——基坑疏干降水总出水量,m³;

　　　Q_1——坑内疏干层范围内的出水量,m³;

　　　Q_2——下伏未截断的承压层向坑内的越流涌水量,m³;

　　　Δh_i——i 土层中水位变化(降深)值,m;

　　　Δh_1——坑内降水设计的目的水位与越流承压层水头的水头差,m;

　　　$\overline{K}_{v1}$——坑内降水设计的目的水位与越流承压层顶间土层的等效垂直渗透系数,m/d;

　　　A——基坑降水面积,m²;

　　　μ_i——i 土层给水度;

　　　i——基坑最大降水深度范围内所包含的土层数;

　　　m——坑内降水设计的目的水位与越流承压层顶间土层的厚度,m;

　　　T——降水时间,d。

6.6.2.3　基坑抗突涌稳定性不满足要求,需降压降水时降压出水量

（1）圆形面状基坑降压出水量可按下式进行计算（矩形及不规则形状基坑可概化成圆形基坑进行计算）:

$$Q = \frac{2.73KMs}{\lg R - \lg r_0} \tag{6.6-9}$$

式中　Q——基坑降压总出水量,m³/d;

　　　K——承压含水层渗透系数,m/d;

　　　M——承压含水层厚度,m;

　　　s——设计水位降深,m;

　　　R——影响半径,m;

　　　r_0——基坑范围引用半径,m。

当基坑为圆形时,基坑范围引用半径取为圆半径;当基坑为非圆形时,可按下列规定计算:

① 矩形基坑等效半径可按下式计算:

$$r_0 = 0.29(a' + b') \tag{6.6-10}$$

式中　a'——基坑长边长度,m;

　　　b'——基坑短边长度,m。

② 不规则块状基坑等效半径可按下式计算：

$$r_0 = \sqrt{S_A/\pi} \tag{6.6-11}$$

式中　S_A——基坑面积，m^2。

(2) 线形布井基坑降压出水量可按下式计算：

$$Q = n\frac{2\pi K M s_w}{\ln\left(\dfrac{d}{\pi r_w}\right) + \dfrac{\pi R}{2d}} \tag{6.6-12}$$

式中　$2d$——两井之间距离，m；

r_w——井管半径，m；

s_w——降水干扰井设计水位降深值，m；

n——降压井数量，无量纲。

6.6.2.4　隧道涌水量计算

(1) 简易水均衡法。

当越岭隧道通过一个或多个地表水流域时，预测隧道正常涌水量可采用下列方法。

① 地下径流深度法：

$$Q_s = 2.74hA \tag{6.6-13}$$

$$h = W - H - E - SS \tag{6.6-14}$$

$$A = LB \tag{6.6-15}$$

式中　Q_s——隧道通过含水体地段的正常涌水量，m^3/d；

2.74——换算系数；

h——年地下径流深度，mm；

A——隧道通过含水体地段的集水面积，km^2；

W——年降水量，mm；

H——年地表径流深度，mm；

E——某流域年蒸发蒸散量，mm；

SS——年地表滞水深度，mm；

L——隧道通过含水体地段的长度，km；

B——隧道涌水地段 L 长度内对两侧的影响宽度，km。

② 地下水径流模数法：

$$Q_s = MA \tag{6.6-16}$$

$$M = Q'/F \tag{6.6-17}$$

式中　M——地下水径流模数，$m^3/(d \cdot km^2)$；

Q'——地下水补给的河流的流量或下降泉流量，m^3/d，采用枯水期流量计算；

F——与 Q' 的地表水或下降泉流量相当的地表流域面积，km^2；

其他符号含义同上。

当隧道通过潜水含水体且埋藏深度较浅时，可采用降水入渗法预测隧道正常涌水量：

$$Q_s = 2.74\alpha \cdot W \cdot A$$

式中　α——降水入渗系数；

其他符号含义同上。

（2）地下水动力学法。

当隧道通过潜水含水体时，可用下列公式预测隧道最大涌水量。

① 古德曼经验式：

$$Q_0 = L \frac{2\pi K H}{\ln \frac{4H}{d}}$$（6.6-18）

式中　Q_0——隧道通过含水体地段的最大涌水量，m^3/d；

　　　K——含水体渗透系数，m/d；

　　　H——静止水位至洞身横断面等价圆中心的距离，m；

　　　d——洞身横断面等价圆直径，m；

　　　L——隧道通过含水体的长度，m。

② 佐藤邦明非稳定流式：

$$q_0 = \frac{2\pi m K h_2}{\ln\left[\tan \frac{\pi(2h_2 - r_0)}{4h_c} \cot \frac{\pi r_0}{4h_c}\right]}$$（6.6-19）

式中　q_0——隧道通过含水体地段的单位长度最大涌水量，$m^3/(s \cdot m)$；

　　　m——换算系数，一般取 0.86；

　　　K——含水体渗透系数，m/s；

　　　h_2——静止水位至洞身横断面等价圆中心的距离，m；

　　　r_0——洞身横断面等价圆半径，m；

　　　h_c——含水体厚度，m。

当隧道通过潜水含水体时，可采用下列公式预测隧道正常涌水量。

① 裘布依理论式：

$$Q_s = L K \frac{H^2 - h^2}{R_y - r}$$（6.6-20）

式中　Q_s——隧道正常涌水量，m^3/d；

　　　K——含水体的渗透系数，m/d；

　　　H——洞底以上潜水含水体厚度，m；

　　　h——洞内排水沟假设水深（一般考虑水跃值），m；

　　　R_y——隧道涌水地段的引用补给半径，m；

　　　L——隧道通过含水体的长度，m；

　　　r——隧道洞身横断面宽度一半，m。

② 佐藤邦明经验式：

$$q_s = q_0 - 0.584 \bar{\varepsilon} K r_0$$（6.6-21）

式中　q_s——隧道单位长度正常涌水量，$m^3/(s \cdot m)$；

　　　$\bar{\varepsilon}$——试验系数，一般取 12.8；

　　　r_0——洞身横断面的等价圆半径，m；

　　　其他符号含义同上。

6.6.3　应用

基坑涌水量计算结果主要用于指导地下水控制方案设计，具体用于计算降水井数量与间距。

（1）降水井数量：

$$n = m\frac{Q}{q} \tag{6.6-22}$$

（2）降水井间距：

面状基坑：

$$a = \frac{L}{n} \tag{6.6-23}$$

线状基坑：

$$a = \frac{L}{n-1} \tag{6.6-24}$$

式中　n——井点个数，个；

　　　a——井点间距，m；

　　　L——沿基坑周边布置降水井的总长度，m；

　　　m——降水井调增系数，相应于一、二、三级地下水控制等级的降水井调增系数分别为 1.2、1.1、1.0；

　　　Q——总涌水量，m³/d；

　　　q——单井涌水量，m³/d。

6.7　抗浮设防水位

6.7.1　定义

抗浮设防水位是指基础砌置深度内起主导作用的地下水层在建筑物运营期间的最高水位。

6.7.2　获取

一般情况下地下水抗浮设防水位的综合确定宜符合下列规定：

（1）当有长期水位观测资料时，抗浮设防水位可根据该层地下水实测最高水位和建筑物运营期间地下水位的变化来确定；无长期水位观测资料或资料缺乏时，按勘察期间实测最高稳定水位并结合场地地形地貌、地下水补给、排泄条件等因素综合确定；在南方滨海和滨江地区，抗浮设防水位可取室外地坪标高。

（2）场地有承压水且与潜水有水力联系时，应实测承压水水位并考虑其抗浮设防水位的影响。

（3）只考虑施工期间的抗浮设防时，抗浮设防水位可按一个水文年的最高水位确定。

（4）特殊情况下对抗浮设防水位进行专项研究。

地下水位的长期动态变化规律，是一个受气象、陆地水文、水文地质、城市规划、城市用水政策及远景规划等因素综合影响的随机现象，然而地下水位的动态变化直接影响地下结构上的浮力大小，土层中地下水处于一个动态平衡的运动体系，大气降水、地表径流直接或间接影响地下水，同时不同含水层间也会发生不同程度的越流补给，土中存在稳定/非稳定、饱和/非饱和渗流场，地下结构的施工势必改变原有的渗流场，因此，考虑更为符合地下结构物埋设场地渗流场变化规律的渗流数值分析需开展更深入的研究工作,了解非饱和土中的水-土共同作用机理,乃至水-土-气共同作用机理。将水文地质学、地下水动力学、理论土力学、非饱和土力学相结合,采用模型试验、现场测试与数值分析相结合的手段,对建设场地进行渗流分析,最终来确定地下结构设防水位以及底板浮力。

6.7.3 应用

抗浮设防水位主要用于抗浮验算,当算出地下室总荷载大于水浮力的 1.05 倍,可视为抗浮满足要求,如不能满足要求,需采取抗浮措施,以某工程地下室为例。

某小区工程底板板底相对标高为 -4.700 m,地坪相对标高为 -0.300 m,抗浮设防水位相对标高为 -1.5 m,即抗浮设计水位高度为 3.2 m,现对其进行抗浮验算,计算过程如表 6.7-1 所列。

表 6.7-1   计算过程表

裙房部分抗浮荷载	
① 地上四层裙房板自重	$25 \times 0.48 = 12.0$ kN/m^2
② 地上四层梁柱折算自重	$25 \times 0.50 = 12.5$ kN/m^2
③ 地下顶板自重	$25 \times 0.18 = 4.5$ kN/m^2
④ 地下室梁柱折算自重	$25 \times 0.11 = 2.75$ kN/m^2
⑤ 底板自重	$25 \times 0.4 = 10.0$ kN/m^2
总计	41.75 kN/m^2

水浮荷载为:

$$3.2 \times 10 = 32 \ (kN/m^2)$$

根据《建筑地基基础设计规范》(GB 50007—2011)第 5.4.3 条,$41.75/32 = 1.3 > 1.05$,满足抗浮要求。

6.8 地下水水位

6.8.1 定义

指地下含水层中水面标高。根据钻探观测时间可分为初见水位、稳定水位、丰水期水位、枯水期水位等;根据年代分为勘察时的水位、历史最高水位、近 3~5 年最高地下水位。

6.8.2 获取

初见水位和稳定水位可在钻孔、探井或测压管内直接量测,稳定水位的间隔时间按地层的渗透性确定,对砂土和碎石土不得少于 0.5 h,对粉土和黏性土不得少于 8 h,并宜在勘察结束后统一量测稳定水位。量测读数至厘米,精度不得低于 ± 2 cm。

6.8.3 应用

6.8.3.1 确定含水层厚度,计算基坑地下水位降深

(1) 含水层为粉土、砂土或碎石土时,潜水完整井的基坑地下水位降深可按下式计算(图 6.8-1、图 6.8-2):

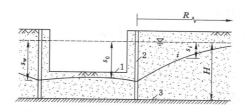

图 6.8-1　均质含水层潜水完整井地下水位降深计算

1——基坑面;2——降水井;3——潜水含水层底板

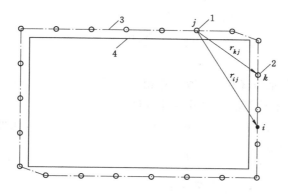

图 6.8-2　计算点与降水井的关系

1——第 j 口井;2——第 k 口井;3——降水井所围面积的边线;4——基坑边线

$$s_0 = H - \sqrt{H^2 - \sum_{j=1}^{n} \frac{q_j}{\pi K} \ln \frac{R}{r_{ij}}} \tag{6.8-1}$$

$$R = 2s_w \sqrt{KH} \quad (\text{潜水含水层}) \tag{6.8-2}$$

$$R = 10s_w \sqrt{K} \quad (\text{承压含水层}) \tag{6.8-3}$$

式中　s_0——基坑地下水位降深,m。计算基坑地下水位降深时,对沿基坑周边闭合降水井群,s_0 应取相邻降水井连线上各点的最小降深;当相邻降水井的降深相同时,s_0 可取相邻降水井连线中点的降深。

H——潜水含水层厚度,m。

q_j——按干扰井群计算的第 j 口降水井的单井流量,m^3/d。

K——含水层的渗透系数,m/d。

R——影响半径,m,应按现场抽水试验确定;缺少试验时,也可按式(6.8-2)、式(6.8-3) 计算,并结合当地工程经验确定。

s_w——井水位降深,m,当井水位降深小于 10 m 时,取 $s_w = 10$ m。

r_{ij}——第 j 口井中心至 i 点的距离,m,此处,i 点为降深计算点;当 $r_{ij} > R$ 时,取 $r_{ij} = R$。

n——降水井数量。

按干扰井群计算的第 j 个降水井的单井流量(q_j)可通过求解下列 n 维线性方程组计算:

$$s_{wk} = H - \sqrt{H^2 - \sum_{j=1}^{n} \frac{q_j}{\pi K} \ln \frac{R}{r_{kj}}} \quad (k = 1, \cdots, n) \tag{6.8-4}$$

式中　s_{wk}——第 k 口井的井水位设计降深，m；

　　　r_{kj}——第 j 口井中心至第 k 口井中心的距离，m，当 $j=k$ 时，取降水井半径 r_w；当 $r_{kj}>R$ 时，取 $r_{kj}=R$。

当各降水井所围平面形状近似圆形或正方形且各降水井的间距、降深相同时，基坑地下水位降深也可按下列公式计算：

$$s_0 = H - \sqrt{H^2 - \frac{q}{\pi K}\sum_{j=1}^{n}\ln\frac{R}{2r_0\sin\frac{(2j-1)\pi}{2n}}} \tag{6.8-5}$$

$$q = \frac{\pi K(2H-s_w)s_w}{\ln\dfrac{R}{r_w}+\sum_{j=1}^{n-1}\ln\dfrac{R}{2r_0\sin\dfrac{j\pi}{n}}} \tag{6.8-6}$$

式中　s_0——基坑地下水位降深，m，取任意相邻两降水井连线中点处的地下水位降深；

　　　q——按干扰井群计算的降水井单井流量，m³/d；

　　　r_0——各降水井所围面积的等效半径，m，取 $r_0=U/(2\pi)$，此处，U 为各降水井中心点连线所围面积的周长；

　　　j——第 j 口降水井；

　　　s_w——降水井水位的设计降深，m；

　　　r_w——降水井半径，m。

当式(6.8-5)中的 $R/[2r_0\sin((2j-1)\pi/2n)]$ 项、式(6.8-6)中的 $R/[2r_0\sin(j\pi/n)]$ 项小于 1 时，其值应取 1。

对基坑宽度大于 $R/2$ 的基坑，当各降水井的间距、降深相同时，基坑地下水位降深也可按下列公式计算：

$$s_0 = H - \sqrt{H^2 - \frac{q}{\pi K}\left(\sum_{j=1}^{n_1}\ln\frac{R}{(j-0.5)L}+\sum_{j=1}^{n_2}\ln\frac{R}{(j-0.5)L}\right)} \tag{6.8-7}$$

$$q = \frac{\pi K(2H-s_w)s_w}{\ln\dfrac{R}{r_w}+\sum_{j=1}^{n_1-1}\ln\dfrac{R}{jL}+\sum_{j=1}^{n_2}\ln\dfrac{R}{jL}} \tag{6.8-8}$$

式中　s_0——基坑地下水位降深，m，取任意相邻两降水井连线中点处的地下水位降深。

　　　L——降水井间距，m。

　　　n_1、n_2——选定的相邻两降水井连线中点两侧的计算降水井数量；可分别取由该点至影响半径范围内的降水井数量。

当式(6.8-7)中的 $R/[(j-0.5)L]$ 项、式(6.8-8)中的 $R/(jL)$ 项小于 1 时，其值应取 1。

（2）含水层为粉土、砂土或碎石土时，承压完整井的基坑地下水位降深可按下式计算（图 6.8-3）：

$$s_0 = \sum_{j=1}^{n}\frac{q_j}{2\pi MK}\ln\frac{R}{r_{ij}} \tag{6.8-9}$$

式中　s_0——基坑地下水位降深，m。计算基坑地下水位降深时，对沿基坑周边闭合降水井群，s_0 应取相邻降水井连线上各点的最小降深；当相邻降水井的降深相同时，

s_0 可取相邻降水井连线中点的降深。

M——承压含水层厚度，m。

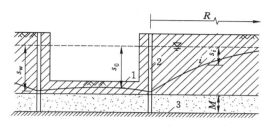

图 6.8-3　均质含水层承压水完整井地下水位降深计算

1——基坑面；2——降水井；3——承压含水层底板

按干扰井群计算的第 j 个降水井的单井流量可通过求解下列 n 维线性方程组计算：

$$s_{wk} = \sum_{j=1}^{n} \frac{q_j}{2\pi MK} \ln \frac{R}{r_{kj}} \quad (k=1,\cdots,n) \tag{6.8-10}$$

当各降水井所围平面形状近似圆形或正方形且各降水井的间距、降深相同时，基坑地下水位降深也可按下列公式计算：

$$s_0 = \frac{q}{2\pi MK} \sum_{j=1}^{n} \ln \frac{R}{2r_0 \sin \frac{(2j-1)\pi}{2n}} \tag{6.8-11}$$

$$q = \frac{2\pi MK s_w}{\ln \dfrac{R}{r_w} + \sum\limits_{j=1}^{n-1} \ln \dfrac{R}{2r_0 \sin \dfrac{j\pi}{n}}} \tag{6.8-12}$$

式中　s_0——基坑内地下水位降深，m，取任意相邻两降水井连线中点处的地下水位降深；

q——按干扰井群计算的降水井单井流量，m³/d；

r_0——各降水井所围面积的等效半径，m，取 $r_0 = U/(2\pi)$，此处，U 为各降水井中心点连线所围面积的周长；

j——第 j 口降水井；

s_w——降水井水位的设计降深，m。

当式（6.8-11）中的 $R/[2r_0 \sin((2j-1)\pi/2n)]$ 项、式（6.8-12）中的 $R/[2r_0 \sin(j\pi/n)]$ 项小于 1 时，其值应取 1。

对基坑宽度大于 $R/2$ 的基坑，当各降水井的间距、降深相同时，基坑地下水位降深也可按下列公式计算：

$$s_0 = \frac{q}{2\pi MK} \left(\sum_{j=1}^{n_1} \ln \frac{R}{(j-0.5)L} + \sum_{j=1}^{n_2} \ln \frac{R}{(j-0.5)L} \right) \tag{6.8-13}$$

$$q = \frac{2\pi MK s_w}{\ln \dfrac{R}{r_w} + \sum\limits_{j=1}^{n_1-1} \ln \dfrac{R}{jL} + \sum\limits_{j=1}^{n_2} \ln \dfrac{R}{jL}} \tag{6.8-14}$$

式中　s_0——基坑地下水位降深，m，取任意相邻两降水井连线中点处的地下水位降深。

L——降水井间距，m。

n_1、n_2——选定的相邻两降水井连线中点两侧的计算降水井数量;可分别取由该点至影响半径范围内的降水井数量。

当式(6.8-13)中的 $R/[(j-0.5)L]$ 项、式(6.8-14)中的 $R/(jL)$ 项小于 1 时,其值应取 1。

6.8.3.2 计算基坑抗渗流稳定性

(1)当上部为不透水层,坑底下某深度处有承压水层时,基坑底抗渗流稳定性可按下式验算(图 6.8-4):

$$\frac{\gamma_m(t+\Delta t)}{p_w} \geqslant 1.1 \tag{6.8-15}$$

式中 γ_m——透水层以上土的饱和重度,kN/m³;

$t+\Delta t$——透水层顶面距基坑底面的深度,m;

p_w——含水层水压力,kPa。

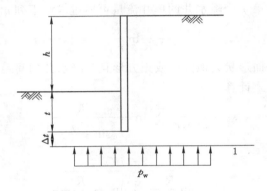

图 6.8-4 基坑底抗渗流稳定性验算示意图
1——透水层

(2)当基坑内外存在水头差时,粉土和砂土应进行抗渗流稳定性验算,渗流的水力梯度不应超过临界水力梯度。

6.9 综合案例:某地铁工程降水方案

6.9.1 概述

车站为地下三层岛式车站,车站主体长度 237.3 m,断面宽度 23.7 m;换乘车站为地下两层岛式车站,采用 PBA 暗挖工法施工,为双柱三跨拱形断面,车站主体长度 218.8 m,断面宽度 23.1 m;两线车站共设置 4 组风亭,5 个出入口和 5 个安全口(其中 1、2 号风亭组,A、B、C 出入口,1、2 号安全口属 12 号线;3、4 号风亭组,D、E 出入口)。两线车站两端均为矿山法区间。

2 号施工竖井与 3 号安全口结合设置,结构底板标高 10.359 m。3 号、5 号及 6 号施工竖井结构底板标高分别为 10.528 m、16.36 m、16.53 m。施工竖井及横通道作为车站 PBA 法施工的临时通道,共开辟 8 个工作面进主体开挖小导洞。

6.9.2 工程地质及水文地质条件

6.9.2.1 工程地质条件

站地层剖面详见图 6.9-1~图 6.9-3。

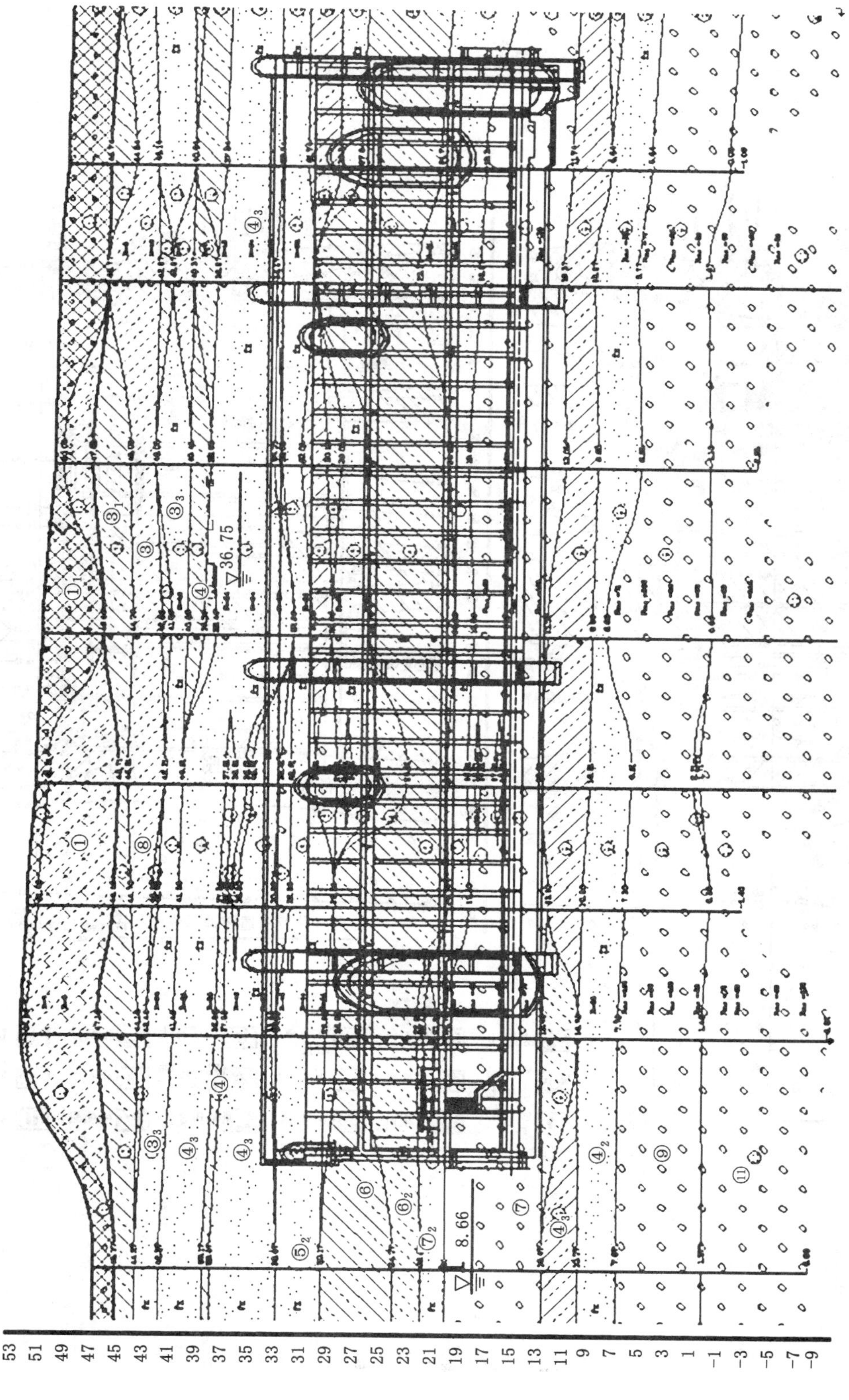

图 6.9-1　车站地层剖面图

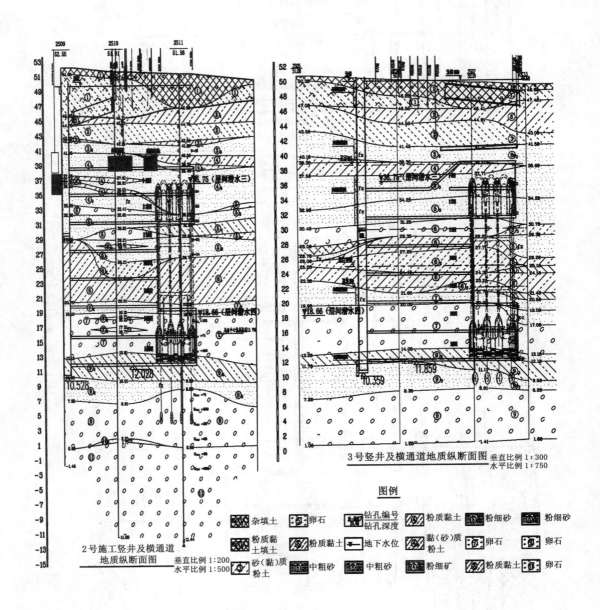

图 6.9-2　2 号、3 号施工竖井及横通道地质纵断面图

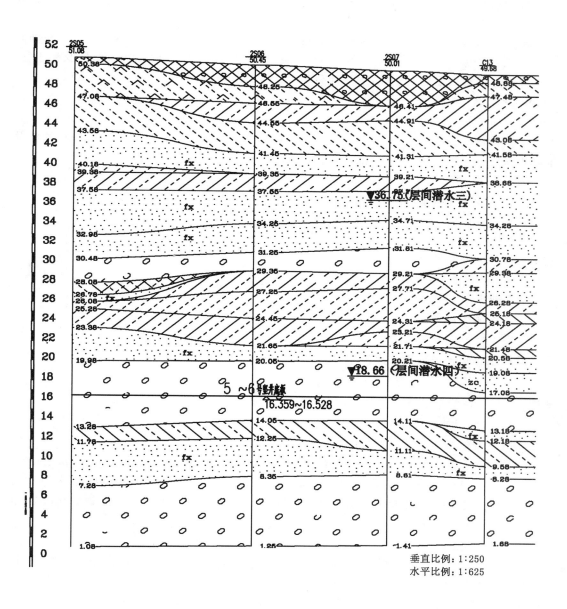

图 6.9-3　5 号、6 号施工竖井及横通道地质纵断面图

6.9.2.2　水文地质条件

车站主要赋存有两层地下水,其类型分别为层间潜水(三)和层间潜水(四)。地下水详细情况如下:

层间潜水(三):含水层岩性为粉细砂④₃层、卵石-圆砾⑤₁层及粉细砂⑤₂层等,水位标高为 36.75~37.64 m,水位埋深为 11.20~13.90 m。

层间潜水(四):含水层岩性为卵石⑦层、中粗砂⑦₁层、粉细砂⑦₂层、卵石⑨层、粉细砂⑨₂层、粉细砂⑩₃层、卵石⑪层及粉细砂⑪₂层等,该含水层由于粉质黏土⑨₃层及粉土⑨₄层的存在而具有一定的承压性,水头标高 18.66~20.90 m,水头埋深 27.80~31.99 m。

6.9.3　降水设计方案

6.9.3.1　涌水量计算

根据设计院提供的结构平剖面设计资料,进行涌水量计算。依据构筑物的埋深和涉及抽降含水层,分层计算各含水层涌水量。

(1)等效半径。

对于不规则面状基坑:

$$r_0 = \sqrt{\frac{A}{\pi}}$$

式中　r_0——等效半径,m;

　　　A——降水井围成的面积,m²。

(2)抽水影响半径计算。

潜水影响半径采用下式:

$$R = 2s\sqrt{KH}$$

承压水影响半径采用下式:

$$R = 10s\sqrt{K}$$

式中　R——影响半径,m。

　　　s——设计水位降深,m。

　　　H——潜水含水层厚度,m。

　　　K——渗透系数,m/d。根据岩土工程勘察报告,粉细砂④₃层 K 取 5 m/d,粉细砂⑤₂层 K 取 5 m/d,圆砾⑤层 K 取 150 m/d,层间潜水(三)渗透系数按加权平均取值 10 m/d。层间潜水(四)卵石⑦层 K 取 180 m/d,卵石⑨层 K 取 230 m/d,卵石⑪层 K 取 240 m/d。

(3)涌水量(Q)。

层间潜水(三)、层间潜水(四)卵石⑦层按"潜水完整井"计算涌水量;由于卵石⑨层、卵石⑪层具有承压性,故按"承压水非完整井"计算涌水量。

潜水完整井计算公式:

$$Q = \frac{1.366K(2H-s)s}{\lg[(R+r_0)/r_0]}$$

承压水非完整井计算公式:

$$Q = \frac{2.73KMs}{\lg[(R+r_0)/r_0] + \frac{M-l}{l}\lg(1+0.2M/r_0)}$$

式中　Q——涌水量，m^3/d；

　　　M——承压水含水层厚度，m；

　　　l——过滤器有效工作部分长度，m，取 $l=3$ m。

经计算，站 2 号、3 号、5 号及 6 号竖井及横通道涌水量计算参数见表 6.9-1。

表 6.9-1　　　　　　　　　　　　　　　涌水量计算参数表

降水部位	含水层类型	等效半径/m	含水层厚度/m	降深/m	渗透系数/(m/d)	影响半径/m	涌水量/(m³/d)	总涌水量/(m³/d)
2 号竖井	层间潜水(三)		7.70	7.70	10	135.13	591.24	
	层间潜水(四)-潜水	6.02	6.61	6.61	180	456.00	5 699.84	37 919.24
	层间潜水(四)-承压水		22.00	8.63	235	1 323.26	31 628.15	
3 号竖井	层间潜水(三)		7.70	7.70	10	135.13	591.24	
	层间潜水(四)-潜水	6.02	6.61	6.61	180	456.00	5 699.84	38 468.44
	层间潜水(四)-承压水		22.00	8.80	235	1 349.17	32 177.35	
5 号竖井	层间潜水(三)		7.70	7.70	10	135.13	618.72	
	层间潜水(四)-潜水	6.98	6.61	2.80	180	193.16	4 921.76	14 297.69
	层间潜水(四)-承压水		10.00	2.80	235	429.23	8 757.17	
6 号竖井	层间潜水(三)		7.70	7.70	10	135.13	622.56	
	层间潜水(四)-潜水	7.11	6.61	2.80	180	193.613	4 949.12	14 382.63
	层间潜水(四)-承压水		10.00	2.80	235	429.23	8 810.95	

6.9.3.2　降水设计

站 2 号、3 号、5 号、6 号施工竖井及横通道地下水控制措施采用管井降水方案。拟建车站场地范围内要求将层间潜水(三)基本疏干，将层间潜水(四)水位降至结构底板以下 0.5～1.0 m。

根据勘察资料、结构施工顺序、现场施工场地条件等多方面因素的分析，确定降水方案如下：

（1）根据工程筹划，先明挖施工竖井，然后暗挖施工横通道，再施工车站的暗挖段。

（2）根据场地条件，施工竖井采用封闭式管井降水，横通道施工需借用车站主体的降水井进行延长降水。

（3）车站主体及施工竖井，层间潜水(三)按疏干考虑，层间潜水(四)水位降至底板底以下 0.5～1.0 m 考虑。车站施工过程中，如遇上层滞水，对上层滞水辅以明排措施。

（4）为了及时地了解地下水情况及降水实施效果，在车站结构外侧适当布置水位观测孔，根据观测的地下水位，及时调整泵型泵量，以确保良好的降水效果。

（5）根据岩土工程勘察报告，降水井成井工艺采用反循环工艺成井。

站施工竖井及横通道降水井设计参数见表 6.9-2。

表 6.9-2　　　　　　　　　　**站施工竖井降水设计参数表**

降水部位	降水井类型	井径/mm	管径/壁厚/mm	井管类型	滤网/目	井间距/m	滤料/mm	井深/m	井数
2 号竖井	管井(SJⅡ)	600	400/50	无砂混凝土滤管	1 层 80	5.0	3～7	48	26
3 号竖井	管井(SJⅢ)	600	400/50	无砂混凝土滤管	1 层 80	5.0	3～7	48	26
5 号竖井	管井(SJⅤ)	600	400/50	无砂混凝土滤管	1 层 80	5.0	3～7	42	14
6 号竖井	管井(SJⅥ)	600	400/50	无砂混凝土滤管	1 层 80	5.0	3～7	42	9
M12 车站主体	管井(ZTA)	600	400/50	无砂混凝土滤管	1 层 80	6.0	3～7	46	93
			273/4	桥式滤水管	1 层 80	6.0	3～7	40	6
换乘车站主体	管井(ZTB)	600	400/50	无砂混凝土滤管	1 层 80	6.0	3～7	40	26

注:1. 站地面起伏较大,降水井地面标高以 50.50 m 计,降水井井深以井底标高控制。

　2. 管井内安装潜水泵:竖井降水井选用潜水泵扬程≥55 m;潜水泵泵量 80 m³/h;主体降水井选用潜水泵扬程≥50 m,潜水泵泵量 60 m³/h。

　　换乘站竖井降水井选用潜水泵扬程≥50 m,潜水泵泵量 50 m³/h;换乘站主体降水井选用潜水泵扬程≥45 m,潜水泵泵量 32 m³/h。

　3. 考虑到车站主体施工,需将 5 号、6 号竖井及换乘站主体部分降水井加深,按车站主体降水井(ZTA)设计参数进行施工。

　4. 降水井应在管线改移完成后方可实施。施工期间应注意降水井的保护,各施工部位在施工过程中,开挖至含水层时的超前抽水时间不少于 20 d。降水井停止抽水需在防水施工完毕并满足结构抗浮设计要求为止。

6.9.3.3　排水设计

（1）抽水设备:采用潜水泵,扬程见表 6.9-2。

（2）工作井:车站除施工竖井及部分出入口采用明挖法施工外,其余部位均采用暗挖法施工,降水井位于城市道路上或结构施工范围内。为减少对城市交通和结构施工的影响,全部降水井井口及排水管线均采取暗埋于地面(路面)下的方式。每个暗埋井点做一个工作井。

（3）排水管网:采用钢管或硬塑料管作为排水主管路,排水主管直径不小于 325 mm,且不小于所连接排水支管总截面面积之和。排水支管管径应与潜水泵出水口口径相匹配,避免变径连接。也可根据实际环境,采用直排方式。排水管网向水流方向的倾斜度以 1‰为宜。排水管线布置在降水井一侧,采用暗埋的形式,埋置地表以下 800 mm,并做防锈处理和冬季保温措施。

（4）沉淀池:在排水出口处设置沉淀池,沉淀池采用砌砖池,规格为 2.00 m×2.00 m×1.50 m,池中间砌一道 1.00 m 高的矮墙。水先排入一个半池中,水面高于 1.00 m 后流入另一个半池,水中的砂沉淀在进水的半池中,清水通过另一个半池的出水口排出,沉淀池内壁须做防水处理。

（5）排水口的保证:大量地下水最终都要进入市政管道入口,排水口采用暗埋形式。一般市政管道越低,对排水越有利,对于重要的降水工程,要求市政管道断面不小于总排水系统的断面,为了防止雨季排水不畅,每处施工竖井施工时排水需市政管道入口不少于 1 只,车站主体施工时排水需市政管道入口不少于 4 只,以备急用,以减轻排水系统的压力。

6.9.3.4　配电设计

依据降水施工设计,配电设计内容如下:

（1）站 2 号、3 号、5 号、6 号施工及横通道降水井共计 200 眼,降水维护高峰期用电总功率约 2 500 kW,工程施工配电应满足此要求。

（2）电力自总电源引出后必须设置两级配电箱,一级配电箱是电源的总控制系统,由其引出均衡地分配给二级配电箱来对各降水井点进行控制。

（3）现场需有备用电源（如发电机、二路供电系统），并配有自动转换装置，以防止在降水维护期发生意外停电突发事故，形成地下水突然上升造成安全事故。

6.9.3.5 降水井与观测井结构图（图 6.9-4）

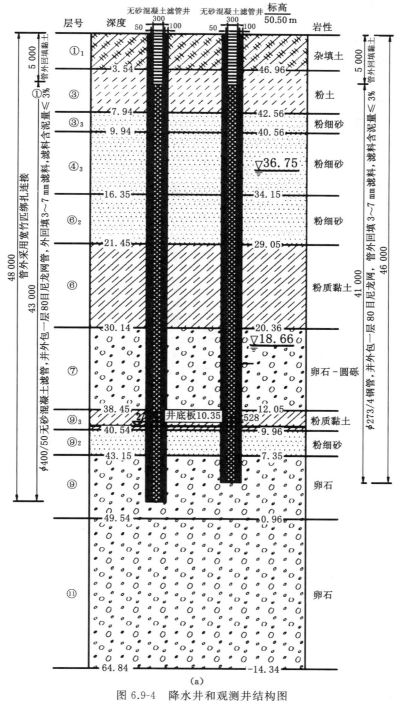

图 6.9-4 降水井和观测井结构图

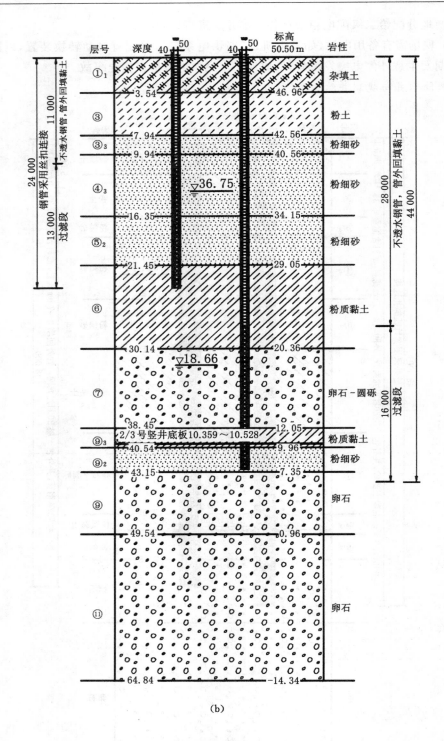

图 6.9-4　降水井和观测井结构图（续）

（a）降水井；（b）观测井

6.10 水文地质参数小结(表6.10-1)

表 6.10-1　　　　　　　　　　　　　水文地质参数小结

指标	符号	实际应用
渗透系数	K	1. 评价土体渗透性;2. 计算基坑涌水量
导水系数	T	主要应用于计算基坑涌水量,最终应用于地下水控制方案设计
影响半径	R	计算基坑涌水量,最终应用于地下水控制方案设计
给水度与释水系数	μ、$\mu *$	主要应用于止水帷幕控制措施下坑内降水涌水量计算
地下水流速	v	指导冻结法施工
越流系数、越流因素	σ、B	主要用于存在弱透水层的多层含水层之间水量交换计算
基坑涌水量	Q	主要用于指导地下水控制方案设计,具体用于计算降水井数量与间距
抗浮设防水位	—	主要用于抗浮验算
地下水水位	h	1. 确定含水层厚度,计算基坑地下水位降深;2. 计算基坑抗渗流稳定性

第7章 桩基参数

本章主要介绍桩的极限侧阻力标准值 q_{sik} [《铁路桥涵地基和基础设计规范》（TB 10093—2017）f_i 为桩周土的极限摩阻力]、桩的极限端阻力标准值 q_{pk}、地基土水平抗力系数的比例系数 m、抗拔系数 λ 等。

7.1 桩的极限侧阻力标准值

7.1.1 定义

相应于桩顶作用极限荷载时，桩身侧表面所发生的岩土阻力（单位为 kPa），符号为 q_{sik}。

7.1.2 获取

7.1.2.1 单桩竖向抗压静载试验

单桩竖向抗压静载试验依据现行行业标准《建筑基桩检测技术规范》（JGJ 106—2014）。测试桩侧阻力时，桩身内埋设传感器按《建筑基桩检测技术规范》附录 A 执行。

测试数据整理按下列规定进行：

（1）在数据整理过程中，应删除异常测点数据，求出同一断面有效测点的应变平均值，并按下式计算该断面处桩身轴力：

$$Q_i = \bar{\varepsilon}_i \cdot E_i \cdot A_i \tag{7.1-1}$$

式中　Q_i——桩身第 i 断面处轴力，kN；

$\bar{\varepsilon}_i$——第 i 断面处应变平均值，长期监测时应消除桩身徐变影响；

E_i——第 i 断面处桩身材料弹性模量，kPa，当混凝土桩桩身测量断面与标定断面两者的材质、配筋一致时，宜按标定断面处的应力与应变的比值确定；

A_i——第 i 断面处桩身截面面积，m^2。

（2）按每级试验荷载下桩身不同断面处的轴力值制成表格，并绘制轴力分布图。再由桩顶极限荷载下对应的各断面轴力值计算桩侧土的分层极限摩阻力：

$$q_{si} = \frac{Q_i - Q_{i+1}}{u \cdot l_i} \tag{7.1-2}$$

式中　q_{si}——桩第 i 断面与第 $i+1$ 断面间侧摩阻力，kPa；

i——桩检测断面顺序号，$i=1,2,\cdots,n$，并自桩顶以下从小到大排列；

u——桩身周长，m；

l_i——第 i 断面与第 $i+1$ 断面之间的桩长，m。

7.1.2.2 经验值

（1）当无静载试验时，可依据《建筑桩基技术规范》（JGJ 94—2008）提供的标准值，见表 7.1-1。

表 7.1-1　　　　　　　　　　　桩的极限侧阻力标准值 q_{sik}　　　　　　　　　　单位：kPa

土的名称	土的状态		混凝土预制桩	泥浆护壁钻（冲）孔桩	干作业钻孔
填土			22～30	20～28	20～28
淤泥			14～20	12～18	12～18
淤泥质土			22～30	20～28	20～28
黏性土	流塑	$I_L>1$	24～40	21～38	21～38
	软塑	$0.75<I_L\leqslant1$	40～55	38～53	38～53
	可塑	$0.50<I_L\leqslant0.75$	55～70	53～68	53～66
	硬可塑	$0.25<I_L\leqslant0.50$	70～86	68～84	66～82
	硬塑	$0<I_L\leqslant0.25$	86～98	84～96	82～94
	坚硬	$I_L\leqslant0$	98～105	96～102	94～104
红黏土	$0.7<a_w\leqslant1$		13～32	12～30	12～30
	$0.5<a_w\leqslant0.7$		32～74	30～70	30～70
粉土	稍密	$e>0.9$	26～46	24～42	24～42
	中密	$0.75\leqslant e\leqslant0.9$	46～66	42～62	42～62
	密实	$e<0.75$	66～88	62～82	62～82
粉细砂	稍密	$10<N\leqslant15$	24～48	22～46	22～46
	中密	$15<N\leqslant30$	48～66	46～64	46～64
	密实	$N>30$	66～88	64～86	64～86
中砂	中密	$15<N\leqslant30$	54～74	53～72	53～72
	密实	$N>30$	74～95	72～94	72～94
粗砂	中密	$15<N\leqslant30$	74～95	74～95	76～98
	密实	$N>30$	95～116	95～116	98～120
砾砂	稍密	$5<N_{63.5}\leqslant15$	70～110	50～90	60～100
	中密（密实）	$N_{63.5}>15$	116～138	116～130	112～130
圆砾、角砾	中密、密实	$N_{63.5}>10$	160～200	135～150	135～150
碎石、卵石	中密、密实	$N_{63.5}>10$	200～300	140～170	150～170
全风化软质岩	$30<N\leqslant50$		100～120	80～100	80～100
全风化硬质岩	$30<N\leqslant50$		140～160	120～140	120～150
强风化软质岩	$N_{63.5}>10$		160～240	140～200	140～220
强风化硬质岩	$N_{63.5}>10$		220～300	160～240	160～260

注：1. 对于尚未完成自重固结的填土和以生活垃圾为主的杂填土，不计算其侧阻力。

2. I_L 为液性指数；e 为孔隙比；a_w 为含水比，$a_w=w/w_L$，w 为土的天然含水量，w_L 为土的液限。

3. N 为标准贯入击数；$N_{63.5}$ 为重型圆锥动力触探击数。

4. 全风化、强风化软质岩和全风化、强风化硬质岩系指其母岩分别为 $f_{rk}\leqslant15$ MPa、$f_{rk}>30$ MPa 的岩石。

（2）也可依据《铁路桥涵地基和基础设计规范》（TB 10093—2017）按土的物理性质查桩周土的极限摩阻力 f_i，打入、震动下沉和桩尖爆扩摩擦桩的桩周土的极限摩擦阻力 f_i 见表 7.1-2 及钻（挖）孔灌注摩擦桩的桩周极限摩擦阻力 f_i 见表 7.1-3。

表 7.1-2 桩周土的极限摩擦阻力 f_i 单位:kPa

土类	状态	极限摩擦阻力 f_i
黏性土	$1 \leqslant I_L < 1.5$	15～30
	$0.75 \leqslant I_L < 1$	30～45
	$0.5 \leqslant I_L < 0.75$	45～60
	$0.25 \leqslant I_L < 0.5$	60～75
	$0 \leqslant I_L < 0.25$	75～85
	$I_L < 0$	85～95
粉土	稍密	20～35
	中密	35～65
	密实	65～80
粉、细砂	松散	20～35
	稍、中密	35～65
	密实	65～80
中砂	稍、中密	55～75
	密实	75～90
粗砂	稍、中密	70～90
	密实	90～105

表 7.1-3 钻(挖)孔灌注摩擦桩的桩周极限摩擦阻力 f_i 单位:kPa

土的种类	土性状态	极限摩擦阻力 f_i
软土		12～22
黏性土	流塑	20～35
	软塑	35～55
	硬塑	55～75
粉土	中密	30～55
	密实	55～70
粉砂、细砂	中密	30～55
	密实	55～70
中砂	中密	45～70
	密实	70～90
粗砂、砾砂	中密	70～90
	密实	90～150
圆砾土、角砾土	中密	90～150
	密实	150～220
碎石土、卵石土	中密	150～220
	密实	220～420

注:漂石土、块石土极限摩擦阻力可采用 400～600 kPa。

7.1.3　应用

（1）根据单桥探头静力触探资料确定混凝土预制桩单桩竖向极限承载力标准值,可按下式计算:

$$Q_{uk} = Q_{sk} + Q_{pk} = u \sum q_{sik} l_i + \alpha p_{sk} A_p \tag{7.1-3}$$

当 $p_{sk1} \leqslant p_{sk2}$ 时:

$$p_{sk} = \frac{1}{2}(p_{sk1} + \beta \cdot p_{sk2}) \tag{7.1-4}$$

当 $p_{sk1} > p_{sk2}$ 时:

$$p_{sk} = p_{sk2} \tag{7.1-5}$$

式中　Q_{sk}、Q_{pk}——分别为总极限侧阻力标准值和总极限端阻力标准值,kN;

　　　u——桩身周长,m;

　　　q_{sik}——用静力触探比贯入阻力值估算的桩周第 i 层土的极限侧阻力,kPa;

　　　l_i——桩周第 i 层土的厚度,m;

　　　α——桩端阻力修正系数,可按表 7.1-4 取值;

　　　p_{sk}——桩端附近的静力触探比贯入阻力标准值(平均值),kPa;

　　　A_p——桩端面积,m²;

　　　p_{sk1}——桩端全截面以上 8 倍桩径范围内的比贯入阻力平均值,kPa;

　　　p_{sk2}——桩端全截面以下 4 倍桩径范围内的比贯入阻力平均值,kPa,如桩端持力层为密实的砂土层,其比贯入阻力平均值 p_s 超过 20 MPa 时,则需乘以表 7.1-5 中的系数 C 予以折减后,再计算 p_{sk};

　　　β——折减系数,按表 7.1-6 选用。

表 7.1-4　　　　　　　　　　　　桩端阻力修正系数 α

桩长/m	$l < 15$	$15 \leqslant l \leqslant 30$	$30 < l \leqslant 60$
α	0.75	0.75~0.90	0.90

注:桩长 15 m$\leqslant l \leqslant$30 m,α 值按 l 值直线内插;l 为桩长(不包括桩尖高度)。

表 7.1-5　　　　　　　　　　　　系数 C

p_s/MPa	20~30	35	>40
系数 C	5/6	2/3	1/2

表 7.1-6　　　　　　　　　　　　折减系数 β

p_{sk2}/p_{sk1}	$\leqslant 5$	7.5	12.5	$\geqslant 15$
β	1	5/6	2/3	1/2

注:可内插取值。

　　① q_{sik} 值应结合土工试验资料,依据土的类别、埋藏深度、排列次序,按图 7.1-1 折线取值;图 7.1-1 中,直线Ⓐ(线段 gh)适用于地表下 6 m 范围内的土层;折线Ⓑ(线段 $oabc$)适用于粉土及砂土土层以上(或无粉土及砂土土层以下的黏性土);折线Ⓒ(线段 $odef$)适用于粉土及砂土土层以下的黏性土);折线Ⓓ(线段 oef)适用于粉土、粉砂、细砂及中砂。

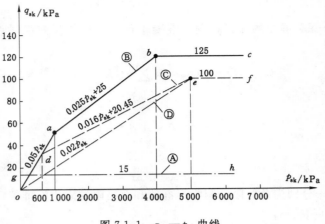

图 7.1-1　q_{sk}—p_{sk}曲线

② p_{sk}为桩端穿过的中密～密实砂土、粉土的比贯入阻力平均值；p_{sl}为砂土、粉土的下卧软土层的比贯入阻力平均值。

③ 采用的单桥探头，圆锥底面积为 15 cm²，底部带 7 cm 高滑套，锥角 60°。

④ 当桩端穿过粉土、粉砂、细砂及中砂层底面时，折线①估算的 q_{sik} 值需乘以表 7.1-7 中的系数 η_s。

表 7.1-7　　　　　　　　　　　系数 η_s

p_{sk}/p_{sl}	≤5	7.5	≥10
η_s	1.00	0.50	0.33

（2）根据双桥探头静力触探资料确定混凝土预制桩单桩竖向极限承载力标准值，对于黏性土、粉土和砂土，无当地经验时按下式计算：

$$Q_{uk} = Q_{sk} + Q_{pk} = u\sum l_i \cdot \beta_i \cdot f_{si} + \alpha \cdot q_c \cdot A_p \qquad (7.1\text{-}6)$$

式中　f_{si}——第 i 层土的探头平均侧阻力，kPa。

　　　q_c——桩端平面上、下探头阻力，取桩端平面以上 $4d$（d 为桩的直径或边长）范围内按土层厚度的探头阻力加权平均值，kPa，然后再和桩端平面以下 d 范围内的探头阻力进行平均。

　　　α——桩端阻力修正系数，对于黏性土、粉土取 2/3，饱和砂土取 1/2。

　　　β_i——第 i 层土桩侧阻力综合修正系数，黏性土、粉土：$\beta_i = 10.04(f_{si})^{-0.55}$；砂土：$\beta_i = 5.05(f_{si})^{-0.45}$。

注：双桥探头的圆锥底面积为 15 cm²，锥角为 60°，摩擦套筒高 21.85 cm，侧面积为 300 cm²。

（3）根据土的物理指标与承载力参数之间的经验关系确定单桩竖向极限承载力标准值，按下式估算：

$$Q_{uk} = Q_{sk} + Q_{pk} = u\sum q_{sik}l_i + q_{pk}A_p \qquad (7.1\text{-}7)$$

式中　q_{sik}——桩侧第 i 层土的极限侧阻力标准值，如无当地经验时，可按表 7.1-1 取值；

　　　q_{pk}——极限端阻力标准值，如无当地经验时，可按表 7.1-8 取值。

表 7.1-8　桩的极限端阻力标准值 q_{pk}

单位:kPa

土名称	土的状态	桩型	混凝土预制桩桩长 l/m				泥浆护壁钻(冲)孔桩桩长 l/m				干作业钻孔桩桩长 l/m		
			$l≤9$	$9<l≤16$	$16<l≤30$	$l>30$	$5≤l<10$	$10≤l<15$	$15≤l<30$	$30≤l$	$5≤l<10$	$10≤l<15$	$15≤l$
黏性土	软塑	$0.75<I_L≤1$	210~850	650~1 400	1 200~1 800	1 300~1 900	150~250	250~300	300~450	300~450	200~400	400~700	700~950
	可塑	$0.50<I_L≤0.75$	850~1 700	1 400~2 200	1 900~2 800	2 300~3 600	350~450	450~600	600~750	750~800	500~700	800~1 100	1 000~1 600
	硬可塑	$0.25<I_L≤0.50$	1 500~2 300	2 300~3 300	2 700~3 600	3 600~4 400	800~900	900~1 000	1 000~1 200	1 200~1 400	850~1 100	1 500~1 700	1 700~1 900
	硬塑	$0<I_L≤0.25$	2 500~3 800	3 800~5 500	5 500~6 000	6 000~6 800	1 100~1 200	1 200~1 400	1 400~1 600	1 600~1 800	1 600~1 800	2 200~2 400	2 600~2 800
粉土	中密	$0.75<e≤0.9$	950~1 700	1 400~2 100	1 900~2 700	2 500~3 400	300~500	500~650	650~750	750~850	800~1 200	1 200~1 400	1 400~1 600
	密实	$e<0.75$	1 500~2 600	2 100~3 000	2 700~3 600	3 600~4 400	650~900	750~950	900~1 100	1 100~1 200	1 200~1 700	1 400~1 900	1 600~2 100
粉砂	稍密	$10<N≤15$	1 000~1 600	1 500~2 300	1 900~2 700	2 100~3 000	350~500	450~600	600~700	650~750	500~950	1 300~1 600	1 500~1 700
	中密、密实	$N>15$	1 400~2 200	2 100~3 000	3 000~4 500	3 800~5 500	600~750	750~900	900~1 100	1 100~1 200	900~1 000	1 700~1 900	1 700~1 900
细砂	中密、密实	$N>15$	2 500~4 000	3 600~5 000	4 400~6 000	5 300~7 000	650~850	900~1 200	1 200~1 500	1 500~1 800	1 200~1 600	2 000~2 400	2 400~2 700
中砂	中密、密实	$N>15$	4 000~6 000	5 500~7 000	6 500~8 000	7 500~9 000	850~1 050	1 100~1 500	1 500~1 900	1 900~2 100	1 800~2 400	2 800~3 800	3 600~4 400
粗砂	中密、密实	$N>15$	5 700~7 500	7 500~8 500	8 500~10 000	9 500~11 000	1 500~1 800	2 100~2 400	2 400~2 600	2 600~2 800	2 900~3 600	4 000~4 600	4 600~5 200
砾砂	中密、密实	$N>15$	6 000~9 500		9 000~10 500	10 500	1 400~2 000		2 000~3 200		3 500~5 000		
角砾、圆砾	中密、密实	$N_{63.5}>10$	7 000~10 000		9 500~11 500	11 500	1 800~2 200		2 200~3 600		4 000~5 500		
碎石、卵石	中密、密实	$N_{63.5}>10$	8 000~11 000		10 500~13 000	13 000	2 000~3 000		3 000~4 000		4 500~6 500		
全风化软质岩		$30<N≤50$	4 000~6 000				1 000~1 600				1 200~2 000		
全风化硬质岩		$30<N≤50$	5 000~8 000				1 200~2 000				1 400~2 400		
强风化软质岩		$N_{63.5}>10$	6 000~9 000				1 400~2 200				1 600~2 600		
强风化硬质岩		$N_{63.5}>10$	7 000~11 000				1 800~2 800				2 000~3 000		

注:1. 砂土和碎石类土中桩的极限端阻力取值,宜综合考虑土的密实度,桩端进入持力层的深径比 h_b/d,土愈密实,h_b/d 愈大,取值愈高。

2. 预制桩的极限端阻力取值,当桩端支承于中密、微风化或强风化岩表面或进入强风化岩一定深度条件下的极限端阻力。

3. 全风化、强风化软质岩和全风化、强风化硬质岩指其母岩分别为 $f_{rk}≤15$ MPa、$f_{rk}>30$ MPa 的岩石。

（4）根据土的物理指标与承载力参数之间的经验关系，确定大直径桩单桩极限承载力标准值，可按下式计算：

$$Q_{uk} = Q_{sk} + Q_{pk} = u \sum \Psi_{si} q_{sik} l_i + \Psi_p q_{pk} A_p \tag{7.1-8}$$

式中 　q_{sik}——桩侧第 i 层土极限侧阻力标准值，kPa，如无当地经验值时，可按表 7.1-1 取值，对于扩底桩变截面以上 $2d$ 长度范围不计侧阻力；

　　　　q_{pk}——桩径为 800 mm 的极限端阻力标准值，kPa，对于干作业挖孔桩（清底干净）可采用深层荷载板试验确定；当不能进行深层荷载板试验时，可按表 7.1-9 取值；

　　　　Ψ_{si}、Ψ_p——大直径桩侧阻、端阻尺寸效应系数，按表 7.1-10 取值；

　　　　u——桩身周长，m，当人工挖孔桩桩周护壁为振捣密实的混凝土时，桩身周长可按护壁外直径计算。

表 7.1-9　　　　干作业挖孔桩（清底干净，$D=800$ mm）极限端阻力标准值　　　　单位：kPa

土名称		状态		
黏性土		$0.25 < I_L \leqslant 0.75$	$0 < I_L \leqslant 0.25$	$I_L \leqslant 0$
		$800 \sim 1\,800$	$1\,800 \sim 2\,400$	$2\,400 \sim 3\,000$
粉土		—	$0.75 \leqslant e \leqslant 0.9$	$e < 0.75$
		—	$1\,000 \sim 1\,500$	$1\,500 \sim 2\,000$
		稍密	中密	密实
砂土、碎石类土	粉砂	$500 \sim 700$	$800 \sim 1\,100$	$1\,200 \sim 2\,000$
	细砂	$700 \sim 1\,100$	$1\,200 \sim 1\,800$	$2\,000 \sim 2\,500$
	中砂	$1\,000 \sim 2\,000$	$2\,200 \sim 3\,200$	$3\,500 \sim 5\,000$
	粗砂	$1\,200 \sim 2\,200$	$2\,500 \sim 3\,500$	$4\,000 \sim 5\,500$
	砾砂	$1\,400 \sim 2\,400$	$2\,600 \sim 4\,000$	$5\,000 \sim 7\,000$
	圆砾、角砾	$1\,600 \sim 3\,000$	$3\,200 \sim 5\,000$	$6\,000 \sim 9\,000$
	卵石、碎石	$2\,000 \sim 3\,000$	$3\,300 \sim 5\,000$	$7\,000 \sim 11\,000$

注：1. 当桩进入持力层的深度 h_b 分别为 $h_b \leqslant D$、$D < h_b \leqslant 4D$、$h_b > 4D$ 时，q_{pk} 可相应取低、中、高值。

　　2. 砂土密实度可根据标贯击数判定，$N \leqslant 10$ 为松散，$10 < N \leqslant 15$ 为稍密，$15 < N \leqslant 30$ 为中密，$N > 30$ 为密实。

　　3. 当桩的长径比 $l/d \leqslant 8$ 时，q_{pk} 宜取较低值。

　　4. 当对沉降要求不严时，q_{pk} 可取高值。

表 7.1-10　　　　大直径灌注桩侧阻尺寸效应系数 Ψ_{si}、端阻尺寸效应系数 Ψ_p

土类型	黏性土、粉土	砂土、碎石类土
Ψ_{si}	$(0.8/d)^{1/5}$	$(0.7/d)^{1/3}$
Ψ_p	$(0.8/D)^{1/4}$	$(0.8/D)^{1/5}$

注：当为等直径桩时，表中 $D = d$。

（5）根据土的物理指标与承载力参数之间的经验关系，确定钢管桩单桩竖向极限承载力标准值，可按下列公式计算：

$$Q_{uk} = Q_{sk} + Q_{pk} = u \sum q_{sik} l_i + \lambda_p q_{pk} A_p \tag{7.1-9}$$

当 $h_b/d<5$ 时：

$$\lambda_p = 0.16 h_b/d \qquad (7.1\text{-}10)$$

当 $h_b/d \geqslant 5$ 时：

$$\lambda_p = 0.8 \qquad (7.1\text{-}11)$$

式中　q_{sik}、q_{pk}——分别按表 7.1-1 和表 7.1-8 取与混凝土预制桩相同值，kPa；

$\quad\quad\lambda_p$——桩端土塞效应系数，对于闭口钢管桩 $\lambda_p=1$，对于敞口钢管桩按式（7.1-10）取值；

$\quad\quad h_b$——桩端进入持力层深度，m；

$\quad\quad d$——钢管桩外径，m。

对于带隔板的半敞口钢管桩，应以等效直径 d_e 代替 d 确定 λ_p；$d_e = d/\sqrt{n}$，其中 n 为桩端隔板分割数（见图 7.1-2）。

$n=2$ 　　　　　 $n=4$ 　　　　　 $n=9$

图 7.1-2　隔板分割

（6）根据土的物理指标与承载力参数之间的经验关系，确定敞口预应力混凝土空心桩单桩竖向极限承载力标准值，可按下列公式计算：

$$Q_{uk} = Q_{sk} + Q_{pk} = u\sum q_{sik} l_i + q_{pk}(A_j + \lambda_p A_{p1}) \qquad (7.1\text{-}12)$$

当 $h_b/d<5$ 时：

$$\lambda_p = 0.16 h_b/d \qquad (7.1\text{-}13)$$

当 $h_b/d \geqslant 5$ 时：

$$\lambda_p = 0.8 \qquad (7.1\text{-}14)$$

式中　q_{sik}、q_{pk}——分别按表 7.1-1 和表 7.1-8 取与混凝土预制桩相同值，kPa。

$\quad\quad A_j$——空心桩桩端净面积。管桩：$A_j = \dfrac{\pi}{4}(d^2 - d_1^2)$；空心方桩：$A_j = b^2 - \dfrac{\pi}{4}d_1^2$；$d$、$b$ 为空心桩外径、边长，d_1 为空心桩内径，m。

$\quad\quad A_{p1}$——空心桩敞口面积，$A_{p1} = \dfrac{\pi}{4}d_1^2$。

$\quad\quad\lambda_p$——桩端土塞效应系数，m。

（7）桩端置于完整、较完整基岩的嵌岩桩单桩竖向极限承载力，由桩周土总极限侧阻力和嵌岩段总极限阻力组成。当根据岩石单轴抗压强度确定嵌岩桩单桩竖向极限承载力标准值，可按下列公式计算：

$$Q_{uk} = Q_{sk} + Q_{rk} \qquad (7.1\text{-}15)$$

$$Q_{sk} = u\sum q_{sik} l_i \qquad (7.1\text{-}16)$$

$$Q_{rk} = \zeta_r f_{rk} A_p \qquad (7.1\text{-}17)$$

式中　Q_{sk}、Q_{rk}——分别为土的总极限侧阻力标准值、嵌岩段总极限阻力标准值，kN；

q_{sik}——桩周第 i 层土的极限侧阻力，kPa，无当地经验时，可根据成桩工艺按表 7.1-1 取值；

f_{rk}——岩石饱和单轴抗压强度标准值，kPa，黏土岩取天然湿度单轴抗压强度标准值；

ζ_r——桩嵌岩段侧阻和端阻综合系数，与嵌岩深径比 h_r/d、岩石软硬程度和成桩工艺有关，可按表 7.1-11 采用，表中数值适用于泥浆护壁成桩，对于干作业成桩（清底干净）和泥浆护壁成桩后注浆，ζ_r 应取表列数值的 1.2 倍。

表 7.1-11 桩嵌岩段侧阻和端阻综合系数 ζ_r

嵌岩深径比 h_r/d	0	0.5	1.0	2.0	3.0	4.0	5.0	6.0	7.0	8.0
极软岩、软岩	0.60	0.80	0.95	1.18	1.35	1.48	1.57	1.63	1.66	1.70
较硬岩、坚硬岩	0.45	0.65	0.81	0.90	1.00	1.04	—	—	—	—

注：1. 极软岩、软岩指 $f_{rk} \leqslant 15$ MPa，较硬岩、坚硬岩指 $f_{rk} > 30$ MPa，介于二者之间可内插取值。

2. h_r 为桩身嵌岩深度，当岩面倾斜时，以坡下方嵌岩深度为准；当 h_r/d 为非表列值时，ζ_r 可内插取值。

（8）在符合规范要求的注浆技术实施规定条件下，后注浆灌注桩单桩极限承载力标准值，按下式估算：

$$Q_{uk} = Q_{sk} + Q_{gsk} + Q_{gpk} = u\sum q_{sjk}l_j + u\sum \beta_{si}q_{sik}l_{gi} + \beta_p q_{pk}A_p \qquad (7.1-18)$$

式中 Q_{sk}——后注浆非竖向增强段的总极限侧阻力标准值，kN。

Q_{gsk}——后注浆竖向增强段的总极限侧阻力标准值，kN。

Q_{gpk}——后注浆总极限端阻力标准值，kN。

u——桩身周长，m。

l_j——后注浆非竖向增强段第 j 层土厚度，m。

l_{gi}——后注浆竖向增强段内第 i 层土厚度，m：对于泥浆护壁成孔灌注桩，当为单一桩端后注浆时，竖向增强段为桩端以上 12 m；当为桩端、桩侧复式注浆时，竖向增强段为桩端以上 12 m 及各桩侧注浆断面以上 12 m，重叠部分应扣除；对于干作业灌注桩，竖向增强段为桩端以上、桩侧注浆断面上下各 6 m。

q_{sik}、q_{sjk}、q_{pk}——分别为后注浆竖向增强段第 i 层土初始极限侧阻力标准值、非竖向增强段第 j 层土初始极限侧阻力标准值、初始极限端阻力标准值，kPa。

β_{si}、β_p——分别为后注浆侧阻力、端阻力增强系数，无当地经验时，可按表 7.1-12 取值；对于桩径大于 800 mm 的桩，应按表 7.1-10 进行侧阻和端阻尺寸效应修正。

表 7.1-12 后注浆侧阻力增强系数 β_{si}、端阻力增强系数 β_p

土层名称	淤泥 淤泥质土	黏性土 粉土	粉砂 细砂	中砂	粗砂 砾砂	砾石 卵石	全风化岩 强风化岩
β_{si}	1.2～1.3	1.4～1.8	1.6～2.0	1.7～2.1	2.0～2.5	2.4～3.0	1.4～1.8
β_p	—	2.2～2.5	2.4～2.8	2.6～3.0	3.0～3.5	3.2～4.0	2.0～2.4

注：干作业钻、挖孔桩，β_p 按表列值乘以小于 1.0 的折减系数。当桩端持力层为黏性土或粉土时，折减系数取 0.6；为砂土或碎石土时，取 0.8。

（9）按《铁路桥涵地基和基础设计规范》（TB 10093—2017）确定桩的承载力。

① 打入、震动下沉和桩尖爆扩桩的轴向受压容许承载力按下式计算：

$$[P] = \frac{1}{2}\left(U\sum \alpha_i f_i l_i + \lambda A R \alpha\right) \tag{7.1-19}$$

式中 $[P]$——桩的容许承载力,kN。

f_i——桩周土的极限摩阻力,kPa,可根据土的物理性质查表确定或采用静力触探试验测定,即 $f_i = \beta_i \bar{f}_{si}$,式中 $\bar{f}_{si} < 5$ kPa 时,可采用 5 kPa。β_i 为桩侧摩阻综合修正系数,按下列判别标准选用相应的计算公式(不适用于以城市杂填土为主的短桩)。β_i 用于黄土地区时应做试桩校核。当桩侧第 i 层土的 $\bar{q}_{ci} > 2\,000$ kPa 且 $\bar{f}_{si}/\bar{q}_{ci} \leqslant 0.014$ 时,$\beta_i = 5.067(\bar{f}_{si}) - 0.45$,当不满足上述 $\bar{q}_{ci}$ 和 $\bar{f}_{si}/\bar{q}_{ci}$ 条件时,$\beta_i = 10.045(\bar{f}_{si}) - 0.55$。$\bar{q}_{ci}$ 为相应于 $\bar{f}_{si}$ 土层中桩侧触探平均端阻。

R——桩尖的极限承载力,kPa,可根据土的物理性质查表 7.1-13 确定或采用静力触探试验测定,即 $R = \beta\bar{q}_c$,其中 $\bar{q}_c$ 为桩尖(不包括桩靴)高程以上和以下各 $4d$(d 为桩的直径或边长)范围内静力触探的平均端阻力 $\bar{q}_{c1}$ 和 $\bar{q}_{c2}$(均以 kPa 计)的平均值。当 $\bar{q}_{c1} > \bar{q}_{c2}$ 时,则 $\bar{q}_c$ 取 $\bar{q}_{c2}$ 的值。β 为桩端阻的综合修正系数,按下列判别标准选用相应的计算公式(不适用于以城市杂填土为主的短桩)。用于黄土地区时应做试桩校核。桩底土的 $\bar{q}_{c2} > 2\,000$ kPa 且 $\bar{f}_{s2}/\bar{q}_{c2} \leqslant 0.014$ 时,$\beta = 3.975(\bar{q}_c)^{-0.25}$,当不满足上述 $\bar{q}_{c2}$ 和 $\bar{f}_{s2}/\bar{q}_{c2}$ 条件时,$\beta = 12.064(\bar{q}_c)^{-0.35}$。$\bar{f}_{s2}$ 为相应于 $\bar{q}_{c2}$ 土层中桩底触探平均侧阻。

U——桩身截面周长,m。

l_i——各土层厚度,m。

A——桩底支承面积,m²。

α_i、α——震动沉桩对各土层桩周摩擦阻力和桩底承压力的影响系数(表 7.1-14),对于打入桩其值为 1.0。

λ——系数,见表 7.1-15。

表 7.1-13　　　　　　　　　**桩尖土的极限承载力 R**　　　　　　　　单位:kPa

土类	状态	桩尖极限承载力		
黏性土	$I_L \geqslant 1$	1 000		
	$0.65 \leqslant I_L < 1$	1 600		
	$0.35 \leqslant I_L < 0.65$	2 200		
	$I_L < 0.35$	3 000		
		桩尖进入持力层的相对深度		
		$h'/d < 1$	$1 \leqslant h'/d < 4$	$h'/d \geqslant 4$
粉土	中密	1 700	2 000	2 300
	密实	2 500	3 000	3 500
粉砂	中密	2 500	3 000	3 500
	密实	5 000	6 000	7 000
细砂	中密	3 000	3 500	4 000
	密实	5 500	6 500	7 500

土类	状态	桩尖极限承载力		
		桩尖进入持力层的相对深度		
		$h'/d<1$	$1{\leqslant}h'/d<4$	$h'/d{\geqslant}4$
中、粗砂	中密	3 500	4 000	4 500
	密实	6 000	7 000	8 000
圆砾土	中密	4 000	4 500	5 000
	密实	7 000	8 000	9 000

注：表中 h' 为桩尖进入持力层的深度（不包括桩靴）, d 为桩的直径或边长。

表 7.1-14　　　　　　　　　　震动下沉桩系数 α_i , α

桩径或边宽	砂类土	粉土	粉质黏土	黏土
$d{\leqslant}0.8$ m	1.1	0.9	0.7	0.6
0.8 m< $d{\leqslant}2.0$ m	1.0	0.9	0.7	0.6
$d>2.0$ m	0.9	0.7	0.6	0.5

表 7.1-15　　　　　　　　　　　　系数 λ

桩尖爆扩体处土的种类　　D_p/d	砂类土	粉土	粉质黏土 $I_L=0.5$	黏土 $I_L=0.5$
1.0	1.0	1.0	1.0	1.0
1.5	0.95	0.85	0.75	0.70
2.0	0.90	0.80	0.65	0.50
2.5	0.85	0.75	0.50	0.40
3.0	0.80	0.60	0.40	0.30

注： d 为桩身直径, D_p 为爆扩桩的爆扩体直径。

② 钻（挖）孔灌注摩擦桩的轴向受压容许承载力按下式计算：

$$[P]=\frac{1}{2}U\sum f_i l_i+m_0 A[\sigma] \tag{7.1-20}$$

式中　$[P]$——桩的容许承载力, kN。

　　　U——桩身截面周长, m, 按成孔桩径计算。

　　　f_i——各土层的极限摩擦阻力, kPa, 按表 7.1-3 采用。

　　　l_i——各土层的厚度, m。

　　　A——桩底支承面积, m², 按设计桩径计算。

　　　$[\sigma]$——桩底地基土的容许承载力, kPa。当 $h{\leqslant}4d$ 时： $[\sigma]=\sigma_0+k_2\gamma_2(h-3)$ (r_2 为基底以上土层的加权平均容重, kN/m³, 换算时若持力层在水面以下且不透水时, 不论基底以上土的透水性如何, 均取饱和容重；透水时水中部分土层应取浮重）；当 $4d<h{\leqslant}10d$ 时： $[\sigma]=\sigma_0+k_2\gamma_2(4d-3)+k_2'\gamma_2(h-4d)$ ；当 $h>10d$ 时： $[\sigma]=\sigma_0+k_2\gamma_2(4d-3)+k_2'\gamma_2(6d)$ 。其中 d 为桩径或桩的宽度, m; k_2 为深度修正系数, 根据基底持力层土的类别按表 7.1-16 确定；对于

黏性土、粉土和黄土 k_2' 取 1.0，对于其他土，k_2' 为 k_2 值的一半；σ_0 为地基基本承载力，kPa；h 为基础底面的埋置深度，m，自天然地面算起，有水流冲刷时自一般冲刷线算起，位于挖方内，由开挖后地面算起（h 小于 3 m 时取 3 m，h/b 大于 4 时，h 取 $4b$）。

m_0——桩底支承力折减系数。钻孔灌注桩桩底支承力折减系数可按表 7.1-17 采用；挖孔灌注桩桩底支承力折减系数可根据具体情况确定，一般可取 $m_0=$ 1.0。

表 7.1-16　　　　　　　　　　　　　　宽度、深度修正系数

土的类别	黏性土				粉土	黄土		砂类土								碎石类土			
	Q₄ 的冲、洪积土		Q₃ 及其以前的冲、洪积土	残积土		新黄土	老黄土	粉砂		细砂		中砂		砾砂粗砂		碎石圆砾角砾		卵石	
	$I_L<0.5$	$I_L\geqslant0.5$						稍、中密	密实	稍、中密	密实	稍、中密	密实	稍、中密	密实	稍、中密	密实	稍、中密	密实
系数 k_1	0	0	0	0	0	0	0	1	1.2	1.5	2	2	3	3	4	3	4	3	4
系数 k_2	2.5	1.5	2.5	1.5	1.5	1.5	1.5	2	2.5	3	4	4	5.5	5	6	5	6	6	10

注：1. 节理不发育或较发育的岩石不作宽深修正，节理发育或很发育的岩石，k_1、k_2 可按碎石类土的系数，但对已风化成砂、土状者，则按砂类土、黏性土的系数；

2. 稍松状态的砂类土和松散状态的碎石类土，k_1、k_2 值可采用表列稍、中密值的 50%；

3. 冻土的 $k_1=0$、$k_2=0$。

表 7.1-17　　　　　　　钻孔灌注桩桩底支承力折减系数 m_0

土质及清底情况	m_0		
	$5d<h\leqslant10d$	$10d<h\leqslant25d$	$25d<h\leqslant50d$
土质较好，不易坍塌，清底良好	0.9～0.7	0.7～0.5	0.5～0.4
土质较差，易坍塌，清底稍差	0.7～0.5	0.5～0.4	0.4～0.3
土质差，难以清底	0.5～0.4	0.4～0.3	0.3～0.1

注：h 为地面线或局部冲刷线以下桩长，d 为桩的直径，均以 m 计。

③ 摩擦桩轴向受拉的容许承载力：

$$[P']=0.30U\sum\alpha_i l_i f_i \qquad (7.1\text{-}21)$$

式中　$[P']$——摩擦桩轴向受拉的容许承载力，kN。

其余符号含义同前。

（10）减沉复合疏桩基础中点沉降计算：

$$s=\varphi(s_s+s_{sp}) \qquad (7.1\text{-}22)$$

$$s_s=4p_0\sum_{i=1}^{m}\frac{z_i\bar{a}_i-z_{i-1}\bar{a}_{i-1}}{E_{si}} \qquad (7.1\text{-}23)$$

$$s_{sp} = 280 \frac{\overline{q}_{su}}{\overline{E}_s} \cdot \frac{d}{(s_a/d)^2} \tag{7.1-24}$$

$$p_0 = \eta_p \frac{F - nR_a}{A_c} \tag{7.1-25}$$

式　s——桩基中心点沉降量，m。

s_s——由承台底地基土附加压力作用下产生的中点沉降，m。

s_{sp}——由桩土相互作用产生的沉降，m。

p_0——按荷载效应准永久值组合计算的假想天然地基平均附加压力，kPa。

E_{si}——承台底以下第 i 层土的压缩模量，MPa，应取自重压力至自重压力与附加压力
段的模量值。

m——地基沉降计算深度范围的土层数，沉降计算深度按 $\sigma_z = 0.1\sigma_c$ 确定。

$\overline{q}_{su}$、$\overline{E}_s$——桩身范围内按厚度加权的平均桩侧极限摩擦阻力，kPa；平均压缩模
量，MPa。

d——桩身直径，m，当为方形桩时，$d = 1.27b$（b 为方形桩截面边长）。

s_a/d——等效距径比。

z_i、z_{i-1}——承台底至第 i 层、第 $i-1$ 层土底面的距离，m。

$\overline{a}_i$、$\overline{a}_{i-1}$——承台底至第 i 层、第 $i-1$ 层土层底范围内的角点平均附加应力系数；根据
承台等效面积的计算，分块矩形长宽比 a/b 及深宽比 $z_i/b = 2z_i/B_c$ 由《建
筑桩基技术规范》附录 D 确定；其中承台等效宽度 $B_c = B\sqrt{A_c}/L$；B、L 为
建筑物基础外缘平面的宽度和长度。

F——荷载效应准永久值组合下，作用于承台底的总附加荷载，kN。

η_p——基桩刺入变形影响系数，按桩端持力层土质确定，砂土为 1.0，粉土为 1.15，黏性
土为 1.30。

φ——沉降计算经验系数，无当地经验时，可取 1.0。

A_c——桩基承台总净面积，m²。

R_a——单桩竖向承载力特征值，kN。

7.2　桩的极限端阻力标准值

7.2.1　定义

相应于桩顶作用极限荷载时，桩端所发生的岩土阻力（单位为 kPa），符号：q_{pk}。

7.2.2　获取

7.2.2.1　单桩竖向抗压静载试验

单桩竖向抗压静载试验按现行行业标准《建筑基桩检测技术规范》（JGJ 106—2014）执
行。测试桩端阻力时，桩身内埋设传感器应按《建筑基桩检测技术规范》附录 A 执行。

测试数据整理按下列规定进行：

（1）在数据整理过程中，将零漂大、变化无规律的测点删除，求出同一断面有效测点的
应变平均值，并按下式计算该断面处桩身轴力：

$$Q_i = \bar{\varepsilon}_i \cdot E_i \cdot A_i \tag{7.2-1}$$

式中 Q_i——桩身第 i 断面处轴力,kN;

$\bar{\varepsilon}_i$——第 i 断面处应变平均值;

E_i——第 i 断面处桩身材料弹性模量,kPa,当桩身断面、配筋一致时,宜按标定断面处的应力与应变的比值确定;

A_i——第 i 断面处桩身截面面积,m^2。

(2) 按每级试验荷载下桩身不同断面处的轴力值制成表格,并绘制轴力分布图,再由桩顶极限荷载下对应的各断面轴力值计算极限端阻力:

$$q_p = \frac{Q_n}{A_0} \tag{7.2-2}$$

式中 q_p——桩的极限端阻力,kPa;

Q_n——桩端的轴力,kN;

A_0——桩端面积,m^2。

7.2.2.2 经验值

当无静载试验时,可依据《建筑桩基技术规范》(JGJ 94—2008)提供标准值,见表 7.1-8。

7.2.3 应用

见 7.1.3 节。

7.3 地基土水平抗力系数的比例系数

7.3.1 定义

即为水平抗力系数随深度变化的比例(单位为 MN/m^4),符号:m,桩作为一种常见的受力构件,不仅要承受竖向荷载和抗拔力,还承受水平荷载。

7.3.2 获取

7.3.2.1 单桩水平静载试验

单桩水平静载试验按现行行业标准《建筑基桩检测技术规范》(JGJ 106—2014)执行。当桩顶自由且水平力作用位置位于地面处时,m 值可按下列公式确定:

$$m = \frac{(v_X \cdot H)^{\frac{5}{3}}}{b_0 Y_0^{\frac{5}{3}} (EI)^{\frac{2}{3}}} \tag{7.3-1}$$

$$\alpha = \left(\frac{mb_0}{EI}\right)^{\frac{1}{5}} \tag{7.3-2}$$

式中 m——地基土水平抗力系数的比例系数,kN/m^4。

α——桩的水平变形系数,m^{-1}。

v_X——桩顶水平位移系数,由上式试算 α,当 $\alpha h \geqslant 4.0$ 时(h 为桩的入土深度),其值为 2.441。

H——作用于地面的水平力,kN。

Y_0——水平力作用点的水平位移，m。

EI——桩身抗弯刚度，$kN \cdot m^2$；其中 E 为桩身材料弹性模量，I 为桩身换算截面惯性矩。

b_0——桩身计算宽度，m，对于圆形桩：当桩径 $D \leqslant 1$ m 时，$b_0 = 0.9(1.5D + 0.5)$；当桩径 $D > 1$ m 时，$b_0 = 0.9(D + 1)$。对于矩形桩：当边宽 $B \leqslant 1$ m 时，$b_0 = 1.5B + 0.5$；当边宽 $B > 1$ m 时，$b_0 = B + 1$。

7.3.2.2　经验值

当无静载试验时，可依据《建筑桩基技术规范》(JGJ 94—2008)提供经验值，见表 7.3-1。

表 7.3-1　　　　　　　　　　　**地基土水平抗力系数的比例系数 m**

序号	地基土类别	预制桩、钢桩		灌注桩	
		m /(MN/m⁴)	相应单桩在地面处水平位移 /mm	m /(MN/m⁴)	相应单桩在地面处水平位移 /mm
1	淤泥；淤泥质土；饱和湿陷性黄土	2～4.5	10	2.5～6	6～12
2	流塑($I_L>1$)、软塑($0.75<I_L\leqslant1$)状黏性土；$e\geqslant0.9$ 粉土；松散粉细砂；松散、稍密填土	4.5～6.0	10	6～14	4～8
3	可塑($0.25<I_L\leqslant0.75$)状黏性土、湿陷性黄土；$e=0.75～0.9$ 粉土；中密填土；稍密细砂	6.0～10	10	14～35	3～6
4	硬塑($0<I_L\leqslant0.25$)、坚硬($I_L\leqslant0$)状黏性土、湿陷性黄土；$e<0.75$ 粉土；中密的中粗砂；密实老填土	10～22	10	35～100	2～5
5	中密、密实的砾砂、碎石类土	—	—	100～300	1.5～3

注：1. 当桩顶水平位移大于表列数值或灌注桩配筋率较高($\geqslant0.65\%$)时，m 值应适当降低；当预制桩的水平向位移小于 10 mm 时，m 值可适当提高。

2. 当水平荷载为长期或经常出现的荷载时，应将表列数值乘以 0.4 降低采用。

3. 当地基为可液化土层时，应将表列数值乘以土层液化影响折减系数表中相应的系数 Ψ_l。

7.3.2.3　缺少试验和经验时的计算方法

缺少试验和经验时，可按下列经验公式计算：

$$m = \frac{0.2\varphi^2 - \varphi + c}{v_b} \qquad (7.3\text{-}3)$$

式中　m——土的水平反力系数的比例系数，MN/m⁴。

c、φ——土的黏聚力(kPa)、内摩擦角(°)，按《建筑基坑支护技术规程》(JGJ 120—2012)的规定确定；对多层土，按不同土层分别取值。

v_b——挡土构件在坑底处的水平位移量，mm，当此处的水平位移不大于 10 mm 时，可取 $v_b = 10$ mm。

7.3.3　应用

用于桩基水平承载力与位移计算，用于基坑挡土构件上的分布土反力计算。

（1）当缺少单桩水平静载试验资料时，可按下列公式估算桩身配筋率小于 0.65% 的灌注桩的单桩水平承载力特征值：

$$R_{ha} = \frac{0.75\alpha\gamma_m f_t W_0}{v_m}(1.25 + 22\rho_g)\left(1 \pm \frac{\zeta_N N_k}{\gamma_m f_t A_n}\right) \tag{7.3-4}$$

式中　α——桩的水平变形系数，m^{-1}，按式（7.3-2）确定；

　　　R_{ha}——单桩水平承载力特征值，kN，±号根据桩顶竖向力性质确定，压力取"+"，拉力取"−"；

　　　γ_m——桩截面模量塑性系数，圆形截面 $\gamma_m = 2$，矩形截面 $\gamma_m = 1.75$；

　　　f_t——桩身混凝土抗拉强度设计值，kN；

　　　v_m——桩身最大弯矩系数，按表 7.3-2 取值，当单桩基础和单排桩基纵向轴线与水平力方向相垂直时，按桩顶铰接考虑；

　　　ρ_g——桩身配筋率，%；

　　　ζ_N——桩顶竖向力影响系数，竖向压力取 0.5，竖向拉力取 1.0；

　　　N_k——在荷载效应标准组合下桩顶的竖向力，kN；

　　　A_n——桩身换算截面积，圆形截面为 $A_n = (\pi d^2)/4[1+(\alpha_E-1)\rho_g]$，方形截面为 $A_n = b^2[1+(\alpha_E-1)\rho_g]$；

　　　W_0——桩身换算截面受拉边缘的截面模量，m^3。

表 7.3-2　　　　桩顶（身）最大弯矩系数 v_m 和桩顶水平位移系数 v_X

桩顶约束情况	桩的换算深度（αh）	v_m	v_X
铰接、自由	4.0	0.768	2.441
	3.5	0.750	2.502
	3.0	0.703	2.727
	2.8	0.675	2.905
	2.6	0.639	3.163
	2.4	0.601	3.526
固接	4.0	0.926	0.940
	3.5	0.934	0.970
	3.0	0.967	1.028
	2.8	0.990	1.055
	2.6	1.018	1.079
	2.4	1.045	1.095

注：1. 铰接（自由）的 v_m 系桩身的最大弯矩系数，固接的 v_m 系桩顶的最大弯矩系数；

　　2. 当 $\alpha h > 4$ 时，取 $\alpha h = 4.0$。

W_0 分为以下两种情况：

圆形截面：

$$W_0 = \frac{\pi d}{32}[d^2 + 2(\alpha_E - 1)\rho_g d_0^2]$$

方形截面：

$$W_0 = \frac{b}{6}\left[b^2 + 2(\alpha_E - 1)\rho_g b_0^2\right]$$

式中　d——桩直径；

　　　d_0——扣除保护层厚度的桩直径；

　　　b——方形截面边长；

　　　b_0——扣除保护层厚度的桩截面宽度；

　　　α_E——钢筋弹性模量与混凝土弹性模量的比值。

（2）当桩的水平承载力由水平位移控制，且缺少单桩水平静载试验资料时，可按下式估算预制桩、钢桩、桩身配筋率不小于 0.65% 的灌注桩单桩水平承载力特征值：

$$R_{ha} = 0.75\,\frac{\alpha^3 EI}{v_X}\chi_{oa} \tag{7.3-5}$$

式中　EI——桩身抗弯刚度，$kN \cdot m^2$，对于钢筋混凝土桩，$EI = 0.85Ec I_0$，其中 E_c 为混凝土弹性模量，I_0 为桩身换算截面惯性矩：圆形截面为 $I_0 = W_0 d_0/2$；矩形截面为 $I_0 = W_0 b_0/2$。

　　　χ_{oa}——桩顶允许水平位移，m。

　　　v_X——桩顶水平位移系数，按表 7.3-2 取值，取值方法同 v_m。

（3）群桩基础（不含水平力垂直于单排桩基纵向轴线和力矩较大的情况）的基桩水平承载力特征值应考虑由承台、桩群、土相互作用产生的群桩效应，可按下列公式确定：

$$R_h = \eta_h R_{ha} \tag{7.3-6}$$

考虑地震作用且 $s_a/d \leqslant 6$ 时：

$$\eta_h = \eta_i \eta_r + \eta_l \tag{7.3-7}$$

$$\eta_i = \frac{\left(\dfrac{s_a}{d}\right)^{0.015n_2 + 0.45}}{0.15n_1 + 0.10n_2 + 1.9} \tag{7.3-8}$$

$$\eta_l = \frac{m\chi_{oa}B_c' h_c^2}{2n_1 n_2 R_{ha}} \tag{7.3-9}$$

$$\chi_{oa} = \frac{R_{ha} v_X}{\alpha^3 EI} \tag{7.3-10}$$

其他情况：

$$\eta_h = \eta_i \eta_r + \eta_l + \eta_b \tag{7.3-11}$$

$$\eta_b = \frac{\mu P_c}{n_1 n_2 R_{ha}} \tag{7.3-12}$$

$$B' = B_c + 1 \tag{7.3-13}$$

$$P_c = \eta_c f_{ak}(A - nA_{ps}) \tag{7.3-14}$$

式中　η_h——群桩效应综合系数；

　　　η_i——桩的相互影响效应系数；

　　　η_r——桩顶约束效应系数（桩顶嵌入承台长度 50～100 mm 时），按表 7.3-3 取值；

η_l——承台侧向土水平抗力效应系数（承台外围回填土为松散状态时取 $\eta_l=0$）；

η_b——承台底摩擦阻力效应系数；

s_a/d——沿水平荷载方向的距径比；

n_1、n_2——分别为沿水平荷载方向与垂直荷载方向每排桩中的桩数；

m——承台侧向土水平抗力系数的比例系数，当无试验资料时可按表 7.3-1 取值；

χ_{oa}——桩顶（承台）的水平位移允许值，mm，当以位移控制时，可取 $\chi_{oa}=10\ mm$（对水平位移敏感的结构物取 $\chi_{oa}=6\ mm$），当以桩身强度控制（低配筋率灌注桩）时，可近似按式（7.3-10）确定；

B_c'——承台受侧向土抗力一边的计算宽度，m；

B_c——承台宽度，m；

h_c——承台高度，m；

μ——承台底与地基土间的摩擦系数，可按表 7.3-4 取值；

P_c——承台底地基土分担的竖向总荷载标准值，kN；

η_c——承台效应系数，可按表 7.3-5 取值，当承台底为可液化土、湿陷性土、高灵敏度软土、欠固结土、新填土时，沉桩引起超孔隙水压力和土体隆起时，不考虑承台效应，取 $\eta_c=0$；

A——承台总面积，m^2；

n——总桩数；

A_{ps}——桩身截面面积，m^2。

表 7.3-3　　　　　　　　　桩顶约束效应系数 η_r

换算深度 αh	2.4	2.6	2.8	3.0	3.5	$\geqslant 4.0$
位移控制	2.58	2.34	2.20	2.13	2.07	2.05
强度控制	1.44	1.57	1.71	1.82	2.00	2.07

注：$\alpha=\sqrt[5]{\dfrac{mb_0}{EI}}$，$h$ 为桩的入土度。

表 7.3-4　　　　　　　　承台底与地基土间的摩擦系数 μ

土的类别		摩擦系数 μ
黏性土	可塑	0.25～0.30
	硬塑	0.30～0.35
	坚硬	0.35～0.45
粉土	密实、中密（稍湿）	0.30～0.40
中砂、粗砂、砾砂		0.40～0.50
碎石土		0.40～0.60
软岩、软质岩		0.40～0.60
表面粗糙的较硬岩、坚硬岩		0.65～0.75

表 7.3-5   承台效应系数 η_c

B_c/l ＼ s_a/d	3	4	5	6	＞6
≤0.4	0.06～0.08	0.14～0.17	0.22～0.26	0.32～0.38	
0.4～0.8	0.08～0.10	0.17～0.20	0.26～0.30	0.38～0.44	0.50～0.80
＞0.8	0.10～0.12	0.20～0.22	0.30～0.34	0.44～0.50	
单排桩条形承台	0.15～0.18	0.25～0.30	0.38～0.45	0.50～0.80	

注:1. 表中 s_a/d 为桩中心距与桩径之比;B_c/l 为承台宽度与桩长之比。当计算基桩为非正方形排列时,$s_a=\sqrt{A/n}$,
A 为承台计算域面积,n 为总桩数。

2. 对于桩布置于墙下的箱、筏承台,η_c 可按单排桩条形承台取值。

3. 对于单排桩条形承台,当承台宽度小于 $1.5d$ 时,η_c 按非条形承台取值。

4. 对于采用后注浆灌注桩的承台,η_c 宜取低值。

5. 对于饱和黏性土中的挤土桩基、软土地基上的桩基承台,η_c 宜取低值的 0.8 倍。

7.4 抗拔系数

7.4.1 定义

抗拔桩中,作为对抗压极限侧摩阻力的修正,从而得出抗拔时的侧摩阻力,可按经验取值,符号:λ。

7.4.2 获取

可依据《建筑桩基技术规范》(JGJ 94—2008)提供经验值,见表 7.4-1。

表 7.4-1   抗拔系数 λ

土类	值
砂土	0.50～0.70
黏性土、粉土	0.70～0.80

注:桩长 l 与桩径 d 之比小于 20 时,λ 取小值。

7.4.3 应用

7.4.3.1 抗拔桩基承载力验算

承受拔力的桩基,应按下列公式同时验算群桩基础呈整体破坏和呈非整体破坏时基桩的抗拔承载力:

$$N_k \leqslant T_{gk}/2 + G_{gp} \tag{7.4-1}$$

$$N_k \leqslant T_{uk}/2 + G_p \tag{7.4-2}$$

式中 N_k ——按荷载效应标准组合计算的基桩拔力,kN;

G_{gp} ——群桩基础所包围体积的桩土总自重除以总桩数,地下水位以下取浮重度,kN;

G_p ——基桩自重,地下水位以下取浮重度,对于扩底桩应按表 7.4-2 确定桩、土柱体周长,计算桩、土自重,kN;

T_{uk} ——基桩抗拔极限承载力标准值;

T_{gk} ——群桩呈整体破坏时基桩的抗拔极限承载力标准值,kN。

对于设计等级为甲级和乙级建筑桩基,基桩的抗拔极限承载力应通过现场单桩上拔静荷载试验确定。如无当地经验时,群桩基础及设计等级为丙级建筑桩基时,基桩的抗拔极限承载力可按下列规定计算。

(1) 群桩呈非整体破坏时,基桩的抗拔极限承载力取值可按下式计算:

$$T_{uk} = \sum \lambda_i q_{sik} u_i l_i \qquad (7.4-3)$$

式中　u_i——桩身周长,对于等直径桩取 $u_i = \pi d$,对于扩底桩按表 7.4-2 取值;

　　　q_{sik}——桩侧表面第 i 层土的抗压极限侧阻力标准值,可按表 7.1-1 取值;

　　　λ_i——抗拔系数,可按表 7.4-3 取值。

表 7.4-2　　　　　　　　　　　　　　　扩底桩破坏表面周长 u_i

自桩底起算的长度 l_i	$\leq (4 \sim 10)d$	$> (4 \sim 10)d$
u_i	πD	πd

注:l_i 对于软土取低值,对于卵石、砾石取高值;l_i 取值按内摩擦角增大而增加;d 为桩身未扩底直径;D 为桩身扩底直径。

表 7.4-3　　　　　　　　　　　　　　　　　抗拔系数 λ

土类	砂土	黏性土、粉土
λ	$0.50 \sim 0.70$	$0.70 \sim 0.80$

注:桩长 l 与桩径 d 之比小于 20 时,λ 取小值。

(2) 群桩呈整体破坏时,基桩的抗拔极限承载力标准值可按下式计算:

$$T_{gk} = \frac{1}{n} u_1 \sum \lambda_i q_{sik} l_i \qquad (7.4-4)$$

式中　u_1——桩群外围周长,m。

7.4.3.2　季节性冻土上轻型建筑短桩基础抗冻拔稳定性验算

$$\eta_f q_f u z_0 \leq T_{gk}/2 + N_G + G_{gp} \qquad (7.4-5)$$

$$\eta_f q_f u z_0 \leq T_{uk}/2 + N_G + G_p \qquad (7.4-6)$$

式中　η_f——冻深影响系数,按表 7.4-4 采用;

　　　u——桩身周长,m;

　　　q_f——切向冻胀力,kPa,按表 7.4-5 采用;

　　　z_0——季节性冻土的标准冻深,m;

　　　T_{gk}——标准冻深线以下群桩呈整体破坏时基桩的抗拔极限承载力标准值,kN,可按式(7.4-4)确定;

　　　T_{uk}——标准冻深线以下单桩抗拔极限承载力标准值,kN,可按式(7.4-3)确定;

　　　N_G——基桩承受的桩承台底面以上建筑物自重、承台及其上土重标准值,kN。

表 7.4-4　　　　　　　　　　　　　　　冻深影响系数 η_f

标准冻深 z_0/m	$z_0 \leq 2.0$	$2.0 < z_0 \leq 3.0$	$z_0 > 3.0$
η_f	1.0	0.9	0.8

表 7.4-5	切向冻胀力 q_t			单位:kPa
冻胀性分类 土类	弱冻胀	冻胀	强冻胀	特强冻胀
黏性土、粉土	30~60	60~80	80~120	120~150
砂土、砾(碎)石(黏、粉粒含量>15%)	<10	20~30	40~80	90~200

注:1. 表面粗糙的灌注桩,表中数值应乘以系数 1.1~1.3;

　　2. 本表不适用于含盐量大于 0.5% 的冻土。

7.4.3.3 膨胀土上轻型建筑短桩基础,群桩基础呈整体破坏和非整体破坏的抗拔稳定性验算

$$u \sum q_{ei} l_{ei} \leqslant T_{gk}/2 + N_G + G_{gp} \qquad (7.4-7)$$

$$u \sum q_{ei} l_{ei} \leqslant T_{uk}/2 + N_G + G_p \qquad (7.4-8)$$

式中　T_{gk}——群桩呈整体破坏时,大气影响急剧层下稳定土层中基桩的抗拔极限承载力标准值,kN,可按式(7.4-4)计算;

　　　T_{uk}——群桩呈非整体破坏时,大气影响急剧层下稳定土层中基桩的抗拔极限承载力标准值,kN,可按式(7.4-3)计算;

　　　q_{ei}——大气影响急剧层中第 i 层土的极限胀切力,kPa,由现场浸水试验确定;

　　　l_{ei}——大气影响急剧层中第 i 层土的厚度,m。

7.5　桩基参数小结(表 7.5-1)

表 7.5-1		桩基参数小结
指标	符号	实际应用
桩的极限侧阻力标准值	q_{sik}	主要确定单桩竖向极限承载力标准值;在《铁路桥涵地基和基础设计规范》确定桩的承载力
桩的极限端阻力标准值	q_{pk}	主要确定单桩竖向极限承载力标准值
地基土水平抗力系数的比例系数	m	用于桩基水平承载力与位移计算,用于基坑挡土构件上的分布土反力计算
抗拔系数	λ	1. 抗拔桩基承载力验算;2. 季节性冻土上轻型建筑短桩基础,抗冻拔稳定性验算;3. 膨胀土上轻型建筑短桩基础,群桩基础呈整体破坏和非整体破坏的抗拔稳定性验算

第 8 章 岩石参数

8.1 岩石单轴极限抗压强度

8.1.1 定义

岩石在单轴压缩荷载作用下达到破坏前所能承受的最大压应力称为岩石的单轴极限抗压强度。单位：N/m^2、Pa、kPa、MPa。其值等于达到破坏时的最大轴向压力 P 除以试件的横截面积 A，即：

$$\sigma_c = \frac{P}{A} \tag{8.1-1}$$

8.1.2 获取

8.1.2.1 室内试验法

（1）岩石单轴抗压强度试验适用于能制成圆柱体试件的各类岩石。

（2）试件可用钻孔岩芯或岩块制作。试样在采取、运输和制备过程中，应避免产生裂缝。

（3）试件尺寸符合下列要求：

① 圆柱体试件直径宜为 48～54 mm。

② 含大颗粒的岩石，试件的直径应大于岩石中最大颗粒直径的 10 倍。

③ 试件高度与直径之比应为 2.0～2.5。

（4）试件精度符合下列要求：

① 试件两端面不平行度误差不得大于 0.05 mm。

② 沿试件高度，直径的误差不得大于 0.3 mm。

③ 端面应垂直于试件轴线，偏差不得大于 0.25°。

（5）试件的含水状态，可根据需要选择天然含水状态、烘干状态、饱和状态或其他含水状态。试件烘干和饱和方法应符合标准的规定。

（6）同一含水状态和同一加载方向下，每组试验试件的数量为 3 个。

（7）试件描述应包括下列内容：

① 岩石名称、颜色、矿物成分、结构、构造、风化程度、胶结物性质等。

② 加载方向与岩石试件层理、节理、裂隙的关系。

③ 含水状态及所使用的方法。

④ 试件加工中出现的现象。

（8）主要仪器和设备应包括下列各项：

① 钻石机、切石机、磨石机和车床等。

② 测量平台。

③ 材料试验机。

(9) 试验应按下列步骤进行：

① 将试件置于试验机承压板中心,调整球形座,使试件两端面与试验机上下压板接触均匀。

② 以每秒 0.5～1.0 MPa 的速度加载直至试件破坏。记录破坏荷载及加载过程中出现的现象。

③ 试验结束后,应描述试件的破坏形态。

(10) 试验成果整理应符合下列要求：

① 按下列公式计算岩石单轴抗压强度和软化系数：

$$R = \frac{P}{A} \tag{8.1-2}$$

$$\eta = \frac{\overline{R}_w}{\overline{R}_d} \tag{8.1-3}$$

式中　R——岩石单轴抗压强度,MPa；

　　　η——软化系数；

　　　P——破坏荷载,N；

　　　A——试件截面积,mm^2；

　　　$\overline{R}_w$——岩石饱和单轴抗压强度平均值,MPa；

　　　$\overline{R}_d$——岩石烘干单轴抗压强度平均值,MPa。

② 岩石单轴抗压强度计算值取 3 位有效数字,软化系数计算值精确到 0.01。

(11) 岩石单轴抗压强度试验记录包括工程名称、取样位置、试件编号、试件描述、含水状态、受力方向、试件尺寸和破坏荷载。

8.1.2.2　计算推导

当无条件取得岩石单轴饱和抗压强度实测值时,可采用实测的岩石点荷载强度指数 $I_{s(50)}$ 的换算值,并按下式换算：

$$R_c = 22.82 I_{s(50)}^{0.75}$$

(1) 试验按下列步骤进行：

① 径向试验时,将岩芯试件放入球端圆锥之间,使上下锥端与试件直径两端紧密接触,量测加载点间距。加载点距试件自由端的最小距离应不小于加载两点间距的 0.5。

② 轴向试验时,将岩芯试件放入球端圆锥之间,加载方向应垂直试件两端面,使上下锥端连线通过岩芯试件中截面的圆心处并与试件紧密接触。量测加载点间距及垂直于加载方向的试件宽度。

③ 方块体与不规则块体试验时,选择试件最小尺寸方向为加载方向。将试件放入球端圆锥之间,使上下锥端位于试件中心处并与试件紧密接触。量测加载点间距及通过两加载点最小截面的宽度或平均宽度。加载点距试件自由端的距离不应小于加载点间距的 0.5。

④ 稳定地施加荷载,使试件在 10～60 s 内破坏,记录破坏荷载。

⑤ 有条件时,应量测试件破坏瞬间的加载点间距。

⑥ 试验结束后,应描述试件的破坏形态。破坏面贯穿整个试件并通过两加载点为有效试验。

(2) 试验成果整理符合下列要求:

① 按下列公式计算岩石点荷载强度:

$$I_s = \frac{P}{D_e^2} \qquad (8.1\text{-}4)$$

式中　I_s——未经修正的岩石点荷载强度,MPa;

　　　P——破坏荷载,N;

　　　D_e——等价岩芯直径,mm。

② 径向试验时,应按下列公式计算等价岩芯直径:

$$D_e^2 = D^2 \qquad (8.1\text{-}5)$$

$$D_e^2 = DD' \qquad (8.1\text{-}6)$$

式中　D——加载点间距,mm;

　　　D'——上下锥端发生贯入后,试件破坏瞬间的加载点间距,mm。

③ 轴向、方块体或不规则块体试验时,应按下列公式计算等价岩芯直径:

$$D_e^2 = \frac{4WD}{\pi} \qquad (8.1\text{-}7)$$

$$D_e^2 = \frac{4WD'}{\pi} \qquad (8.1\text{-}8)$$

式中　W——通过两加载点最小截面的宽度或平均宽度,mm。

④ 当等价岩芯直径不等于 50 mm 时,应对计算值进行修正。当试验数据较多,且同一组试件中的等价岩芯直径具有多种尺寸而不等于 50 mm 时,应根据试验结果,绘制 D_e^2 与破坏荷载 P 的关系曲线,并在曲线上查找 D_e^2 为 2 500 mm^2 时对应的 P_{50} 值,按下列公式计算岩石点荷载强度指数:

$$I_{s(50)} = \frac{P_{50}}{2\,500} \qquad (8.1\text{-}9)$$

式中　$I_{s(50)}$——等价岩芯直径为 50 mm 的岩石点荷载强度指数,MPa;

　　　P_{50}——根据 D_e^2—P 关系曲线求得的 D_e^2 为 2 500 mm^2 时的 P 值,N。

⑤ 当等价岩芯直径不为 50 mm,且试验数据较少时,不宜按④的方法进行修正,应按下列公式计算岩石点荷载强度指数:

$$I_{s(50)} = F I_s \qquad (8.1\text{-}10)$$

$$F = \left(\frac{D_e}{50}\right)^m \qquad (8.1\text{-}11)$$

式中　F——修正系数;

　　　m——修正指数,可取 0.4～0.45,或根据同类岩石的经验值确定。

⑥ 按下列公式计算岩石点荷载强度各向异性指数:

$$I_{a(50)} = \frac{I'_{s(50)}}{I''_{s(50)}} \qquad (8.1\text{-}12)$$

式中　$I_{a(50)}$——岩石点荷载强度各向异性指数;

　　　$I'_{s(50)}$——垂直于弱面的岩石点荷载强度指数,MPa;

$I''_{s(50)}$——平行于弱面的岩石点荷载强度指数，MPa。

⑦ 按式(8.1-10)计算的垂直和平行弱面岩石点荷载强度指数应取平均值。当一组有效的试验数据不超过 10 个时，应舍去最高值和最低值，再计算其余数据的平均值；当一组有效的试验数据超过 10 个时，可依次舍去 2 个最高值和 2 个最低值，再计算其余数据的平均值。

⑧ 计算值取 3 位有效数字。

8.1.3 应用

(1) 对岩石的坚硬程度进行划分，见表 8.1-1。

表 8.1-1　　　　　　　　　　　　　　对岩石的坚硬程度进行划分

坚硬程度	坚硬岩	较硬岩	较软岩	软岩	极软岩
饱和单轴抗压强度/MPa	$f_r > 60$	$30 < f_r \leqslant 60$	$15 < f_r \leqslant 30$	$5 < f_r \leqslant 15$	$f_r \leqslant 5$

(2) 根据岩石单轴抗压强度确定嵌岩桩单桩竖向极限承载力标准值，可按下列公式计算：

$$Q_{uk} = Q_{sk} + Q_{rk} \tag{8.1-13}$$

$$Q_{sk} = u \sum q_{sik} l_i \tag{8.1-14}$$

$$Q_{rk} = \zeta_r f_{rk} A_p \tag{8.1-15}$$

式中　Q_{sk}、Q_{rk}——分别为土的总极限侧阻力、嵌岩段总极限阻力，kN；

　　　　u——桩身周长，m；

　　　　l_i——桩周第 i 层土的厚度，m；

　　　　q_{sik}——桩周第 i 层土的极限侧阻力，kPa，无当地经验时，可根据成桩工艺按经验值取值；

　　　　f_{rk}——岩石饱和单轴抗压强度标准值，黏土岩取天然湿度单轴抗压强度标准值，kPa；

　　　　A_p——桩端面积，m²；

　　　　ζ_r——嵌岩段侧阻和端阻综合系数，与嵌岩深径比 h_r/d、岩石软硬程度和成桩工艺有关，可按表 8.1-2 采用，表中数值适用于泥浆护壁成桩，对于干作业成桩（清底干净）和泥浆护壁成桩后注浆，ζ_r 应取表列数值的 1.2 倍。

表 8.1-2　　　　　　　　　　　　　嵌岩段侧阻和端阻综合系数 ζ_r

嵌岩深径比 h_r/d	0	0.5	1.0	2.0	3.0	4.0	5.0	6.0	7.0	8.0
极软岩、软岩	0.60	0.80	0.95	1.18	1.35	1.48	1.57	1.63	1.66	1.70
较硬岩、坚硬岩	0.45	0.65	0.81	0.90	1.00	1.04	—	—	—	—

注：1. 极软岩、软岩指 $f_{rk} \leqslant 15$ MPa，较硬岩、坚硬岩指 $f_{rk} > 30$ MPa，介于二者之间可内插取值。

　　2. h_r 为桩身嵌岩深度，当岩面倾斜时，以坡下方嵌岩深度为准；当 h_r/d 为非表列值时，ζ_r 可内插取值。

(3) 确定较完整岩层的地基系数，见表 8.1-3。

表 8.1-3　　　　　　　　　　　**确定较完整岩层的地基系数**

序号	岩体单轴极限抗压强度/kPa	地基系数/(kN/m³)	
		水平方向 k	竖直方向 k_0
1	10 000	60 000~160 000	100 000~200 000
2	15 000	150 000~200 000	250 000
3	20 000	180 000~240 000	300 000
4	30 000	240 000~320 000	400 000
5	40 000	360 000~480 000	600 000
6	50 000	480 000~640 000	800 000
7	60 000	720 000~960 000	1 200 000
8	80 000	900 000~2 000 000	1 500 000~2 500 000

注:$k=(0.6\sim0.8)k_0$。

（4）对岩石风化程度进行分类,见表 8.1-4。

表 8.1-4　　　　　　　　　　　**对岩石风化程度进行分类**

风化程度	野外特征	风化程度参数指标	
		波速比 K_v	风化系数 K_f
未风化	结构和构造未变,岩质新鲜,偶见风化痕迹	0.9~1.0	0.9~1.0
微风化	结构和构造基本未变,仅节理面有铁锰质渲染或矿物略有变色,有少量风化裂隙	0.8~0.9	0.8~0.9
中等风化	1. 组织结构部分破坏,矿物成分基本未变,沿节理面出现次生矿物,风化裂隙发育。 2. 岩体被节理、裂隙分割成块状(200~500 mm),硬质岩,锤击声脆,且不易击碎,软质岩,锤击易碎。 3. 用镐难挖掘,用岩芯钻方可钻进	0.6~0.8	0.4~0.8
强风化	1. 结构大部分破坏,矿物成分显著变化; 2. 岩体被节理、裂隙分割成碎石状(20~200 mm),碎石用手可以折断; 3. 用镐可以挖掘,干钻不易钻进	0.4~0.6	<0.4
全风化	1. 结构基本破坏,但尚可辨认; 2. 岩体已风化成坚硬或密实土状,可用镐挖,干钻可钻进; 3. 需用机械普遍刨松方能铲挖满载	0.2~0.4	—
残积土	组织结构全部破坏,已风化成土状,锹镐易挖掘,干钻易钻进,具可塑性	<0.2	—

注:1. 波速比 K_v 为风化岩石与新鲜岩石压缩波速度之比;

　　2. 风化系数 K_f 为风化岩石与新鲜岩石饱和单轴抗压强度之比;

　　3. 岩石风化程度,除按表列野外特征和定量指标划分外,也可根据当地经验划分;

　　4. 花岗岩类岩石,可采用标准贯入试验划分,$N\geqslant50$ 为强风化,$50>N\geqslant30$ 为全风化,$N<30$ 为残积土;

　　5. 泥岩和半成岩,可不进行风化程度划分。

（5）确定掘进机选型。

岩石的单轴饱和抗压强度是影响掘进机选型的主要因素之一。一般单轴饱和抗压强度越低，掘进机的破岩效率越高，掘进越快；单轴饱和抗压强度越高，破岩效率越低，掘进越慢。如岩的自稳时极短甚至不能自稳时，单轴饱和抗压强度高低对掘进速度的影响也就不是第一因素了。单轴饱和抗压强度值在一定范围内时，掘进机的掘进既能保持一定的速度，又能使隧道围岩在一定时间内保持自稳是理想的。

8.2 岩石极限抗拉强度

8.2.1 定义

岩石在单轴拉伸荷载作用下达到破坏时所承受的最大拉应力，简称极限抗拉强度。

8.2.2 获取

室内试验法：

（1）岩石抗拉强度试验采用劈裂法，适用于能制成规则试件的各类岩石。

（2）试件应符合下列要求：

圆柱体试件的直径宜为 48～54 mm。试件厚度为直径的 0.5～1.0 倍，并应大于岩石中最大颗粒直径的 10 倍。

（3）试验应按下列步骤进行：

① 根据要求的劈裂方向，通过试件直径的两端，沿轴线方向画两条相互平行的加载基线，将两根垫条沿加载基线固定在试件两侧。

② 将试件置于试验机承压板中心，调整球形座，使试件均匀受力，并使垫条与试件在同一加载轴线上。

③ 以每秒 0.3～0.5 MPa 的速度加载直至破坏。

④ 记录破坏荷载及加载过程中出现的现象，并对破坏后的试件进行描述。

（4）试验成果整理应符合下列要求：

① 按下列公式计算岩石抗拉强度：

$$\sigma_t = \frac{2P}{\pi Dh} \tag{8.2-1}$$

式中　σ_t——岩石抗拉强度，MPa；

　　　P——试件破坏荷载，N；

　　　D——试件直径，mm；

　　　h——试件厚度，mm。

② 计算值取 3 位有效数字。

（5）岩石抗拉强度试验的记录应包括工程名称、取样位置、试件编号、试件描述、试件尺寸、破坏荷载等。

8.2.3 应用

抗拉强度是一个重要的岩体力学指标。它还是建立岩石强度判据、确定强度包络线以及建筑石材选择中不可缺少的参数。

8.3 岩石极限抗剪强度

8.3.1 定义

岩石在剪切荷载的作用下达到破坏时所承受的最大剪应力称为岩石的极限抗剪强度。

8.3.2 获取

8.3.2.1 室内试验

（1）岩石直剪试验包括岩石、岩石结构面以及混凝土与岩石接触面直剪试验，适用于各类岩石。采用平推法。

（2）试样应在现场采取，在采取、运输、储存和制备过程中，应防止产生裂隙和扰动。

（3）试件应符合下列要求：

① 岩石直剪试验试件的直径或边长不得小于 50 mm，试件高度应与直径或边长相等。

② 岩石结构面直剪试验试件的直径或边长不得小于 50 mm，试件高度应与直径或边长相等。结构面应位于试件中部。

③ 混凝土与岩石接触面直剪试验试件应为正方体，其边长不宜小于 150 mm。接触面应位于试件中部，浇筑前岩石接触面的起伏差宜为边长的 1‰～2‰。混凝土应按预定的配合比浇筑，骨料的最大粒径不得大于边长的 1/6。

（4）试验的含水状态，可根据需要选择天然含水状态、饱和状态或其他含水状态。

（5）每组试验试件的数量应为 5 个。

（6）试件描述包括下列内容：

① 岩石名称、颜色、矿物成分、结构、构造、风化程度、胶结物性质等。

② 层理、片理、节理裂隙的发育程度及其与剪切方向的关系。

③ 结构面的充填物性质、充填程度以及试样采取和试件制备过程中受扰动的情况。

（7）主要仪器和设备包括下列各项：

① 试件制备设备。

② 试件饱和与养护设备。

③ 应力控制式平推法直剪试验仪。

④ 位移测表。

（8）试件安装符合下列规定：

① 将试件置于直剪仪的剪切盒内，试件受剪方向应与预定受力方向一致，试件与剪切盒内壁的间隙用填料填实，使试件与剪切盒成为一整体。预定剪切面应位于剪切缝中部。

② 安装试件时，法向荷载和剪切荷载的作用力方向应通过预定剪切面的几何中心。法向位移测表和剪切位移测表应对称布置，各测表数量不得少于 2 只。

③ 预留剪切缝宽度为试件剪切方向长度的 5％，或为结构面的厚度。

④ 混凝土与岩石接触面试件，应达到预定混凝土强度等级。

（9）法向荷载施加应符合下列规定：

① 在每个试件上分别施加不同的法向荷载，对应的最大法向应力值不宜小于预定的法向应力。各试件的法向荷载，宜根据最大法向荷载等分确定。

② 在施加法向荷载前,测读各位移测表的初始值。每 10 min 测读一次,各个测表 3 次读数差值不超过 0.02 mm 时,可施加法向荷载。

③ 对于岩石结构面中含有充填物的试件,最大法向荷载以不挤出充填物为宜。

④ 对于不需要固结的试件,法向荷载可一次施加完毕,测读法向位移,5 min 后再测读一次,即可施加剪切荷载。

⑤ 对于需要固结的试件,应按充填物的性质和厚度分 1～3 级施加。在法向荷载施加至预定值后的第一小时内,每隔 15 min 读数一次,然后每 30 min 读数一次。当各个测表每小时法向位移不超过 0.05 mm 时,视作固结稳定,即可施加剪切荷载。

⑥ 在剪切过程中,应使法向荷载始终保持恒定。

(10) 剪切荷载施加应符合下列规定:

① 测读各位移测表读数,必要时调整测表读数。根据需要,调整剪切千斤顶位置。

② 根据预估最大剪切荷载,宜分 8～12 级施加。每级荷载施加后,即测读剪切位移和法向位移,5 min 后再测读一次,即可施加下一级剪切荷载直至破坏。当剪切位移量增幅变大时,可适当加密剪切荷载分级。

③ 试件破坏后,应继续施加剪切荷载,直至测出趋于稳定的剪切荷载值为止。

④ 将剪切荷载退至零。根据需要,待试件回弹后,调整测表,按本条①～③步骤进行摩擦试验。

(11) 试验结束后,应对试件剪切面进行描述:

① 准确量测剪切面,确定有效剪切面积。

② 剪切面的破坏情况,擦痕的分布、方向和长度。

③ 测定剪切面的起伏差,绘制沿剪切方向断面高度的变化曲线。

④ 当结构面内有充填物时,应查找剪切面的准确位置,并记述其组成成分、性质、厚度、结构构造、含水状态。根据需要,测定充填物的物理性质和黏土矿物成分。

(12) 试验成果整理应符合下列要求:

① 按下列公式计算各法向荷载下的法向应力和剪应力:

$$\sigma = \frac{P}{A} \tag{8.3-1}$$

$$\tau = \frac{Q}{A} \tag{8.3-2}$$

式中　σ——作用于剪切面上的法向应力,MPa;

　　　τ——作用于剪切面上的剪应力,MPa;

　　　P——作用于剪切面上的法向荷载,N;

　　　Q——作用于剪切面上的剪切荷载,N;

　　　A——有效剪切面面积,mm^2。

② 绘制各法向应力下的剪应力与剪切位移及法向位移关系曲线,根据曲线确定各剪切阶段特征点的剪应力。

③ 将各剪切阶段特征点的剪应力和法向应力点绘在坐标图上,绘制剪应力与法向应力关系曲线,按库仑—奈维表达式确定相应的岩石强度参数(f,c)。

(13) 岩石直剪试验记录包括工程名称、取样位置、试件编号、试件描述、含水状态、混凝土配合比和强度等级、剪切面积、各法向荷载下各级剪切荷载时的法向位移及剪切位移,剪切面描述。

8.3.2.2 经验法

常见岩石的剪切强度指标见表 8.3-1。

表 8.3-1 常见岩石的剪切强度指标

岩石 名称	内摩擦角 /(°)	内聚力 /MPa	岩石 名称	内摩擦角 /(°)	内聚力 /MPa
辉长岩	50～55	10～50	花岗岩	45～60	14～50
辉绿岩	55～60	25～60	流纹岩	45～60	10～50
玄武岩	48～55	20～60	闪长岩	53～55	10～50
石英岩	50～60	20～60	安山岩	45～50	10～40
大理岩	35～50	15～30	片麻岩	30～50	3～5
页岩	15～30	3～20	灰岩	35～50	10～50
砂岩	35～50	8～40	白云岩	35～50	20～50
砾岩	35～50	8～50	千枚岩、片岩	26～65	1～20
板岩	45～60	2～20			

8.3.3 应用

岩石的抗剪强度是岩石抵抗剪切破坏的极限能力,它是岩石力学中重要指标之一,常以内聚力 c 和内摩擦角 φ 这两个抗剪参数表示。

8.4 完整性系数

8.4.1 定义

岩体完整性系数是岩体压缩波速度和岩块压缩波速度之比的平方,符号:k_v。

8.4.2 获取

(1)岩体完整性系数 k_v 的测试应符合下列规定:

① 应针对不同的工程地质岩组或岩性段,选择有代表性的测段,测试岩体弹性纵波速度,并应在同一岩体中取样,测试岩石弹性纵波速度。

② 对于岩浆岩,岩体弹性纵波速度测试宜覆盖岩体内各裂隙组发育区域;对沉积岩和沉积变质岩层,弹性波测试方向宜垂直于或大角度相交于岩层层面。

③ k_v 值应按下式计算:

$$k_v = \left(\frac{v_{Pm}}{v_{Pr}}\right)^2 \tag{8.4-1}$$

式中 v_{Pm}——岩体弹性纵波波速,km/s;

v_{Pr}——岩石弹性纵波波速,km/s。

(2)岩体完整性系数 k_v 应采用实测值,当无条件取得实测值时,也可用岩体体积节理数 J_v 按表 8.4-1 确定对应的 k_v 值。

表 8.4-1   **岩体体积节理数与岩体完整性系数对应表**

岩体体积节理数 J_v/(条/m³)	<3	3～10	10～20	20～35	>35
岩体完整性系数 k_v	>0.75	0.75～0.55	0.55～0.35	0.35～0.15	<0.15

(3) 岩体体积节理数 J_v 的测试应符合下列规定：

① 应针对不同的工程地质岩组或岩性段,选择有代表性的出露面或开挖壁面进行节理(结构面)统计。有条件时宜选择两个正交岩体壁面进行统计。

② 岩体体积节理数 J_v 的测试应采用直接法或间距法。

③ 间距法的测试应符合下列规定：

a. 测线应水平布置,测线长度不宜小于 5 m;根据具体情况,可增加垂直测线,垂直测线长度不宜小于 2 m。

b. 应对与测线相交的各结构面迹线交点位置及相应结构面产状进行编录,并根据产状分布情况对结构面进行分组。

c. 应对测线上同组结构面沿测线方向间距进行测量与统计,获得沿测线方向视间距。应根据结构面产状与测线方位,计算该组结构面沿法线方向的真间距,其算术平均值的倒数即为该组结构面沿法向每米长结构面的条数。

d. 对迹线长度大于 1 m 的分散节理应予以统计,已为硅质、铁质、钙质胶结的节理不应参与统计。

e. J_v 值应根据节理统计结果按下式计算：

$$J_v = \sum S_i + S_0, i = 1, \cdots, n \tag{8.4-2}$$

式中　J_v——岩体体积节理数,条/m³;

　　　　n——统计区域内结构面组数;

　　　　S_i——第 i 组结构面沿法向每米长结构面的条数;

　　　　S_0——每立方米岩体非成组节理条数。

8.4.3 应用

(1) 对岩体完整程度进行划分,见表 8.4-2。

表 8.4-2   **岩体完整程度分类**

完整程度	完整	较完整	较破碎	破碎	极破碎
完整性系数	>0.75	0.55～0.75	0.35～0.55	0.15～0.35	<0.15

(2) 确定岩体的基本质量 BQ。

确定 BQ 需要两个指标:岩体单轴饱和(湿)抗压强度 R_c 和岩体完整性系数 k_v。确定了 R_c 和 k_v 的值以后,可按下式计算岩体的基本质量指标,即：

$$BQ = 90 + 3R_c + 250k_v \tag{8.4-3}$$

在使用上式时,应遵守以下限制条件：

当 $R_c > 90k_v + 30$ 时，应以 $R_c = 90k_v + 30$ 代入上式计算 BQ 值；

当 $k_v > 0.04R_c + 0.4$ 时，应以 $k_v = 0.04R_c + 0.4$ 代入上式计算 BQ 值。

在计算出 BQ 的值以后，可以根据表 8.4-3 对岩体基本质量进行分级。

表 8.4-3 岩体基本质量分级

基本质量级别	Ⅰ	Ⅱ	Ⅲ	Ⅳ	Ⅴ
岩体基本质量的定性特征	坚硬岩，岩体完整	坚硬岩，岩体较完整；较坚硬岩，岩体完整	坚硬岩，岩体较破碎；较坚硬岩，岩体较完整；较软岩，岩体完整	坚硬岩，岩体破碎；较坚硬岩，岩体较破碎~破碎；较软岩，岩体较完整~较破碎；软岩，岩体完整~较完整	较软岩，岩体破碎；软岩，岩体较破碎~破碎；全部极软岩及全部极破碎岩
基本质量指标 BQ	>550	550~451	450~351	350~251	≤250

8.5 RQD 指标

8.5.1 定义

岩石质量指标(RQD)定义为用直径为 75 mm 的金刚石钻头和双层岩芯管在岩石中钻进，连续取芯，回次钻进所取岩芯中，长度大于 10 cm 的岩芯段长度之和与该回次进尺的比值，以百分数表示。

8.5.2 获取

用直径为 75 mm 的金刚石钻头和双层岩芯管在岩石中钻进，连续取芯。

$$RQD = \frac{\sum l \geqslant 10 \text{ cm}}{L} \times 100\% \tag{8.5-1}$$

式中 l——岩芯单节长，$\geqslant 10$ cm；

L——钻孔长度。

8.5.3 应用

对岩石质量进行评价，见表 8.5-1。

表 8.5-1 判别岩石质量

岩石质量指标 RQD	质量等级
>90	好的
75~90	较好的
50~75	较差的
25~50	差的
<25	极差的

8.6 孔隙率

8.6.1 定义

岩石试样中孔隙体积与岩石试样总体积的百分比。符号:n。

8.6.2 获取

$$n = \frac{V_v}{V} \times 100\%$$

(8.6-1)

式中　n——孔隙率,以百分比表示;

　　　V_v——岩样的孔隙体积,m³;

　　　V——岩样的体积,m³。

岩石的孔隙率也可根据干容重 γ_d 和比重 G_s 计算:

$$n = 1 - \frac{\gamma_d}{G_s \gamma_w}$$

(8.6-2)

式中　r_w——水的重度,kN/m³;

　　　γ_d——岩石的干容重,kN/m³;

　　　G_s——岩石的比重。

8.6.3 应用

孔隙率分为开口孔隙率和封闭孔隙率,两者之和总称孔隙率。由于岩石的孔隙主要是由岩石内的粒间孔隙和细微裂隙构成,所以孔隙率是反映岩石致密程度和岩石力学性能的重要参数。坚硬岩石的 n 远远小于 1,例如石灰岩的 n 为 0.1,砂岩的 n 为 0.12,花岗岩的 n 为 0.01,砂岩的 n 取决于粒度成分,可能为 0.6~0.8。

8.7 吸水率

8.7.1 定义

岩石的吸水率是指岩石在某种条件下吸入水的质量与岩石固体的质量之比值,符号:w。岩石的吸水率按其试验方法的不同可分成岩石吸水率和岩石饱和吸水率两个指标。

8.7.2 获取

8.7.2.1 岩石吸水率(自由浸水法)

(1)将试件置于烘箱内,在 105~110 ℃温度下烘 24 h,取出放入干燥器内冷却至室温后称量。

(2)当采用自由浸水法时,将试件放入水槽,先注水至试件高度的 1/4 处,以后每隔 2 h分别注水至试件高度的 1/2 和 3/4 处,6 h 后全部浸没试件。试件在水中自由吸水 48 h 后,取出试件并沾去表面水分称量。

(3)称量准确至 0.01 g。

(4)岩石吸水率可按下式求得:

$$w_a = \frac{m_0 - m_s}{m_s} \times 100\%$$

(8.7-1)

式中　　w_a——岩石吸水率,%;

　　　　m_0——试件浸水 48 h 的质量,g;

　　　　m_s——烘干试件质量,g。

8.7.2.2　岩石饱和吸水率(煮沸法或真空抽气法)

（1）当采用真空抽气法饱和试件时,饱和容器内的水面应高于试件,真空压力表读数宜为当地大气压值。抽气直至无气泡逸出为止,但抽气时间不得少于 4 h。经真空抽气的试件,应放置在原容器中,在大气压力下静置 4 h,取出并沾去表面水分称量。

（2）当采用煮沸法饱和试件时,煮沸容器内的水面应始终高于试件,煮沸时间不得少于 6 h。经煮沸的试件应放置在原容器中冷却至室温,取出并沾去表面水分称量。

（3）将经煮沸或真空抽气饱和的试件,置于水中称量装置上,称其在水中的质量。

（4）称量准确至 0.01 g。

（5）岩石饱和吸水率可按下式计算：

$$w_{sa} = \frac{m_p - m_s}{m_s} \times 100\%　\quad (8.7-2)$$

式中　　w_{sa}——岩石饱和吸水率,%;

　　　　m_s——烘干试件质量,g;

　　　　m_p——试件经强制饱和后的质量,g。

8.7.3　应用

（1）它是一个间接反映岩石中孔隙多少的指标。工程上常用岩石的吸水率作为判断岩石的抗冻性和风化程度的指标,并广泛地与其他的物理力学特征值建立关系。

（2）判定岩石是否属于膨胀岩,见表 8.7-1。

表 8.7-1　　　　　　　　　　　判别岩石为膨胀岩的指标

试验项目		判定指标
不易崩解岩石	膨胀率 V_H/%	$V_H \geqslant 3$
易崩解岩石	自由膨胀率 F_s/%	$F_s \geqslant 30$
膨胀力 p_P/kPa		$p_P \geqslant 100$
饱和吸水率 w_{sa}/%		$w_{sa} \geqslant 10$

注：1. 不易崩解的岩石,应取轴向或径向自由膨胀率中的大值进行判定。

　　2. 易崩解的岩石应将其粉碎,过 0.5 mm 筛去除粗颗粒后,比照土的自由膨胀率的试验方法进行试验。

　　3. 当有 2 项及 2 项以上符合表列指标时,可判定其为膨胀岩。

8.8　软化系数

8.8.1　定义

岩石软化系数是岩石饱和单轴抗压强度平均值和岩石烘干单轴抗压强度平均值的比值。

8.8.2　获取

（1）可按下式求得：

$$K_R = \frac{R_b}{R_c} \qquad\qquad (8.8\text{-}1)$$

式中　K_R——岩石的软化系数；

　　　R_b——岩石饱和单轴抗压强度平均值，MPa；

　　　R_c——岩石烘干单轴抗压强度平均值，MPa。

（2）经验值。

几种岩石的软化系数见表 8.8-1。

表 8.8-1 　　　　　　　　　　　**部分岩石的软化系数**

岩石名称	软化系数	岩石名称	软化系数	岩石名称	软化系数
凝灰岩	0.52～0.86	石灰岩	0.58～0.94	辉绿岩	0.44～0.90
页岩	0.24～0.55	花岗岩	0.75～0.97	闪长岩	0.60～0.74
砂岩	0.44～0.97	玄武岩	0.71～0.92	石英岩	0.96

8.8.3　应用

岩石的软化性是指岩石耐风化、耐水浸的能力。软化系数一般情况下小于 1。岩石的软化性与岩石的物质组成有很大的关系，通常含较多黏土矿物的岩石，其软化系数小，即饱水后强度下降多。

显然，K_R 愈小则岩石软化性愈强。研究表明：岩石的软化性取决于岩石的矿物组成与孔隙性。当岩石中含有较多的亲水性和可溶性矿物，且含大开孔隙较多时，岩石的软化性较强，软化系数较小。如黏土岩、泥质胶结的砂岩、砾岩和泥灰岩等岩石，软化性较强，软化系数一般为 0.4～0.6，甚至更低。常见岩石的软化系数列于表 8.8-1 中，由表可知，岩石的软化系数都小于 1.0，说明岩石均具有不同程度的软化性。一般认为，软化系数 $K_R > 0.75$ 时，岩石的软化性弱，同时也说明岩石的抗冻性和抗风化能力强。而 $K_R \leqslant 0.75$ 的岩石则是软化性较强和工程地质性质较差的岩石。

对岩石在水中软化系数按表 8.8-2 进行分类。

表 8.8-2 　　　　　　　　　　　**岩石在水中软化系数分类**

岩石名称	软化系数 K_R
不软化的岩石	$K_R > 0.75$
软化的岩石	$K_R \leqslant 0.75$

注：软化系数 K_R 等于饱和状态与风干状态的岩石单轴极限抗压强度之比。

8.9　弹性模量

8.9.1　定义

岩石弹性模量是指岩石受拉应力或压应力时将产生变形，当负荷增加到一定程度后，应力与应变即呈线性关系，应力与应变的比值称为岩石的弹性模量。

8.9.2　获取

（1）电阻应变片法试验按下列步骤进行：

① 选择电阻应变片时，应变片阻栅长度应大于岩石最大矿物颗粒直径的 10 倍，并应小于试件半径；同一试件所选定的工作片与补偿片的规格、灵敏系数等应相同，电阻值允许误差为 0.2 Ω。

② 贴片位置应选择在试件中部相互垂直的两对称部位，以相对面为一组，分别粘贴轴向、径向应变片，并应避开裂隙或斑晶。

③ 贴片位置应打磨平整光滑，并用清洗液清洗干净。各种含水状态的试件，应在贴片位置的表面均匀地涂一层防底潮胶液，厚度不宜大于 0.1 mm，范围应大于应变片。

④ 应变片应牢固地粘贴在试件上，轴向或径向应变片的数量可采用 2 片或 4 片，其绝缘电阻值不应小于 200 MΩ。

⑤ 在焊接导线后，可在应变片上做防潮处理。

⑥ 将试件置于试验机承压板中心，调整球形座，使试件受力均匀，并测初始读数。

⑦ 加载宜采用一次连续加载法。以每秒 0.5～1.0 MPa 的速度加载，逐级测读荷载与各应变片应变值直至试件破坏，记录破坏荷载。测值不宜少于 10 组。

⑧ 记录加载过程及破坏时出现的现象，并对破坏后的试件进行描述。

（2）千分表法试验按下列步骤进行：

① 千分表架应固定在试件预定的标距上，在表架上的对称部位分别安装量测试件轴向或径向变形的测表。标距长度和试件直径应大于岩石最大矿物颗粒直径的 10 倍。

② 对于变形较大的试件，可将试件置于试验机承压板中心，将磁性表架对称安装在下承压板上，量测试件轴向变形的测表表头应对称，直接与上承压板接触。量测试件径向变形的测表表头直接与试件中部表面接触，径向测表应分别安装在试件直径方向的对称位置上。

③ 量测轴向或径向变形的测表可采用 2 只或 4 只。

（3）试验成果整理符合下列要求：

① 岩石单轴抗压强度按式（8.1-2）计算。

② 按下列公式计算各级应力：

$$\sigma = \frac{P}{A} \tag{8.9-1}$$

式中　σ——各级应力，MPa；

　　　P——与所测各组应变值相应的荷载，N。

③ 按下列公式计算千分表法轴向应变与径向应变值：

$$\varepsilon_1 = \frac{\Delta L}{L} \tag{8.9-2}$$

$$\varepsilon_d = \frac{\Delta D}{D} \tag{8.9-3}$$

式中　ε_1——各级应力的轴向应变值；

　　　ε_d——与 ε_1 同应力的径向应变值；

　　　ΔL——各级荷载下的轴向变形平均值，mm；

　　　ΔD——与 ΔL 同荷载下的径向变形平均值，mm；

L——轴向测量标距或试件高度，mm；

D——试件直径，mm。

④ 绘制应力与轴向应变及径向应变关系曲线。

⑤ 按下列公式计算岩石平均弹性模量和岩石平均泊松比：

$$E_{av} = \frac{\sigma_b - \sigma_a}{\varepsilon_{lb} - \varepsilon_{la}} \tag{8.9-4}$$

$$\mu_{av} = \frac{\varepsilon_{db} - \varepsilon_{da}}{\varepsilon_{lb} - \varepsilon_{la}} \tag{8.9-5}$$

式中　E_{av}——岩石平均弹性模量，MPa；

　　　μ_{av}——岩石平均泊松比；

　　　σ_a——应力与轴向应变关系曲线上直线段始点的应力值，MPa；

　　　σ_b——应力与轴向应变关系曲线上直线段终点的应力值，MPa；

　　　ε_{la}——应力为 σ_a 时的轴向应变值；

　　　ε_{lb}——应力为 σ_b 时的轴向应变值；

　　　ε_{da}——应力为 σ_a 时的径向应变值；

　　　ε_{db}——应力为 σ_b 时的径向应变值。

⑥ 按下列公式计算岩石割线弹性模量及相应的岩石泊松比：

$$E_{50} = \frac{\sigma_{50}}{\varepsilon_{l50}} \tag{8.9-6}$$

$$\mu_{50} = \frac{\varepsilon_{d50}}{\varepsilon_{l50}} \tag{8.9-7}$$

式中　E_{50}——岩石割线弹性模量，MPa；

　　　μ_{50}——岩石泊松比；

　　　σ_{50}——相当于岩石单轴抗压强度 50% 时的应力值，MPa；

　　　ε_{l50}——应力为 σ_{50} 时的轴向应变值；

　　　ε_{d50}——应力为 σ_{50} 时的径向应变值。

⑦ 岩石弹性模量值取 3 位有效数字，泊松比计算值精确至 0.01。

8.9.3　应用

表示岩石的变形特性。地基基础设计等级为甲、乙级建筑物，同一建筑物的地基存在坚硬程度不同，两种或多种岩体变形模量差异达 2 倍及 2 倍以上，应进行地基变形验算。

8.10　泊松比

8.10.1　定义

岩石泊松比是指岩石受岩应力时，在弹性范围内岩石的侧向应变 ε_x 与轴向应变 ε_y 的比值，即：

$$\mu = \frac{\varepsilon_x}{\varepsilon_y} \tag{8.10-1}$$

岩石的泊松比受岩石矿物组成、结构构造、风化程度、孔隙型、含水率、微结构面及与荷载方向的关系等多种因素的影响,变化较大。

8.10.2　获取

试验法,见 8.9 节。

8.10.3　应用

(1) 在岩石的弹性工作范围内,泊松比一般为常数,但超出弹性范围后,泊松比将随应力的增大而增大,直到 $\mu = 0.5$ 为止。

(2) 弹性模量值和泊松比值的大小反映了岩石的软硬程度。

(3) 可按下式计算静止岩石压力系数 K_0:

$$K_0 = \frac{\mu}{1-\mu} \tag{8.10-2}$$

8.11　等效内摩擦角

8.11.1　定义

岩体等效内摩擦角是考虑黏聚力在内的假想的"内摩擦角",也称似内摩擦角或综合内摩擦角。符号:φ_d。

8.11.2　获取

(1) 可根据经验确定,也可由公式计算确定。等效内摩擦角的计算公式推导如下:

$$\tau = \sigma \tan \varphi + c,\ 或\ \tau = \sigma \tan \varphi_d \tag{8.11-1}$$

则:

$$\tan \varphi_d = \tan \varphi + \frac{c}{\sigma} = \tan \varphi + \frac{2c}{\gamma h} \cos \theta \tag{8.11-2}$$

即:

$$\varphi_d = \arctan \left(\tan \varphi + \frac{2c}{\gamma h} \cos \theta \right) \tag{8.11-3}$$

式中　τ——剪应力;

　　　　σ——正应力;

　　　　θ——岩体破裂角,为 $45° + \varphi/2$,见图 8.11-1。

(2) 边坡岩体等效内摩擦角宜按当地经验确定。当缺乏当地经验时,可按表 8.11-1 取值。

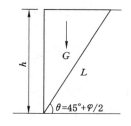

图 8.11-1

表 8.11-1　　　　　　　　　　边坡岩体等效内摩擦角标准值

边坡岩体类型	Ⅰ	Ⅱ	Ⅲ	Ⅳ
等效内摩擦角 $\varphi_d/(°)$	$\geqslant 70$	$70 \sim 60$	$60 \sim 50$	$50 \sim 35$

注:1. 边坡高度较大时宜取低值,反之取高值;坚硬岩、较硬岩、较软岩和完整性较好的岩体取高值,软岩、极软岩和完整性差的岩体取低值。

　　2. 临时性边坡取表中高值。

　　3. 表中数值已考虑时间效应和工作条件等因素。

8.11.3　应用

岩体等效内摩擦角 φ_d 在工程中应用较广,也为广大工程技术人员所接受,可用来判断边坡的整体稳定性:当边坡岩体处于极限平衡状态时,即下滑力等于抗滑力:$G \sin \theta = G \cos \theta \tan \varphi + cL = G \cos \theta \tan \varphi_d$,则:$\tan \theta = \tan \varphi_d$。故当 $\theta < \varphi_d$ 时,边坡整体稳定;反之,则不稳定。

8.12 含水率

8.12.1 定义

岩石中水的质量和岩块质量的比值。符号:w。

8.12.2 获取

室内试验(烘干法):

(1) 称试件烘干前的质量。

(2) 将试件置于烘箱内,在 $105 \sim 110$ ℃的温度下烘 24 h。

(3) 将试件从烘箱中取出,放入干燥器内冷却至室温,称烘干后试件的质量。

(4) 称量准确至 0.01 g。

(5) 岩石含水率按下式计算:

$$w = \frac{m_0 - m_s}{m_s} \times 100\% \tag{8.12-1}$$

式中　　w——岩石含水率,%;

　　　　m_0——试件烘干前的质量,g;

　　　　m_s——试件烘干后的质量,g。

(6) 计算值精确至 0.01。

8.12.3 应用

岩石的基本参数之一,与其他参数配合使用。

8.13 颗粒密度

8.13.1 定义

岩石粉碎后岩粉的密度。岩石单位体积内的质量。符号:G_s。

8.13.2 获取

室内试验(比重瓶法):

(1) 将制备好的岩粉,置于 $105 \sim 110$ ℃温度下烘干,烘干时间不应少于 6 h,然后放入干燥器内冷却至室温。

(2) 用四分法取两份岩粉,每份岩粉质量为 15 g。

(3) 将岩粉装入烘干的比重瓶内,注入试液(蒸馏水或煤油)至比重瓶容积的一半处。对含水溶性矿物的岩石,应使用煤油做试液。

(4) 当使用蒸馏水做试液时,采用煮沸法或真空抽气法排除气体。当使用煤油做试液时,采用真空抽气法排除气体。

(5) 当采用煮沸法排除气体时,在加热沸腾后煮沸时间不应少于 1 h。

(6) 当采用真空抽气法排除气体时,真空压力表读数宜为当地大气压。抽气至无气泡逸出时,继续抽气时间不宜少于 1 h。

（7）将经过排除气体的试液注入比重瓶至近满,然后置于恒温水槽内,使瓶内温度保持恒定并待上部悬液澄清。

（8）塞上瓶塞,使多余试液自瓶塞毛细孔中溢出,将瓶外擦干,称瓶、试液和岩粉的总质量,并测定瓶内试液的温度。

（9）洗净比重瓶,注入经排除气体并与试验同温度的试液至比重瓶内,按（7）、（8）步骤称瓶和试液的质量。

（10）称量准确至 0.001 g,温度准确至 0.5 ℃。

（11）按下列公式计算岩石颗粒密度：

$$G_s = \frac{m_s}{m_1 + m_s - m_2} G_{WT}$$ （8.13-1）

式中 G_s——岩石颗粒密度,g/cm³;

m_s——烘干岩粉质量,g;

m_1——瓶、试液总质量,g;

m_2——瓶、试液、岩粉总质量,g;

G_{WT}——与试验温度同温度的试液比重,g/cm³。

（12）颗粒密度试验应进行两次平行测定,两次测定的差值不应大于 0.02,取两次测值的平均值。

（13）计算值精确至 0.01。

8.13.3 应用

计算岩石重度。

8.14 块体密度

8.14.1 定义

岩块单位体积内的质量。符号:ρ。

8.14.2 获取

8.14.2.1 室内试验（量积法）

（1）量测试件两端和中间三个断面上相互垂直的两个直径或边长,按平均值计算截面积。

（2）量测两端面周边对称四点和中心点的五个高度,计算高度平均值。

（3）将试件置于烘箱中,在 105~110 ℃温度下烘 24 h,然后放入干燥器内冷却至室温,称烘干试件质量。

（4）长度量测准确至 0.02 mm,称量准确至 0.01 g。

（5）量积法按下列公式计算岩石干密度：

$$\rho_d = \frac{m_s}{AH}$$ （8.14-1）

式中 ρ_d——岩石烘干密度,g/cm³;

m_s——烘干试件质量,g;

A——试件截面积，cm^2；

H——试件高度，cm。

8.14.2.2 室内试验（蜡封法）

（1）测试密度时，应取有代表性的岩石制备试件并称量；测干密度时，试件应在105～110 ℃温度下烘24 h，然后放入干燥器内冷却至室温，称烘干试件质量。

（2）将试件系上细线，置于温度60 ℃左右的熔蜡中约1～2 s，使试件表面均匀涂上一层蜡膜，其厚度约1 mm。当试件上蜡膜有气泡时，应用热针刺穿并用蜡液涂平，待冷却后称蜡封试件质量。

（3）将蜡封试件置于水中称量。

（4）取出试件，擦干表面水分后再次称量。当浸水后的蜡封试件质量增加时，应重做试验。

（5）湿密度试件在剥除密封膜后，按含水率试验的步骤，测定岩石含水率。

（6）称量准确至0.01 g。

（7）蜡封法按下列公式计算岩石干密度和湿密度：

$$\rho_d = \frac{m_s}{\dfrac{m_1 - m_2}{\rho_w} - \dfrac{m_1 - m_s}{\rho_p}} \tag{8.14-2}$$

$$\rho = \frac{m}{\dfrac{m_1 - m_2}{\rho_w} - \dfrac{m_1 - m_s}{\rho_p}} \tag{8.14-3}$$

式中　ρ——岩石湿密度，g/cm^3；

m——湿试件质量，g；

m_s——湿试件质量，g；

m_1——蜡封试件质量，g；

m_2——蜡封试件在水中的质量，g；

ρ_w——水的密度，g/cm^3；

ρ_p——石蜡的密度，g/cm^3。

（8）岩石块体湿密度换算成岩石块体干密度时，按下式计算：

$$\rho_d = \frac{\rho}{1 + 0.01w} \tag{8.14-4}$$

式中　w——岩石含水率，%。

（9）计算值精确至0.01。

8.14.3 应用

岩块的基本参数之一，可用于计算岩块重度。

8.15 膨胀性参数

8.15.1 定义

自由膨胀率：岩土在浸水后的体积增加量与在正常情况下的体积之比值。

膨胀压力：膨胀压力是反映岩土膨胀性强弱的指标。黏性土在有侧限条件下充分吸水，使其保持不发生竖向膨胀所需施加的最大压力值。

8.15.2　获取

8.15.2.1　自由膨胀率

（1）将试件放入自由膨胀率试验仪内，在试件上、下端分别放置透水板，顶部放置一块金属板。

（2）在试件上部和四侧对称的中心部位安装千分表，分别量测试件的轴向变形和径向变形。四侧千分表与试件接触处，宜放置一块薄铜片。

（3）记录千分表读数，每隔 10 min 测读变形 1 次，直至 3 次读数不变。

（4）缓慢地向盛水容器内注入蒸馏水，直至淹没上部透水板，并立即读数。

（5）在第 1 小时内，每隔 10 min 测读变形 1 次，以后每隔 1 h 测读变形 1 次，直至所有千分表的 3 次读数差不大于 0.001 mm 为止，但浸水后的试验时间不得少于 48 h。

（6）在试验加水后，应保持水位不变，水温变化不得大于 2 ℃。

（7）在试验过程中及试验结束后，应详细描述试件的崩解、开裂、掉块、表面泥化或软化现象。

（8）按下列公式计算岩石自由膨胀率：

$$V_{\text{H}} = \frac{\Delta H}{H} \times 100\% \tag{8.15-1}$$

$$V_{\text{D}} = \frac{\Delta D}{D} \times 100\% \tag{8.15-2}$$

式中　V_{H}——岩石轴向自由膨胀率，%；

　　　V_{D}——岩石径向自由膨胀率，%；

　　　ΔH——试件轴向变形值，mm；

　　　H——试件高度，mm；

　　　ΔD——试件径向变形值，mm；

　　　D——试件直径或边长，mm。

（9）计算值取 3 位有效数字。

8.15.2.2　侧向约束膨胀率

（1）将试件放入内壁涂有凡士林的金属套环内，在试件上、下端分别放置薄型滤纸和透水板。

（2）顶部放上固定金属荷载块并安装垂直千分表。金属荷载块的质量应能对试件产生 5 kPa 的持续压力。

（3）记录千分表读数，每隔 10 min 测读变形 1 次，直至 3 次读数不变。

（4）试验结束后，应描述试件的泥化和软化现象。

（5）按下列公式计算侧向约束膨胀率：

$$V_{\text{HP}} = \frac{\Delta H_1}{H} \times 100\% \tag{8.15-3}$$

式中　V_{HP}——岩石侧向约束膨胀率，%；

　　　H——试件高度，mm；

　　　ΔH_1——有侧向约束试件的轴向变形值，mm。

（6）计算值取 3 位有效数字。

8.15.2.3 膨胀压力

（1）将试件放入内壁涂有凡士林的金属套环内，并在试件上、下端分别放置薄型滤纸和金属透水板。

（2）按膨胀压力试验仪的要求，安装加压系统和量测试件变形的千分表。

（3）应使仪器各部位和试件在同一轴线上，不应出现偏心荷载。

（4）对试件施加 10 kPa 压力的荷载，记录千分表和测力计读数，每隔 10 min 测读 1 次，直至 3 次读数不变。

（5）缓慢地向盛水容器内注入蒸馏水，直至淹没上部金属透水板。观测千分表的变化。当变形量大于 0.001 mm 时，调节所施加的荷载，应使试件膨胀变形或试件厚度在整个试验过程中始终保持不变，并记录测力计读数。

（6）开始时每隔 10 min 读数一次，连续 3 次读数差小于 0.001 mm 时，改为每 1 h 读数一次；当每 1 h 读数连续 3 次读数差小于 0.001 mm 时，可认为稳定并记录试验荷载。浸水后总的试验时间不得少于 48 h。

（7）在试验加水后，应保持水位不变。水温变化不得大于 2 ℃。

（8）试验结束后，应描述试件的泥化和软化现象。

（9）按下列公式计算体积不变条件下的膨胀压力：

$$p_e = \frac{F}{A} \qquad (8.15\text{-}4)$$

式中　p_e——体积不变条件下的岩石膨胀压力，MPa；

　　　F——轴向荷载，N；

　　　A——试件截面积，mm^2。

（10）计算值取 3 位有效数字。

8.15.3 应用

判定岩石的膨胀性，见 8.7 节。

8.16 岩石动力特性参数

8.16.1 定义

岩石动弹性模量、动泊松比、动剪切模量、动拉梅系数、动体积模量的总称。

岩石动态弹性模量是岩石动态力学性质之一，指岩石在动荷载作用下显示出的弹性模量。

8.16.2 获取

采用岩块声波速度测试的方法。

（1）测试应按下列步骤进行：

① 选用发射换能器的发射频率时，应满足下列公式要求：

$$f \geqslant \frac{2v_P}{D} \qquad (8.16\text{-}1)$$

式中　f——发射换能器发射频率，Hz；

v_P——岩石纵波速度,m/s;

D——试件的直径,m。

② 测试纵波速度时,耦合剂宜采用凡士林或黄油;测试横波速度时,耦合剂宜采用铝箔、铜箔或水杨酸苯酯等固体材料。

③ 对非受力状态下的直透法测试,将试件置于测试架上,换能器置于试件轴线的两端,量测两换能器中心距离。对换能器施加约 0.05 MPa 的压力,测读纵波或横波在试件中传播时间。受力状态下的测试,宜与单轴压缩变形试验同时进行。

④ 需要采用平透法测试时,应将一个发射换能器和两个(或两个以上)接收换能器置于试件的同一侧的一条直线上,量测发射换能器中心至每一接收换能器中心的距离,测读纵波或横波在试件中传播时间。

⑤ 直透法测试结束后,应测定声波在不同长度的标准有机玻璃棒中的传播时间,绘制时距曲线,以确定仪器系统的零延时。也可将发射、接收换能器对接,测读零延时。

⑥ 使用切变振动模式的横波换能器时,收、发换能器的振动方向应一致。

⑦ 距离准确至 1 mm,时间准确至 0.1 μs。

(2) 测试成果整理应符合下列要求:

① 按下列公式计算岩石纵波速度、横波速度:

$$v_P = \frac{L}{t_P - t_0} \tag{8.16-2}$$

$$v_S = \frac{L}{t_S - t_0} \tag{8.16-3}$$

$$v_P = \frac{L_2 - L_1}{t_{P2} - t_{P1}} \tag{8.16-4}$$

$$v_S = \frac{L_2 - L_1}{t_{S2} - t_{S1}} \tag{8.16-5}$$

式中　v_P——纵波速度,m/s;

v_S——横波速度,m/s;

L——发射、接收换能器中心间的距离,m;

t_P——直透法纵波的传播时间,s;

t_S——直透法横波的传播时间,s;

t_0——仪器系统的零延时,s;

$L_1(L_2)$——平透法发射换能器至第一(二)个接收换能器两中心的距离,m;

$t_{P1}(t_{S1})$——平透法发射换能器至第一个接收换能器纵(横)波的传播时间,s;

$t_{P2}(t_{S2})$——平透法发射换能器至第二个接收换能器纵(横)波的传播时间,s。

② 按下列公式计算岩石动弹性参数:

$$E_d = \rho v_P^2 \frac{(1+\mu)(1-2\mu)}{1-\mu} \times 10^{-3} \tag{8.16-6}$$

$$E_d = 2\rho v_S^2 (1+\mu) \times 10^{-3} \tag{8.16-7}$$

$$\mu_d = \frac{\left(\dfrac{v_P}{v_S}\right)^2 - 2}{2\left[\left(\dfrac{v_P}{v_S}\right)^2 - 1\right]} \tag{8.16-8}$$

$$G_d = \rho v_S^2 \times 10^{-3} \qquad\qquad (8.16\text{-}9)$$

$$\lambda_d = \rho(v_P^2 - 2v_S^2) \times 10^{-3} \qquad\qquad (8.16\text{-}10)$$

$$K_d = \rho\,\frac{3v_P^2 - 4v_S^2}{3} \times 10^{-3} \qquad\qquad (8.16\text{-}11)$$

式中　E_d——岩石动弹性模量，MPa；

　　　μ_d——岩石动泊松比；

　　　G_d——岩石动刚性模量或动剪切模量，MPa；

　　　λ_d——岩石动拉梅系数，MPa；

　　　K_d——岩石动体积模量，MPa；

　　　ρ——岩石密度，g/cm³。

③ 计算值取 3 位有效数字。

8.16.3　应用

为场地、建筑物和构筑物进行动力稳定性分析提供动力参数。

8.17　耐崩解性指数

8.17.1　定义

评价岩石在遇水软化及崩解时所表现出的抵抗能力指标。实验室采用残留试件烘干质量与原试件烘干质量的比值。

8.17.2　获取

试验按下列步骤进行：

（1）将试件装入耐崩解试验仪的圆柱形筛筒内，在 105～110 ℃的温度下烘 24 h，在干燥器内冷却至室温称量。

（2）将装有试件的筛筒放入水槽，向水槽内注入蒸馏水，至水面在转动轴下约 20 mm。筛筒以 20 r/min 的转速转动 10 min 后，将装有残留试件的筛筒在 105～110 ℃的温度下烘 24 h，在干燥器内冷却至室温称量。

（3）重复（2）步骤，求得第二次循环后的筛筒和残留试件质量。根据需要，可进行 5 次循环。

（4）试验过程中，水温应保持在（20±2）℃范围内。

（5）试验结束后，应对残留试件、水的颜色和水中沉积物进行描述。根据需要，对水中沉积物进行颗粒分析、界限含水率测定和黏土矿物成分分析。

（6）称量准确至 0.01 g。

（7）试验成果整理符合下列要求：

按下列公式计算岩石耐崩解性指数：

$$I_{d2} = \frac{m_r}{m_s} \times 100\% \qquad\qquad (8.17\text{-}1)$$

式中　I_{d2}——岩石二次循环耐崩解性指数，％；

　　　m_s——原试件烘干质量，g；

　　　m_r——残留试件烘干质量，g。

（8）计算值取 3 位有效数字。

8.17.3　应用

采用岩石耐崩解性指数对岩石的耐久性进行划分，可参考表 8.17-1。

表 8.17-1　　　　岩石耐久性划分（摘自《岩石耐崩解性试验方法及评定标准的探讨》）

耐久性划分	极高耐久性	高耐久性	中等耐久性	低耐久性	极低耐久性
岩石耐久性指数 I_{d2}/%	$I_{d2}>98$	$98{\geqslant}I_{d2}{\geqslant}85$	$85{>}I_{d2}{\geqslant}60$	$60{>}I_{d2}{\geqslant}30$	$I_{d2}<30$

8.18　冻融系数

8.18.1　定义

岩石冻融单轴抗压强度与岩石饱和单轴抗压强度的比值。

8.18.2　获取

试验按下列步骤进行：

（1）将试件烘干，称试验前试件的烘干质量。再将试件进行强制饱和，并称试件的饱和质量。

（2）取 3 个经强制饱和的试件进行冻融前的单轴抗压强度试验。

（3）将另 3 个经强制饱和的试件放入铁皮盒内的铁丝架中，把铁皮盒放入冰柜或冷冻库内，在（-20±2）℃温度下冻 4 h，然后取出铁皮盒，往盒内注水浸没试件，使水温保持在（20±2）℃下融解 4 h，即为一个冻融循环。

（4）冻融循环次数为 25 次。根据需要，冻融循环次数也可采用 50 次或 100 次。

（5）每进行一次冻融循环，应详细检查各试件有无掉块、裂缝等，观察其破坏过程。试验结束后做一次总的检查，并做详细记录。

（6）冻融循环结束后，把试件从水中取出，沾干表面水分，称其质量，然后进行单轴抗压强度试验。

（7）称量准确至 0.01 g。

（8）试验成果整理符合下列要求：

① 按下列公式计算岩石冻融质量损失率、岩石冻融单轴抗压强度和岩石冻融系数：

$$M = \frac{m_p - m_{fm}}{m_s} \times 100\% \tag{8.18-1}$$

$$R_{fm} = \frac{P}{A} \tag{8.18-2}$$

$$K_{fm} = \frac{\overline{R}_{fm}}{\overline{R}_w} \tag{8.18-3}$$

式中　M——岩石冻融质量损失率，%；

　　　R_{fm}——岩石冻融单轴抗压强度，MPa；

　　　P——破坏载荷，N；

A——试件截面积,mm^2;

K_{fm}——岩石冻融系数;

m_p——冻融前饱和试件质量,g;

m_{fm}——冻融后饱和试件质量,g;

m_s——试验前烘干试件质量,g;

$\bar{R}_{fm}$——冻融后岩石单轴抗压强度平均值,MPa;

$\bar{R}_w$——岩石饱和单轴抗压强度平均值,MPa。

② 岩石冻融质量损失率和岩石冻融单轴抗压强度计算值取 3 位有效数字,岩石冻融系数计算值精确至 0.01。

8.18.3 应用

冻融系数是评价岩石抗冻性能的指标,一般的冻融系数大于 75% 的岩石为抗冻性较好的岩石。

8.19 岩石参数小结(表 8.19-1)

表 8.19-1 岩石参数小结

指标	符号	实际应用
岩石单轴极限抗压强度	—	1. 对岩石的坚硬程度进行划分;2. 根据岩石单轴抗压强度确定嵌岩桩单桩竖向极限承载力标准值;3. 确定较完整岩层的地基系数;4. 对岩石风化程度进行分类;5. 确定掘进机选型
岩石极限抗拉强度	—	一个重要的岩体力学指标
岩石极限抗剪强度	—	岩石力学中重要指标之一,常以内聚力 c 和内摩擦角 φ 这两个抗剪参数表示
完整性系数	k_v	1. 对岩体完整程度进行划分;2. 确定岩体的基本质量 BQ
RQD 指标	—	评价岩石质量
孔隙率	n	反映岩石致密程度和岩石力学性能的重要参数
吸水率	w	1. 间接反映岩石中孔隙多少的一个指标;2. 判定岩石是否属于膨胀岩
软化系数	—	评价岩石软化性
弹性模量	—	表示岩石的变形特性
泊松比	μ	1. 弹性模量值和泊松比值的大小反映了岩石的软硬程度;2. 可计算静止岩石压力系数 K_0
等效内摩擦角	φ_d	判断边坡的整体稳定性
含水率	w	岩石的基本参数之一,与其他参数配合使用
颗粒密度	G_s	推算岩石其他指标
块体密度	ρ	岩块的基本参数之一,可用于计算岩块重度
膨胀性参数	—	判定岩石的膨胀性
岩石动力特性参数	—	为场地、建筑物和构筑物进行动力稳定性分析提供动力参数
耐崩解性指数	—	对岩石的耐久性划分
冻融系数	—	评价岩石抗冻性能

第 9 章　特殊土参数

9.1　湿陷性土

在一定压力下浸水后产生附加沉降,其湿陷系数大于或等于 0.015 的土。

9.1.1　湿陷性系数

9.1.1.1　定义

单位厚度的土样所产生的湿陷变形,以小数表示,是判定黄土湿陷性的定量指标,由室内压缩试验测定。

9.1.1.2　获取

采用室内湿陷性试验。

采用室内压缩试验测定黄土的湿陷系数 δ_s、自重湿陷系数 δ_{zs} 和湿陷起始压力 p_{sh},均应符合下列要求:

(1) 土样的质量等级应为 I 级不扰动土样。

(2) 环刀面积不应小于 5 000 mm²,使用前应将环刀洗净风干,透水石应烘干冷却。

(3) 加荷载前,应将环刀试样保持天然湿度。

(4) 试样浸水宜用蒸馏水。

(5) 试样浸水前和浸水后的稳定标准,应为每小时的下沉量不大于 0.01 mm。

湿陷系数试验,应按下列步骤进行:

(1) 试样制备应按《土工试验方法标准》(GB/T 50123—1999)第 3.1.4 条的步骤进行;试样安装应按该标准第 14.1.5 条 1、2 款的步骤进行。

(2) 确定需要施加的各级压力,压力等级宜为 50 kPa、100 kPa、150 kPa、200 kPa,大于 200 kPa 后每级压力为 100 kPa。最后一级压力应按取土深度而定:从基础底面算起至 10 m 深度以内,压力为 200 kPa;10 m 以下至非湿陷土层顶面,应用其上覆土的饱和自重压力(当大于 300 kPa 时,仍应用 300 kPa)。当基底压力大于 300 kPa 时(或有特殊要求的建筑物),宜按实际压力确定。

(3) 施加第一级压力后,每隔 1 h 测定一次变形读数,直至试样变形稳定为止。

(4) 试样在第一级压力下变形稳定后,施加第二级压力,如此类推。试样在规定浸水压力下变形稳定后,向容器内自上而下或自下而上注入纯水,水面宜高出试样顶面,每隔 1 h 测记一次变形读数,直至试样变形稳定为止。

(5) 测记试样浸水变形稳定读数后,按规定拆卸仪器及试样。

(6) 湿陷系数应按下式计算:

$$\delta_s = \frac{h_1 - h_2}{h_0} \qquad (9.1\text{-}1)$$

式中 δ_s——湿陷系数；

h_0——试样的初始高度；

h_1——在某级压力下,试样变形稳定后的高度,mm；

h_2——在某级压力下,试样浸水湿陷变形稳定后的高度,mm。

9.1.1.3 应用

(1)黄土的湿陷性,应按室内浸水(饱和)压缩试验,在一定压力下测定的湿陷系数 δ_s 进行判定,并应符合下列规定：

① 当湿陷系数 δ_s 值小于 0.015 时,应定为非湿陷性黄土；

② 当湿陷系数 δ_s 值等于或大于 0.015 时,应定为湿陷性黄土。

(2)湿性黄土的湿陷程度可根据湿陷系数 δ_s 值的大小分为下列三种：

① 当 $0.015 \leqslant \delta_s \leqslant 0.03$ 时,湿陷性轻微；

② 当 $0.03 < \delta_s \leqslant 0.07$ 时,湿陷性中等；

③ 当 $\delta_s > 0.07$ 时,湿陷性强烈。

9.1.2 自重湿陷性系数

9.1.2.1 定义

单位厚度的土样在该试样深度处上覆土层饱和自重压力作用下所产生的湿陷变形,以小数表示。主要用于计算自重湿陷量,并不作为判定黄土湿陷性的定量指标。

9.1.2.2 获取

自重湿陷性系数试验应按下列步骤进行：

(1)试样制备应按《土工试验方法标准》(GB/T 50123—1999)第 3.1.4 条的步骤进行；试样安装应按该标准第 14.1.5 条 1、2 款的步骤进行。

(2)施加土的饱和自重压力,当饱和自重压力小于、等于 50 kPa 时,可一次施加；当压力大于 50 kPa 时,应分级施加,每级压力不大于 50 kPa,每级压力时间不少于 15 min,如此连续加至饱和自重压力。加压后每隔 1 h 测记一次变形读数,直至试样变形稳定为止。

(3)向容器内注入纯水,水面应高出试样顶面,每隔 1 h 测记一次变形读数,直至试样浸水变形稳定为止。

(4)测记试样变形稳定读数后,按规定拆卸仪器及试样。

(5)自重湿陷系数应按下式计算：

$$\delta_{zs} = \frac{h_z - h'_z}{h_0} \qquad (9.1\text{-}2)$$

式中 δ_{zs}——自重湿陷系数；

h_z——在饱和自重压力下,试样变形稳定后的高度,mm；

h'_z——在饱和自重压力下,试样浸水湿陷变形稳定后的高度,mm。

9.1.2.3 应用

(1)湿陷性黄土场地的湿陷类型,应按自重湿陷量的实测值 Δ'_{zs} 或者计算值 Δ_{zs} 判定,并应符合下列规定：

① 当自重湿陷量的实测值 Δ'_{zs} 或计算值 Δ_{zs} 小于或等于 70 mm 时,应定为非自重湿陷性

黄土场地；

②当自重湿陷量的实测值 Δ'_{zs} 或计算值 Δ_{zs} 大于 70 mm 时,应定为自重湿陷性黄土场地；

③当自重湿陷量的实测值和计算值出现矛盾时,应按自重湿陷量的实测值判定；

④湿陷性黄土场地自重湿陷量的计算值 Δ_{zs},应按下式计算：

$$\Delta_{zs} = \beta_0 \sum_{i=1}^{n} \delta_{zsi} h_i \qquad (9.1\text{-}3)$$

式中　δ_{zsi}——第 i 层土的自重湿陷系数；

　　　h_i——第 i 层土的厚度,mm；

　　　β_0——因地区土质而异的修正系数,在缺乏实测资料时,可按下列规定取值:陇西地区取 1.50,陇东—陕北—晋西地区取 1.20,关中地区取 0.90,其他地区取 0.50。

自重湿陷量的计算值 Δ_{zs},应自天然地面(当挖填方的厚度和面积较大时,应自设计地面)算起,至其下非湿陷性黄土层的顶面止,其中自重湿陷系数 δ_{zs} 值小于 0.015 的土层不累计。

⑤湿陷性黄土地基受水浸湿饱和,其湿陷量的计算值 Δ_s 应符合下列规定：

湿陷量的计算值 Δ_s,应按下式计算：

$$\Delta_s = \sum_{i=1}^{n} \beta \delta_{si} h_i \qquad (9.1\text{-}4)$$

式中　δ_{si}——第 i 层土的湿陷系数。

　　　h_i——第 i 层土的厚度,mm。

　　　β——考虑基底下地基土的受水浸湿可能性和侧向挤出等因素的修正系数,在缺乏实测资料时,可按下列规定取值:基底下 $0\sim5$ m 深度内,取 $\beta=1.5$；基底下 $5\sim10$ m 深度内,取 $\beta=1$；基底下 10 m 以下至非湿陷性黄土层顶面,在自重湿陷性黄土场地,可取工程所在地区的 β_0 值。

湿陷量的计算值 Δ_s 的计算深度,应自基础底面(如基底标高不确定时,自地面下1.5 m)算起；在非自重湿陷性黄土场地,累计至基底下 10 m(或地基压缩层)深度止；在自重湿陷性黄土场地,累计至非湿陷黄土层的顶面止。其中湿陷系数 δ_s(10 m 以下为 δ_{zs})小于0.015 的土层不累计。

(2)湿陷性黄土地基的湿陷等级,应根据湿陷量的计算值和自重湿陷量的计算值等因素,按表 9.1-1 判定。

表 9.1-1　　　　　　　　　　　　**湿陷性黄土地基的湿陷等级**

湿陷类型 Δ_{zs}/mm　　Δ_s/mm	非自重湿陷性场地	自重湿陷性场地	
	$\Delta_{zs}\leqslant70$	$70<\Delta_{zs}\leqslant350$	$\Delta_{zs}>350$
$\Delta_s\leqslant300$	Ⅰ(轻微)	Ⅱ(中等)	—
$300<\Delta_s\leqslant700$	Ⅱ(中等)	*Ⅱ(中等)或Ⅲ(严重)	Ⅲ(严重)
$\Delta_s>700$	Ⅱ(中等)	Ⅲ(严重)	Ⅳ(很严重)

* 注:当湿陷量的计算值 $\Delta_s>600$ mm、自重湿陷量的计算值 $\Delta_{zs}>300$ mm 时,可判为Ⅲ级,其他情况可判为Ⅱ级。

9.2 软土

天然孔隙比大于或等于 1.0,且天然含水量大于液限的细粒土。

9.2.1 灵敏度

见 4.6 节。

9.2.2 有机质含量

见 1.14 节。

9.3 膨胀岩土

土中黏粒成分主要由亲水性矿物组成,同时具有显著的吸水膨胀和失水收缩两种变形特性的黏性土。

9.3.1 自由膨胀率

9.3.1.1 定义

人工制备的烘干土,在水中增加的体积与原体积的比,用百分比表示。自由膨胀率用来定性地判别膨胀土及其膨胀潜势。自由膨胀率与矿物成分关系见表 9.3-1。

表 9.3-1   **自由膨胀率与矿物成分关系**

地区	自由膨胀率/%		矿物成分
	最小~最大值	平均值	
邯郸	33~123	67	蒙脱石为主,含少量伊利石、高岭石及其他
平顶山	34~88	54	蒙脱石为主,含高岭石、伊利石
蒙自	23~56	41	蒙脱石为主,含一定量高岭石、伊利石
郧县	15~65	39	伊利石为主,含少量高岭石、蒙脱石
陕西		33	伊利石为主,含一定量蒙脱石、少量高岭石
吉林	0~7	1.8	高岭石为主,含极少量蒙脱石、伊利石

9.3.1.2 获取

采用自由膨胀率试验。

(1) 自由膨胀率为松散的烘干土粒在水中和空气中分别自由堆积体积之差与在空气中自由堆积的体积之比,以百分数表示,用以判定无结构力的松散土粒在水中的膨胀特性。

(2) 仪器设备:

① 玻璃量筒:容积 50 mL,最小刻度 1 mL,容积与刻度要经过校正。

② 量土杯:容积 10 mL,内径 20 mm。

③ 无颈漏斗:上口径 50~60 mm,下口径 4~5 mm。

④ 搅拌器:由直杆和带孔圆盘构成。

⑤ 天平:称量 200 g,分度值 0.01 g。

⑥ 其他:烘箱、平口刀、支架、干燥器、0.5 mm 筛、碾土工具、小匙等。

（3）自由膨胀率试验,应按下列步骤进行：

① 用四分对角法取代表性风干土,碾细并过 0.5 mm 筛。将筛下土样拌匀,在 105～110 ℃温度下烘干,置于干燥器内冷却至室温。

② 将无颈漏斗放在支架上,漏斗下口对准量土杯中心并保持距离 10 mm。

③ 用取土匙取适量试样倒入漏斗中,倒土时取土匙应与漏斗壁接触,并尽量靠近漏斗底部,边倒边用细铁丝轻轻搅动,当量杯装满土样并溢出时,停止向漏斗倒土,移开漏斗刮去杯口多余土,称量土杯中试样质量,将量土杯中试样倒入匙中,再次将量土杯置于漏斗下方,将匙中土样按上述方法全部倒回漏斗并落入量土杯,刮去多余土,称量土杯中试样质量。本步骤应进行两次平行测定,两次测定的差值不得大于 0.1 g。

④ 在量筒内注入 30 mL 纯水,加入 5 mL 浓度为 5％的分析纯氯化钠（NaCl）溶液,将试样倒入量筒内,用搅拌器上下搅拌悬液各 10 次,用纯水冲洗搅拌器和量筒壁至悬液达 50 mL。

⑤ 待悬液澄清后,每 2 h 测读一次土面读数（估读至 0.1 mL）,直至两次读数差值不超过 0.2 mL,膨胀稳定。

⑥ 自由膨胀率应按下式计算,准确至 1.0％：

$$\delta_{ef} = \frac{V_{we} - V_0}{V_0} \times 100\% \qquad (9.3-1)$$

式中　δ_{ef}——自由膨胀率,％；

$\quad\quad V_{we}$——试样在水中膨胀后的体积,mL；

$\quad\quad V_0$——试样初始体积,10 mL。

⑦ 本试验应进行两次平行测定。当 δ_{ef} 小于 60％时,平行差值不得大于 5％；当 δ_{ef} 大于、等于 60％时,平行差值不得大于 8％。取两次测值的平均值。

9.3.1.3　应用

判定膨胀土的膨胀潜势,见表 9.3-2。

表 9.3-2　　　　　　　　　　　　膨胀土的膨胀潜势分类

自由膨胀率/％	膨胀潜势
$40 \leqslant \delta_{ef} < 65$	弱
$65 \leqslant \delta_{ef} < 90$	中
$\delta_{ef} \geqslant 90$	强

9.3.2　膨胀率

9.3.2.1　定义

在一定压力下（当压力为零时则为 δ_{ep0}）,浸水膨胀稳定后,试样增加的高度与原高度的比。膨胀率可用来评价地基的胀缩等级,计算膨胀土地基的变形量以及测定膨胀力。

9.3.2.2　获取

（1）测定土在有侧限而压力不同或无荷载的情况下,由于受水产生的膨胀量对于试样起始高度的比值（称为土的膨胀率,以百分数表示）。

（2）仪器设备：

① 固结仪:试验前必须校正加荷时不同压力下的仪器变形量和卸荷时各级压力下的仪器变形量。

② 位移计：量程为 10 mm，分度值为 0.01 mm。

③ 环刀：面积为 50 cm²，高为 20 mm。

④ 其他：干燥状态的滤纸和透水石、多孔活塞板、铁砂、盛砂铁桶、烘箱、干燥器、修土刀等。

（3）有荷载膨胀率试验，应按下列步骤进行：

① 试样制备应按《土工试验方法标准》（GB/T 50123—1999）第 3.1.4 条或第 3.1.6 条的步骤进行。

② 试样安装应按《土工试验方法标准》（GB/T 50123—1999）第 14.1.5 条 1、2 款的步骤进行，并在试样和透水板之间加薄型滤纸。

③ 分级或一次连续施加所要求的荷载（一般指上覆土质量或上覆土加建筑物附加荷载），直至变形稳定，测记位移计读数，变形稳定标准为每小时变形不超过 0.01 mm，再自下而上向容器内注入纯水，并保持水面高出试样 5 mm。

④ 浸水后每隔 2 h 测记读数一次，直至两次读数差值不超过 0.01 mm 时膨胀稳定，测记位移计读数。

⑤ 试验结束，吸去容器中的水，卸除荷载，取出试样，称试样质量，并测定其含水率。

⑥ 特定荷载下的膨胀率，应按下式计算：

$$\delta_{ep} = (Z_p + \lambda - Z_0)/h_0 \times 100\% \qquad (9.3-2)$$

式中　δ_{ep}——某荷载下的膨胀率，%；

　　　Z_p——某荷载下的膨胀稳定后的位移计读数，mm；

　　　Z_0——加荷载前位移计读数，mm；

　　　λ——某荷载下的仪器压缩变形量，mm；

　　　h_0——试样的初始高度，mm。

（4）无荷载膨胀率试验，应按下列步骤进行：

① 试样制备应按《土工试验方法标准》（GB/T 50123—1999）第 3.1.4 条或第 3.1.6 条的步骤进行。

② 试样安装应按《土工试验方法标准》（GB/T 50123—1999）第 14.1.5 条 1、2 款的步骤进行。

③ 自下而上向容器内注入纯水，并保持水面高出试样 5 mm，注水后每隔 2 h 测记位移计读数一次，直至两次读数差值不超过 0.01 mm 时，膨胀稳定。

④ 试验结束后，吸去容器中的水，取出试样，称试样质量，测定其含水率和密度，并计算孔隙比。

⑤ 任一时间的膨胀率，应按下式计算：

$$\delta_e = (Z_t - Z_0)/h_0 \times 100\% \qquad (9.3-3)$$

式中　δ_e——时间为 t 时的无荷载膨胀率，%；

　　　Z_t——时间为 t 时的位移计读数，mm。

9.3.2.3　应用

地基土的膨胀变形量可根据膨胀率计算：

$$S_e = \varphi_e \sum_{i=1}^{n} \delta_{epi} \times h_i \qquad (9.3-4)$$

式中　S_e——地基土的膨胀变形量，m；

　　　　φ_e——计算膨胀变形量的经验系数，宜根据当地经验确定，无可依据经验时，三层及三层以下建筑物可采用 0.6；

　　　　δ_{epi}——基础底面下第 i 层在平均自重压力与对应于荷载效应准永久组合时的平均附加压力之和作用下的膨胀率（用小数计），由室内试验确定；

　　　　h_i——第 i 层土的计算厚度，m；

　　　　n——基础底面至计算深度内所划分的土层数，计算深度应根据大气影响深度确定，有浸水可能时可按浸水影响深度确定。

9.3.3　膨胀力

9.3.3.1　定义

不扰动土试样在体积不变时，由于浸水膨胀产生的最大应力。膨胀力可用来衡量土的膨胀势和考虑地基的承载力。

9.3.3.2　获取

膨胀力试验，应按下列步骤进行：

（1）试样制备应按《土工试验方法标准》（GB/T 50123—1999）第 3.1.4 条或第 3.1.6 条的步骤进行。

（2）试样安装应按《土工试验方法标准》（GB/T 50123—1999）第 14.1.5 条 1、2 款的步骤进行，并自下而上向容器注入纯水，并保持水面高出试样顶面。

（3）百分表开始顺时针转动时，表明试样开始膨胀，立即施加适当的平衡荷载，使百分表指针回到原位。

（4）当施加的荷载足以使仪器产生变形时，在施加下一级平衡荷载时，百分表指针应逆时针转动一个等于仪器变形量的数值。

（5）当试样在某级荷载下间隔 2 h 不再膨胀时，则试样在该级荷载下达到稳定，允许膨胀量不应大于 0.01 mm，记录施加的平衡荷载。

（6）试验结束后，吸去容器内水，卸除荷载，取出试样，称试样质量，并测定含水率。

（7）膨胀力应按下式计算：

$$p_e = \frac{W}{A} \times 10 \tag{9.3-5}$$

式中　p_e——膨胀力，kPa；

　　　　W——施加在试样上的总平衡荷载，N；

　　　　A——试样面积，cm²。

9.3.4　收缩系数

9.3.4.1　定义

不扰动土试样在直线收缩阶段，含水量减少 1％时的竖向线缩率。可用来评价地基的胀缩等级，计算膨胀土地基的变形量。

9.3.4.2　获取

收缩系数获取试验应按下列步骤进行：

（1）试样制备，应按《土工试验方法标准》（GB/T 50123—1999）第 3.1.4 条或第 3.1.6 条的步骤进行。将试样推出环刀（当试样不紧密时，应采用风干脱环法）置于多孔板上，称试样和多孔板的质量,准确至 0.1 g。装好百分表,记下初始读数。

（2）在室温不得高于 30 ℃条件下进行收缩试验,根据试样含水率及收缩速度,每隔 1～4 h,测记百分表读数,并称整套装置和试样质量,准确至 0.1 g。2 d 后,每隔 6～24 h 测记百分表读数并称质量,至两次百分表读数基本不变。称质量时应保持百分表读数不变。在收缩曲线的 I 阶段内,应取得不少于 4 个数据。

（3）试验结束,取出试样,并在 105～110 ℃下烘干。称干土质量,准确至 0.1 g。

（4）按《土工试验方法标准》(GB/T 50123—1999)中第 5.2 节的蜡封法测定烘干试样体积。

（5）收缩系数应按下式计算：

$$\lambda_n = \Delta\delta_{si}/\Delta w \tag{9.3-6}$$

式中　λ_n——竖向收缩系数；

　　　　Δw——收缩曲线上第 I 阶段两点的含水率之差,%；

　　　　$\Delta\delta_{si}$——与 Δw 相对应的两点线缩率之差,%。

9.3.4.3　应用

地基土的收缩变形量可根据收缩系数计算：

$$S_s = \varphi_s \sum_{i=1}^{n} \lambda_{si} \times \Delta w_i \times h_i \tag{9.3-7}$$

式中　S_s——地基土的收缩变形量,mm；

　　　　φ_s——计算收缩变形量的经验系数,宜根据当地经验确定,无可依据经验时,三层及
　　　　　　三层以下建筑物可采用 0.8；

　　　　λ_{si}——基础底面下第 i 层土的收缩系数,由室内试验确定；

　　　　Δw_i——地基土收缩过程中,第 i 层土可能发生的含水量变化平均值（以小数表示）；

　　　　h_i——第 i 层土厚度,m；

　　　　n——基础底面至计算深度内所划分的土层数,计算深度可取大气影响深度,当有热
　　　　　　源影响时应按热源影响深度确定。

9.4　冻土

具有负温或零温度并含有冰的土（岩）。

9.4.1　冻胀率

9.4.1.1　定义

岩石冻结前后体积之差与冻结前体积之比,以百分数表示。

9.4.1.2　获取

（1）原状土试验,应按下列步骤进行：

① 土样应按自然沉积方向放置,剥去蜡封和胶带,开启土样筒取出土样。

② 用土样切削器将原状土样削成直径为 10 cm、高为 5 cm 的试样,称量确定密度并取余土测定初始含水率。

③ 有机玻璃试样盒内壁涂上一薄层凡士林,放在底板上,盒内放一张薄型滤纸,然后将试样装入盒内,让其自由滑落在底板上。

④ 在试样顶面再加上一张薄型滤纸,然后放上顶板,并稍稍加力,以使试样与顶、底板

接触紧密。

⑤ 将盛有试样的试样盒放入恒温箱内,试样周侧及顶、底板内插入热敏电阻温度计,试样周侧包裹 5 cm 厚的泡沫塑料保温。连接顶、底板冷液循环管路及底板补水管路,供水并排除底板内气泡,调节水位。安装位移传感器。

⑥ 开启恒温箱、试样盒及顶、底板冷浴,设定恒温箱冷浴温度为 -15 ℃,箱内气温为 1 ℃,顶、底板冷浴温度为 1 ℃。

⑦ 试样恒温 6 h,并监测温度和变形。待试样初始温度均达到 1 ℃ 以后,开始试验。

⑧ 底板温度调节到 -15 ℃ 并持续 0.5 h,让试样迅速从底面冻结,然后将底板温度调节到 -2 ℃,使黏土以 0.3 ℃/h、砂土以 0.2 ℃/h 的速度下降。保持箱温和顶板温度均为 1 ℃,记录初始水位。每隔 1 h 记录水位、温度和变形量各一次。试验持续 72 h。

⑨ 试验结束后,迅速从试样盒中取出土样,测量试样高度并测定冻结深度。

(2) 扰动土试验,应按下列步骤进行:

① 称取风干土样 500 g,加纯水拌匀呈稀泥浆,装入内径为 10 cm 的有机玻璃筒内,加压固结,直至达到所需初始含水率后,将土样从有机玻璃筒中推出,并将土样高度修正到 5 cm。

② 继续上述原状土试验中③～⑨款的步骤进行试验。

冻胀率应按下式计算:

$$\eta = \frac{\Delta h}{H_f} \times 100\% \tag{9.4-1}$$

式中　η——冻胀率,%;

　　　Δh——试验期间总冻胀量,mm;

　　　H_f——冻结深度(不包括冻胀量),mm。

9.4.1.3　应用

冻胀性分级见表 1.1-1。

9.4.2　融化下沉系数

9.4.2.1　定义

冻土融化过程中,在自重作用下产生的相对融化下沉量与冻土原始高度的比值,是说明冻土融沉性的指标。

9.4.2.2　获取

融化压缩试验应按下列步骤进行:

(1) 钻取冻土试样,其高度应大于试样环高度。从钻样剩余的冻土中取样测定含水率。钻样时必须保持试样的层面与原状土一致,且不得上下倒置。

(2) 冻土试样必须与试样环内壁紧密接触。刮平上下面,但不得造成试样表面发生融化。测定冻土试样的密度。

(3) 在融化压缩容器内先放透水板,其上放一张润湿滤纸。将装有试样的试样环放在滤纸上,套上护环。在试样上铺滤纸和透水板,再放上加热传压板。然后装上保温外套。将融化压缩容器置于加压框架正中。安装百分表或位移传感器。

(4) 施加 1 kPa 的压力。调平加压杠杆。调整百分表或位移传感器到零位。

(5) 用胶管连接加热传压板的热水循环水进出口与事先装有温度为 40～50 ℃ 水的恒温水槽,并打开开关和开动恒温器,以保持水温。

(6) 试样开始融沉时即开动秒表,分别记录 1 min、2 min、5 min、10 min、30 min、60 min 时的变形量。以后每隔 2 h 观测记录一次,直至变形量在 2 h 内小于 0.05 mm 时为止,并测记最后一次变形量。

(7) 融沉稳定后,停止热水循环,并开始加荷进行压缩试验。加荷等级视实际工程需要确定,宜取 50 kPa、100 kPa、200 kPa、400 kPa、800 kPa,最后一级荷载应比土层的计算压力大 100~200 kPa。

(8) 施加每级荷载后 24 h 为稳定标准,并测记相应的压缩量。直至施加最后一级荷载压缩稳定为止。

(9) 试验结束后,迅速拆除仪器各部件,取出试样,测定含水率。

融沉系数应按下式计算:

$$\delta_0 = \frac{\Delta h_0}{h_0} \tag{9.4-2}$$

式中　δ_0——冻土融沉系数;

　　　Δh_0——冻土融沉下沉量,mm;

　　　h_0——冻土试样初始高度,mm。

9.4.2.3　应用

多年冻土的融化下沉性,根据土的融化下沉系数 δ_0 的大小,可划分为不融沉、弱融沉、融沉、强融沉和融陷五级(见表 9.4-1)。冻土层的平均融沉系数 δ_0 按下式计算:

$$\delta_0 = (h_1 - h_2)/h_1 \times 100\% = (e_1 - e_2)/(1 + e_2) \times 100\% \tag{9.4-3}$$

式中　h_1、e_1——分别为冻土试样融化前的高度(mm)和孔隙比;

　　　h_2、e_2——分别为冻土试样融化后的高度(mm)和孔隙比。

表 9.4-1　多年冻土的融沉性分级

土的名称	总含水量 w /%	平均融沉系数 δ_0	融沉等级	融沉类别	冻土类型
碎石土、砾、粗中砂(粒径<0.075 mm) 的颗粒含量不大于15%	$w < 10$	$\delta_0 \leqslant 1$	I	不融沉	少冰冻土
	$w \geqslant 10$	$1 < \delta_0 \leqslant 3$	II	弱融沉	多冰冻土
碎石土、砾、粗中砂(粒径<0.075 mm) 的颗粒含量大于15%	$w < 12$	$\delta_0 \leqslant 1$	I	不融沉	少冰冻土
	$12 \leqslant w < 15$	$1 < \delta_0 \leqslant 3$	II	弱融沉	多冰冻土
	$15 \leqslant w < 25$	$3 < \delta_0 \leqslant 10$	III	融沉	富冰冻土
	$w \geqslant 25$	$10 < \delta_0 \leqslant 25$	IV	强融沉	饱冰冻土
粉砂、细砂	$w < 14$	$\delta_0 \leqslant 1$	I	不融沉	少冰冻土
	$14 \leqslant w < 18$	$1 < \delta_0 \leqslant 3$	II	弱融沉	多冰冻土
	$18 \leqslant w < 28$	$3 < \delta_0 \leqslant 10$	III	融沉	富冰冻土
	$w \geqslant 28$	$10 < \delta_0 \leqslant 25$	IV	强融沉	饱冰冻土
粉土	$w < 17$	$\delta_0 \leqslant 1$	I	不融沉	少冰冻土
	$17 \leqslant w < 21$	$1 < \delta_0 \leqslant 3$	II	弱融沉	多冰冻土
	$21 \leqslant w < 32$	$3 < \delta_0 \leqslant 10$	III	融沉	富冰冻土
	$w \geqslant 32$	$10 < \delta_0 \leqslant 25$	IV	强融沉	饱冰冻土

土的名称	总含水量 w /%	平均融沉系数 δ_0	融沉等级	融沉类别	冻土类型
黏性土	$w < w_p$	$\delta_0 \leq 1$	Ⅰ	不融沉	少冰冻土
	$w_p \leq w < w_p + 4$	$1 < \delta_0 \leq 3$	Ⅱ	弱融沉	多冰冻土
	$w_p + 4 \leq w < w_p + 15$	$3 < \delta_0 \leq 10$	Ⅲ	融沉	富冰冻土
	$w_p + 15 \leq w < w_p + 35$	$10 < \delta_0 \leq 25$	Ⅳ	强融沉	饱冰冻土
含土冰层	$w \geq w_p + 35$	$\delta_0 > 25$	Ⅴ	融陷	含土冰层

注:1. 总含水量 w 包括冰和未冻水;
　　2. 本表不包括盐渍化冻土、冻结泥炭化土、腐殖土、高塑性黏土。

9.5　盐渍土

易溶盐含量大于 0.3%,且具有溶陷、盐胀、腐蚀等特性的土。

9.5.1　含盐量

9.5.1.1　定义

土中所含盐分(主要是氯盐、硫酸盐、碳酸盐)的质量占干土质量的百分数,是盐渍土分类的重要依据指标。

9.5.1.2　获取

通过易溶盐试验获取,详见第 14 章。

9.5.1.3　应用

盐渍土所含盐的性质,主要以土中所含阴离子的氯根(Cl^-)、硫酸根(SO_4^{2-})、碳酸根(CO_3^{2-})、碳酸氢根(HCO_3^-)的含量(每 100 g 土中的毫摩尔数)的比值来表示,其分类见表 9.5-1。

表 9.5-1　　　　　　　　　　盐渍土按含盐化学成分分类

盐渍土名称	$c(Cl^-)/2c(SO_4^{2-})$	$[2c(CO_3^{2-}) + c(HCO_3^-)]/[c(Cl^-) + 2c(SO_4^{2-})]$
氯盐渍土	>2	—
亚氯盐渍土	2~1	—
亚硫酸盐渍土	1~0.3	—
硫酸盐渍土	<0.3	—
碱性盐渍土	—	>0.3

以含盐量为依据对含盐性质补充分类,见表 9.5-2。

表 9.5-2   盐渍土按含盐量分类

盐渍土名称	平均含盐量/%		
	氯盐渍土及亚氯盐渍土	硫酸盐渍土及亚硫酸盐渍土	碱性盐渍土
弱盐渍土	0.3~1	—	—
中盐渍土	1~5	0.3~2	0.3~1
强盐渍土	5~8	2~5	1~2
超盐渍土	>8	>5	>2

9.5.2 溶陷系数

9.5.2.1 定义

溶陷系数是评价盐渍土溶陷性的指标。可用室内浸水压缩试验方法求得（测定方法与湿陷性黄土相同）。

9.5.2.2 获取

（1）室内压缩试验在一定压力 p 作用下，由下式确定溶陷系数 δ：

$$\delta = \frac{h_p - h'_p}{h_0} \tag{9.5-1}$$

式中 h_0——原状试样的（原始）高度，mm；

h_p——加压至 p 时，土样变形稳定后的高度，mm；

h'_p——上述土样在维持压力 p，经浸水溶陷，待其变形稳定时的高度，mm。

（2）现场浸水荷载试验按下式确定溶陷系数：

$$\delta = \frac{\Delta_s}{h} \tag{9.5-2}$$

式中 Δ_s——压力为 p 时，浸水溶陷过程中所测得的盐渍土层的溶陷量，cm；

h——压板下盐渍土湿润深度，cm。

9.5.2.3 应用

根据溶陷系数确定地基溶陷量与溶陷等级。

（1）根据中国石油天然气总公司标准《盐渍土地区建筑规范》（SY/T 0317—97），地基分级溶陷量 Δ 可按下式计算：

$$\Delta = \sum_{i=1}^{n} \delta_i h_i \tag{9.5-3}$$

式中 δ_i——第 i 层土的溶陷系数；

h_i——第 i 层土的厚度，cm；

n——基础底面（初勘自底面 1.5 m 算起）以下至 10 m 深度范围内全部溶陷性盐渍土的层数，其中 δ 值小于 0.01 的非溶陷性土层不计入。

（2）根据分级溶陷量 Δ 将地基划分为三个溶陷等级，见表 9.5-3。

表 9.5-3　　　　　　　　　　　　　　**盐渍土地基的溶陷等级**

地基的溶陷等级	分级溶陷量 Δ/cm
I	$7<\Delta\leqslant15$
II	$15<\Delta\leqslant40$
III	$\Delta>40$

注:当 Δ 值小于 7 cm 时,按非溶陷性土考虑。

9.6　红黏土

颜色为棕红或褐黄,覆盖于碳酸盐岩系之上,其液限大于或等于 50% 的高塑性黏土定义为原生红黏土。

原生红黏土经搬运、沉积后,仍保留其基本特性,且其液限大于 45% 的黏土,定义为次生红黏土。

9.6.1　含水比

9.6.1.1　定义

天然含水率与液限的比值($\alpha_w=w/w_L$)。

9.6.1.2　获取

可根据液性指数求得含水比:

$$\alpha_w=0.45I_L+0.55 \tag{9.6-1}$$

式中　α_w——含水比;

　　　I_L——液性指数。

9.6.2　应用

(1)红黏土状态的划分可采用一般黏性土的液性指数划分法,也可采用红黏土特有的含水比划分法,见表 9.6-1。

表 9.6-1　　　　　　　　　　　　　　**红黏土状态分类**

状态	含水比 α_w	液性指数 I_L
坚硬	$\alpha_w\leqslant0.55$	$I_L\leqslant0$
硬塑	$0.55<\alpha_w\leqslant0.70$	$0<I_L\leqslant0.33$
可塑	$0.70<\alpha_w\leqslant0.85$	$0.33<I_L\leqslant0.67$
软塑	$0.85<\alpha_w\leqslant1.00$	$0.67<I_L\leqslant1.00$
流塑	$\alpha_w>1.00$	$I_L>1.00$

(2)按照《建筑地基基础设计规范》(GB 50007—2011)对红黏土地基承载力特征值 f_{ak} 进行基础宽度和深度修正时,修正系数应根据含水比取值:

① 当含水比 $\alpha_w>0.8$ 时,$\eta=0$,$\eta_d=1.2$;

② 当含水比 $\alpha_w\leqslant0.8$ 时,$\eta=0.15$,$\eta_d=1.4$。

9.7 特殊土参数小结(表 9.7-1)

表 9.7-1 特殊土参数小结

特殊土	指标	符号	实际应用
湿陷性土	湿陷性系数	δ_s	1.判定黄土的湿陷性;2.判定湿性黄土的湿陷程度
	自重湿陷性系数	δ_{zs}	1.判定湿陷性黄土场地的湿陷类型;2.判定湿陷性黄土场地的湿陷等级
软土	灵敏度	—	见 4.6 节
	有机质含量	—	见 1.14 节
膨胀岩土	自由膨胀率	δ_{ef}	判定膨胀土的膨胀潜势
	膨胀率	δ_{ep}	计算地基土的膨胀变形量
	膨胀力	p_e	—
	收缩系数	—	计算地基土的收缩变形量
冻土	冻胀率	η	冻胀性分级
	融化下沉系数	δ_0	划分多年冻土的融化下沉性
盐渍土	含盐量	—	对盐渍土分类
	溶陷系数	δ	确定地基溶陷量与溶陷等级
红黏土	含水比	α_w	1.红黏土状态的划分;2.对红黏土地基承载力特征值 f_{ak}进行基础宽度和深度修正时,修正系数应根据含水比取值

第 10 章　不良地质作用参数

10.1　岩溶参数

10.1.1　定义

岩溶是水对可溶性岩石长期进行的以溶蚀为主的地质作用以及这些作用所引起的各种现象与形态的总称,是可溶岩地区主要的工程地质问题之一。

10.1.1.1　点岩溶率

单位面积内岩溶空间形态的个数。

10.1.1.2　线岩溶率

$$线岩溶率＝(见洞隙的钻探进尺之和/钻探总进尺)×100\%$$
$$钻探总进尺＝可溶岩进尺＋见洞隙的钻探进尺$$

线岩溶率法适用于钻孔法。

10.1.1.3　面岩溶率

$$面岩溶率＝(地面漏斗、落水洞和溶洞面积)/(所测地段面积)×100\%$$

面岩溶率法适用于地质调查与测绘。

10.1.1.4　体岩溶率

$$体岩溶率＝(溶洞体积/岩石总体积)×100\%$$

体岩溶率法仅用于特定工程项目。

10.1.1.5　钻孔见洞率

$$钻孔见洞率＝(见洞隙钻孔数量/钻孔总数)×100\%$$

注:钻孔总数仅指揭露可溶岩总数。

10.1.1.6　覆跨比

$$覆跨比＝(溶洞顶板可溶岩厚度/溶洞平面宽度)×100\%$$

一般用于岩溶稳定性评价。

10.1.2　获取

一般采用野外地质钻探、探井、探槽等方式获取,准确记录基岩面位置、溶洞的掉钻情况等,或采用地质调查方法,对特定工程预估岩溶发育区的面积和可溶岩的体积。

10.1.3　应用

10.1.3.1　岩溶发育程度

岩溶发育程度是一个综合性的评价指标,它受岩溶发育的多项因素影响,是地表地下岩溶的综合反映。主要指标为岩溶率,是反映碳酸盐岩分布区在一定地段内岩溶发育程度的指标。岩溶率在一定程度上能反映岩溶发育的强度及方式,具体可分为点岩溶率、钻孔见洞率、线岩溶率、面岩溶率、体岩溶率。通常线岩溶率法适用于钻孔,面岩溶率法适用于地质调查与测绘,体岩溶率法仅用于特定项目。

目前国内对岩溶发育程度的判定主要依据有 2 种:

(1) 依据国家标准《建筑地基基础设计规范》(GB 50007—2011),见表 10.1-1。

表 10.1-1　　　　　　　　　　　　　　　岩溶发育程度

等级	岩溶场地条件
岩溶强发育	地表有较多岩溶塌陷、漏斗、洼地、泉眼;溶沟、溶槽、石芽密布,相邻钻孔间存在临空面且基岩面高差大于 5 m;地下有暗河、伏流;钻孔见洞隙率大于 30%或线岩溶率大于 20%;溶槽或串珠状竖向溶洞发育程度达 20 m 以上
岩溶中等发育	介于强发育和微发育之间
岩溶微发育	地表无岩溶塌陷、漏斗;溶沟、溶槽较发育;相邻钻孔间存在临空面且基岩面相对高差小于 2 m;钻孔见洞隙率小于 10%或线岩溶率小于 5%

(2) 依据国家标准《城市轨道交通岩土工程勘察规范》(GB 50307—2012)条文说明,见表 10.1-2。

表 10.1-2　　　　　　　　　　　　　　　岩溶发育程度

级别	岩溶强烈发育	岩溶中等发育	岩溶弱发育	岩溶微弱发育
岩溶形态	以大型暗河、廊道、较大规模溶洞、竖井和落水洞为主	沿断层、层面、不整合面有显著溶蚀、中小型串珠状洞穴发育	沿裂隙、层面溶蚀扩大为岩溶化裂隙或小型洞穴	以裂隙状岩溶或溶孔为主
连通性	地下洞穴系统基本形成	地下洞穴系统未形成	裂隙连通性差	溶孔、裂隙不连通
地下水	有大型暗河	有小型暗河或集中径流	少见集中径流,常有裂隙水流	裂隙透水性差

10.1.3.2　岩溶地基稳定性分析与评价

岩溶地基稳定性定性评价的核心,是查明岩溶发育和分布规律、对地基稳定有影响的个体岩溶形态特征(如溶洞大小、形状、顶板厚度、岩性、洞内充填和地下水活动情况等)及上覆土层岩性、覆跨比及土洞发育情况,根据建筑物荷载特点,并结合已有经验,最终对地基稳定做出全面评价。由于岩溶地基稳定性影响因素较多,本书仅对覆跨比作半定量分析,当满足以下条件时,可认为是稳定地基:

(1) 当基底面积大于溶洞平面尺寸时,对于基本质量等级为Ⅰ级岩体中的溶洞,其基底下的溶洞顶板覆跨比接近 0.3 或大于 0.3;Ⅱ级岩体中的溶洞,其溶洞顶板覆跨比接近 0.4 或大于 0.4;Ⅲ级岩体中的溶洞,其溶洞顶板覆跨比接近 0.5 或大于 0.5。

(2) 当基底面积小于溶洞平面尺寸时,对基本质量等级为Ⅰ级或Ⅱ级的岩体,溶洞顶板覆跨比接近 1.7 或大于 1.7。

10.2　采空区参数

采空区是由于采矿工作而遗留下来的各种形状和大小的空间。采空区根据开采现状可分为古老采空区、现代采空区和未来采空区;根据采空程度可分为大面积采空区和小窑采空区。采空区是主要的工程地质问题之一。

10.2.1　采出率

（1）定义:所开采煤层矿产采出量占工业储量的百分比。

（2）获取:采出率＝实际产量/储量×100％。

（3）应用:从数量上表示地下资源的利用程度。一般要求厚煤层采区采出率不小于75％,中厚煤层采区采出率不小于80％,薄煤层采区采出率不小于85％。而对于工作面要求厚煤层采出率不小于93％,中厚煤层采出率不小于95％,薄煤层采出率不小于97％。

10.2.2　采深采厚比

（1）定义:煤层开采深度与法向开采厚度的比值。

（2）获取:采深采厚比＝煤层开采深度/法向开采厚度。

（3）应用:

① 作为对采空区场地稳定性评价和对拟建工程的影响程度评价的评价因素。

不同类型采空区场地稳定性的评价因素可按表 10.2-1 确定,采空区对拟建工程的影响程度评价因素可按表 10.2-2 确定。

表 10.2-1　　　　　　　　　　采空区场地稳定性评价因素

评价因素	采空区类型			
	顶板垮落充分的采空区	顶板垮落不充分的采空区	单一巷道及巷采的采空区	条带式开采的采空区
终采时间	●	●	●	●
地表变形特征	●	●	o	●
采深	o	●	o	o
顶板岩性	o	●	●	o
松散层厚度	o	●	△	△
地表移动变形值	●	o	o	o
煤（岩）柱安全稳定性	△	o	●	△

注:"●"表示作为主控评价因素;"o"表示作为一般评价因素;"△"表示可不作为评价因素。

表 10.2-2　　　　　　　　　采空区对拟建工程影响程度评价因素

评价因素	采空区类型			
	顶板垮落充分的采空区	顶板垮落不充分的采空区	单一巷道及巷采的采空区	条带式开采的采空区
采空区场地稳定性	●	●	o	o
建筑物重要程度	●	●	●	●

评价因素	采空区类型			
	顶板垮落充分的采空区	顶板垮落不充分的采空区	单一巷道及巷采的采空区	条带式开采的采空区
地表变形特征及发展趋势	o	●	o	o
地表剩余移动变形	●	o	△	o
采空区密实状态	●	●	●	●
采深	●	●	●	●
采深采厚比	●	●	●	●
顶板岩性	o	o	●	●
松散层厚度	●	o	△	●
活化影响因素	●	●	●	●
煤(岩)柱安全稳定性	△	△	o	●

注:"●"表示作为主控评价因素;"o"表示作为一般评价因素;"△"表示可不作为评价因素。

② 分析采空区对工程的影响程度,见表 10.2-3。

表 10.2-3　　　根据采空区特征及活化影响因素定性分析采空区对工程的影响程度

影响程度	采空区特征			活化影响因素
	采空区采深 H/m 或采深采厚比 H/M	采空区的密实状态	地表变形特征及发展趋势	
大	浅层采空区	存在空洞,钻探过程中出现掉钻、孔口串风	正在发生不连续变形;或现阶段相对稳定,但存在发生不连续变形的可能性大	活化的可能性大,影响强烈
中等	中深层采空区	基本密实,钻探过程中采空区部位大量漏水	现阶段相对稳定,但存在发生不连续变形的可能性	活化的可能性中等,影响一般
小	深层采空区	密实,钻探过程中不漏水、微量漏水但返水或间断返水	不再发生不连续变形	活化的可能性小,影响小

③ 采空区开采的深度,即采空区采深,其和采深采厚比一起可作为浅层采空区、中深层采空区、深层采空区的划分依据,见表 10.2-4。

表 10.2-4　　　　　　　　　　　　　　采空区按采深分类

分类	依据
浅层采空区	采深小于 50 m 或采深大于等于 50 m,小于 200 m 且采深采厚比 H/M 小于 30 的采空区
中深层采空区	采深大于等于 50 m,小于 200 m 且采深采厚比 H/M 大于等于 30 或采深大于等于 200 m,小于 300 m 且采深采厚比 H/M 小于 60 的采空区
深层采空区	采深大于等于 300 m 或采深大于等于 200 m,小于 300 m 且采深采厚比 H/M 大于等于 60 的采空区

10.2.3　保护煤(岩)柱

10.2.3.1　定义

为了保护建(构)筑物、水体、铁路及主要井巷,在其下方按一定规则和方法设计保留不采的煤层和岩层区段。

10.2.3.2　获取

保护煤(岩)柱边界可采用垂直剖面法、垂线法及数字高程投影法等方法进行计算。

(1) 用垂直剖面法留设保护煤(岩)柱(见图 10.2-1)的方法和步骤应符合下列规定:

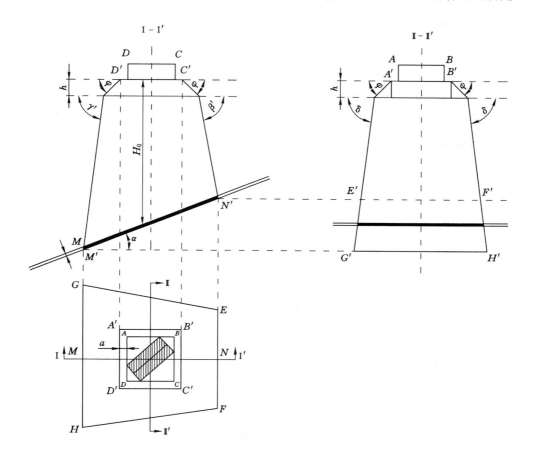

图 10.2-1　垂直剖面法设计保护煤(岩)柱示意图

① 在平面图上,应沿受护建(构)筑物的角点作平行于煤层走向和倾斜方向的四条直线,应两两相交得矩形保护范围 $ABCD$。在 $ABCD$ 外侧应根据建(构)筑物的保护等级增加围护带宽度,所得矩形 $A'B'C'D'$ 应为受护边界。

② 应过四边形 $A'B'C'D'$ 中心点作煤层倾向剖面I-I′和走向剖面II-II′,在I-I′、II-II′剖面上可求出保护煤(岩)柱边界。

③ 在 I-I′剖面上应标出地面线、建(构)筑物轮廓线、松散层、煤层等,并应标出煤层倾角 α、煤层厚度 M 及煤层埋藏深度 H。沿受护边界点 C'、D' 应以松散层移动角 φ,基岩内应分别以斜交剖面移动角 β'、γ' 代替 β、γ 角划直线。直线与煤层底板的交点应为保护煤

柱在煤层该斜交剖面上的上、下边界 M' 及 N'。应将 M'、N' 投影到平面图上,得 M、N 点。β'、γ' 角应按下列公式计算:

$$\cot \beta' = \sqrt{\cot^2 \beta \cos^2 \theta + \cot^2 \delta \sin^2 \theta} \tag{10.2-1}$$

$$\cot \gamma' = \sqrt{\cot^2 \gamma \cos^2 \theta + \cot^2 \delta \sin^2 \theta} \tag{10.2-2}$$

式中　γ、β、δ——分别为上山、下山和走向方向的岩层移动角,(°);

　　　θ——围护带边界与煤层倾向线之间所夹的锐角,(°)。

④ 在 Ⅱ-Ⅱ′ 剖面上应标出地面线、建(构)筑物轮廓线、松散层、煤层等。沿受护面积边界与地面线交点在松散层内应以移动角 φ 划直线,在基岩内应以走向方向的岩层移动角 δ 划直线。

⑤ 应将 Ⅰ-Ⅰ′ 剖面上 M'、N' 点投影到 Ⅱ-Ⅱ′ 剖面上,与 Ⅱ-Ⅱ′ 剖面上基岩内的两条斜线相交,得交点 E'、F'、G'、H'。$E'F'$ 应为保护煤(岩)柱上边界在 Ⅱ-Ⅱ′ 剖面上的投影,$G'H'$ 应为保护煤(岩)柱下边界在 Ⅱ-Ⅱ′ 剖面上的投影。

⑥ 应将 E'、F'、G'、H' 点分别转绘到平面图上得 E、F、G、H 点,$EFGH$ 点围成的四边形应为所求保护煤(岩)柱平面范围。

(2) 用垂线法设计与煤层走向斜交的受护对象保护煤(岩)柱(见图 10.2-2)时,应符合下列规定:

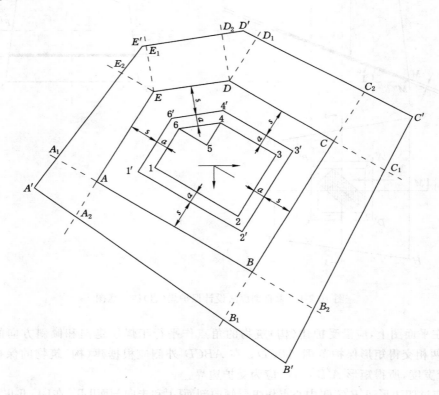

图 10.2-2　用垂线法设计保护煤(岩)柱示意图

① 应在受护边界 12346 外侧增加围护带宽度,得受护面积边界 1′2′3′4′6′。

② 受护面积边界 1′2′3′4′6′ 向外应按宽度 $s = h \cot \varphi$ 划出 $ABCDE$ 五边形。

③ 应由 A、B、C、D、E 等各点分别作线段 AB、BC、CD、DE、EA 等各边的垂线,在煤

层上山方向垂线长度 L_u 和下山方向垂线长度 L_d 应按下列公式计算：

$$L_u = \frac{(H-h)\cot \beta'}{1+\cot \beta' \cos \theta \tan \alpha} \tag{10.2-3}$$

$$L_d = \frac{(H-h)\cot \gamma'}{1+\cot \gamma' \cos \theta \tan \alpha} \tag{10.2-4}$$

式中　h——松散层厚度，m；

　　　H——煤层到地表的垂深（从受护边界起在松散层中以 φ 角作直线与基岩面相交，H 值为过此交点的煤层深度），m；

　　　θ——各受护边界与煤层走向所夹的锐角，(°)；

　　　α——煤层倾角；

　　　β'、γ'——斜交剖面移动角，(°)，分别按公式（10.2-1）及公式（10.2-2）计算确定。

④ 在各垂线上，应按计算垂线长度，用直线分别连接垂线各端点相交于 A'、B'、C'、D'、E' 等点，各点所围成的轮廓应为建筑物保护煤（岩）柱边界的平面范围。

（3）数字标高投影法可用于设计延伸形建（构）筑物或基岩面标高变化较大情况下的保护煤（岩）柱。采用数字标高投影法设计受护对象保护煤（岩）柱时，应符合下列规定：

① 保护煤（岩）柱空间体的侧平面（即倾角为 φ、β'、γ' 的平面）上等高线的等高距，应与煤层等高线（或基岩面等高线）的等高距 D 相同。

② 相邻两等高线之间的水平距离 d 应根据 φ、β'、γ' 角及煤层等高距 D，按 $d = D\cot \varphi$（或 $d = D\cot \beta'$；$d = D\cot \gamma'$）求取。

③ 连接保护煤（岩）柱侧平面与煤层层面（或基岩面）上同值等高线的交点，所围成的多边形应为保护煤（岩）柱边界。

10.2.3.3　应 用

（1）压矿量的预测：所预留保护煤（岩）柱范围内的矿产量应为建（构）筑物的压矿量。

（2）煤（岩）柱安全稳定性系数计算。

① 当采用条带式开采时，煤（岩）柱安全稳定性系数可按下式计算（见图 10.2-3）：

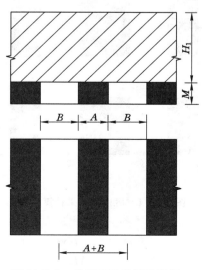

图 10.2-3　条带开采计算示意图

$$K_p = \frac{\gamma_0 H_1 (A + B)}{A \cdot \sigma_m} \qquad (10.2\text{-}5)$$

式中 γ_0——上覆岩层的平均重度，kN/m³；

　　　H_1——煤（岩）柱埋深，m；

　　　A——保留煤（岩）柱条带的宽度，m；

　　　B——采出条带宽度，m；

　　　σ_m——煤（岩）柱的极限抗压强度，kPa。

② 当采用充填条带式开采或条带煤（岩）柱有核区存在时，煤（岩）柱安全稳定性系数可按下式计算：

$$K_p = \frac{P_U}{P_Z} \qquad (10.2\text{-}6)$$

式中 P_U——煤（岩）柱能承受的极限荷载，kN；

　　　P_Z——煤（岩）柱实际承受的荷载，kN。

③ 煤（岩）柱能承受的极限荷载 P_U 的计算，应符合下列规定：

a. 对于矩形煤（岩）柱，其所能承受的极限荷载 P_U^l，可按下式计算：

$$P_U^l = 40\gamma_0 H_1 [AL - 4.92(A + L)MH_1 \times 10^{-3} + 32.28M^2 H_1^2 \times 10^{-6}] \qquad (10.2\text{-}7)$$

b. 对于长条形煤（岩）柱，其所能承受的极限荷载 P_U^L，可按下式计算：

$$P_U^L = 40\gamma_0 H_1 (A - 4.92MH_1 \times 10^{-3}) \qquad (10.2\text{-}8)$$

式中 L——煤（岩）柱长度，m；

　　　M——采出煤层厚度，m。

④ 煤（岩）柱实际承受的荷载 P_Z 计算，应符合下列规定：

a. 对于房柱式开采，当采区的宽度足够大且煤（岩）柱尺寸比较规则、各煤（岩）柱的刚度相同时，煤（岩）柱实际承受的荷载 P_Z 可按下式计算（见图 10.2-4）：

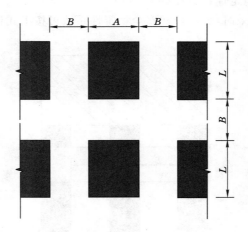

图 10.2-4　房柱式开采计算示意图

$$P_Z = \frac{\gamma_0 H_1 (A + B)(B + L)}{AL} \qquad (10.2\text{-}9)$$

b. 对于条带式开采所形成的矩形煤(岩)柱,其实际承受的荷载 P_z^j 可按下式计算:

$$P_z^j = 10\gamma_0 L\left[AH_1 + \frac{B}{2}\left(2H_1 - \frac{B}{0.6}\right)\right] \tag{10.2-10}$$

c. 对于条带式开采所形成的长条形煤(岩)柱,其实际承受的荷载 P_z^l 可按下式计算:

$$P_z^l = 10\gamma_0\left[AH_1 + \frac{B}{2}\left(2H_1 - \frac{B}{0.6}\right)\right] \tag{10.2-11}$$

10.2.4　围护带

（1）定义:设计保护煤(岩)柱划定地面受护物范围时,为安全起见沿受护物四周所增加的带形面积。

（2）获取:围护带宽度应根据受护对象的保护等级确定,受护对象保护等级及围护带宽度可按表 10.2-5 确定。

表 10.2-5　　　　　　　　　　　　　　　围护带宽度

保护等级	主要建筑物	围护带宽度/m
特	国家珍贵文物建筑物、30 层以上或高度超过 100 m 的超高层建筑、核电站等特别重要工业建筑物等	50
Ⅰ	国家一般文物建筑物、办公楼、医院、剧院、学校、10 层及以上的高层建筑、在同一跨度内有 2 台重型桥式吊车的大型厂房等	20
Ⅱ	长度大于 20 m 的 2 层楼房和 2 层以上多层住宅楼、钢筋混凝土框架结构的工业厂房、设有桥式吊车的工业厂房、总机修厂等较重要的大型工业建筑物、城镇建筑群或者居民区等	15
Ⅲ	砖木、砖混结构平房或者变形缝区段小于 20 m 的 2 层楼房、村庄民房等	10
Ⅳ	村庄木结构承重房屋等	5

（3）应用:为计算保护煤(岩)柱边界提供数据依据,见 10.2.3。

10.2.5　垮落带和断裂带

10.2.5.1　定义

垮落带:由采煤引起的上覆岩层破裂并向采空区垮落的范围。

断裂带:垮落带上方的岩层产生断裂或裂缝,但仍保持其原有层状的岩层范围。

10.2.5.2　获取

（1）钻探法:

当符合下列条件之一时,可判定为垮落带:

① 突然掉钻且掉钻次数频繁;

② 钻机速度时快时慢,有时发生卡钻或埋钻,钻具振动加剧;

③ 孔口水位突然消失;

④ 孔口有明显的吸风现象;

⑤ 岩芯破碎,层理、倾角紊乱,混杂有岩粉、淤泥、坑木、煤屑等;

⑥ 瓦斯、煤层自燃等有害气体上涌。

（2）计算法:

① 当煤层倾角 $\alpha < 55°$ 时,采空区垮落带高度计算,应符合下列规定:

a. 当煤层顶板覆岩内存在坚硬岩层,煤层回采后能形成悬顶,而开采空间及垮落岩层本身的空间只能由碎胀的岩石填满时,垮落带最大高度可按下式计算:

$$H_{\mathrm{m}} = \frac{M}{(k-1)\cos\alpha} \qquad (10.2\text{-}12)$$

式中　k——垮落岩石的碎胀系数;

　　　M——开采厚度,m。

b. 当煤层顶板为硬质岩、软质岩层或其互层时,开采空间和垮落岩层本身的空间可由顶板的下沉和垮落岩石的碎胀填满,开采单一煤层时垮落带的最大高度可按下式计算:

$$H_{\mathrm{m}} = \frac{M-W}{(k-1)\cos\alpha} \qquad (10.2\text{-}13)$$

式中　W——坡顶边缘下沉值,m。

c. 当煤层顶板为硬质岩、软质岩层或其互层时,厚层煤分层开采的垮落带最大高度可按表 10.2-6 中的公式计算。

表 10.2-6　　　　　　　　　　　厚煤层分层开采的垮落带最大高度计算公式

饱和单轴抗压强度 f_{r} 及主要岩石名称	计算公式
$40 \leqslant f_{\mathrm{r}} < 80$,石英砂岩、石灰岩、砂质页岩、砾岩	$H_{\mathrm{m}} = \dfrac{100\sum M}{2.1\sum M + 16} \pm 2.5$
$20 \leqslant f_{\mathrm{r}} < 40$,砂岩、泥质灰岩、砂质页岩、页岩	$H_{\mathrm{m}} = \dfrac{100\sum M}{4.7\sum M + 19} \pm 2.2$
$10 \leqslant f_{\mathrm{r}} < 20$,泥岩、泥质砂岩	$H_{\mathrm{m}} = \dfrac{100\sum M}{6.2\sum M + 32} \pm 1.5$
$f_{\mathrm{r}} < 10$,铝土岩、风化泥岩、黏土、含砂黏性土	$H_{\mathrm{m}} = \dfrac{100\sum M}{7.0\sum M + 63} \pm 1.2$

注:$\sum M$ 为累计开采厚度;公式应用范围为单层开采厚度不超过 3 m,累计采厚不超过 15 m;计算公式中"±"号项为误差。f_{r} 单位为 MPa;H_{m} 单位为 m。

d. 当煤层顶板为硬岩、软岩或其互层时,厚煤层分层开采的断裂带最大高度(H_{li}),可按表 10.2-7 中的公式计算。

表 10.2-7　　　　　　　　　　　厚煤层分层开采的断裂带最大高度计算公式

饱和单轴抗压强度 f_{r}/MPa	计算公式之一	计算公式之二
$40 \leqslant f_{\mathrm{r}} < 80$	$H_{\mathrm{li}} = \dfrac{100\sum M}{1.2\sum M + 2.0} \pm 8.9$	$H_{\mathrm{li}} = 30\sqrt{\sum M} + 10$
$20 \leqslant f_{\mathrm{r}} < 40$	$H_{\mathrm{li}} = \dfrac{100\sum M}{1.6\sum M + 3.6} \pm 5.6$	$H_{\mathrm{li}} = 20\sqrt{\sum M} + 10$

饱和单轴抗压强度 f_r/MPa	计算公式之一	计算公式之二
$10 \leqslant f_r < 20$	$H_{li} = \dfrac{100\sum M}{3.1\sum M + 5.0} \pm 4.0$	$H_{li} = 10\sqrt{\sum M} + 5$
$f_r < 10$	$H_{li} = \dfrac{100\sum M}{5.0\sum M + 8.0} \pm 3.0$	—

注：H_{li} 单位为 m。

② 当煤层倾角 $\alpha \geqslant 55°$，煤层顶板、底板为硬质岩、软质岩层，用垮落法开采时，采空区垮落带和断裂带最大高度（H_m、H_{li}），可按表 10.2-8 中的公式计算。

表 10.2-8　　　　　　急倾斜矿层开采垮落带及断裂带最大高度计算公式

饱和单轴抗压强度 f_r/MPa	垮落带高度/m	断裂带高度/m
$40 \leqslant f_r < 80$	$H_m = (0.4 \sim 0.5)H_{li}$	$H_{li} = \dfrac{100Mh_c}{4.1h_c + 133} \pm 8.4$
$f_r < 40$	$H_m = (0.4 \sim 0.5)H_{li}$	$H_{li} = \dfrac{100Mh_c}{7.5h_c + 293} \pm 7.3$

注：式中 h_c 为开采阶段垂高。

③ 近距离煤层垮落带和断裂带高度计算（见图 10.2-5），应符合下列规定：

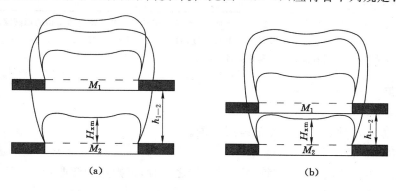

图 10.2-5　近距离煤层导水断裂带高度计算示意图

(a) $h_{1-2} > H_{xm}$；(b) $h_{1-2} \leqslant H_{xm}$

a. 上、下煤层的最小垂距 h_{1-2} 大于回采下层煤的垮落带高度 H_{xm} 时，上、下层煤的断裂带最大高度，可按上、下层煤的厚度分别按表 10.2-7 中的公式计算，并应取其中标高最高者作为两层煤的断裂带最大高度。

b. 下层煤的垮落带接触到或完全进入上层煤范围内时，上层煤的断裂带最大高度应采用本层煤的开采厚度计算，下层煤的断裂带最大高度应采用上、下层煤的综合开采厚度计算，并应取其中标高最高者为两层煤的断裂带最大高度。上、下层煤的综合开采厚度可按下式计算：

$$M_{Z1-2} = M_2 + \left(M_1 - \frac{h_{1-2}}{y_2} \right) \qquad (10.2\text{-}14)$$

式中　M_1——上层煤开采厚度,m;

　　　M_2——下层煤开采厚度,m;

　　　h_{1-2}——上、下层煤之间的法向距离,m;

　　　y_2——下层煤的垮落带高度与采厚之比。

c. 上、下层煤之间的距离很小时,综合开采厚度可按下式计算:

$$M_{Z1-2} = M_1 + M_2$$

10.2.5.3　应用

(1) 评价采空区终采后垮落的位置和厚度。

(2) 对采空区稳定性进行评价。工程对采空区稳定性影响程度,应根据建筑物荷载及影响深度等,采用荷载临界影响深度判别法、附加应力分析法、数值分析法等方法,并宜按表10.2-9进行评价。

表 10.2-9　　根据荷载临界影响深度定量评价工程建设对采空区
稳定性影响程度的评价标准

影响程度 评价因子	大	中等	小
荷载临界影响深度 H_D 和采空区深度 H	$H_D > H$	$H_D \leqslant H \leqslant 1.5 H_D$	$H > 1.5 H_D$
附加应力影响深度 H_α 和垮落 断裂带深度 H_{lf}	$H_{lf} < H_\alpha$	$H_\alpha \leqslant H_{lf} < 2.0 H_\alpha$	$H_{lf} \geqslant 2.0 H_\alpha$

注:1. 采空区深度 H 指巷道(采空区)等的埋藏深度,对于条带式开采和穿巷开采指垮落拱顶的埋藏深度;

　　2. 垮落断裂带深度 H_{lf} 指采空区垮落断裂带的埋藏深度,H_{lf} = 采空区采深 H - 垮落带高度 H_m - 断裂带高度 H_{li},宜通过钻探及其岩芯描述并辅以测井资料确定。

10.2.6　弯曲带

10.2.6.1　定义

断裂带上方直至地表产生弯曲的岩层范围。

10.2.6.2　获取

可通过钻探方法进行判断,当符合下列条件之一时,可判定为弯曲带:

(1) 全孔返水;

(2) 无耗水量或耗水量小;

(3) 取芯率大于75%;

(4) 进尺平稳;

(5) 岩芯完整,无漏水现象。

10.2.6.3　应用

对采空区稳定性进行评价,见10.2.5。

10.2.7　地表移动盆地

10.2.7.1　定义

由采矿引起的采空区上方地表移动的整体形态和范围。

10.2.7.2　获取

（1）开采煤层倾角 $\alpha < 15°$，地表平坦，且达到超充分采动，采动影响范围内无大型地质构造时，最终形成的静态地表移动盆地（见图 10.2-6），可划分为移动盆地的中间区域、移动盆地的内边缘区、移动盆地的外边缘区，并应符合下列规定：

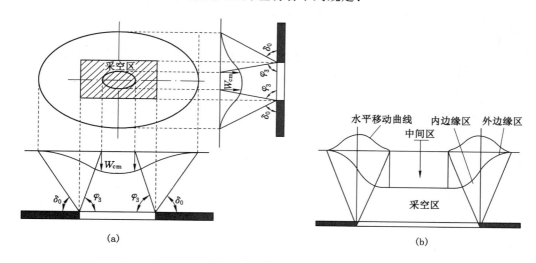

图 10.2-6　开采煤层倾角 $\alpha < 15°$ 充分采动时地表移动盆地分区示意图

（a）平面图；（b）剖面图

① 移动盆地的中间区域位于采空区的正上方，地表应均匀下沉，地表下沉量应达到该地质采矿条件下应有的最大值，其他移动和变形值应近似为零且无明显裂缝。

② 移动盆地的内边缘区位于采空区外侧上方，地表应不均匀沉降，且地面应向盆地中心倾斜呈凹形，并应产生压缩变形，可不出现裂缝。

③ 移动盆地的外边缘区位于采空区外侧矿层上方，地表应不均匀沉降，且地面应向盆地中心倾斜呈凸形，并应产生拉伸变形。当拉伸变形超过一定数值后，地面可出现拉伸裂缝。

④ 在地表刚达到充分采动或非充分采动条件下，地表移动盆地内可不出现中间区域。

（2）开采煤层倾角为 $15° \leqslant \alpha \leqslant 55°$ 时，地表移动盆地（见图 10.2-7）应具有下列特征：

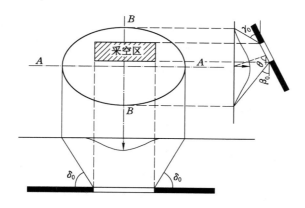

图 10.2-7　开采煤层倾角为 $15° \leqslant \alpha \leqslant 55°$ 时地表移动盆地示意图

① 在倾斜方向上,移动盆地的中心(最大下沉点)应偏向采空区的下山方向,并与采空区中心不重合。最大下沉点同采空区几何中心的连线与水平线在下山一侧夹角(最大下沉角)应小于 $90°$。

② 移动盆地与采空区的相对位置,在走向方向上应对称于倾斜中心线,而在倾斜方向上应不对称,且矿层倾角越大,不对称性越加明显。

③ 移动盆地的上山方向较陡,移动范围较小;下山方向较缓,移动范围较大。

④ 采空区上山边界上方地表移动盆地拐点应偏向采空区内侧,采空区下山边界上方地表移动盆地拐点应偏向采空区外侧。拐点偏离的位置大小与矿层倾角和上覆岩层的性质有关。

(3) 开采煤层倾角 $\alpha > 55°$ 时,地表移动盆地(见图 10.2-8)应具有下列特征:

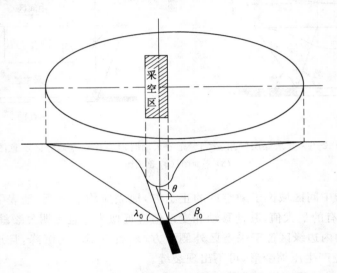

图 10.2-8　开采煤层倾角 $\alpha > 55°$ 时地表移动盆地示意图

① 地表移动盆地形状的不对称性更加明显。工作面下边界上方地表的开采影响达到开采范围以外很远,上边界上方开采影响则达到矿层底板岩层。整个移动盆地明显地偏向矿层下山方向。

② 最大下沉值不应出现在采空区中心正上方,而应向采空区下边界方向偏移。

③ 底板的最大水平移动值应大于最大下沉值,最大下沉角应小于 $15°$。

④ 煤层开采时,可不出现充分采动的情况。

10.2.7.3　应用

地表移动变形连续分布时的地表移动和变形预测。

(1) 开采煤层倾角 $\alpha < 15°$,采用概率积分法进行采空区地表移动变形值计算时,采空区地表移动变形值可按下列公式计算:

① 下沉:

$$W(x,y) = W_{cm} \iint_D \frac{1}{r^2} \cdot e^{-\pi \frac{(\eta-x)^2+(\zeta-y)^2}{r^2}} \, d\eta d\zeta \qquad (10.2\text{-}15)$$

② 倾斜:

$$i_x(x,y) = W_{cm} \iint_D \frac{2\pi(\eta - x)}{r^4} \cdot e^{-\pi\frac{(\eta-x)^2+(\zeta-y)^2}{r^2}} \mathrm{d}\eta\mathrm{d}\zeta \tag{10.2-16}$$

$$i_y(x,y) = W_{cm} \iint_D \frac{2\pi(\zeta - y)}{r^4} \cdot e^{-\pi\frac{(\eta-x)^2+(\zeta-y)^2}{r^2}} \mathrm{d}\eta\mathrm{d}\zeta \tag{10.2-17}$$

③ 曲率：

$$K_x(x,y) = W_{cm} \iint_D \frac{2\pi}{r^4}\left(\frac{2\pi(\eta-x)^2}{r^2} - 1\right) \cdot e^{-\pi\frac{(\eta-x)^2+(\zeta-y)^2}{r^2}} \mathrm{d}\eta\mathrm{d}\zeta \tag{10.2-18}$$

$$K_y(x,y) = W_{cm} \iint_D \frac{2\pi}{r^4}\left(\frac{2\pi(\zeta-y)^2}{r^2} - 1\right) \cdot e^{-\pi\frac{(\eta-x)^2+(\zeta-y)^2}{r^2}} \mathrm{d}\eta\mathrm{d}\zeta \tag{10.2-19}$$

④ 水平移动：

$$U_x(x,y) = U_{cm} \iint_D \frac{2\pi(\eta-x)}{r^3} \cdot e^{-\pi\frac{(\eta-x)^2+(\zeta-y)^2}{r^2}} \mathrm{d}\eta\mathrm{d}\zeta \tag{10.2-20}$$

$$U_y(x,y) = U_{cm} \iint_D \frac{2\pi(\zeta-y)}{r^3} \cdot e^{-\pi\frac{(\eta-x)^2+(\zeta-y)^2}{r^2}} \mathrm{d}\eta\mathrm{d}\zeta + W(x,y)\cot\theta_0 \tag{10.2-21}$$

⑤ 水平变形：

$$\varepsilon_x(x,y) = U_{cm} \iint_D \frac{2\pi}{r^3}\left(\frac{2\pi(\eta-x)^2}{r^2} - 1\right) \cdot e^{-\pi\frac{(\eta-x)^2+(\zeta-y)^2}{r^2}} \mathrm{d}\eta\mathrm{d}\zeta \tag{10.2-22}$$

$$\varepsilon_y(x,y) = U_{cm} \iint_D \frac{2\pi}{r^3}\left(\frac{2\pi(\zeta-y)^2}{r^2} - 1\right) \cdot e^{-\pi\frac{(\eta-x)^2+(\zeta-y)^2}{r^2}} \mathrm{d}\eta\mathrm{d}\zeta + i_y(x,y)\cot\theta_0$$

$$\tag{10.2-23}$$

式中　x、y——计算点相对坐标（考虑拐点偏移距），m；

　　　　D——开采煤层区域。

（2）开采煤层倾角为 $15° \leqslant \alpha \leqslant 55°$，采用概率积分法进行采空区地表移动变形值计算时，采空区地表移动变形值可按下列公式计算：

① 下沉：

$$W(x,y) = W_{cm} \sum_{i=1}^{n} \int_{L_i} \frac{1}{2r} \mathrm{erf}\left(\frac{\sqrt{\pi}(\eta - x)}{r}\right) \cdot e^{-\pi\frac{(\zeta-y)^2}{r^2}} \mathrm{d}\zeta \tag{10.2-24}$$

② 倾斜：

$$i_x(x,y) = W_{cm} \sum_{i=1}^{n} \int_{L_i} \frac{1}{r^2} \cdot e^{-\pi\frac{(\eta-x)^2+(\zeta-y)^2}{r^2}} \mathrm{d}\zeta \tag{10.2-25}$$

$$i_y(x,y) = W_{cm} \sum_{i=1}^{n} \int_{L_i} \frac{-\pi(\zeta-y)}{r^2} \cdot \mathrm{erf}\left(\frac{\sqrt{\pi}(\eta - x)}{r}\right) \cdot e^{-\pi\frac{(\zeta-y)^2}{r^2}} \mathrm{d}\zeta \tag{10.2-26}$$

③ 曲率：

$$K_x(x,y) = W_{cm} \sum_{i=1}^{n} \int_{L_i} \frac{-2\pi}{r^2} \cdot \frac{\eta-x}{r} \cdot e^{-\pi\frac{(\eta-x)^2+(\zeta-y)^2}{r^2}} \mathrm{d}\zeta \tag{10.2-27}$$

$$K_y(x,y) = W_{cm} \sum_{i=1}^{n} \int_{L_i} \frac{\pi}{r^3}\left(\frac{2\pi(\zeta-y)^2}{r^2} - 1\right) \cdot \mathrm{erf}\left(\sqrt{\pi}\,\frac{\eta-x}{r}\right) \cdot e^{-\pi\frac{(\zeta-y)^2}{r^2}} \mathrm{d}\zeta$$

$$\tag{10.2-28}$$

④ 水平移动：

$$U_x(x,y) = U_{cm} \sum_{i=1}^n \int_{L_i} \frac{1}{r^2} e^{-\pi \frac{(\eta-x)^2+(\zeta-y)^2}{r^2}} d\zeta \qquad (10.2\text{-}29)$$

$$U_y(x,y) = U_{cm} \sum_{i=1}^n \int_{L_i} \frac{-\pi(\zeta-y)}{r^2} \cdot erf\left(\frac{\sqrt{\pi}(\eta-x)}{r}\right) \cdot e^{-\pi \frac{(\zeta-y)^2}{r^2}} d\zeta + W(x,y) \cdot \cot\theta_0$$

$$(10.2\text{-}30)$$

⑤ 水平变形:

$$\varepsilon_x(x,y) = U_{cm} \sum_{i=1}^n \int_{L_i} \frac{-2\pi}{r^2} \cdot \frac{\eta-x}{r} \cdot e^{-\pi \frac{(\eta-x)^2+(\zeta-y)^2}{r^2}} d\zeta \qquad (10.2\text{-}31)$$

$$\varepsilon_y(x,y) = U_{cm} \sum_{i=1}^n \int_{L_i} -\frac{\pi}{r^2} \cdot \frac{\zeta-y}{r} \cdot erf\left(\sqrt{\pi}\frac{\eta-x}{r}\right) \cdot e^{-\pi \frac{(\zeta-y)^2}{r^2}} d\zeta + i_y(x,y) \cdot \cot\theta_0$$

$$(10.2\text{-}32)$$

式中 r——等价计算工作面的主要影响半径,m;

L_i——等价计算工作面各边界的直线段,m。

(3) 开采煤层倾角 $\alpha > 55°$,采用概率积分法进行采空区地表移动变形值计算时,采空区地表移动变形值可按下列公式计算:

① 下沉:

$$W(x,y) = q \iiint_G \frac{1}{r(z)^2} e^{-\pi \frac{(\eta-x)^2+(\zeta-y)^2}{r(z)^2}} d\eta d\zeta dz \qquad (10.2\text{-}33)$$

② 倾斜:

$$i_x(x,y) = q \iiint_G \frac{2\pi(\eta-x)}{r(z)^4} e^{-\pi \frac{(\eta-x)^2+(\zeta-y)^2}{r(z)^2}} d\eta d\zeta dz \qquad (10.2\text{-}34)$$

$$i_y(x,y) = q \iiint_G \frac{2\pi(\eta-y)}{r(z)^4} e^{-\pi \frac{(\eta-x)^2+(\zeta-y)^2}{r(z)^2}} d\eta d\zeta dz \qquad (10.2\text{-}35)$$

③ 曲率:

$$K_x(x,y) = q \iiint_G \frac{2\pi}{r(z)^4}\left(\frac{2\pi(\eta-x)^2}{r(z)^2}-1\right) e^{-\pi \frac{(\eta-x)^2+(\zeta-y)^2}{r(z)^2}} d\eta d\zeta dz \qquad (10.2\text{-}36)$$

$$K_y(x,y) = q \iiint_G \frac{2\pi}{r(z)^4}\left(\frac{2\pi(\zeta-y)^2}{r(z)^2}-1\right) e^{-\pi \frac{(\eta-x)^2+(\zeta-y)^2}{r(z)^2}} d\eta d\zeta dz \qquad (10.2\text{-}37)$$

④ 水平移动:

$$U_x(x,y) = bq \iiint_G \frac{2\pi(\eta-x)}{r(z)^3} e^{-\pi \frac{(\eta-x)^2+(\zeta-y)^2}{r(z)^2}} d\eta d\zeta dz \qquad (10.2\text{-}38)$$

$$U_y(x,y) = bq \iiint_G \frac{2\pi(\zeta-y)}{r(z)^3} e^{-\pi \frac{(\eta-x)^2+(\zeta-y)^2}{r(z)^2}} d\eta d\zeta dz + W_y(x,y)\cot\theta_0 \quad (10.2\text{-}39)$$

⑤ 水平变形:

$$\varepsilon_x(x,y) = bq \iiint_G \frac{2\pi}{r(z)^3}\left(\frac{2\pi(\eta-x)^2}{r(z)^2}-1\right) e^{-\pi \frac{(\eta-x)^2+(\zeta-y)^2}{r(z)^2}} d\eta d\zeta dz \qquad (10.2\text{-}40)$$

$$\varepsilon_y(x,y) = bq \iiint_G \frac{2\pi}{r(z)^3}\left(\frac{2\pi(\zeta-y)^2}{r(z)^2}-1\right) e^{-\pi \frac{(\eta-x)^2+(\zeta-y)^2}{r(z)^2}} d\eta d\zeta dz + i_y(x,y)\cot\theta_0$$

$$(10.2\text{-}41)$$

式中　$r(z)$——深度为 z 处的主要影响半径,m;

　　　G——开采空间;

　　　q——下沉系数,对于急倾斜煤层为下沉盆地体积与开采煤层体积的比值。

(4) 采空区地表移动变形最大值计算,应符合下列规定:

① 地表最大下沉值可按下列公式计算:

a. 充分采动:

$$W_{cm} = M \cdot q \cdot \cos \alpha \tag{10.2-42}$$

b. 非充分采动:

$$W_{fm} = M \cdot q \cdot n \cdot \cos \alpha \tag{10.2-43}$$

式中　W_{cm}——充分采动条件下地表最大下沉值,mm;

　　　W_{fm}——非充分采动条件下地表最大下沉值,mm;

　　　n——地表充分采动系数,$n = \sqrt{n_1 \cdot n_3}$,$n_1 = k_1 \dfrac{D_1}{H_0}$,$n_3 = k_3 \dfrac{D_3}{H_0}$,$n_1$ 和 n_3 大于 1 时取 $1(k_1$、k_3 为与覆岩岩性有关的系数,坚硬岩层取 0.7,较硬岩层取 0.8,软弱岩层取 0.9;D_1、D_3 为倾向及走向工作面长度,m)。

② 地表最大水平移动值可按下列公式计算:

a. 沿煤层走向方向上的最大水平移动:

$$U_{cm} = b \cdot W_{cm} \tag{10.2-44}$$

式中　U_{cm}——充分开采的最大水平移动值,mm。

b. 沿煤层倾斜方向的最大水平移动:

$$U_{cm} = b(\alpha) \cdot W_{cm} \tag{10.2-45}$$

或:

$$U_{cm} = (b + 0.7P_0) \cdot W_{cm} \tag{10.2-46}$$

式中　$b(\alpha)$——水平移动系数,随倾角 α 变化。

　　　P_0——计算系数,$P_0 = \tan \alpha - h/(H_0 - h)$,$H_0$ 为采空区采深;当 $P_0 < 0$ 时,取 $P_0 = 0$。h 为表土层厚度,m。

③ 最大倾斜变形值可按下式计算:

$$i_{cm} = \frac{W_{cm}}{r} \tag{10.2-47}$$

式中　i_{cm}——充分开采的最大倾斜变形,mm/m。

④ 最大曲率变形值可按下式计算:

$$k_{cm} = 1.52 \cdot \frac{W_{cm}}{r^2} \tag{10.2-48}$$

式中　k_{cm}——充分开采的最大曲率变形,10^{-3}/m。

⑤ 最大水平变形值可按下式计算:

$$\varepsilon_{cm} = 1.52 \cdot b \cdot \frac{W_{cm}}{r} \tag{10.2-49}$$

式中　ε_{cm}——充分开采的最大水平变形,mm/m。

10.2.8　地表移动盆地边界

(1) 定义:地表受开采影响的边界。

（2）获取：一般以地表下沉 10 mm 的点圈定的边界进行确定。

（3）应用：确定采空区影响范围。

10.2.9　移动盆地主断面

（1）定义：与开采边界方向垂直并通过移动盆地最大下沉点的竖向断面。

（2）获取：同定义。

（3）应用：

① 地表移动变形连续分布时的地表移动和变形预测，见 10.2.7。

② 勘察阶段监测观测线的布置：观测线宜结合建（构）筑物平面位置平行和垂直于移动盆地主断面布置，数量不宜少于 2 条，并应满足场地稳定性评价需要。

10.2.10　地表下沉值

（1）定义：地表点移动向量的竖直分量。

（2）获取。以本次与首次观测点的标高差表示，即：

$$W_n = H_{n0} - H_{nm} \tag{10.2-50}$$

式中　W_n——地表下沉值，m，W_n 正值表示测点下沉，W_n 负值表示测点上升；

　　　H_{n0}、H_{nm}——地表 n 点首次和 m 次观测时的高程，m。

（3）应用：地表移动盆地内移动变形分析，见 10.2.7。

10.2.11　地表水平移动值

（1）定义：地表点移动向量的水平分量。

（2）获取。以本次与首次观测点沿某一水平方向上的位移差表示，即：

$$U_n = L_{nm} - L_{n0} \tag{10.2-51}$$

式中　U_n——地表 n 点的水平移动，mm；

　　　L_{n0}、L_{nm}——分别表示首次和 m 次观测时地表 n 点到观测线控制点 R 间的水平距离，mm。

（3）应用：地表移动盆地内移动变形分析，见 10.2.7。

10.2.12　地表倾斜

（1）定义：地表两相邻点下沉值之差与其变形前的水平距离之比。

（2）获取。地表倾斜可按下式计算：

$$i_{m-n} = \frac{W_n - W_m}{l_{n-m}} \tag{10.2-52}$$

式中　i_{m-n}——m、n 两点的平均倾斜变形，mm/m；

　　　l_{n-m}——地表 m、n 点间的水平距离（首次观测），m；

　　　W_m、W_n——分别为地表 m、n 点的下沉值，mm。

（3）应用：

① 反映了地表移动盆地沿某一方向的坡度；

② 地表移动盆地内移动变形分析，见 10.2.7。

10.2.13　地表水平变形

（1）定义：地表两相邻点水平移动值之差与其变形前的水平距离之比。

（2）获取。地表水平变形可按下式计算：

$$\varepsilon_{m-n} = \frac{U_n - U_m}{l_{n-m}} \tag{10.2-53}$$

式中　ε_{m-n}——m、n 点的水平变形，mm/m；

l_{n-m}——地表 m、n 点间的水平距离（首次观测），m；

U_m、U_n——分别为地表 m、n 点的水平位移，mm。

（3）应用：地表移动盆地内移动变形分析，见 10.2.7。

10.2.14　地表曲率

（1）定义：地表两相邻点倾斜差与其变形前的水平距离之比。

（2）获取。地表曲率按下式计算：

$$k_{m-n-p} = \frac{i_{m-n} - i_{n-p}}{\frac{1}{2}(l_{m-n} + l_{n-p})} \tag{10.2-54}$$

式中　k_{m-n-p}——为 m—n、n—p 线段的平均曲率，mm/m²；

i_{m-n}、i_{n-p}——地表 m—n、n—p 点间的平均斜率，mm/m；

l_{m-n}、l_{n-p}——分别为地表 m、n 点的水平距离（首次观测），m。

（3）应用：

① 反映了观测线断面上的弯曲程度；

② 地表移动盆地内移动变形分析，见 10.2.7。

10.2.15　下沉速度

（1）定义：地表点两次观测的下沉差与其观测的时间间隔之比。

（2）获取：同定义。

（3）应用：确定场地稳定性等级评价标准以地面下沉速度为主要指标，结合其他参数按表 10.2-10 综合判别。

表 10.2-10　　　　　　　　按地表移动变形值确定场地稳定性等级

稳定状态	评价因子				备注
	下沉速度 v_w	倾斜 Δi /(mm/m)	曲率 Δk /($\times 10^{-3}$/m)	水平变形 $\Delta \varepsilon$ /(mm/m)	
稳定	<1.0 mm/d，且连续 6 个月累计下沉<30 mm	<3	<0.2	<2	同时具备
基本稳定	<1.0 mm/d，但连续 6 个月累计下沉≥30 mm	3～10	0.2～0.6	2～6	具备其一
不稳定	≥1.0 mm/d	>10	>0.6	>6	具备其一

10.2.16　地表移动延续时间

10.2.16.1　定义

一定区域开采条件下，从地表最大下沉点下沉 10 mm 时开始到连续 6 个月内累计下沉小于 30 mm 的整个时间。符号：T。

10.2.16.2　获取

地表移动延续时间 T 可按下列方法确定：

（1）根据最大下沉点的下沉量、下沉速度与时间关系曲线确定地表移动延续时间 T

时,可按下列方法确定:

① 下沉 10 mm 时为移动期开始的时间;

② 连续 6 个月累计下沉值不超过 30 mm 时,可认为地表移动期结束;

③ 从地表移动期开始到结束的整个时间为地表移动的延续时间;

④ 在地表移动延续时间内,地表下沉速度大于 50 mm/月(1.7 mm/d)(煤层倾角 $\alpha <$ 55°),或大于 30 mm/月(1.0 mm/d)(煤层倾角 $\alpha \geqslant 55°$)的持续时间可划为活跃期;从地表移动期开始到活跃期开始的阶段可划为初始期;从活跃期结束到移动期结束的阶段可划为衰退期(见图 10.2-9)。

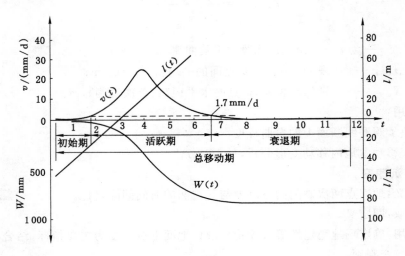

图 10.2-9　地表移动延续时间的确定方法

(2) 当无实测资料时,地表移动的延续时间 T 可按下列公式确定:

当 $H_0 \leqslant 400$ m 时:

$$T = 2.5 H_0 \tag{10.2-55}$$

当 $H_0 > 400$ m 时:

$$T = 1\ 000 e^{\left(1 - \frac{400}{H_0}\right)} \tag{10.2-56}$$

10.2.16.3　应用

场地稳定性等级判定,见 10.2.15。

10.2.17　边界角

(1) 定义:在充分或接近充分采动条件下,地表移动盆地主断面上的边界点和采空区边界点连线与水平线在煤壁一侧的夹角。

(2) 获取:同定义。

(3) 应用:

① 确定地表移动一般参数;

② 确定特级建筑物保护煤柱。

10.2.18　移动角

(1) 定义:在充分或接近充分采动条件下,移动盆地主断面上,地表最外边的临界变形点和采空区边界点连线与水平线在煤壁一侧的夹角。

（2）获取：同定义。

（3）应用：

① 确定地表移动一般参数；

② 确定除特级以外的建筑物保护煤柱。

10.2.19　下沉系数

10.2.19.1　定义

水平或近水平煤层充分采动条件下，地表最大下沉值与采厚之比。符号：q。

10.2.19.2　获取

（1）宜根据实测数据采用最小二乘法确定，下沉系数可按下式拟合求取：

$$q = \frac{W_{cm}}{M \cdot \cos \alpha} \tag{10.2-57}$$

式中　W_{cm}——充分采动条件下地表最大下沉值，mm；

　　　　M——采出矿层法向厚度，m。

（2）当无实测资料时，概率积分法地表移动变形计算参数，可根据岩性、地质、采矿条件等近似确定，各参数选取方法应符合下列规定：

① 可依据覆岩岩性按表 10.2-11 近似确定地表移动一般参数，以及依据表 10.2-12 选取松散层移动角值。

表 10.2-11　　　　　　　　　　　　按覆岩岩性确定地表移动变形计算参数

覆岩类型	覆岩岩性			水平移动系数 b	移动角/(°)			边界角/(°)			主要影响角正切 $\tan \beta$	拐点偏移距 S_0/H	开采影响传播角 θ /(°)
	主要岩性	饱和单轴抗压强度/MPa	下沉系数 q		δ	γ	β	δ_0	γ_0	β_0			
坚硬岩	以中生代地层硬砂岩、硬灰岩为主，其他为砂质页岩、页岩、辉绿岩	>60	0.27～0.54	0.2～0.3	75～80	75～80	$\delta-(0.7\sim0.8)\alpha$	60～65	60～65	$\delta_0-(0.7\sim0.8)\alpha$	1.20～1.91	0.31～0.43	$90°-(0.7\sim0.8)\alpha$
较硬岩	以中生代地层中硬砂岩、石灰岩、砂质页岩为主，其他为软砾岩、致密泥灰岩、铁矿石	30～60	0.55～0.84	0.2～0.3	70～75	70～75	$\delta-(0.6\sim0.7)\alpha$	55～60	55～60	$\delta_0-(0.6\sim0.7)\alpha$	1.92～2.40	0.08～0.30	$90°-(0.6\sim0.7)\alpha$
较软岩～极软岩	以新生代地层砂质页岩、页岩、泥灰岩及黏土、砂质黏土等松散层	<30	0.85～1.00	0.2～0.3	60～70	60～70	$\delta-(0.3\sim0.5)\alpha$	50～55	50～55	$\delta_0-(0.3\sim0.5)\alpha$	2.41～3.54	0.00～0.07	$90°-(0.5\sim0.6)\alpha$

表 10.2-12　　　　　　　　　　　　松散层移动角值

松散层厚度 h/m	干燥、不含水/(°)	含水较强/(°)	含流砂层/(°)
<40	50	45	30
40～60	55	50	35
>60	60	55	40

② 依据覆岩综合评价系数 P 及地质、开采技术条件等确定地表移动计算参数时，应符合下列规定：

a. 覆岩综合评价系数 P 可按下式计算：

$$P = \frac{\sum\limits_{i=1}^{n} m_i \cdot Q_i}{\sum\limits_{i=1}^{n} m_i} \tag{10.2-58}$$

式中　m_i——覆岩分层法线厚度，m；

　　　Q_i——覆岩 i 分层的岩性评价系数，可由表 10.2-13 查得，当无实测强度值时，Q^0 值可由表 10.2-14 查得。

表 10.2-13　　　　分层岩性评价系数

岩性	饱和单轴抗压强度 /MPa	岩性名称	初次采动 Q_0	重复采动 Q_1	Q_2
坚硬岩	≥90	很硬的砂岩、石灰岩和黏土页岩、石英矿脉、很硬的铁矿石、致密花岗岩、角闪岩、辉绿岩	0.0	0.0	0.1
坚硬岩	80	硬的石灰岩、硬砂岩、硬大理石、不硬的花岗岩	0.0	0.1	0.4
坚硬岩	70		0.05	0.2	0.5
坚硬岩	60		0.1	0.3	0.6
较硬岩	50	较硬的石灰岩、砂岩和大理石，普通砂岩、铁矿石	0.2	0.45	0.7
较硬岩	40		0.4	0.7	0.95
较硬岩	30		0.6	0.8	1.0
软质岩石	20	砂质页岩、片状砂岩，硬黏土质页岩、不硬的砂岩和石灰岩、软砾岩	0.8	0.9	1.0
软质岩石	>10		0.9	1.0	1.1
软质岩石	≤10	各种页岩(不坚硬的)、致密泥灰岩，软页岩、很软石灰岩、无烟煤、普通泥灰岩，破碎页岩、烟煤、硬表土-粒质土壤、致密黏土，软砂质土、黄土、腐殖土、松散砂层	1.0	1.1	1.1

表 10.2-14　　　　初次采动的岩层评价系数 Q^0

地层时代 岩性 Q^0 值	寒武纪奥陶纪	志留纪	泥盆纪	石炭纪	二叠纪	三叠纪	侏罗纪	白垩纪	古近纪和新近纪	第四纪
砂岩	0.00	0.05~0.15 (0.10)	0.15~0.30 (0.22)	0.30~0.50 (0.40)	0.40~0.60 (0.50)	0.50~0.70 (0.60)	0.70~0.85 (0.78)	0.85~0.95 (0.90)	0.95~1.00 (0.98)

地层时代 岩性　Q^0 值	寒武纪 奥陶纪	志留纪	泥盆纪	石炭纪	二叠纪	三叠纪	侏罗纪	白垩纪	古近纪 和新近纪	第四纪
页岩、 泥灰岩*	0.00	0.10～ 0.30 (0.20)	0.30～ 0.50 (0.40)	0.50～ 0.70 (0.60)	0.60～ 0.80 (0.70)	0.70～ 0.85 (0.78)	0.85～ 0.95 (0.90)	0.85～ 0.95 (0.90)		
砂质页岩	0.00	0.10～ 0.20 (0.15)	0.20～ 0.40 (0.30)	0.40～ 0.60 (0.50)	0.50～ 0.70 (0.60)	0.60～ 0.80 (0.70)	0.80～ 0.90 (0.85)	0.85～ 0.95 (0.90)		

注:泥灰岩 * 指淮南矿区二道河等地区的泥灰岩组。

　　b. 覆岩综合评价下沉系数可按下式计算:

$$q = 0.5 \cdot (0.9 + P) \tag{10.2-59}$$

　　c. 覆岩综合评价主要影响角正切可按下式计算:

$$\tan \beta = (D - 0.003\,2\,H) \cdot (1 - 0.003\,8\alpha) \tag{10.2-60}$$

式中　D——岩性影响系数,其数值与综合评价系数 P 的关系可由表 10.2-15 查得。

表 10.2-15　　　　　　　岩性综合评价系数 P 与系数 D 的对应关系

坚硬岩	P	0.00	0.03	0.07	0.11	0.15	0.19	0.23	0.27	0.30
	D	0.76	0.82	0.88	0.95	1.01	1.08	1.14	1.20	1.25
较硬岩	P	0.30	0.35	0.40	0.45	0.50	0.55	0.60	0.65	0.70
	D	1.26	1.35	1.45	1.54	1.64	1.73	1.82	1.91	2.00
软质岩	P	0.70	0.75	0.80	0.85	0.90	0.95	1.00	1.05	1.10
	D	2.00	2.10	2.20	2.30	2.40	2.50	2.60	2.70	2.80

　　d. 水平移动系数可按下式计算:

$$b_c = b \cdot (1 + 0.008\,6\alpha) \tag{10.2-61}$$

　　e. 开采影响传播角可按下列公式计算:

$\alpha \leqslant 45°$时:

$$\theta_0 = 90° - 0.68\alpha \tag{10.2-62}$$

$\alpha > 45°$时:

$$\theta_0 = 28.8° + 0.68\alpha \tag{10.2-63}$$

　　f. 坚硬、较硬和软弱覆岩的拐点偏移距,宜分别取$(0～0.07)H$、$(0.08～0.30)H$ 和$(0.31～0.43)H$。

　　(3) 煤层群开采或厚煤层分层开采时,若下层煤开采的影响超过上层煤开采时已移动的覆岩,地表受下层煤开采的重复采动参数宜符合下列规定:

　　① 重复采动条件下的下沉系数可按下列公式计算:

　　a. 对于不同岩性的覆岩,可依据重复采动下沉活化系数按下列公式计算重复采动下沉系数：

$$q_{复1} = (1+\alpha)q_{初} \tag{10.2-64}$$

$$q_{复2} = (1+\alpha)q_{复1} \tag{10.2-65}$$

式中　α——下沉活化系数，可按表 10.2-16 取值；

　　　$q_{初}$、$q_{复1}$、$q_{复2}$——分别为初采、第一次复采、第二次复采下沉系数。

表 10.2-16　　　　　　按覆岩性质区分的重复采动下沉活化系数 α

岩性	一次重采	二次重采	三次重采	四次及四次以上重采
坚硬岩	0.15	0.20	0.10	0
较硬岩	0.20	0.10	0.05	0

　　b. 重复采动下沉系数也可按下列公式计算：

$$q_{复} = 1 - \frac{(H_2^2 - H_1^2)(1-q_{初})M_2}{H_1 H_2} - k\,\frac{(1-q_{初})M_1}{M_2} \tag{10.2-66}$$

较硬覆岩：

$$k = 0.245\,3\mathrm{e}^{0.005\,02\frac{H_1}{M_1}}\left(31 < \frac{H_1}{M_1} \leqslant 250.4\right) \tag{10.2-67}$$

厚含水冲积层地区：

$$k = -27.580\,7 + 0.629\,4\,\frac{H_1}{M_1} \tag{10.2-68}$$

式中　H_1、H_2——分别为第一层煤和第二层煤距基岩面的深度，m；

　　　M_1、M_2——分别为第一层煤和第二层煤的采高，m；

　　　k——系数。

　　② 重复采动条件下，水平移动系数可与初次采动相同。

　　③ 重复采动时，主要影响角正切 $\tan\beta$ 较初次采动应增加 0.3～0.8。对于较硬岩层可按下式计算：

$$\tan\beta_{复} = \tan\beta_{初} + 0.062\,36\ln H - 0.017 \tag{10.2-69}$$

式中　$\tan\beta_{复}$——重采时主要影响角正切；

　　　$\tan\beta_{初}$——初采时主要影响角正切；

　　　H——第二层煤的采深，m。

　　④ 当上、下工作面对齐时，重复采动时的拐点偏移距应小于初次采动时的拐点偏移距，并应符合下列规定：

　　a. 对于较硬覆岩，当上、下工作面对齐时，重复采动时的拐点偏移距可按下列公式计算：

$$S_{复} = S_{初}\,f\left(\frac{H}{M}\right) \tag{10.2-70}$$

上山：

$$f\left(\frac{H}{M}\right) = 0.423\,6 + 9.36\times10^{-4}\,\frac{H}{M} \tag{10.2-71}$$

走向：

$$f\left(\frac{H}{M}\right) = 0.464\ 4\ln\frac{H}{M} - 0.81 \tag{10.2-72}$$

b. 也可采用下列公式直接计算重复采动时的拐点偏移距：

上山：

$$S_2 = 1.13 - 0.156\ 2\frac{H}{M} \tag{10.2-73}$$

走向：

$$S_{3,4} = 95.38 - 27.676\ln\frac{H}{M} \tag{10.2-74}$$

式中　H、M——第二层煤的采深和采厚，m。

⑤ 重复采动时的影响传播角较初次采动宜增加 $1°\sim5°(10°\leqslant\alpha\leqslant30°)$。重复采动时最大下沉角较初次采动增大，对于坚硬覆岩，其增大值宜为 $(0.05\sim0.20)\alpha$；对于较硬覆岩，其增大值宜为 0.15α；对于软弱覆岩，其增大值宜为 0.1α。

⑥ 重复采动时，边界角宜减小 $2°\sim7°$，移动角宜减小 $5°\sim10°$。

⑦ 重复采动时，充分采动角宜增大 $1°\sim5°$，超前影响角宜减小 $10°\sim15°$，最大下沉速度角宜增大 $5°\sim10°$。

10.2.19.3　应用

地表移动变形预测计算，见 10.2.7。

10.2.20　水平移动系数

10.2.20.1　定义

水平或近水平煤层充分采动条件下，地表最大水平移动值与地表最大下沉值之比。

10.2.20.2　获取

（1）宜根据实测数据采用最小二乘法确定，水平移动系数可按下式拟合求取：

$$b = \frac{U_{cm}}{W_{cm}} \tag{10.2-75}$$

式中　U_{cm}——充分开采的最大水平移动值，mm；

　　　W_{cm}——充分采动条件下地表最大下沉值，mm。

（2）当无实测资料时，概率积分法地表移动变形计算参数，可根据岩性、地质、采矿条件等近似确定，各参数选取方法应符合 10.2.19 规定。

10.2.20.3　应用

地表移动变形预测计算，见 10.2.7。

10.2.21　主要影响半径

10.2.21.1　定义

在充分采动条件下，主断面上下沉值为 0.006 3 倍最大下沉值的点与同侧下沉值为 0.993 7 倍最大下沉值的点的水平距离的 1/2。

10.2.21.2　获取

同定义。

10.2.21.3　应用

地表移动变形预测计算，见 10.2.7。

10.2.22 主要影响角正切

10.2.22.1 定义

走向主断面上走向边界采深与主要影响半径之比。

10.2.22.2 获取

（1）宜根据实测数据采用最小二乘法确定，主要影响角正切可按下式拟合求取：

$$\tan \beta = \frac{H_z}{r_z} \tag{10.2-76}$$

式中 H_z——走向主断面上走向边界采深，m；

r_z——走向主断面上主要影响半径，m，r_z 为充分采动时走向主断面上下沉值分别为 $0.16W_{cm}$ 和 $0.84W_{cm}$ 值的点间距的 1.25 倍。

（2）依据覆岩综合评价系数 P 及地质、开采技术条件等确定地表移动计算参数时，符合 10.2.19 的规定。

10.2.22.3 应用

地表移动变形预测计算，见 10.2.7。

10.2.23 拐点偏移距

10.2.23.1 定义

自下沉曲线拐点在地表面上投影点按影响传播角作直线与煤层相交，该交点与采空区边界沿煤层方向的距离。符号：S。

10.2.23.2 获取

见 10.2.19。

10.2.23.3 应用

地表移动变形预测计算，见 10.2.7。

10.2.24 影响传播角

10.2.24.1 定义

在地表移动盆地倾向主断面上，按拐点偏移距求得的计算开采边界和下沉曲线拐点在地表面上投影点的连线与水平线在下山方向的夹角。

10.2.24.2 获取

宜根据实测数据采用最小二乘法确定，开采影响传播角可按下式求取：

$$\theta_0 = \arctan\left(\frac{W_{cm}}{U_{wcm}}\right) \tag{10.2-77}$$

式中 W_{cm}——充分采动条件下地表最大下沉值，mm；

U_{wcm}——倾向剖面上最大下沉值点处的水平移动值，mm。

10.2.24.3 应用

地表移动变形预测计算，见 10.2.7。

10.3 液化

饱和的砂土或粉土在振动作用下，土粒完全悬浮于水中，因而丧失强度和承载能力的现象。按液化等级可分为轻微、中等、严重。砂土液化，可使建于砂土或粉土地基上的建筑物产生强烈的沉降,甚至倾倒破坏。地震引起砂土液化时,产生喷水冒砂现象。液化是主要的工程地质问题之一。

10.3.1　液化土特征深度

10.3.1.1　定义

结合基础埋深与上覆非液化土层厚度和地下水位深度比较来初步判别液化。与抗震设防烈度相关。

10.3.1.2　获取

可按表 10.3-1[《城市轨道交通结构抗震设计规范》(GB 50909—2014)]、表 10.3-2[《建筑抗震设计规范》(GB 50011—2010)]采用。

表 10.3-1 　　　　　　　　　　　液化土特征深度(1)　　　　　　　　　　单位:m

饱和土类别	0.10(0.15)g	0.20g
粉土	6	7
砂土	7	8

注:表中的 0.10(0.15)g 等表示抗震设防地震动分挡。

表 10.3-2 　　　　　　　　　　　液化土特征深度(2)　　　　　　　　　　单位:m

饱和土类别	7 度	8 度	9 度
粉土	6	7	8
砂土	7	8	9

注:当区域的地下水位处于变动状态时,应按不利的情况考虑。

10.3.1.3　应用

用于可液化土(不含黄土)的场地地震液化初步判别,并符合下列规定:

(1) 当地质年代为第四纪晚更新世(Q_3)及其以前,且抗震设防地震动分挡为 0.10 (0.15)g、0.20g 时,可判别为不液化。

(2) 当粒径小于 0.005 mm 的粉土的黏粒含量百分率对应抗震设防地震动分挡为 0.10 (0.15)g、0.20g 分别不小于 10、13 时,可判为不液化土。

(3) 对浅埋天然地基的结构物,当上覆非液化土层厚度和地下水位深度符合下列条件之一时,可不考虑液化影响:

$$d_u > d_0 + d_b - 2 \tag{10.3-1}$$

$$d_w > d_0 + d_b - 3 \tag{10.3-2}$$

$$d_u + d_w > 1.5d_0 + 2d_b - 4.5 \tag{10.3-3}$$

式中　d_u——上覆盖非液化土层厚度,m,计算时宜将淤泥和淤泥质土层扣除;

d_b——基础埋置深度,m,不超过 2 m 时应采用 2 m;

d_w——地下水位深度,m;

d_0——液化土特征深度,m。

10.3.2　液化判别标准贯入锤击数基准值

10.3.2.1　定义

采用标准贯入试验判别法进一步判别场地地震液化时的标准贯入锤击数基准值,与设计基本地震加速度相关。

10.3.2.2 获取

可按表 10.3-3[《城市轨道交通结构抗震设计规范》(GB 50909—2014)]、表 10.3-4[《建筑抗震设计规范》(GB 50011—2010)]采用。

表 10.3-3   **液化判别标准贯入锤击数基准值 $N_0(1)$**

震动分挡	0.10g	0.15g	0.20g
液化判别标准贯入锤击数基准值	7	10	12

表 10.3-4   **液化判别标准贯入锤击数基准值 $N_0(2)$**

设计基本地震加速度	0.10g	0.15g	0.20g	0.30g	0.40g
液化判别标准贯入锤击数基准值	7	10	12	16	19

10.3.2.3 应用

用于采用标准贯入试验判别法进一步判别场地地震液化的可能,并应符合下列规定:

(1) 液化判别的土层深度应达到地面以下 20 m。当饱和土标准贯入锤击数(未经杆长修正)小于或等于液化判别标准贯入锤击数临界值时,应判为可液化土。

(2) 在地面下 20 m 深度范围内,液化判别标准贯入锤击数临界值可按下式计算:

$$N_{cr} = N_0 \eta_m [\ln(1.5 + 0.6 d_s) - 0.10 d_w] \sqrt{3/\rho_c} \qquad (10.3-4)$$

式中 N_{cr}——判别标准贯入液化锤击数临界值;

        N_0——液化判别标准贯入锤击数基准值,按表 10.3-3、表 10.3-4 采用;

        d_s——饱和土标准贯入点深度,m;

        d_w——地下水位深度,m;

        ρ_c——黏粒含量百分率,当数值小于 3 或为砂土时,应采用 3;

        η_m——与设防地震动加速度反应谱特征周期分区相关的调整系数,应按表 10.3-5 选用。

表 10.3-5   **调整系数 η_m**

反应谱特征周期分区	调整系数 η_m
0.35 s 区	0.80
0.40 s 区	0.95
0.45 s 区	1.05

10.3.3 土层液化影响折减系数

10.3.3.1 定义

对发生液化土层的设计参数进行修正的系数。符号:C_e。

对判定为发生液化的土层,应根据土层的液化程度对地基的变形模量、地基的基床系数、地基承载力和桩周边土的承载力等土层设计参数进行修正。

10.3.3.2　获取

土层液化影响折减系数可按表 10.3-6 取值。折减系数为 0 的土层不应计该土层的抗力作用。

表 10.3-6　　　　　　　　　　**土层液化影响折减系数 C_e**

土层的液化抵抗率	计算深度/m	土层液化影响折减系数 C_e
$0.6 \geqslant F_L$	$d_s \leqslant 10$	0
	$10 < d_s \leqslant 20$	1/3
$0.8 \geqslant F_L > 0.6$	$d_s \leqslant 10$	1/3
	$10 < d_s \leqslant 20$	2/3
$1.0 \geqslant F_L > 0.8$	$d_s \leqslant 10$	2/3
	$10 < d_s \leqslant 20$	1

当采用标准贯入锤击数表征土的液化抗力时,土层的液化抵抗率可按下式计算:

$$F_L = \frac{N}{N_{cr}} \qquad (10.3-5)$$

式中　F_L——土层的液化抵抗率;

　　　N——场地土标准贯入锤击数实测值;

　　　N_{cr}——液化判别标准贯入锤击数临界值。

10.3.3.3　应用

采用土层在不发生液化时的土层设计参数乘以该土层的液化影响折减系数 C_e 进行修正,得出可液化土层的设计参数。

10.3.4　液化指数

10.3.4.1　定义

反映地基液化等级的参数。

10.3.4.2　获取

对存在可液化土层的地基,应探明各可液化土层的深度和厚度,按下式计算每个钻孔的液化指数:

$$I_{IE} = \sum_{i=1}^{n} \left(1 - \frac{N_i}{N_{cri}}\right) d_i W_i \qquad (10.3-6)$$

式中　I_{IE}——液化指数;

　　　n——在判别深度范围内每一个钻孔标准贯入试验点的总数;

　　　N_i——i 点标准贯入锤击数实测值;

　　　N_{cri}——i 点液化判别标准贯入锤击数临界值,当实测值大于临界值时应取临界值的数值;

　　　d_i——i 点所代表的土层厚度,m,可采用与该标准贯入试验点相邻的上、下两标准贯入试验点深度差的一半,但上界不高于地下水位深度,下界不深于液化深度;

　　　W_i——i 土层单位土层厚度的层位影响权函数值,m^{-1},W_i 应按表 10.3-7 取值,但当只需考虑深度在 15 m 以内的液化时,15 m(不包括 15 m)以下的 W_i 值可视为零。

表 10.3-7   液化判别的单位土层厚度的层位影响权函数值 W_i 单位:m^{-1}

d_i/m	≤5	6	7	8	9	10	11	12	13	14	15	16	17	18	19	20
W_i	10.00	9.33	8.66	8.00	7.33	6.66	6.00	5.33	4.66	4.00	3.33	2.66	2.00	1.33	0.66	0

10.3.4.3 应用

判别液化等级,根据液化等级选用地基抗液化措施,地基液化等级应按表 10.3-8 判别。

表 10.3-8   地基液化等级与液化指数的对应关系

地基液化等级	轻微	中等	严重
液化指数 I_{IE}	$0<I_{IE}≤6$	$6<I_{IE}≤18$	$I_{IE}>18$

当可液化土层比较平坦且均匀时,宜按表 10.3-9 的要求选用地基抗液化措施;尚可计入上部结构重力荷载对液化危害的影响,根据液化沉陷量的估计适当调整抗液化措施。不宜将未经处理的可液化土层作为天然地基持力层。

表 10.3-9   抗液化措施

抗震设防类别	地基液化等级		
	轻微	中等	严重
重点设防类	部分消除液化沉陷,对结构和基础进行处理	全部消除液化沉陷,或部分消除液化沉陷且对结构和基础进行处理	全部消除液化沉陷
标准设防类	对结构和基础进行处理,亦可不采取措施	对结构和基础进行处理,或更高要求的措施	全部消除液化沉陷,或部分消除液化沉陷且对结构和基础进行处理

10.4   不良地质作用参数小结(表 10.4-1)

表 10.4-1   不良地质作用参数小结

不良地质作用	指标	符号	实际应用
岩溶	点岩溶率	—	1.岩溶发育程度;2.岩溶地基稳定性分析与评价
	线岩溶率	—	
	面岩溶率	—	
	体岩溶率	—	
	钻孔见洞率	—	
	覆跨比	—	

不良地质作用	指标	符号	实际应用
采空区	采出率	—	从数量上表示地下资源的利用程度
	采深采厚比	—	1. 作为对采空区场地稳定性评价和对拟建工程的影响程度评价的评价因素；2. 分析采空区对工程的影响程度
	保护煤（岩）柱	—	1. 压矿量的预测；2. 煤（岩）柱安全稳定性系数计算
	围护带	—	为计算保护煤（岩）柱边界提供数据依据
	垮落带和断裂带	—	1. 评价采空区终采后垮落的位置和厚度；2. 对采空区稳定性进行评价
	弯曲带	—	对采空区稳定性进行评价
	地表移动盆地	—	地表移动变形连续分布时的地表移动和变形预测
	地表移动盆地边界	—	确定采空区影响范围
	移动盆地主断面	—	1. 地表移动变形连续分布时的地表移动和变形预测；2. 勘察阶段监测观测线的布置
	地表下沉值	W_n	地表移动盆地内移动变形分析
	地表水平移动值	U_n	地表移动盆地内移动变形分析
	地表倾斜	i_{m-n}	1. 反映了地表移动盆地沿某一方向的坡度；2. 地表移动盆地内移动变形分析
	地表水平变形	ε_{m-n}	地表移动盆地内移动变形分析
	地表曲率		1. 反映了观测线断面上的弯曲程度；2. 地表移动盆地内移动变形分析
	下沉速度	—	确定场地稳定性等级评价标准以地面下沉速度为主要指标
	地表移动延续时间	—	场地稳定性等级判定
	边界角	—	1. 确定地表移动一般参数；2. 确定特级建筑物保护煤柱
	移动角	—	1. 确定地表移动一般参数；2. 确定除特级以外的建筑物保护煤柱
	下沉系数	q	地表移动变形预测计算
	水平移动系数	b	地表移动变形预测计算
	主要影响半径	—	地表移动变形预测计算
	主要影响角正切	$\tan\beta$	地表移动变形预测计算
	拐点偏移距	S	地表移动变形预测计算
液化	液化土特征深度	—	初步判别场地地震液化
	液化判别标准贯入锤击数基准值	N_0	采用标准贯入试验判别法进一步判别场地地震液化的可能
	土层液化影响折减系数	C_e	得出可液化土层的设计参数
	液化指数	I_{IE}	判别液化等级

第11章 抗震参数

11.1 抗震设防类别

11.1.1 定义

根据建筑遭遇地震破坏后,可能造成人员伤亡、直接和间接经济损失、社会影响的程度及其在抗震救灾中的作用等因素,对各类建筑进行设防类别划分,分为四个抗震设防类别:特殊设防类(甲类)、重点设防类(乙类)、标准设防类(丙类)、适度设防类(丁类)。

11.1.2 获取

根据《建筑工程抗震设防分类标准》(GB 50223—2008)中建筑使用功能的重要性确定各类建筑的抗震设防类别,见表11.1-1。

表 11.1-1 建筑抗震设防分类

抗震设防类别	建筑使用功能的重要性
特殊设防类(甲类)	指使用上有特殊设施,涉及国家公共安全的重大建筑工程和地震时可能发生严重次生灾害等特别重大灾害后果,需要进行特殊设防的建筑
重点设防类(乙类)	指地震时使用功能不能中断或需尽快恢复的生命线相关建筑,以及地震时可能导致大量人员伤亡等重大灾害后果,需要提高设防标准的建筑
标准设防类(丙类)	指大量的除甲、乙、丁类以外按标准进行设防的建筑
适度设防类(丁类)	指使用上人员稀少且震损不致产生次生灾害,允许在一定条件下适度降低要求的建筑

11.1.3 应用

由抗震设防烈度或设计地震动参数及建筑抗震设防类别确定抗震设防标准。其中各抗震设防类别建筑的抗震设防标准如下:

标准设防类,应按本地区抗震设防烈度确定其抗震措施和地震作用,达到在遭遇高于当地抗震设防烈度的预估罕遇地震影响时不致倒塌或发生危及生命安全的严重破坏的抗震设防目标。

重点设防类,应按高于本地区抗震设防烈度一度的要求加强其抗震措施;但抗震设防烈度为9度时应按比9度更高的要求采取抗震措施;地基基础的抗震措施,应符合有关规定。同时,应按本地区抗震设防烈度确定其地震作用。

特殊设防类,应按高于本地区抗震防烈度提高一度的要求加强其抗震措施,但抗震设防烈度为 9 度时应按比 9 度更高的要求采取抗震措施。同时,应按批准的地震安全性评价的结果且高于本地区抗震设防烈度的要求确定其地震作用。

适度设防类,允许比本地区抗震设防烈度的要求适当降低其抗震措施,但抗震设防烈度为 6 度时不应降低。一般情况下,仍应按本地区抗震设防烈度确定其地震作用。

对于划为重点设防类而规模很小的工业建筑,当改用抗震性能较好的材料且符合抗震设计规范对结构体系的要求时,允许按标准设防类设防。

11.2 场地类别

11.2.1 定义

场地的概念为工程群体所在地,具有相似的反应谱特征。其范围相当于厂区、居民小区和自然村或不小于 1.0 km² 的平面面积。

场地土的概念为场地范围内一般深度在 15~20 m 以内的地基土。

场地类别为根据建筑场地覆盖层厚度和土层等效剪切波速等因素,按有关规定对建设场地所做的分类,用以反映不同场地条件对基岩地震震动的综合放大效应。

11.2.2 获取

建筑场地类别的划分:根据土层等效剪切波速按表 11.2-1 划分为四类,分别是 Ⅰ、Ⅱ、Ⅲ、Ⅳ类,其中 Ⅰ 类分为 I_0、I_1 两个亚类。

表 11.2-1   场地类别划分

岩石的剪切波速或土的等效剪切波速 /(m/s)	场地类别				
	I_0	I_1	Ⅱ	Ⅲ	Ⅳ
$v_{se} > 800$	0				
$800 \geqslant v_{se} > 500$		0			
$500 \geqslant v_{se} > 250$		<5	≥5		
$250 \geqslant v_{se} > 150$		<3	3~50	>50	
$v_{se} \leqslant 150$		<3	3~15	15~80	>80

注:表中 v_{se} 系岩石的剪切波速。

(1)土层等效剪切波速。等效剪切波速是一个等效物理量,其等效的物理意义是剪切波穿过具有不同波速、不同厚度的多层土所需要的传播时间 $\sum t_i$(t_i 为剪切波穿过第 i 层土的传播时间,$t_i = d_i/v_{si}$)应等效于剪切波穿过具有相同总厚度 d_0($d_0 = \sum d_i$)、相当于等效剪切波速 v_{se} 的均质土层所需要的传播时间 t($t = d_0/v_{si}$)。等效剪切波速 v_{se} 是各层土剪切波速的倒数的厚度加权平均值的倒数。

(2)建筑场地覆盖层厚度的确定,见 11.3 节。

11.2.3 应用

(1)各类建筑结构的抗震计算。特别不规则的建筑、甲类建筑和表 11.2-2 所列高度范围的高层建筑,应采用时程分析法进行多遇地震下的补充计算[《建筑抗震设计规范》(GB 50011—2010)]。

表 11.2-2 采用时程分析的房屋高度范围

烈度、场地类别	房屋高度范围/m
8 度 I、II 类场地和 7 度	＞100
8 度 III、IV 类场地	＞80
9 度	＞60

（2）确定 II 类场地设计地震动峰值加速度 $a_{\max II}$、场地设计地震动加速度反应谱特征周期 T_g[《城市轨道交通结构抗震设计规范》(GB 50909—2014)]，见表 11.2-3 和表 11.2-4。

表 11.2-3 II 类场地设计地震动峰值加速度 $a_{\max II}$

地震动峰值加速度分区	$0.05g$	$0.10g$	$0.15g$	$0.20g$	$0.30g$	$0.40g$
$E1$ 地震作用	$0.03g$	$0.05g$	$0.08g$	$0.10g$	$0.15g$	$0.20g$
$E2$ 地震作用	$0.05g$	$0.10g$	$0.15g$	$0.20g$	$0.30g$	$0.40g$
$E3$ 地震作用	$0.12g$	$0.22g$	$0.31g$	$0.40g$	$0.51g$	$0.62g$

表 11.2-4 设计地震动加速度反应谱特征周期 T_g 单位：s

反应谱特征周期分区	场地类别				
	I_0	I_1	II	III	IV
0.35 s 区	0.20	0.25	0.35	0.45	0.65
0.40 s 区	0.25	0.30	0.40	0.55	0.75
0.45 s 区	0.30	0.35	0.45	0.65	0.90

除 II 类外的其他类别工程场地地表水平向设计地震动峰值加速度 $a_{\max}$ 应取 II 类场地设计地震动峰值加速度 $a_{\max II}$ 乘以场地地震动峰值加速度调整系数 Γ_a；场地地震动峰值加速度调整系数 Γ_a 应根据场地类别和 II 类场地设计地震动峰值加速度 $a_{\max II}$ 按表 11.2-5 采用。

表 11.2-5 场地地震动峰值加速度调整系数 Γ_a

场地类别	II 类场地设计地震动峰值加速度 $a_{\max II}$					
	$\leqslant 0.05g$	$0.10g$	$0.15g$	$0.20g$	$0.30g$	$\geqslant 0.40g$
I_0	0.72	0.74	0.75	0.76	0.85	0.90
I_1	0.80	0.82	0.83	0.85	0.95	1.00
II	1.00	1.00	1.00	1.00	1.00	1.00
III	1.30	1.25	1.15	1.00	1.00	1.00
IV	1.25	1.20	1.10	1.00	0.95	0.90

注：场地地震动峰值加速度调整系数 Γ_a 可按表中所给值分段线性插值确定。

（3）确定场地设计地震动峰值位移 $u_{\max II}$[《城市轨道交通结构抗震设计规范》(GB 50909—2014)]。II 类场地设计地震动峰值位移 $u_{\max II}$ 应按表 11.2-6 采用，其他类别工程场地地表水平向设计地震动峰值位移 $u_{\max}$ 应取 II 类场地设计地震动峰值位移 $u_{\max II}$ 乘以场地地震动峰值位移调整系数 Γ_u 的值；场地地震动峰值位移调整系数 Γ_u 应根据场地类别和Ⅱ类场地设计地震动峰值位移 $u_{max\,Ⅱ}$ 按表 11.2-7 采用。

表 11.2-6　　　　　　　　　　　Ⅱ类场地设计地震动峰值位移 $u_{max\,Ⅱ}$　　　　　　　　　单位：m

地震动峰值加速度分区	0.05g	0.10g	0.15g	0.20g	0.30g	0.40g
E1 地震作用	0.02g	0.04g	0.05g	0.07g	0.10g	0.14g
E2 地震作用	0.03g	0.07g	0.10g	0.13g	0.20g	0.27g
E3 地震作用	0.08g	0.15g	0.21g	0.27g	0.35g	0.41g

表 11.2-7　　　　　　　　　　　　场地地震动峰值位移调整系数 Γ_u

场地类别	Ⅱ类场地设计地震动峰值位移 $u_{max\,Ⅱ}$/m					
	≤0.03	0.07	0.10	0.13	0.20	≥0.27
$Ⅰ_0$	0.75	0.75	0.80	0.85	0.90	1.00
$Ⅰ_1$	0.75	0.75	0.80	0.85	0.90	1.00
Ⅱ	1.00	1.00	1.00	1.00	1.00	1.00
Ⅲ	1.20	1.20	1.25	1.40	1.40	1.40
Ⅳ	1.45	1.50	1.55	1.70	1.70	1.70

注：场地地震动峰值位移调整系数 Γ_u 可按表中所给值分段线性插值确定。

（4）确定建筑抗震构造措施[《建筑抗震设计规范》(GB 50011—2010)]。建筑场地为Ⅰ类时，对甲、乙类的建筑应允许仍按本地区抗震设防烈度的要求采取抗震构造措施；对丙类的建筑应允许按本地区抗震设防烈度降低一度的要求采取抗震构造措施，但抗震设防烈度为 6 度时仍应按本地区抗震设防烈度的要求采取抗震构造措施。建筑场地为Ⅲ、Ⅳ类时，对设计基本地震加速度为 0.15g 和 0.30g 的地区，除满足《建筑抗震设计规范》(GB 50011—2010)的相关规定，宜分别按抗震设防烈度 8 度(0.20g)和 9 度(0.40g)时各抗震设防类别建筑的要求采取抗震构造措施。

（5）按弹塑性反应谱方法计算结构物的地震反应时，确定场地相关特征周期 T_0 [《城市轨道交通结构抗震设计规范》(GB 50909—2014)]，见表 11.2-8。

表 11.2-8　　　　　　　　　　　　　　周期 T_0 的取值

延性系数	$Ⅰ_0$、$Ⅰ_1$ 类场地			Ⅱ类场地		
	反应谱特征周期 0.35 s 区	反应谱特征周期 0.40 s 区	反应谱特征周期 0.45 s 区	反应谱特征周期 0.35 s 区	反应谱特征周期 0.40 s 区	反应谱特征周期 0.45 s 区
$\mu=2$	0.12	0.14	0.26	0.13	0.20	0.23
$\mu=3$	0.14	0.21	0.28	0.17	0.26	0.33
$\mu=4$	0.15	0.23	0.34	0.19	0.34	0.37
$\mu=5$	0.16	0.26	0.37	0.21	0.37	0.44
$\mu=6$	0.17	0.28	0.38	0.22	0.40	0.51

延性系数	Ⅲ类场地			Ⅳ类场地		
	反应谱 特征周期 0.35 s 区	反应谱 特征周期 0.40 s 区	反应谱 特征周期 0.45 s 区	反应谱 特征周期 0.35 s 区	反应谱 特征周期 0.40 s 区	反应谱 特征周期 0.45 s 区
$\mu=2$	0.14	0.21	0.27	0.25	0.43	0.55
$\mu=3$	0.19	0.29	0.39	0.35	0.57	0.76
$\mu=4$	0.22	0.35	0.44	0.38	0.73	1.06
$\mu=5$	0.27	0.38	0.63	0.42	0.75	1.11
$\mu=6$	0.29	0.41	0.76	0.46	0.80	1.18

11.3 场地覆盖层厚度

11.3.1 定义

由地面至基底层顶面的距离。

11.3.2 获取

工程场地覆盖层厚度应按下列要求确定:

(1) 应按地面至剪切波速大于 500 m/s 且其下卧各岩土的剪切波速均不小于 500 m/s 的土层顶面的距离确定。

(2) 当地面 5 m 以下存在剪切波速大于相邻上层土剪切波速 2.5 倍的土层,且其下卧岩土的剪切波速均不小于 400 m/s 时,可按地面至该土层顶面的距离确定。

(3) 对剪切波速大于 500 m/s 的孤石、透镜体,应视同周围土层。

(4) 对土层中的火山岩硬夹层,应视为刚体,其厚度应从覆盖土层中扣除。

11.3.3 应用

(1) 根据场地覆盖层厚度和土层等效剪切波速,对建设场地进行分类。

(2) 计算土层的等效剪切波速。按下式进行计算:

$$v_{se} = d_0/t \tag{11.3-1}$$

$$t = \sum_{i=1}^{n} \left(\frac{d_i}{v_{si}} \right) \tag{11.3-2}$$

式中 v_{se}——土层等效剪切波速,m/s;

      d_0——计算深度,m,取覆盖层厚度和 20 m 两者的较小值;

      t——剪切波在地面至计算深度之间的传播时间,s;

      d_i——计算深度范围内第 i 土层的厚度,m;

      v_{si}——计算深度范围内第 i 土层的剪切波速,m/s;

      n——计算深度范围内土层的分层数。

11.4 地震动峰值加速度

11.4.1 定义

与地震动加速度反应谱最大值相应的水平加速度。

11.4.2 获取

（1）根据建筑场地类别和地震分组确定场地设计地震动峰值加速度 $a_{\max\text{II}}$，见表 11.4-1。

表 11.4-1   II 类场地设计地震动峰值加速度 $a_{\max\text{II}}$

地震动峰值加速度分区	$0.05g$	$0.10g$	$0.15g$	$0.20g$	$0.30g$	$0.40g$
E1 地震作用	$0.03g$	$0.05g$	$0.08g$	$0.10g$	$0.15g$	$0.20g$
E2 地震作用	$0.05g$	$0.10g$	$0.15g$	$0.20g$	$0.30g$	$0.40g$
E3 地震作用	$0.12g$	$0.22g$	$0.31g$	$0.40g$	$0.51g$	$0.62g$

（2）除 II 类外的其他类别工程场地地表水平向设计地震动峰值加速度 $a_{\max}$ 应取 II 类场地设计地震动峰值加速度 $a_{\max\text{II}}$ 乘以场地地震动峰值加速度调整系数 Γ_a；场地地震动峰值加速度调整系数 Γ_a 应根据场地类别和 II 类场地设计地震动峰值加速度 $a_{\max\text{II}}$ 按表 11.4-2 采用。

表 11.4-2   场地地震动峰值加速度调整系数 Γ_a

场地类别	II 类场地设计地震动峰值加速度 $a_{\max\text{II}}$					
	$\leqslant 0.05g$	$0.10g$	$0.15g$	$0.20g$	$0.30g$	$\geqslant 0.40g$
I_0	0.72	0.74	0.75	0.76	0.85	0.90
I_1	0.80	0.82	0.83	0.85	0.95	1.00
II	1.00	1.00	1.00	1.00	1.00	1.00
III	1.30	1.25	1.15	1.00	1.00	1.00
IV	1.25	1.20	1.10	1.00	0.95	0.90

注：场地地震动峰值加速度调整系数 Γ_a 可按表中所给值分段线性插值确定。

（3）竖向设计地震动峰值加速度。场地地表竖向设计地震动峰值加速度取值不应小于水平向峰值加速度的 0.65 倍。竖向地震动峰值加速度与水平向峰值加速度的比值可按表 11.4-3 确定。在活动断裂附近，竖向峰值加速度宜采用水平向峰值加速度值。

表 11.4-3   竖向地震动峰值加速度与水平向峰值加速度比值 K_v

水平向峰值加速度	$0.05g$	$0.10g$	$0.15g$	$0.20g$	$0.30g$	$0.40g$
K_v	0.65	0.70	0.70	0.75	0.85	1.00

11.4.3 应用

（1）抗震设防地震动峰值加速度与抗震设防地震动分挡和抗震设防烈度之间对应关系

应符合表 11.4-4 的规定。

表 11.4-4 抗震设防地震动峰值加速度与抗震设防地震动分挡和
抗震设防烈度之间的对应关系

抗震设防地震动峰值加速度	$<0.09g$	$[0.09g,0.14g)$	$[0.14g,0.19g)$	$[0.19g,0.28g)$	$[0.28g,0.38g)$	$\geqslant0.38g$
抗震设防地震动分挡	$0.05g$	$0.10g$	$0.15g$	$0.20g$	$0.30g$	$0.40g$
抗震设防烈度/度	6	7		8		9

（2）抗震设防烈度、设计基本地震加速度和《中国地震动参数区划图》（GB 18306—2015）中的地震动峰值加速度存在对应关系，见表 11.4-5。

表 11.4-5 抗震设防烈度、设计基本地震加速度和 GB 18306—2015 中的
地震动峰值加速度的对应关系

抗震设防烈度	6	7		8		9
设计基本地震加速度值	$0.05g$	$0.10g$	$0.15g$	$0.20g$	$0.30g$	$0.40g$
GB 18306—2015 中的地震动峰值加速度	$0.05g$	$0.10g$	$0.15g$	$0.20g$	$0.30g$	$0.40g$

11.5 地震动加速度反应谱特征周期

11.5.1 定义

规准化的加速度反应谱曲线开始下降点所对应的周期值。

11.5.2 获取

根据设计地震分组确定地震动加速度反应谱特征周期，详见表 11.5-1。

表 11.5-1 设计地震分组与 GB 18306—2015 中的地震动加速度反应谱特征周期的对应关系

设计地震分组	第一组	第二组	第三组
GB 18306—2015 中的地震动加速度反应谱特征周期	0.35 s	0.40 s	0.45 s

11.5.3 应用

当结构自振周期小于 6.0 s 时（见图 11.5-1），场地地表水平向设计地震动加速度反应谱应符合下列规定：

（1）当结构阻尼比 ξ 为 0.05 时，η 和 γ 取值 1.0。

（2）当阻尼比不等于 0.05 时，加速度反应谱曲线的阻尼调整系数和形状参数应符合下列规定，且 η 当计算值小于 0.55 时应取值 0.55：

① 下降段的衰减指数应按下式确定：

$$\gamma = 1.0 + \frac{0.05 - \xi}{0.3 + 6\xi} \tag{11.5-1}$$

② 阻尼调整系数应按下式确定：

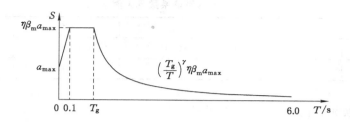

图 11.5-1　设计地震动加速度反应谱曲线 $S_a(T)$

$$\eta = 1.0 + \frac{0.05 - \xi}{0.08 + 1.6\xi} \tag{11.5-2}$$

11.6　抗震设防烈度

11.6.1　定义

按国家规定的权限批准作为一个地区抗震设防依据的地震烈度。一般情况,取 50 年内超越概率 10% 的地震烈度。

11.6.2　获取

当需要采用地震烈度作为地震危险性的宏观衡量尺度,用于工程抗震设防或防震减灾目的时,可根据 Ⅱ 类场地地震动峰值加速度 $a_{\max Ⅱ}$,按表 11.6-1 确定地震烈度。

表 11.6-1　　　　　　　Ⅱ 类场地地震动峰值加速度与地震烈度对照表

Ⅱ 类场地地震动峰值加速度	$0.04g \leqslant a_{\max Ⅱ} < 0.09g$	$0.09g \leqslant a_{\max Ⅱ} < 0.19g$	$0.14g \leqslant a_{\max Ⅱ} < 0.38g$	$0.38g \leqslant a_{\max Ⅱ} < 0.75g$	$a_{\max Ⅱ} \geqslant 0.75g$
地震烈度	Ⅵ	Ⅶ	Ⅷ	Ⅸ	Ⅹ

11.6.3　应用

(1) 根据抗震设防烈度或设计地震动参数及建筑抗震设防类别确定抗震设防标准。

(2) 根据抗震设防烈度及城镇规模,划分各种建筑设施的抗震设防类别。

(3) 各类建筑结构抗震计算中,确定采用时程分析所用地震加速度时程的最大值 ($\mathrm{cm/s^2}$),见表 11.6-2。

表 11.6-2　　　　　　　时程分析所用地震加速度时程的最大值　　　　单位:$\mathrm{cm/s^2}$

地震影响	6 度	7 度	8 度	9 度
多遇地震	18	35(55)	70(110)	140
罕遇地震	125	220(310)	400(510)	620

注:括号内数值分别用于设计基本加速度为 $0.15g$ 和 $0.30g$ 的地区。

(4) 抗震计算中,确定水平地震影响系数最大值,见表 11.6-3。

表 11.6-3   **水平地震影响系数最大值**

地震影响	6 度	7 度	8 度	9 度
多遇地震	0.04	0.08(0.12)	0.16(0.24)	0.32
罕遇地震	0.28	0.50(0.72)	0.90(1.20)	1.40

（5）与场地类别共同确定竖向地震作用系数。

11.7　设计地震分组

11.7.1　定义

设计地震分组实际上是用来表征地震震级及震中距影响的一个参量，它是一个与场地特征周期与峰值加速度有关的参量。

11.7.2　获取

根据《建筑抗震设计规范》(GB 50011—2010)附录 A，可查得我国各县级及县级以上城镇地区建筑工程抗震设计时所采用的抗震设防烈度、设计基本地震加速度值和所属的设计地震分组。

11.7.3　应用

见表 11.7-1。

表 11.7-1　设计地震分组与 GB 18306—2015 中的地震动加速度反应谱特征周期的对应关系

设计地震分组	第一组	第二组	第三组
GB 18306—2015 中的地震动加速度反应谱特征周期	0.35 s	0.40 s	0.45 s

11.8　设计特征周期

11.8.1　定义

抗震设计用的地震影响系数曲线中，反映地震震级、震中距和场地类别等因素的下降段起始点对应的周期值，单位：s。

11.8.2　获取

根据场地类别和设计地震分组按表 11.8-1 确定场地特征周期。

表 11.8-1   **特征周期值**   单位：s

设计地震分组	场地类别				
	I_0	I_1	II	III	IV
第一组	0.20	0.25	0.35	0.45	0.65
第二组	0.25	0.30	0.40	0.55	0.75
第三组	0.30	0.35	0.45	0.65	0.90

11.8.3　应用

（1）确定建筑结构地震影响系数曲线的阻尼调整和形状参数，如图 11.8-1 所示。

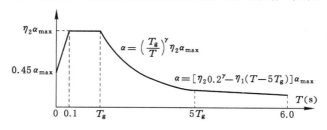

图 11.8-1　地震影响系数曲线

α——地震影响系数；$\alpha_{\max}$——地震影响系数最大值；η_1——直线下降段的下降斜率调整系数；

γ——衰减指数；T_g——特征周期；η_2——阻尼调整系数；T——结构自振周期

除有专门规定外，建筑结构的阻尼比应取 0.05，地震影响系数曲线的阻尼调整系数应按 1.0 采用，形状参数应符合下列规定：

① 直线上升段，周期小于 0.1 s 的区段。

② 水平段，自 0.1 s 至特征周期区段，应取最大值（$\alpha_{\max}$）。

③ 曲线下降段，自特征周期至 5 倍特征周期区段，衰减指数应取 0.9。

④ 直线下降段，自 5 倍特征周期至 6 s 区段，下降斜率调整系数应取 0.02。

（2）计算弹塑性反应谱的折减系数 R_μ：

$$R_\mu = \begin{cases} (\mu-1)\dfrac{T}{T_0}+1 & T \leqslant T_0 \\[2mm] \mu & T > T_0 \end{cases} \qquad (11.8\text{-}1)$$

式中　R_μ——折减系数；

　　　T_0——场地相关特征周期参数，见表 11.2-8；

　　　μ——延性系数。

（3）计算反应位移法中沿与隧道延长方向垂直的水平方向土层水平位移：

$$u(x,z) = u_{\max}(z) \cdot \sin\frac{2\pi x}{L} \qquad (11.8\text{-}2)$$

$$L = \frac{2L_1}{L_1 + L_2} \qquad (11.8\text{-}3)$$

$$L_1 = T_s \cdot v_{SD} \qquad (11.8\text{-}4)$$

$$L_2 = T_s \cdot v_{SDB} \qquad (11.8\text{-}5)$$

式中　$u(x,z)$——坐标(x,z)处地震时的土层水平位移，m；

　　　$u_{\max}(z)$——地震时深度为 z 处土层的水平峰值位移，m；

　　　L——土层变形的波长，即强迫位移的波长，m；

　　　L_1——表面土层变形的波长，m；

　　　L_2——基岩变形的波长，m；

　　　v_{SD}——表面土层的平均剪切波速，m/s；

v_{SDB}——基岩的平均剪切波速，m/s；

T_s——考虑土层地震应变水平的土层场地特征周期，s。

11.9 设计基本地震加速度值

11.9.1 定义

50 年设计基准期超越概率 10% 的地震加速度的设计取值。7 度为 $0.10g$，8 度为 $0.20g$，9 度为 $0.40g$。

11.9.2 获取

根据《建筑抗震设计规范》(GB 50011—2010)附录 A，可查得我国各县级及县级以上城镇地区建筑工程抗震设计时所采用的抗震设防烈度、设计基本地震加速度值和所属的设计地震分组，如表 11.9-1～表 11.9-32 所示。

表 11.9-1 北京市

烈度	加速度	分组	县级及县级以上城镇
8 度	$0.20g$	第二组	东城区、西城区、朝阳区、丰台区、石景山区、海淀区、门头沟区、房山区、通州区、顺义区、昌平区、大兴区、怀柔区、平谷区、密云区、延庆区

表 11.9-2 天津市

烈度	加速度	分组	县级及县级以上城镇
8 度	$0.20g$	第二组	和平区、河东区、河西区、南开区、河北区、红桥区、东丽区、津南区、北辰区、武清区、宝坻区、滨海新区、宁河区
7 度	$0.15g$	第二组	西青区、静海区、蓟县

表 11.9-3 河北省

	烈度	加速度	分组	县级及县级以上城镇
石家庄市	7 度	$0.15g$	第一组	辛集市
	7 度	$0.10g$	第一组	赵县
	7 度	$0.10g$	第二组	长安区、桥西区、新华区、井陉矿区、裕华区、栾城区、藁城区、鹿泉区、井陉县、正定县、高邑县、深泽县、无极县、平山县、元氏县、晋州市
	7 度	$0.10g$	第三组	灵寿县
	6 度	$0.05g$	第三组	行唐县、赞皇县、新乐市
唐山市	8 度	$0.30g$	第二组	路南区、丰南区
	8 度	$0.20g$	第二组	路北区、古冶区、开平区、丰润区、滦县
	7 度	$0.15g$	第三组	曹妃甸区(唐海)、乐亭县、玉田县
	7 度	$0.15g$	第二组	滦南县、迁安市
	7 度	$0.10g$	第三组	迁西县、遵化市

	烈度	加速度	分组	县级及县级以上城镇
秦皇岛市	7 度	0.15g	第二组	卢龙县
	7 度	0.10g	第三组	青龙满族自治县、海港区
	7 度	0.10g	第二组	抚宁区、北戴河区、昌黎县
	6 度	0.05g	第三组	山海关区
邯郸市	8 度	0.20g	第二组	峰峰矿区、临漳县、磁县
	7 度	0.15g	第二组	邯山区、丛台区、复兴区、邯郸县、成安县、大名县、魏县、武安市
	7 度	0.15g	第一组	永年县
	7 度	0.10g	第三组	邱县、馆陶县
	7 度	0.10g	第二组	涉县、肥乡县、鸡泽县、广平县、曲周县
邢台市	7 度	0.15g	第一组	桥东区、桥西区、邢台县[1]、内丘县、柏乡县、隆尧县、任县、南和县、宁晋县、巨鹿县、新河县、沙河市
	7 度	0.10g	第二组	临城县、广宗县、平乡县、南宫市
	6 度	0.05g	第三组	威县、清河县、临西县
保定市	7 度	0.15g	第二组	涞水县、定兴县、涿州市、高碑店市
	7 度	0.10g	第二组	竞秀区、莲池区、徐水区、高阳县、容城县、安新县、易县、蠡县、博野县、雄县
	7 度	0.10g	第三组	清苑区、涞源县、安国市
	6 度	0.05g	第三组	满城区、阜平县、唐县、望都县、曲阳县、顺平县、定州市
张家口市	8 度	0.20g	第二组	下花园区、怀来县、涿鹿县
	7 度	0.15g	第二组	桥东区、桥西区、宣化区、宣化县[2]、蔚县、阳原县、怀安县、万全县
	7 度	0.10g	第三组	赤城县
	7 度	0.10g	第二组	张北县、尚义县、崇礼县
	6 度	0.05g	第三组	沽源县
	6 度	0.05g	第二组	康保县
承德市	7 度	0.10g	第三组	鹰手营子矿区、兴隆县
	6 度	0.05g	第三组	双桥区、双滦区、承德县、平泉县、滦平县、隆化县、丰宁满族自治县、宽城满族自治县
	6 度	0.05g	第一组	围场满族蒙古族自治县
沧州市	7 度	0.15g	第二组	青县
	7 度	0.15g	第一组	肃宁县、献县、任丘市、河间市
	7 度	0.10g	第三组	黄骅市
	7 度	0.10g	第二组	新华区、运河区、沧县[3]、东光县、南皮县、吴桥县、泊头市
	6 度	0.05g	第三组	海兴县、盐山县、孟村回族自治县

续表 11.9-3

	烈度	加速度	分组	县级及县级以上城镇
廊坊市	8度	0.20g	第二组	安次区、广阳区、香河县、大厂回族自治县、三河市
	7度	0.15g	第二组	固安县、永清县、文安县
	7度	0.15g	第一组	大城县
	7度	0.10g	第二组	霸州市
衡水市	7度	0.15g	第一组	饶阳县、深州市
	7度	0.10g	第二组	桃城区、武强县、冀州市
	7度	0.10g	第一组	安平县
	6度	0.05g	第三组	枣强县、武邑县、故城县、阜城县
	6度	0.05g	第二组	景县

注:1. 邢台县政府驻邢台市桥东区;
 2. 宣化县政府驻张家口市宣化区;
 3. 沧县政府驻沧州市新华区。

表 11.9-4 山西省

	烈度	加速度	分组	县级及县级以上城镇
太原市	8度	0.20g	第二组	小店区、迎泽区、杏花岭区、尖草坪区、万柏林区、晋源区、清徐县、阳曲县
	7度	0.15g	第二组	古交市
	7度	0.10g	第三组	娄烦县
大同市	8度	0.20g	第二组	城区、矿区、南郊区、大同县
	7度	0.15g	第三组	浑源县
	7度	0.15g	第二组	新荣区、阳高县、天镇县、广灵县、灵丘县、左云县
阳泉市	7度	0.10g	第三组	盂县
	7度	0.10g	第二组	城区、矿区、郊区、平定县
长治市	7度	0.10g	第三组	平顺县、武乡县、沁县、沁源县
	7度	0.10g	第二组	城区、郊区、长治县、黎城县、壶关县、潞城市
	6度	0.05g	第三组	襄垣县、屯留县、长子县
晋城市	7度	0.10g	第三组	沁水县、陵川县
	6度	0.05g	第三组	城区、阳城县、泽州县、高平市
朔州市	8度	0.20g	第二组	山阴县、应县、怀仁县
	7度	0.15g	第二组	朔城区、平鲁区、右玉县
晋中市	8度	0.20g	第二组	榆次区、太谷县、祁县、平遥县、灵石县、介休市
	7度	0.10g	第三组	榆社县、和顺县、寿阳县
	7度	0.10g	第二组	昔阳县
	6度	0.05g	第三组	左权县

续表 11.9-4

	烈度	加速度	分组	县级及县级以上城镇
运城市	8 度	0.20g	第三组	永济市
	7 度	0.15g	第三组	临猗县、万荣县、闻喜县、稷山县、绛县
	7 度	0.15g	第二组	盐湖区、新绛县、夏县、平陆县、芮城县、河津市
	7 度	0.10g	第二组	垣曲县
忻州市	8 度	0.20g	第二组	忻府区、定襄县、五台县、代县、原平市
	7 度	0.15g	第三组	宁武县
	7 度	0.15g	第二组	繁峙县
	7 度	0.10g	第三组	静乐、神池县、五寨县
	6 度	0.05g	第三组	岢岚县、河曲县、保德县、偏关县
临汾市	8 度	0.30g	第二组	洪洞县
	8 度	0.20g	第二组	尧都区、襄汾县、古县、浮山县、汾西县、霍州市
	7 度	0.15g	第二组	曲沃县、翼城县、蒲县、侯马市
	7 度	0.10g	第三组	安泽县、吉县、乡宁县、隰县
	6 度	0.05g	第三组	大宁县、永和县
吕梁市	8 度	0.20g	第二组	文水县、交城县、孝义市、汾阳市
	7 度	0.10g	第三组	离石区、岚县、中阳县、交口县
	6 度	0.05g	第三组	兴县、临县、柳林县、石楼县、方山县

表 11.9-5 内蒙古自治区

	烈度	加速度	分组	县级及县级以上城镇
呼和浩特市	8 度	0.20g	第二组	新城区、回民区、玉泉区、赛罕区、土默特左旗
	7 度	0.15g	第二组	托克托县、和林格尔县、武川县
	7 度	0.10g	第二组	清水河县
包头市	8 度	0.30g	第二组	土默特右旗
	8 度	0.20g	第二组	东河区、石拐区、九原区、昆都仑区、青山区
	7 度	0.15g	第二组	固阳县
	6 度	0.05g	第三组	白云鄂博矿区、达尔罕茂明安联合旗
乌海市	8 度	0.20g	第二组	海勃湾区、海南区、乌达区
赤峰市	8 度	0.20g	第一组	元宝山区、宁城县
	7 度	0.15g	第一组	红山区、喀喇沁旗
	7 度	0.10g	第一组	松山区、阿鲁科尔沁旗、敖汉旗
	6 度	0.05g	第一组	巴林左旗、巴林右旗、林西县、克什克腾旗、翁牛特旗
通辽市	7 度	0.10g	第一组	科尔沁区、开鲁县
	6 度	0.05g	第一组	科尔沁左翼中旗、科尔沁左翼后旗、库伦旗、奈曼旗、扎鲁特旗、霍林郭勒市

	烈度	加速度	分组	县级及县级以上城镇
鄂尔多斯市	8度	0.20g	第二组	达拉特旗
	7度	0.10g	第三组	东胜区、准格尔旗
	6度	0.05g	第三组	鄂托克前旗、鄂托克旗、杭锦旗、伊金霍洛旗
	6度	0.05g	第一组	乌审旗
呼伦贝尔市	7度	0.10g	第一组	扎赉诺尔区、新巴尔虎右旗、扎兰屯市
	6度	0.05g	第一组	海拉尔区、阿荣旗、莫力达瓦达斡尔族自治旗、鄂伦春自治旗、鄂温克族自治旗、陈巴尔虎旗、新巴尔虎左旗、满洲里市、牙克石市、额尔古纳市、根河市
巴彦淖尔市	8度	0.20g	第二组	杭锦后旗
	8度	0.20g	第一组	磴口县、乌拉特前旗、乌拉特后旗
	7度	0.15g	第二组	临河区、五原县
	7度	0.10g	第二组	乌拉特中旗
乌兰察布市	7度	0.15g	第二组	凉城县、察哈尔右翼前旗、丰镇市
	7度	0.10g	第三组	察哈尔右翼中旗
	7度	0.10g	第二组	集宁区、卓资县、兴和县
	6度	0.05g	第三组	四子王旗
	6度	0.05g	第二组	化德县、商都县、察哈尔右翼后旗
兴安盟	6度	0.05g	第一组	乌兰浩特市、阿尔山市、科尔沁右翼前旗、科尔沁右翼中旗、扎赉特旗、突泉县
锡林郭勒盟	6度	0.05g	第三组	太仆寺旗
	6度	0.05g	第二组	正蓝旗
	6度	0.05g	第一组	二连浩特市、锡林浩特市、阿巴嘎旗、苏尼特左旗、苏尼特右旗、东乌珠穆沁旗、西乌珠穆沁旗、镶黄旗、正镶白旗、多伦县
阿拉善盟	8度	0.20g	第二组	阿拉善左旗、阿拉善右旗
	6度	0.05g	第一组	额济纳旗

表 11.9-6   辽宁省

	烈度	加速度	分组	县级及县级以上城镇
沈阳市	7度	0.10g	第一组	和平区、沈河区、大东区、皇姑区、铁西区、苏家屯区、浑南区（原东陵区）、沈北新区、于洪区、辽中县
	6度	0.05g	第一组	康平县、法库县、新民市
大连市	8度	0.20g	第一组	瓦房店市、普兰店市
	7度	0.15g	第一组	金州区
	7度	0.10g	第二组	中山区、西岗区、沙河口区、甘井子区、旅顺口区
	6度	0.05g	第二组	长海县
	6度	0.05g	第一组	庄河市

续表 11.9-6

	烈度	加速度	分组	县级及县级以上城镇
鞍山市	8 度	0.20g	第二组	海城市
	7 度	0.10g	第二组	铁东区、铁西区、立山区、千山区、岫岩满族自治县
	7 度	0.10g	第一组	台安县
抚顺市	7 度	0.10g	第一组	新抚区、东洲区、望花区、顺城区、抚顺县[1]
	6 度	0.05g	第一组	新宾满族自治县、清原满族自治县
本溪市	7 度	0.10g	第二组	南芬区
	7 度	0.10g	第一组	平山区、溪湖区、明山区
	6 度	0.05g	第一组	本溪满族自治县、桓仁满族自治县
丹东市	8 度	0.20g	第一组	东港市
	7 度	0.15g	第一组	元宝区、振兴区、振安区
	6 度	0.05g	第二组	凤城市
	6 度	0.05g	第一组	宽甸满族自治县
锦州市	6 度	0.05g	第二组	古塔区、凌河区、太和区、凌海市
	6 度	0.05g	第一组	黑山县、义县、北镇市
营口市	8 度	0.20g	第二组	老边区、盖州市、大石桥市
	7 度	0.15g	第二组	站前区、西市区、鲅鱼圈区
阜新市	6 度	0.05g	第一组	海州区、新邱区、太平区、清河门区、细河区、阜新蒙古族自治县、彰武县
辽阳市	7 度	0.10g	第二组	弓长岭区、宏伟区、辽阳县
	7 度	0.10g	第一组	白塔区、文圣区、太子河区、灯塔市
盘锦市	7 度	0.10g	第二组	双台子区、兴隆台区、大洼县、盘山县
铁岭市	7 度	0.10g	第一组	银州区、清河区、铁岭县[2]、昌图县、开原市
	6 度	0.05g	第一组	西丰县、调兵山市
朝阳市	7 度	0.10g	第二组	凌源市
	7 度	0.10g	第一组	双塔区、龙城区、朝阳县[3]、建平县、北票市
	6 度	0.05g	第二组	喀喇沁左翼蒙古族自治县
葫芦岛市	6 度	0.05g	第二组	连山区、龙港区、南票区
	6 度	0.05g	第三组	绥中县、建昌县、兴城市

注：1. 抚顺县政府驻抚顺市顺城区新城路中段；
　　2. 铁岭县政府驻铁岭市银州区工人街道；
　　3. 朝阳县政府驻朝阳市双塔区前进街道。

表 11.9-7　　　　　　　　　　　吉林省

	烈度	加速度	分组	县级及县级以上城镇
长春市	7 度	0.10g	第一组	南关区、宽城区、朝阳区、二道区、绿园区、双阳区、九台区
	6 度	0.05g	第一组	农安县、榆树市、德惠市

	烈度	加速度	分组	县级及县级以上城镇
吉林市	8 度	0.20g	第一组	舒兰市
	7 度	0.10g	第一组	昌邑区、龙潭区、船营区、丰满区、永吉县
	6 度	0.05g	第一组	蛟河市、桦甸市、磐石市
四平市	7 度	0.10g	第一组	伊通满族自治县
	6 度	0.05g	第一组	铁西区、铁东区、梨树县、公主岭市、双辽市
辽源市	6 度	0.05g	第一组	龙山区、西安区、东丰县、东辽县
通化市	6 度	0.05g	第一组	东昌区、二道江区、通化县、辉南县、柳河县、梅河口市、集安市
白山市	6 度	0.05g	第一组	浑江区、江源区、抚松县、靖宇县、长白朝鲜族自治县、临江市
松原市	8 度	0.20g	第一组	宁江区、前郭尔罗斯蒙古族自治县
	7 度	0.10g	第一组	乾安县
	6 度	0.05g	第一组	长岭县、扶余市
白城市	7 度	0.15g	第一组	大安市
	7 度	0.10g	第一组	洮北区
	6 度	0.05g	第一组	镇赉县、通榆县、洮南市
延边朝鲜族自治州	7 度	0.15g	第一组	安图县
	6 度	0.05g	第一组	延吉市、图们市、敦化市、珲春市、龙井市、和龙市、汪清县

表 11.9-8 黑龙江省

	烈度	加速度	分组	县级及县级以上城镇
哈尔滨市	8 度	0.20g	第一组	方正县
	7 度	0.15g	第一组	依兰县、通河县、延寿县
	7 度	0.10g	第一组	道里区、南岗区、道外区、松北区、香坊区、呼兰区、尚志市、五常市
	6 度	0.05g	第一组	平房区、阿城区、宾县、巴彦县、木兰县、双城区
齐齐哈尔市	7 度	0.10g	第一组	昂昂溪区、富拉尔基区、泰来县
	6 度	0.05g	第一组	龙沙区、建华区、铁锋区、碾子山区、梅里斯达斡尔族区、龙江县、依安县、甘南县、富裕县、克山县、克东县、拜泉县、讷河市
鸡西市	6 度	0.05g	第一组	鸡冠区、恒山区、滴道区、梨树区、城子河区、麻山区、鸡东县、虎林市、密山市
鹤岗市	7 度	0.10g	第一组	向阳区、工农区、南山区、兴安区、东山区、兴山区、萝北县
	6 度	0.05g	第一组	绥滨县
双鸭山市	6 度	0.05g	第一组	尖山区、岭东区、四方台区、宝山区、集贤县、友谊县、宝清县、饶河县
大庆市	7 度	0.10g	第一组	肇源县
	6 度	0.05g	第一组	萨尔图区、龙凤区、让胡路区、红岗区、大同区、肇州县、林甸县、杜尔伯特蒙古族自治县

续表 11.9-8

	烈度	加速度	分组	县级及县级以上城镇
伊春市	6 度	0.05g	第一组	伊春区、南岔区、友好区、西林区、翠峦区、新青区、美溪区、金山屯区、五营区、乌马河区、汤旺河区、带岭区、乌伊岭区、红星区、上甘岭区、嘉荫县、铁力市
佳木斯市	7 度	0.10g	第一组	向阳区、前进区、东风区、郊区、汤原县
	6 度	0.05g	第一组	桦南县、桦川县、抚远县、同江市、富锦市
七台河市	6 度	0.05g	第一组	新兴区、桃山区、茄子河区、勃利县
牡丹江市	6 度	0.05g	第一组	东安区、阳明区、爱民区、西安区、东宁县、林口县、绥芬河市、海林市、宁安市、穆棱市
黑河市	6 度	0.05g	第一组	爱辉区、嫩江县、逊克县、孙吴县、北安市、五大连池市
绥化市	7 度	0.10g	第一组	北林区、庆安县
	6 度	0.05g	第一组	望奎县、兰西县、青冈县、明水县、绥棱县、安达市、肇东市、海伦市
大兴安岭地区	6 度	0.05g	第一组	加格达奇区、呼玛县、塔河县、漠河县

表 11.9-9 　　　　　　　　　　　上海市

烈度	加速度	分组	县级及县级以上城镇
7 度	0.10g	第二组	黄浦区、徐汇区、长宁区、静安区、普陀区、闸北区、虹口区、杨浦区、闵行区、宝山区、嘉定区、浦东新区、金山区、松江区、青浦区、奉贤区、崇明县

表 11.9-10 　　　　　　　　　　　江苏省

	烈度	加速度	分组	县级及县级以上城镇
南京市	7 度	0.10g	第二组	六合区
	7 度	0.10g	第一组	玄武区、秦淮区、建邺区、鼓楼区、浦口区、栖霞区、雨花台区、江宁区、溧水区
	6 度	0.05g	第一组	高淳区
无锡市	7 度	0.10g	第一组	崇安区、南长区、北塘区、锡山区、滨湖区、惠山区、宜兴市
	6 度	0.05g	第二组	江阴市
徐州市	8 度	0.20g	第二组	睢宁县、新沂市、邳州市
	7 度	0.10g	第三组	鼓楼区、云龙区、贾汪区、泉山区、铜山区
	7 度	0.10g	第二组	沛县
	6 度	0.05g	第二组	丰县
常州市	7 度	0.10g	第一组	天宁区、钟楼区、新北区、武进区、金坛区、溧阳市
苏州市	7 度	0.10g	第一组	虎丘区、吴中区、相城区、姑苏区、吴江区、常熟市、昆山市、太仓市
	6 度	0.05g	第二组	张家港市

	烈度	加速度	分组	县级及县级以上城镇
南通市	7 度	0.10g	第二组	崇川区、港闸区、海安县、如东县、如皋市
	6 度	0.05g	第二组	通州区、启东市、海门市
连云港市	7 度	0.15g	第三组	东海县
	7 度	0.10g	第三组	连云区、海州区、赣榆区、灌云县
	6 度	0.05g	第三组	灌南县
淮安市	7 度	0.10g	第三组	清河区、淮阴区、清浦区
	7 度	0.10g	第二组	盱眙县
	6 度	0.05g	第三组	淮安区、涟水县、洪泽县、金湖县
盐城市	7 度	0.15g	第三组	大丰区
	7 度	0.10g	第三组	盐都区
	7 度	0.10g	第二组	亭湖区、射阳县、东台市
	6 度	0.05g	第三组	响水县、滨海县、阜宁县、建湖县
扬州市	7 度	0.15g	第二组	广陵区、江都区
	7 度	0.15g	第一组	邗江区、仪征市
	7 度	0.10g	第二组	高邮市
	6 度	0.05g	第三组	宝应县
镇江市	7 度	0.15g	第一组	京口区、润州区
	7 度	0.10g	第一组	丹徒区、丹阳市、扬中市、句容市
泰州市	7 度	0.10g	第二组	海陵区、高港区、姜堰区、兴化市
	6 度	0.05g	第二组	靖江市
	6 度	0.05g	第一组	泰兴市
宿迁市	8 度	0.30g	第二组	宿城区、宿豫区
	8 度	0.20g	第二组	泗洪县
	7 度	0.15g	第三组	沭阳县
	7 度	0.10g	第三组	泗阳县

表 11.9-11　　　　　　　　　　　　　**浙江省**

	烈度	加速度	分组	县级及县级以上城镇
杭州市	7 度	0.10g	第一组	上城区、下城区、江干区、拱墅区、西湖区、余杭区
	6 度	0.05g	第一组	滨江区、萧山区、富阳区、桐庐县、淳安县、建德市、临安市
宁波市	7 度	0.10g	第一组	海曙区、江东区、江北区、北仑区、镇海区、鄞州区
	6 度	0.05g	第一组	象山县、宁海县、余姚市、慈溪市、奉化市
温州市	6 度	0.05g	第二组	洞头区、平阳县、苍南县、瑞安市
	6 度	0.05g	第一组	鹿城区、龙湾区、瓯海区、永嘉县、文成县、泰顺县、乐清市
嘉兴市	7 度	0.10g	第一组	南湖区、秀洲区、嘉善县、海宁市、平湖市、桐乡市
	6 度	0.05g	第一组	海盐县

续表 11.9-11

	烈度	加速度	分组	县级及县级以上城镇
湖州市	6 度	0.05g	第一组	吴兴区、南浔区、德清县、长兴县、安吉县
绍兴市	6 度	0.05g	第一组	越城区、柯桥区、上虞区、新昌县、诸暨市、嵊州市
金华市	6 度	0.05g	第一组	婺城区、金东区、武义县、浦江县、磐安县、兰溪市、义乌市、东阳市、永康市
衢州市	6 度	0.05g	第一组	柯城区、衢江区、常山县、开化县、龙游县、江山市
舟山市	7 度	0.10g	第一组	定海区、普陀区、岱山县、嵊泗县
台州市	6 度	0.05g	第二组	玉环县
	6 度	0.05g	第一组	椒江区、黄岩区、路桥区、三门县、天台县、仙居县、温岭市、临海市
丽水市	6 度	0.05g	第二组	庆元县
	6 度	0.05g	第一组	莲都区、青田县、缙云县、遂昌县、松阳县、云和县、景宁畲族自治县、龙泉市

表 11.9-12　　　　　　　　　　　　　　　　**安徽省**

	烈度	加速度	分组	县级及县级以上城镇
合肥市	7 度	0.10g	第一组	瑶海区、庐阳区、蜀山区、包河区、长丰县、肥东县、肥西县、庐江县、巢湖市
芜湖市	6 度	0.05g	第一组	镜湖区、弋江区、鸠江区、三山区、芜湖县、繁昌县、南陵县、无为县
蚌埠市	7 度	0.15g	第二组	五河县
	7 度	0.10g	第二组	固镇县
	7 度	0.10g	第一组	龙子湖区、蚌山区、禹会区、淮上区、怀远县
淮南市	7 度	0.10g	第一组	大通区、田家庵区、谢家集区、八公山区、潘集区、凤台县
马鞍山市	6 度	0.05g	第一组	花山区、雨山区、博望区、当涂县、含山县、和县
淮北市	6 度	0.05g	第三组	杜集区、相山区、烈山区、濉溪县
铜陵市	7 度	0.10g	第一组	铜官山区、狮子山区、郊区、铜陵县
安庆市	7 度	0.10g	第一组	迎江区、大观区、宜秀区、枞阳县、桐城市
	6 度	0.05g	第一组	怀宁县、潜山县、太湖县、宿松县、望江县、岳西县
黄山市	6 度	0.05g	第一组	屯溪区、黄山区、徽州区、歙县、休宁县、黟县、祁门县
滁州市	7 度	0.10g	第二组	天长市、明光市
	7 度	0.10g	第一组	定远县、凤阳县
	6 度	0.05g	第二组	琅琊区、南谯区、来安县、全椒县
阜阳市	7 度	0.10g	第一组	颍州区、颍东区、颍泉区
	6 度	0.05g	第一组	临泉县、太和县、阜南县、颍上县、界首市

	烈度	加速度	分组	县级及县级以上城镇
宿州市	7度	0.15g	第二组	泗县
	7度	0.10g	第三组	萧县
	7度	0.10g	第二组	灵璧县
	6度	0.05g	第三组	埇桥区
	6度	0.05g	第二组	砀山县
六安市	7度	0.15g	第一组	霍山县
	7度	0.10g	第一组	金安区、裕安区、寿县、舒城县
	6度	0.05g	第一组	霍邱县、金寨县
亳州市	7度	0.10g	第二组	谯城区、涡阳县
	6度	0.05g	第二组	蒙城县
	6度	0.05g	第一组	利辛县
池州市	7度	0.10g	第一组	贵池区
	6度	0.05g	第一组	东至县、石台县、青阳县
宣城市	7度	0.10g	第一组	郎溪县
	6度	0.05g	第一组	宣州区、广德县、泾县、绩溪县、旌德县、宁国市

表 11.9-13　　　　　　　　　　　**福建省**

	烈度	加速度	分组	县级及县级以上城镇
福州市	7度	0.10g	第三组	鼓楼区、台江区、仓山区、马尾区、晋安区、平潭县、福清市、长乐市
	6度	0.05g	第三组	连江县、永泰县
	6度	0.05g	第二组	闽侯县、罗源县、闽清县
厦门市	7度	0.15g	第三组	思明区、湖里区、集美区、翔安区
	7度	0.15g	第二组	海沧区
	7度	0.10g	第三组	同安区
莆田市	7度	0.10g	第三组	城厢区、涵江区、荔城区、秀屿区、仙游县
三明市	6度	0.05g	第一组	梅列区、三元区、明溪县、清流县、宁化县、大田县、尤溪县、沙县、将乐县、泰宁县、建宁县、永安市
泉州市	7度	0.15g	第三组	鲤城区、丰泽区、洛江区、石狮市、晋江市
	7度	0.10g	第三组	泉港区、惠安县、安溪县、永春县、南安市
	6度	0.05g	第三组	德化县
漳州市	7度	0.15g	第三组	漳浦县
	7度	0.15g	第二组	芗城区、龙文区、诏安县、长泰县、东山县、南靖县、龙海市
	7度	0.10g	第三组	云霄县
	7度	0.10g	第二组	平和县、华安县

续表 11.9-13

	烈度	加速度	分组	县级及县级以上城镇
南平市	6 度	0.05g	第二组	政和县
	6 度	0.05g	第一组	延平区、建阳区、顺昌县、浦城县、光泽县、松溪县、邵武市、武夷山市、建瓯市
龙岩市	6 度	0.05g	第二组	新罗区、永定区、漳平市
	6 度	0.05g	第一组	长汀县、上杭县、武平县、连城县
宁德市	6 度	0.05g	第二组	蕉城区、霞浦县、周宁县、柘荣县、福安市、福鼎市
	6 度	0.05g	第一组	古田县、屏南县、寿宁县

表 11.9-14 江西省

	烈度	加速度	分组	县级及县级以上城镇
南昌市	6 度	0.05g	第一组	东湖区、西湖区、青云谱区、湾里区、青山湖区、新建区、南昌县、安义县、进贤县
景德镇市	6 度	0.05g	第一组	昌江区、珠山区、浮梁县、乐平市
萍乡市	6 度	0.05g	第一组	安源区、湘东区、莲花县、上栗县、芦溪县
九江市	6 度	0.05g	第一组	庐山区、浔阳区、九江县、武宁县、修水县、永修县、德安县、星子县、都昌县、湖口县、彭泽县、瑞昌市、共青城市
新余市	6 度	0.05g	第一组	渝水区、分宜县
鹰潭市	6 度	0.05g	第一组	月湖区、余江县、贵溪市
赣州市	7 度	0.10g	第一组	安远县、会昌县、寻乌县、瑞金市
	6 度	0.05g	第一组	章贡区、南康区、赣县、信丰县、大余县、上犹县、崇义县、龙南县、定南县、全南县、宁都县、于都县、兴国县、石城县
吉安市	6 度	0.05g	第一组	吉州区、青原区、吉安县、吉水县、峡江县、新干县、永丰县、泰和县、遂川县、万安县、安福县、永新县、井冈山市
宜春市	6 度	0.05g	第一组	袁州区、奉新县、万载县、上高县、宜丰县、靖安县、铜鼓县、丰城市、樟树市、高安市
抚州市	6 度	0.05g	第一组	临川区、南城县、黎川县、南丰县、崇仁县、乐安县、宜黄县、金溪县、资溪县、东乡县、广昌县
上饶市	6 度	0.05g	第一组	信州区、广丰区、上饶县、玉山县、铅山县、横峰县、弋阳县、余干县、鄱阳县、万年县、婺源县、德兴市

表 11.9-15 山东省

	烈度	加速度	分组	县级及县级以上城镇
济南市	7 度	0.10g	第三组	长清区
	7 度	0.10g	第二组	平阴县
	6 度	0.05g	第三组	历下区、市中区、槐荫区、天桥区、历城区、济阳县、商河县、章丘市

	烈度	加速度	分组	县级及县级以上城镇
青岛市	7度	0.10g	第三组	黄岛区、平度市、胶州市、即墨市
	7度	0.10g	第二组	市南区、市北区、崂山区、李沧区、城阳区
	6度	0.05g	第三组	莱西市
淄博市	7度	0.15g	第二组	临淄区
	7度	0.10g	第三组	张店区、周村区、桓台县、高青县、沂源县
	7度	0.10g	第二组	淄川区、博山区
枣庄市	7度	0.15g	第三组	山亭区
	7度	0.15g	第二组	台儿庄区
	7度	0.10g	第三组	市中区、薛城区、峄城区
	7度	0.10g	第二组	滕州市
东营市	7度	0.10g	第三组	东营区、河口区、垦利县、广饶县
	6度	0.05g	第三组	利津县
烟台市	7度	0.15g	第三组	龙口市
	7度	0.15g	第二组	长岛县、蓬莱市
	7度	0.10g	第三组	莱州市、招远市、栖霞市
	7度	0.10g	第二组	芝罘区、福山区、莱山区
	7度	0.10g	第一组	牟平区
	6度	0.05g	第三组	莱阳市、海阳市
潍坊市	8度	0.20g	第二组	潍城区、坊子区、奎文区、安丘市
	7度	0.15g	第三组	诸城市
	7度	0.15g	第二组	寒亭区、临朐县、昌乐县、青州市、寿光市、昌邑市
	7度	0.10g	第三组	高密市
济宁市	7度	0.10g	第三组	微山县、梁山县
	7度	0.10g	第二组	兖州区、汶上县、泗水县、曲阜市、邹城市
	6度	0.05g	第三组	任城区、金乡县、嘉祥县
	6度	0.05g	第二组	鱼台县
泰安市	7度	0.10g	第三组	新泰市
	7度	0.10g	第二组	泰山区、岱岳区、宁阳县
	6度	0.05g	第三组	东平县、肥城市
威海市	7度	0.10g	第一组	环翠区、文登区、荣成市
	6度	0.05g	第二组	乳山市
日照市	8度	0.20g	第二组	莒县
	7度	0.15g	第三组	五莲县
	7度	0.10g	第三组	东港区、岚山区
莱芜市	7度	0.10g	第三组	钢城区
	7度	0.10g	第二组	莱城区

续表 11.9-15

	烈度	加速度	分组	县级及县级以上城镇
临沂市	8 度	0.20g	第二组	兰山区、罗庄区、河东区、郯城县、沂水县、莒南县、临沭县
	7 度	0.15g	第二组	沂南县、兰陵县、费县
	7 度	0.10g	第三组	平邑县、蒙阴县
德州市	7 度	0.15g	第二组	平原县、禹城市
	7 度	0.10g	第三组	临邑县、齐河县
	7 度	0.10g	第二组	德城区、陵城区、夏津县
	6 度	0.05g	第三组	宁津县、庆云县、武城县、乐陵市
聊城市	8 度	0.20g	第二组	阳谷县、莘县
	7 度	0.15g	第二组	东昌府区、茌平县、高唐县
	7 度	0.10g	第三组	冠县、临清市
	7 度	0.10g	第二组	东阿县
滨州市	7 度	0.10g	第三组	滨城区、博兴县、邹平县
	6 度	0.05g	第三组	沾化区、惠民县、阳信县、无棣县
菏泽市	8 度	0.20g	第二组	鄄城县、东明县
	7 度	0.15g	第二组	牡丹区、郓城县、定陶县
	7 度	0.10g	第三组	巨野县
	7 度	0.10g	第二组	曹县、单县、成武县

表 11.9-16 河南省

	烈度	加速度	分组	县级及县级以上城镇
郑州市	7 度	0.15g	第二组	中原区、二七区、管城回族区、金水区、惠济区
	7 度	0.10g	第二组	上街区、中牟县、巩义市、荥阳市、新密市、新郑市、登封市
开封市	7 度	0.15g	第二组	兰考县
	7 度	0.10g	第二组	龙亭区、顺河回族区、鼓楼区、禹王台区、祥符区、通许县、尉氏县
	6 度	0.05g	第二组	杞县
洛阳市	7 度	0.10g	第二组	老城区、西工区、瀍河回族区、涧西区、吉利区、洛龙区、孟津县、新安县、宜阳县、偃师市
	6 度	0.05g	第三组	洛宁县
	6 度	0.05g	第二组	嵩县、伊川县
	6 度	0.05g	第一组	栾川县、汝阳县
平顶山市	6 度	0.05g	第一组	新华区、卫东区、石龙区、湛河区[1]、宝丰县、叶县、鲁山县、舞钢市
	6 度	0.05g	第二组	郏县、汝州市

	烈度	加速度	分组	县级及县级以上城镇
安阳市	8度	0.20g	第二组	文峰区、殷都区、龙安区、北关区、安阳县[2]、汤阴县
	7度	0.15g	第二组	滑县、内黄县
	7度	0.10g	第二组	林州市
鹤壁市	8度	0.20g	第二组	山城区、淇滨区、淇县
	7度	0.15g	第二组	鹤山区、浚县
新乡市	8度	0.20g	第二组	红旗区、卫滨区、凤泉区、牧野区、新乡县、获嘉县、原阳县、延津县、卫辉市、辉县市
	7度	0.15g	第二组	封丘县、长垣县
焦作市	7度	0.15g	第二组	修武县、武陟县
	7度	0.10g	第二组	解放区、中站区、马村区、山阳区、博爱县、温县、沁阳市、孟州市
濮阳市	8度	0.20g	第二组	范县
	7度	0.15g	第二组	华龙区、清丰县、南乐县、台前县、濮阳县
许昌市	7度	0.10g	第一组	魏都区、许昌县、鄢陵县、禹州市、长葛市
	6度	0.05g	第二组	襄城县
漯河市	7度	0.10g	第一组	舞阳县
	6度	0.05g	第一组	召陵区、源汇区、郾城区、临颍县
三门峡市	7度	0.15g	第二组	湖滨区、陕州区、灵宝市
	6度	0.05g	第三组	渑池县、卢氏县
	6度	0.05g	第二组	义马市
南阳市	7度	0.10g	第一组	宛城区、卧龙区、西峡县、镇平县、内乡县、唐河县
	6度	0.05g	第一组	南召县、方城县、淅川县、社旗县、新野县、桐柏县、邓州市
商丘市	7度	0.10g	第二组	梁园区、睢阳区、民权县、虞城县
	6度	0.05g	第三组	睢县、永城市
	6度	0.05g	第二组	宁陵县、柘城县、夏邑县
信阳市	7度	0.10g	第一组	罗山县、潢川县、息县
	6度	0.05g	第一组	浉河区、平桥区、光山县、新县、商城县、固始县、淮滨县
周口市	7度	0.10g	第一组	扶沟县、太康县
	6度	0.05g	第一组	川汇区、西华县、商水县、沈丘县、郸城县、淮阳县、鹿邑县、项城市
驻马店市	7度	0.10g	第一组	西平县
	6度	0.05g	第一组	驿城区、上蔡县、平舆县、正阳县、确山县、泌阳县、汝南县、遂平县、新蔡县
省直辖县级行政单位	7度	0.10g	第二组	济源市

注:1. 湛河区政府驻平顶山市新华区曙光街街道;

2. 安阳县政府驻安阳市北关区灯塔路街道。

表 11.9-17 湖北省

	烈度	加速度	分组	县级及县级以上城镇
武汉市	7度	0.10g	第一组	新洲区
	6度	0.05g	第一组	江岸区、江汉区、硚口区、汉阳区、武昌区、青山区、洪山区、东西湖区、汉南区、蔡甸区、江夏区、黄陂区
黄石市	6度	0.05g	第一组	黄石港区、西塞山区、下陆区、铁山区、阳新县、大冶市
十堰市	7度	0.15g	第一组	竹山县、竹溪县
	7度	0.10g	第一组	郧阳区、房县
	6度	0.05g	第一组	茅箭区、张湾区、郧西县、丹江口市
宜昌市	6度	0.05g	第一组	西陵区、伍家岗区、点军区、猇亭区、夷陵区、远安县、兴山县、秭归县、长阳土家族自治县、五峰土家族自治县、宜都市、当阳市、枝江市
襄阳市	6度	0.05g	第一组	襄城区、樊城区、襄州区、南漳县、谷城县、保康县、老河口市、枣阳市、宜城市
鄂州市	6度	0.05g	第一组	梁子湖区、华容区、鄂城区
荆门市	6度	0.05g	第一组	东宝区、掇刀区、京山县、沙洋县、钟祥市
孝感市	6度	0.05g	第一组	孝南区、孝昌县、大悟县、云梦县、应城市、安陆市、汉川市
荆州市	6度	0.05g	第一组	沙市区、荆州区、公安县、监利县、江陵县、石首市、洪湖市、松滋市
黄冈市	7度	0.10g	第一组	团风县、罗田县、英山县、麻城市
	6度	0.05g	第一组	黄州区、红安县、浠水县、蕲春县、黄梅县、武穴市
咸宁市	6度	0.05g	第一组	咸安区、嘉鱼县、通城县、崇阳县、通山县、赤壁市
随州市	6度	0.05g	第一组	曾都区、随县、广水市
恩施土家族苗族自治州	6度	0.05g	第一组	恩施市、利川市、建始县、巴东县、宣恩县、咸丰县、来凤县、鹤峰县
省直辖县级行政单位	6度	0.05g	第一组	仙桃市、潜江市、天门市、神农架林区

表 11.9-18 湖南省

	烈度	加速度	分组	县级及县级以上城镇
长沙市	6度	0.05g	第一组	芙蓉区、天心区、岳麓区、开福区、雨花区、望城区、长沙县、宁乡县、浏阳市
株洲市	6度	0.05g	第一组	荷塘区、芦淞区、石峰区、天元区、株洲县、攸县、茶陵县、炎陵县、醴陵市
湘潭市	6度	0.05g	第一组	雨湖区、岳塘区、湘潭县、湘乡市、韶山市
衡阳市	6度	0.05g	第一组	珠晖区、雁峰区、石鼓区、蒸湘区、南岳区、衡阳县、衡南县、衡山县、衡东县、祁东县、耒阳市、常宁市

	烈度	加速度	分组	县级及县级以上城镇
邵阳市	6 度	0.05g	第一组	双清区、大祥区、北塔区、邵东县、新邵县、邵阳县、隆回县、洞口县、绥宁县、新宁县、城步苗族自治县、武冈市
岳阳市	7 度	0.10g	第二组	湘阴县、汨罗市
	7 度	0.10g	第一组	岳阳楼区、岳阳县
	6 度	0.05g	第一组	云溪区、君山区、华容县、平江县、临湘市
常德市	7 度	0.15g	第一组	武陵区、鼎城区
	7 度	0.10g	第一组	安乡县、汉寿县、澧县、临澧县、桃源县、津市市
	6 度	0.05g	第一组	石门县
张家界市	6 度	0.05g	第一组	永定区、武陵源区、慈利县、桑植县
益阳市	6 度	0.05g	第一组	资阳区、赫山区、南县、桃江县、安化县、沅江市
郴州市	6 度	0.05g	第一组	北湖区、苏仙区、桂阳县、宜章县、永兴县、嘉禾县、临武县、汝城县、桂东县、安仁县、资兴市
永州市	6 度	0.05g	第一组	零陵区、冷水滩区、祁阳县、东安县、双牌县、道县、江永县、宁远县、蓝山县、新田县、江华瑶族自治县
怀化市	6 度	0.05g	第一组	鹤城区、中方县、沅陵县、辰溪县、溆浦县、会同县、麻阳苗族自治县、新晃侗族自治县、芷江侗族自治县、靖州苗族侗族自治县、通道侗族自治县、洪江市
娄底市	6 度	0.05g	第一组	娄星区、双峰县、新化县、冷水江市、涟源市
湘西土家族苗族自治州	6 度	0.05g	第一组	吉首市、泸溪县、凤凰县、花垣县、保靖县、古丈县、永顺县、龙山县

表 11.9-19   广东省

	烈度	加速度	分组	县级及县级以上城镇
广州市	7 度	0.10g	第一组	荔湾区、越秀区、海珠区、天河区、白云区、黄浦区、番禺区、南沙区
	6 度	0.05g	第一组	花都区、增城区、从化区
韶关市	6 度	0.05g	第一组	武江区、浈江区、曲江区、始兴县、仁化县、翁源县、乳源瑶族自治县、新丰县、乐昌市、南雄市
深圳市	7 度	0.10g	第一组	罗湖区、福田区、南山区、宝安区、龙岗区、盐田区
珠海市	7 度	0.10g	第二组	香洲区、金湾区
	7 度	0.10g	第一组	斗门区
汕头市	8 度	0.20g	第二组	龙湖区、金平区、濠江区、潮阳区、澄海区、南澳县
	7 度	0.15g	第二组	潮南区
佛山市	7 度	0.10g	第一组	禅城区、南海区、顺德区、三水区、高明区
江门市	7 度	0.10g	第一组	蓬江区、江海区、新会区、鹤山市
	6 度	0.05g	第一组	台山市、开平市、恩平市

续表 11.9-19

	烈度	加速度	分组	县级及县级以上城镇
湛江市	8 度	0.20g	第二组	徐闻县
	7 度	0.10g	第一组	赤坎区、霞山区、坡头区、麻章区、遂溪县、廉江市、雷州市、吴川市
茂名市	7 度	0.10g	第一组	茂南区、电白区、化州市
	6 度	0.05g	第一组	高州市、信宜市
肇庆市	7 度	0.10g	第一组	端州区、鼎湖区、高要区
	6 度	0.05g	第一组	广宁县、怀集县、封开县、德庆县、四会市
惠州市	6 度	0.05g	第一组	惠城区、惠阳区、博罗县、惠东县、龙门县
梅州市	7 度	0.10g	第二组	大埔县
	7 度	0.10g	第一组	梅江区、梅县区、丰顺县
	6 度	0.05g	第一组	五华县、平远县、蕉岭县、兴宁市
汕尾市	7 度	0.10g	第一组	城区、海丰县、陆丰市
	6 度	0.05g	第一组	陆河县
河源市	7 度	0.10g	第一组	源城区、东源县
	6 度	0.05g	第一组	紫金县、龙川县、连平县、和平县
阳江市	7 度	0.15g	第一组	江城区
	7 度	0.10g	第一组	阳东区、阳西县
	6 度	0.05g	第一组	阳春市
清远市	6 度	0.05g	第一组	清城区、清新区、佛冈县、阳山县、连山壮族瑶族自治县、连南瑶族自治县、英德市、连州市
东莞市	6 度	0.05g	第一组	东莞市
中山市	7 度	0.10g	第一组	中山市
潮州市	8 度	0.20g	第二组	湘桥区、潮安区
	7 度	0.15g	第二组	饶平县
揭阳市	7 度	0.15g	第二组	榕城区、揭东区
	7 度	0.10g	第二组	惠来县、普宁市
	6 度	0.05g	第一组	揭西县
云浮市	6 度	0.05g	第一组	云城区、云安区、新兴县、郁南县、罗定市

表 11.9-20 广西壮族自治区

	烈度	加速度	分组	县级及县级以上城镇
南宁市	7 度	0.15g	第一组	隆安县
	7 度	0.10g	第一组	兴宁区、青秀区、江南区、西乡塘区、良庆区、邕宁区、横县
	6 度	0.05g	第一组	武鸣区、马山县、上林县、宾阳县
柳州市	6 度	0.05g	第一组	城中区、鱼峰区、柳南区、柳北区、柳江区、柳城县、鹿寨县、融安县、融水苗族自治县、三江侗族自治县

	烈度	加速度	分组	县级及县级以上城镇
桂林市	6 度	0.05g	第一组	秀峰区、叠彩区、象山区、七星区、雁山区、临桂区、阳朔县、灵川县、全州县、兴安县、永福县、灌阳县、龙胜各族自治县、资源县、平乐县、荔浦县、恭城瑶族自治县
梧州市	6 度	0.05g	第一组	万秀区、长洲区、龙圩区、苍梧县、藤县、蒙山县、岑溪市
北海市	7 度	0.10g	第一组	合浦县
	6 度	0.05g	第一组	海城区、银海区、铁山港区
防城港市	6 度	0.05g	第一组	港口区、防城区、上思县、东兴市
钦州市	7 度	0.15g	第一组	灵山县
	7 度	0.10g	第一组	钦南区、钦北区、浦北县
贵港市	6 度	0.05g	第一组	港北区、港南区、覃塘区、平南县、桂平市
玉林市	7 度	0.10g	第一组	玉州区、福绵区、陆川县、博白县、兴业县、北流市
	6 度	0.05g	第一组	容县
百色市	7 度	0.15g	第一组	田东县、平果县、乐业县
	7 度	0.10g	第一组	右江区、田阳县、田林县
	6 度	0.05g	第二组	西林县、隆林各族自治县
	6 度	0.05g	第一组	德保县、那坡县、凌云县
贺州市	6 度	0.05g	第一组	八步区、昭平县、钟山县、富川瑶族自治县
河池市	6 度	0.05g	第一组	金城江区、南丹县、天峨县、凤山县、东兰县、罗城仫佬族自治县、环江毛南族自治县、巴马瑶族自治县、都安瑶族自治县、大化瑶族自治县、宜州市
来宾市	6 度	0.05g	第一组	兴宾区、忻城县、象州县、武宣县、金秀瑶族自治县、合山市
崇左市	7 度	0.10g	第一组	扶绥县
	6 度	0.05g	第一组	江州区、宁明县、龙州县、大新县、天等县、凭祥市
自治区直辖县级行政单位	6 度	0.05g	第一组	靖西市

表 11.9-21 　　　　　　　　　　海南省

	烈度	加速度	分组	县级及县级以上城镇
海口市	8 度	0.30g	第二组	秀英区、龙华区、琼山区、美兰区
三亚市	6 度	0.05g	第一组	海棠区、吉阳区、天涯区、崖州区
三沙市	7 度	0.10g	第一组	三沙市[1]
儋州市	7 度	0.10g	第二组	儋州市

续表 11.9-21

	烈度	加速度	分组	县级及县级以上城镇
省直辖县级 行政单位	8 度	0.20g	第二组	文昌市、定安县
	7 度	0.15g	第二组	澄迈县
	7 度	0.15g	第一组	临高县
	7 度	0.10g	第二组	琼海市、屯昌县
	6 度	0.05g	第二组	白沙黎族自治县、琼中黎族苗族自治县
	6 度	0.05g	第一组	五指山市、万宁市、东方市、昌江黎族自治县、乐东黎族自治县、陵水黎族自治县、保亭黎族苗族自治县

注:1. 三沙市政府驻地西沙永兴岛。

表 11.9-22　　　　　　　　　　　　　　**重庆市**

烈度	加速度	分组	县级及县级以上城镇
7 度	0.10g	第一组	黔江区、荣昌区
6 度	0.05g	第一组	万州区、涪陵区、渝中区、大渡口区、江北区、沙坪坝区、九龙坡区、南岸区、北碚区、綦江区、大足区、渝北区、巴南区、长寿区、江津区、合川区、永川区、南川区、铜梁区、璧山区、潼南区、梁平县、城口县、丰都县、垫江县、武隆县、忠县、开县、云阳县、奉节县、巫山县、巫溪县、石柱土家族自治县、秀山土家族苗族自治县、酉阳土家族苗族自治县、彭水苗族土家族自治县

表 11.9-23　　　　　　　　　　　　　　**四川省**

	烈度	加速度	分组	县级及县级以上城镇
成都市	8 度	0.20g	第二组	都江堰市
	7 度	0.15g	第二组	彭州市
	7 度	0.10g	第三组	锦江区、青羊区、金牛区、武侯区、成华区、龙泉驿区、青白江区、新都区、温江区、金堂县、双流县、郫县、大邑县、蒲江县、新津县、邛崃市、崇州市
自贡市	7 度	0.10g	第二组	富顺县
	7 度	0.10g	第一组	自流井区、贡井区、大安区、沿滩区
	6 度	0.05g	第三组	荣县
攀枝花市	7 度	0.15g	第三组	东区、西区、仁和区、米易县、盐边县
泸州市	6 度	0.05g	第二组	泸县
	6 度	0.05g	第一组	江阳区、纳溪区、龙马潭区、合江县、叙永县、古蔺县
德阳市	7 度	0.15g	第二组	什邡市、绵竹市
	7 度	0.10g	第三组	广汉市
	7 度	0.10g	第二组	旌阳区、中江县、罗江县
绵阳市	8 度	0.20g	第二组	平武县
	7 度	0.15g	第二组	北川羌族自治县(新)、江油市
	7 度	0.10g	第二组	涪城区、游仙区、安县
	6 度	0.05g	第二组	三台县、盐亭县、梓潼县

	烈度	加速度	分组	县级及县级以上城镇
广元市	7 度	0.15g	第二组	朝天区、青川县
	7 度	0.10g	第二组	利州区、昭化区、剑阁县
	6 度	0.05g	第二组	旺苍县、苍溪县
遂宁市	6 度	0.05g	第一组	船山区、安居区、蓬溪县、射洪县、大英县
内江市	7 度	0.10g	第一组	隆昌县
	6 度	0.05g	第二组	威远县
	6 度	0.05g	第一组	市中区、东兴区、资中县
乐山市	7 度	0.15g	第三组	金口河区
	7 度	0.15g	第二组	沙湾区、沐川县、峨边彝族自治县、马边彝族自治县
	7 度	0.10g	第三组	五通桥区、犍为县、夹江县
	7 度	0.10g	第二组	市中区、峨眉山市
	6 度	0.05g	第三组	井研县
南充市	6 度	0.05g	第二组	阆中市
	6 度	0.05g	第一组	顺庆区、高坪区、嘉陵区、南部县、营山县、蓬安县、仪陇县、西充县
眉山市	7 度	0.10g	第三组	东坡区、彭山区、洪雅县、丹棱县、青神县
	6 度	0.05g	第二组	仁寿县
宜宾市	7 度	0.10g	第三组	高县
	7 度	0.10g	第二组	翠屏区、宜宾县、屏山县
	6 度	0.05g	第三组	珙县、筠连县
	6 度	0.05g	第二组	南溪区、江安县、长宁县
	6 度	0.05g	第一组	兴文县
广安市	6 度	0.05g	第一组	广安区、前锋区、岳池县、武胜县、邻水县、华蓥市
达州市	6 度	0.05g	第一组	通川区、达川区、宣汉县、开江县、大竹县、渠县、万源市
雅安市	8 度	0.20g	第三组	石棉县
	8 度	0.20g	第一组	宝兴县
	7 度	0.15g	第三组	荥经县、汉源县
	7 度	0.15g	第二组	天全县、芦山县
	7 度	0.10g	第三组	名山区
	7 度	0.10g	第二组	雨城区
巴中市	6 度	0.05g	第一组	巴州区、恩阳区、通江县、平昌县
	6 度	0.05g	第二组	南江县
资阳市	6 度	0.05g	第一组	雁江区、安岳县、乐至县
	6 度	0.05g	第二组	简阳市

续表 11.9-23

	烈度	加速度	分组	县级及县级以上城镇
阿坝藏族羌族自治州	8 度	0.20g	第三组	九寨沟县
	8 度	0.20g	第二组	松潘县
	8 度	0.20g	第一组	汶川县、茂县
	7 度	0.15g	第二组	理县、阿坝县
	7 度	0.10g	第三组	金川县、小金县、黑水县、壤塘县、若尔盖县、红原县
	7 度	0.10g	第二组	马尔康县
甘孜藏族自治州	9 度	0.40g	第二组	康定市
	8 度	0.30g	第二组	道孚县、炉霍县
	8 度	0.20g	第三组	理塘县、甘孜县
	8 度	0.20g	第二组	泸定县、德格县、白玉县、巴塘县、得荣县
	7 度	0.15g	第三组	九龙县、雅江县、新龙县
	7 度	0.15g	第二组	丹巴县
	7 度	0.10g	第三组	石渠县、色达县、稻城县
	7 度	0.10g	第二组	乡城县
凉山彝族自治州	9 度	0.40g	第三组	西昌市
	8 度	0.30g	第三组	宁南县、普格县、冕宁县
	8 度	0.20g	第三组	盐源县、德昌县、布拖县、昭觉县、喜德县、越西县、雷波县
	7 度	0.15g	第三组	木里藏族自治县、会东县、金阳县、甘洛县、美姑县
	7 度	0.10g	第三组	会理县

表 11.9-24 贵州省

	烈度	加速度	分组	县级及县级以上城镇
贵阳市	6 度	0.05g	第一组	南明区、云岩区、花溪区、乌当区、白云区、观山湖区、开阳县、息烽县、修文县、清镇市
六盘水市	7 度	0.10g	第二组	钟山区
	6 度	0.05g	第三组	盘县
	6 度	0.05g	第二组	水城县
	6 度	0.05g	第一组	六枝特区
遵义市	6 度	0.05g	第一组	红花岗区、汇川区、遵义县、桐梓县、绥阳县、正安县、道真仡佬族苗族自治县、务川仡佬族苗族自治县、凤冈县、湄潭县、余庆县、习水县、赤水市、仁怀市
安顺市	6 度	0.05g	第一组	西秀区、平坝区、普定县、镇宁布依族苗族自治县、关岭布依族苗族自治县、紫云苗族布依族自治县
铜仁市	6 度	0.05g	第一组	碧江区、万山区、江口县、玉屏侗族自治县、石阡县、思南县、印江土家族苗族自治县、德江县、沿河土家族自治县、松桃苗族自治县

	烈度	加速度	分组	县级及县级以上城镇
黔西南布依族苗族自治州	7 度	0.15g	第一组	望谟县
	7 度	0.10g	第二组	普安县、晴隆县
	6 度	0.05g	第三组	兴义市
	6 度	0.05g	第二组	兴仁县、贞丰县、册亨县、安龙县
毕节市	7 度	0.10g	第三组	威宁彝族回族苗族自治县
	6 度	0.05g	第三组	赫章县
	6 度	0.05g	第二组	七星关区、大方县、纳雍县
	6 度	0.05g	第一组	金沙县、黔西县、织金县
黔东南苗族侗族自治州	6 度	0.05g	第一组	凯里市、黄平县、施秉县、三穗县、镇远县、岑巩县、天柱县、锦屏县、剑河县、台江县、黎平县、榕江县、从江县、雷山县、麻江县、丹寨县
黔南布依族苗族自治州	7 度	0.10g	第一组	福泉市、贵定县、龙里县
	6 度	0.05g	第一组	都匀市、荔波县、瓮安县、独山县、平塘县、罗甸县、长顺县、惠水县、三都水族自治县

表 11.9-25   云南省

	烈度	加速度	分组	县级及县级以上城镇
昆明市	9 度	0.40g	第三组	东川区、寻甸回族彝族自治县
	8 度	0.30g	第三组	宜良县、嵩明县
	8 度	0.20g	第三组	五华区、盘龙区、官渡区、西山区、呈贡区、晋宁县、石林彝族自治县、安宁市
	7 度	0.15g	第三组	富民县、禄劝彝族苗族自治县
曲靖市	8 度	0.20g	第三组	马龙县、会泽县
	7 度	0.15g	第三组	麒麟区、陆良县、沾益县
	7 度	0.10g	第三组	师宗县、富源县、罗平县、宣威市
玉溪市	8 度	0.30g	第三组	江川县、澄江县、通海县、华宁县、峨山彝族自治县
	8 度	0.20g	第三组	红塔区、易门县
	7 度	0.15g	第三组	新平彝族傣族自治县、元江哈尼族彝族傣族自治县
保山市	8 度	0.30g	第三组	龙陵县
	8 度	0.20g	第三组	隆阳区、施甸县
	7 度	0.15g	第三组	昌宁县
昭通市	8 度	0.20g	第三组	巧家县、永善县
	7 度	0.15g	第三组	大关县、彝良县、鲁甸县
	7 度	0.15g	第二组	绥江县
	7 度	0.10g	第三组	昭阳区、盐津县
	7 度	0.10g	第二组	水富县
	6 度	0.05g	第二组	镇雄县、威信县

	烈度	加速度	分组	县级及县级以上城镇
丽江市	8 度	0.30g	第三组	古城区、玉龙纳西族自治县、永胜县
	8 度	0.20g	第三组	宁蒗彝族自治县
	7 度	0.15g	第三组	华坪县
普洱市	9 度	0.40g	第三组	澜沧拉祜族自治县
	8 度	0.30g	第三组	孟连傣族拉祜族佤族自治县、西盟佤族自治县
	8 度	0.20g	第三组	思茅区、宁洱哈尼族彝族自治县
	7 度	0.15g	第三组	景东彝族自治县、景谷傣族彝族自治县
	7 度	0.10g	第三组	墨江哈尼族自治县、镇沅彝族哈尼族拉祜族自治县、江城哈尼族彝族自治县
临沧市	8 度	0.30g	第三组	双江拉祜族佤族布朗族傣族自治县、耿马傣族佤族自治县、沧源佤族自治县
	8 度	0.20g	第三组	临翔区、凤庆县、云县、永德县、镇康县
楚雄彝族自治州	8 度	0.20g	第三组	楚雄市、南华县
	7 度	0.15g	第三组	双柏县、牟定县、姚安县、大姚县、元谋县、武定县、禄丰县
	7 度	0.10g	第三组	永仁县
红河哈尼族彝族自治州	8 度	0.30g	第三组	建水县、石屏县
	7 度	0.15g	第三组	个旧市、开远市、弥勒市、元阳县、红河县
	7 度	0.10g	第三组	蒙自市、泸西县、金平苗族瑶族傣族自治县、绿春县
	7 度	0.10g	第一组	河口瑶族自治县
	6 度	0.05g	第三组	屏边苗族自治县
文山壮族苗族自治州	7 度	0.10g	第三组	文山市
	6 度	0.05g	第三组	砚山县、丘北县
	6 度	0.05g	第二组	广南县
	6 度	0.05g	第一组	西畴县、麻栗坡县、马关县、富宁县
西双版纳傣族自治州	8 度	0.30g	第三组	勐海县
	8 度	0.20g	第三组	景洪市
	7 度	0.15g	第三组	勐腊县
大理白族自治州	8 度	0.30g	第三组	洱源县、剑川县、鹤庆县
	8 度	0.20g	第三组	大理市、漾濞彝族自治县、祥云县、宾川县、弥渡县、南涧彝族自治县、巍山彝族回族自治县
	7 度	0.15g	第三组	永平县、云龙县
德宏傣族景颇族自治州	8 度	0.30g	第三组	瑞丽市、芒市
	8 度	0.20g	第三组	梁河县、盈江县、陇川县
怒江傈僳族自治州	8 度	0.20g	第三组	泸水县
	8 度	0.20g	第二组	福贡县、贡山独龙族怒族自治县
	7 度	0.15g	第三组	兰坪白族普米族自治县

	烈度	加速度	分组	县级及县级以上城镇
迪庆藏族自治州	8度	0.20g	第二组	香格里拉市、德钦县、维西傈僳族自治县
省直辖县级行政单位	8度	0.20g	第三组	腾冲市

表 11.9-26   西藏自治区

	烈度	加速度	分组	县级及县级以上城镇
拉萨市	9度	0.40g	第三组	当雄县
	8度	0.20g	第三组	城关区、林周县、尼木县、堆龙德庆县
	7度	0.15g	第三组	曲水县、达孜县、墨竹工卡县
昌都市	8度	0.20g	第三组	卡若区、边坝县、洛隆县
	7度	0.15g	第三组	类乌齐县、丁青县、察雅县、八宿县、左贡县
	7度	0.15g	第二组	江达县、芒康县
	7度	0.10g	第三组	贡觉县
山南地区	8度	0.30g	第三组	错那县
	8度	0.20g	第三组	桑日县、曲松县、隆子县
	7度	0.15g	第三组	乃东县、扎囊县、贡嘎县、琼结县、措美县、洛扎县、加查县、浪卡子县
日喀则市	8度	0.20g	第三组	仁布县、康马县、聂拉木县
	8度	0.20g	第二组	拉孜县、定结县、亚东县
	7度	0.15g	第三组	桑珠孜区、南木林县、江孜县、定日县、萨迦县、白朗县、吉隆县、萨嘎县、岗巴县
	7度	0.15g	第二组	昂仁县、谢通门县、仲巴县
那曲地区	8度	0.30g	第三组	申扎县
	8度	0.20g	第三组	那曲县、安多县、尼玛县
	8度	0.20g	第二组	嘉黎县
	7度	0.15g	第三组	聂荣县、班戈县
	7度	0.15g	第二组	索县、巴青县、双湖县
	7度	0.10g	第三组	比如县
阿里地区	8度	0.20g	第三组	普兰县
	7度	0.15g	第三组	噶尔县、日土县
	7度	0.15g	第二组	札达县、改则县
	7度	0.10g	第三组	革吉县
	7度	0.10g	第二组	措勤县
林芝市	9度	0.40g	第三组	墨脱县
	8度	0.30g	第三组	米林县、波密县
	8度	0.20g	第三组	巴宜区
	7度	0.15g	第三组	察隅县、朗县
	7度	0.10g	第三组	工布江达县

表 11.9-27　　　　　　　　　　　　　　陕西省

	烈度	加速度	分组	县级及县级以上城镇
西安市	8 度	0.20g	第二组	新城区、碑林区、莲湖区、灞桥区、未央区、雁塔区、阎良区、临潼区、长安区、高陵区、蓝田县、周至县、户县
铜川市	7 度	0.10g	第三组	王益区、印台区、耀州区
	6 度	0.05g	第三组	宜君县
宝鸡市	8 度	0.20g	第三组	凤翔县、岐山县、陇县、千阳县
	8 度	0.20g	第二组	渭滨区、金台区、陈仓区、扶风县、眉县
	7 度	0.15g	第三组	凤县
	7 度	0.10g	第三组	麟游县、太白县
咸阳市	8 度	0.20g	第二组	秦都区、杨陵区、渭城区、泾阳县、武功县、兴平市
	7 度	0.15g	第三组	乾县
	7 度	0.15g	第二组	三原县、礼泉县
	7 度	0.10g	第三组	永寿县、淳化县
	6 度	0.05g	第三组	彬县、长武县、旬邑县
渭南市	8 度	0.30g	第二组	华县
	8 度	0.20g	第二组	临渭区、潼关县、大荔县、华阴市
	7 度	0.15g	第三组	澄城县、富平县
	7 度	0.15g	第二组	合阳县、蒲城县、韩城市
	7 度	0.10g	第三组	白水县
延安市	6 度	0.05g	第三组	吴起县、富县、洛川县、宜川县、黄龙县、黄陵县
	6 度	0.05g	第二组	延长县、延川县
	6 度	0.05g	第一组	宝塔区、子长县、安塞县、志丹县、甘泉县
汉中市	7 度	0.15g	第二组	略阳县
	7 度	0.10g	第三组	留坝县
	7 度	0.10g	第二组	汉台区、南郑县、勉县、宁强县
	6 度	0.05g	第三组	城固县、洋县、西乡县、佛坪县
	6 度	0.05g	第一组	镇巴县
榆林市	6 度	0.05g	第三组	府谷县、定边县、吴堡县
	6 度	0.05g	第一组	榆阳区、神木县、横山县、靖边县、绥德县、米脂县、佳县、清涧县、子洲县
安康市	7 度	0.10g	第一组	汉滨区、平利县
	6 度	0.05g	第三组	汉阴县、石泉县、宁陕县
	6 度	0.05g	第二组	紫阳县、岚皋县、旬阳县、白河县
	6 度	0.05g	第一组	镇坪县
商洛市	7 度	0.15g	第二组	洛南县
	7 度	0.10g	第三组	商州区、柞水县
	7 度	0.10g	第一组	商南县
	6 度	0.05g	第三组	丹凤县、山阳县、镇安县

表 11.9-28 　　　　　　　　　　　　　　**甘肃省**

	烈度	加速度	分组	县级及县级以上城镇
兰州市	8 度	0.20g	第三组	城关区、七里河区、西固区、安宁区、永登县
	7 度	0.15g	第三组	红古区、皋兰县、榆中县
嘉峪关市	8 度	0.20g	第二组	嘉峪关市
金昌市	7 度	0.15g	第三组	金川区、永昌县
白银市	8 度	0.30g	第二组	平川区
	8 度	0.20g	第三组	靖远县、会宁县、景泰县
	7 度	0.15g	第三组	白银区
天水市	8 度	0.30g	第二组	秦州区、麦积区
	8 度	0.20g	第三组	清水县、秦安县、武山县、张家川回族自治县
	8 度	0.20g	第二组	甘谷县
武威市	8 度	0.30g	第三组	古浪县
	8 度	0.20g	第三组	凉州区、天祝藏族自治县
	7 度	0.10g	第三组	民勤县
张掖市	8 度	0.20g	第三组	临泽县
	8 度	0.20g	第二组	肃南裕固族自治县、高台县
	7 度	0.15g	第三组	甘州区
	7 度	0.15g	第二组	民乐县、山丹县
平凉市	8 度	0.20g	第三组	华亭县、庄浪县、静宁县
	7 度	0.15g	第三组	崆峒区、崇信县
	7 度	0.10g	第三组	泾川县、灵台县
酒泉市	8 度	0.20g	第二组	肃北蒙古族自治县
	7 度	0.15g	第三组	肃州区、玉门市
	7 度	0.15g	第二组	金塔县、阿克塞哈萨克族自治县
	7 度	0.10g	第三组	瓜州县、敦煌市
庆阳市	7 度	0.10g	第三组	西峰区、环县、镇原县
	6 度	0.05g	第三组	庆城县、华池县、合水县、正宁县、宁县
定西市	8 度	0.20g	第三组	通渭县、陇西县、漳县
	7 度	0.15g	第三组	安定区、渭源县、临洮县、岷县
陇南市	8 度	0.30g	第二组	西和县、礼县
	8 度	0.20g	第三组	两当县
	8 度	0.20g	第二组	武都区、成县、文县、宕昌县、康县、徽县
临夏回族自治州	8 度	0.20g	第三组	永靖县
	7 度	0.15g	第三组	临夏市、康乐县、广河县、和政县、东乡族自治县
	7 度	0.15g	第二组	临夏县
	7 度	0.10g	第三组	积石山保安族东乡族撒拉族自治县

	烈度	加速度	分组	县级及县级以上城镇
甘南藏族 自治州	8 度	0.20g	第三组	舟曲县
	8 度	0.20g	第二组	玛曲县
	7 度	0.15g	第三组	临潭县、卓尼县、迭部县
	7 度	0.15g	第二组	合作市、夏河县
	7 度	0.10g	第三组	碌曲县

表 11.9-29　　　　　　　　　　**青海省**

	烈度	加速度	分组	县级及县级以上城镇
西宁市	7 度	0.10g	第三组	城中区、城东区、城西区、城北区、大通回族土族自治县、湟中县、湟源县
海东市	7 度	0.10g	第三组	乐都区、平安区、民和回族土族自治县、互助土族自治县、化隆回族自治县、循化撒拉族自治县
海北藏族 自治州	8 度	0.20g	第二组	祁连县
	7 度	0.15g	第三组	门源回族自治县
	7 度	0.15g	第二组	海晏县
	7 度	0.10g	第三组	刚察县
黄南藏族 自治州	7 度	0.15g	第二组	同仁县
	7 度	0.10g	第三组	尖扎县、河南蒙古族自治县
	7 度	0.10g	第二组	泽库县
海南藏族 自治州	7 度	0.15g	第二组	贵德县
	7 度	0.10g	第三组	共和县、同德县、兴海县、贵南县
果洛藏族 自治州	8 度	0.30g	第三组	玛沁县
	8 度	0.20g	第三组	甘德县、达日县
	7 度	0.15g	第三组	玛多县
	7 度	0.10g	第三组	班玛县、久治县
玉树藏族 自治州	8 度	0.20g	第三组	曲麻莱县
	7 度	0.15g	第三组	玉树市、治多县
	7 度	0.10g	第三组	称多县
	7 度	0.10g	第二组	杂多县、囊谦县
海西蒙古族 藏族自治州	7 度	0.15g	第三组	德令哈市
	7 度	0.15g	第二组	乌兰县
	7 度	0.10g	第三组	格尔木市、都兰县、天峻县

表 11.9-30   宁夏回族自治区

	烈度	加速度	分组	县级及县级以上城镇
银川市	8 度	0.20g	第三组	灵武市
	8 度	0.20g	第二组	兴庆区、西夏区、金凤区、永宁县、贺兰县
石嘴山市	8 度	0.20g	第二组	大武口区、惠农区、平罗县
吴忠市	8 度	0.20g	第三组	利通区、红寺堡区、同心县、青铜峡市
	6 度	0.05g	第三组	盐池县
固原市	8 度	0.20g	第三组	原州区、西吉县、隆德县、泾源县
	7 度	0.15g	第三组	彭阳县
中卫市	8 度	0.30g	第三组	海原县
	8 度	0.20g	第三组	沙坡头区、中宁县

表 11.9-31   新疆维吾尔自治区

	烈度	加速度	分组	县级及县级以上城镇
乌鲁木齐市	8 度	0.20g	第二组	天山区、沙依巴克区、新市区、水磨沟区、头屯河区、达坂城区、米东区、乌鲁木齐县[1]
克拉玛依市	8 度	0.20g	第三组	独山子区
	7 度	0.10g	第三组	克拉玛依区、白碱滩区
	7 度	0.10g	第一组	乌尔禾区
吐鲁番市	7 度	0.15g	第二组	高昌区
	7 度	0.10g	第二组	鄯善县、托克逊县
哈密地区	8 度	0.20g	第二组	巴里坤哈萨克自治县
	7 度	0.15g	第二组	伊吾县
	7 度	0.10g	第二组	哈密市
昌吉回族自治州	8 度	0.20g	第三组	昌吉市、玛纳斯县
	8 度	0.20g	第二组	木垒哈萨克自治县
	7 度	0.15g	第三组	呼图壁县
	7 度	0.15g	第二组	阜康市、吉木萨尔县
	7 度	0.10g	第二组	奇台县
博尔塔拉蒙古自治州	8 度	0.20g	第三组	精河县
	8 度	0.20g	第二组	阿拉山口市
	7 度	0.15g	第三组	博乐市、温泉县
巴音郭楞蒙古自治州	8 度	0.20g	第二组	库尔勒市、焉耆回族自治县、和静镇、和硕县、博湖县
	7 度	0.15g	第二组	轮台县
	7 度	0.10g	第三组	且末县
	7 度	0.10g	第二组	尉犁县、若羌县

	烈度	加速度	分组	县级及县级以上城镇
阿克苏 地区	8 度	0.20g	第二组	阿克苏市、温宿县、库车县、拜城县、乌什县、柯坪县
	7 度	0.15g	第二组	新和县
	7 度	0.10g	第三组	沙雅县、阿瓦提县、阿瓦提镇
克孜勒苏 柯尔克孜 自治州	9 度	0.40g	第三组	乌恰县
	8 度	0.30g	第三组	阿图什市
	8 度	0.20g	第三组	阿克陶县
	8 度	0.20g	第二组	阿合奇县
喀什地区	9 度	0.40g	第三组	塔什库尔干塔吉克自治县
	8 度	0.30g	第三组	喀什市、疏附县、英吉沙县
	8 度	0.20g	第三组	疏勒县、岳普湖县、伽师县、巴楚县
	7 度	0.15g	第三组	泽普县、叶城县
	7 度	0.10g	第三组	莎车县、麦盖提县
和田地区	7 度	0.15g	第二组	和田市、和田县[2]、墨玉县、洛浦县、策勒县
	7 度	0.10g	第三组	皮山县
	7 度	0.10g	第二组	于田县、民丰县
伊犁哈萨克 自治州	8 度	0.30g	第三组	昭苏县、特克斯县、尼勒克县
	8 度	0.20g	第三组	伊宁市、奎屯市、霍尔果斯市、伊宁县、霍城县、巩留县、新源县
	7 度	0.15g	第三组	察布查尔锡伯自治县
塔城地区	8 度	0.20g	第三组	乌苏市、沙湾县
	7 度	0.15g	第二组	托里县
	7 度	0.15g	第一组	和布克赛尔蒙古自治县
	7 度	0.10g	第二组	裕民县
	7 度	0.10g	第一组	塔城市、额敏县
阿勒泰地区	8 度	0.20g	第三组	富蕴县、青河县
	7 度	0.15g	第二组	阿勒泰市、哈巴河县
	7 度	0.10g	第二组	布尔津县
	6 度	0.05g	第三组	福海县、吉木乃县
自治区直辖 县级行政 单位	8 度	0.20g	第三组	石河子市、可克达拉市
	8 度	0.20g	第二组	铁门关市
	7 度	0.15g	第三组	图木舒克市、五家渠市、双河市
	7 度	0.10g	第二组	北屯市、阿拉尔市

注:1. 乌鲁木齐县政府驻乌鲁木齐市水磨沟区南湖南路街道;

　　2. 和田县政府驻和田市古江巴格街道。

表 11.9-32 　　　　　　　　　　　　　　　　　　港澳特区和台湾省

	烈度	加速度	分组	县级及县级以上城镇
香港特别行政区	7度	0.15g	第二组	香港
澳门特别行政区	7度	0.10g	第二组	澳门
台湾省	9度	0.40g	第三组	嘉义县、嘉义市、云林县、南投县、彰化县、台中市、苗栗县、花莲县
	9度	0.40g	第二组	台南县、台中县
	8度	0.30g	第三组	台北市、台北县、基隆市、桃园县、新竹县、新竹市、宜兰县、台东县、屏东县
	8度	0.20g	第三组	高雄市、高雄县、金门县
	8度	0.20g	第二组	澎湖县
	6度	0.05g	第三组	妈祖县

11.9.3　应用

（1）与抗震设防烈度相互对应，参照本章 11.6.3。

（2）选定地震动水准，进行建筑结构抗震性能化设计。

（3）采用时程分析法进行地震作用计算。

11.10　抗震参数小结(表 11.10-1)

表 11.10-1 　　　　　　　　　　　　　　　　　　抗震参数小结

指标	符号	实际应用
抗震设防类别	—	确定抗震设防标准
场地类别	—	1. 各类建筑结构的抗震计算；2. 确定Ⅱ类场地设计地震动峰值加速度 $a_{\max Ⅱ}$、场地设计地震动加速度反应谱特征周期 T_g；3. 确定场地设计地震动峰值位移 $u_{\max Ⅱ}$；4. 确定建筑抗震构造措施；5. 确定场地相关特征周期 T_0。
场地覆盖层厚度	—	1. 根据场地覆盖层厚度和土层等效剪切波速，对建设场地进行分类；2. 计算土层的等效剪切波速
地震动峰值加速度	—	1. 抗震设防地震动峰值加速度与抗震设防地震动分挡和抗震设防烈度之间对应关系；2. 抗震设防烈度、设计基本地震加速度和 GB 18306—2015 中的地震动峰值加速度存在对应关系
地震动加速度反应谱特征周期	—	确定与设防地震动加速度反应谱特征周期分区相关的调整系数
抗震设防烈度	—	1. 根据抗震设防烈度或设计地震动参数及建筑抗震设防类别确定抗震设防标准；2. 根据抗震设防烈度及城镇规模，划分各种建筑设施的抗震设防类别；3. 各类建筑结构抗震计算中，确定采用时程分析所用地震加速度时程的最大值；4. 抗震计算中，确定水平地震影响系数最大值；5. 与场地类别共同，确定竖向地震作用系数

指标	符号	实际应用
设计地震分组	—	确定地震加速度反应谱特征周期
设计特征周期	T	1. 确定建筑结构地震影响系数曲线的阻尼调整和形状参数；2. 计算弹塑性反应谱的折减系数 R_μ；3. 计算反应位移法中沿与隧道延长方向垂直的水平方向土层水平位移
设计基本地震加速度值	—	1. 与抗震设防烈度相互对应；2. 选定地震动水准，进行建筑结构抗震性能化设计；3. 采用时程分析法进行地震作用计算

第12章　支挡参数

12.1　岩土体对挡土墙基底的摩擦系数

12.1.1　定义

挡土墙底部与挡土墙持力层之间内摩擦角的正切值,由试验确定,也可按经验选用。主要用于对挡土墙的抗滑移验算。符号:μ。

12.1.2　获取

根据《建筑地基基础设计规范》(GB 50007—2011),土对挡土墙基底的摩擦系数 μ 可按表 12.1-1 选用。

表 12.1-1　　　　　　　　　　土对挡土墙基底的摩擦系数 μ

土的类别		摩擦系数 μ
黏性土	可塑	0.25～0.30
	硬塑	0.30～0.35
	坚硬	0.35～0.45
粉土		0.30～0.40
中砂、粗砂、砾砂		0.40～0.50
碎石土		0.40～0.60
软质岩		0.40～0.60
表面粗糙的硬质岩		0.65～0.75

注:1. 对易风化的软质岩和塑性指数 I_P 大于 22 的黏性土,基底摩擦系数应通过试验确定;

　　2. 对碎石土,可根据密实程度、填充物状况、风化程度确定。

12.1.3　应用

应用于挡土墙抗滑稳定性验算。按下列各式计算:

$$\frac{(G_n + E_{an})\mu}{E_{at} - G_t} \geqslant 1.3 \tag{12.1-1}$$

$$G_n = G \cos \alpha_0 \tag{12.1-2}$$

$$G_t = G \sin \alpha_0 \tag{12.1-3}$$

$$E_{at} = E_a \sin(\alpha - \alpha_0 - \delta) \tag{12.1-4}$$

$$E_{an} = E_a \cos(\alpha - \alpha_0 - \delta) \tag{12.1-5}$$

式中　G——挡土墙每延米自重,kN;

　　　α_0——挡土墙基底的倾角,(°);

　　　α——挡土墙墙背的倾角,(°);

δ——土对挡土墙墙背的倾角,(°);

μ——土对挡土墙基底的摩擦系数。

12.2　锚杆的极限黏结强度标准值

12.2.1　定义

作用于锚杆极限荷载时,锚固体侧表面所发生的岩土阻力。用以计算锚杆极限抗拔承载力,可依工程经验取值,单位:kPa。

12.2.2　获取

锚杆的极限黏结强度标准值可按表 12.2-1 选用。

表 12.2-1　　　　　　　　　　　锚杆的极限黏结强度标准值

土的名称	土的状态或密实度	q_{sik}/kPa	
		一次常压注浆	二次压力注浆
填土		16~30	30~45
淤泥质土		16~20	20~30
黏性土	$I_L > 1$	18~30	25~45
	$0.75 < I_L \leqslant 1$	30~40	45~60
	$0.50 < I_L \leqslant 0.75$	40~53	60~70
	$0.25 < I_L \leqslant 0.50$	53~65	70~85
	$0 < I_L \leqslant 0.25$	65~73	85~100
	$I_L \leqslant 0$	73~90	100~130
粉土	$e > 0.90$	22~44	40~60
	$0.75 \leqslant e \leqslant 0.90$	44~64	60~90
	$e < 0.75$	64~100	80~130
粉细砂	稍密	22~42	40~70
	中密	42~63	75~110
	密实	63~85	90~130
中砂	稍密	54~74	70~100
	中密	74~90	100~130
	密实	90~120	130~170
粗砂	稍密	80~130	100~140
	中密	130~170	170~220
	密实	170~220	220~250
砾砂	中密、密实	190~260	240~290
风化岩	全风化	80~100	120~150
	强风化	150~200	200~260

注:1.采用泥浆护壁成孔工艺时,应按表取低值后再根据具体情况适当折减;

2.采用套管护壁成孔工艺时,可取表中的高值;

3.采用扩孔工艺时,可在表中数值基础上适当提高;

4.采用分段劈裂二次压力注浆工艺时,可在表中二次压力注浆数值基础上适当提高;

5.当砂土中的细粒含量超过总质量的 30% 时,按表取值后应乘以 0.75 的系数;

6.对有机质含量为 5%~10% 的有机质土,应按表取值后适当折减;

7.当锚杆锚固段长度大于 16 m 时,应对表中数值适当折减。

12.2.3 应用

锚杆的极限黏结强度标准值用以计算锚杆极限抗拔承载力,可按下式估算:

$$R_k = \pi d \sum q_{sik} l_i \qquad (12.2\text{-}1)$$

式中 d ——锚杆的锚固体直径,m;

l_i ——锚杆的锚固段在第 i 土层中的长度,m,锚固段长度(l_a)为锚杆在理论直线滑动面以外的长度;

q_{sik} ——锚固体与第 i 土层之间的极限黏结强度标准值,kPa。

12.3 土钉的极限黏结强度标准值

12.3.1 定义

作用于土钉极限荷载时,土钉侧表面所发生的岩土阻力。由土钉抗拔试验确定,无试验数据时,可根据工程经验并结合表 12.3-1 取值,用于计算土钉极限抗拔承载力,单位:kPa。

12.3.2 获取

土钉的极限黏结强度标准值可按表 12.3-1 选用。

表 12.3-1 土钉的极限黏结强度标准值

土的名称	土的状态	q_{sik}/kPa	
		成孔注浆土钉	打入钢管土钉
素填土	—	15～30	20～35
淤泥质土	—	10～20	15～25
黏性土	$0.75 < I_L \leqslant 1$	20～30	20～40
	$0.25 < I_L \leqslant 0.75$	30～45	40～55
	$0 < I_L \leqslant 0.25$	45～60	55～70
	$I_L \leqslant 0$	60～70	70～80
粉土	—	40～80	50～90
砂土	松散	35～50	50～65
	稍密	50～65	65～80
	中密	65～80	80～100
	密实	80～100	100～120

12.3.3 应用

土钉的极限黏结强度标准值主要用于计算单根土钉的极限抗拔承载力,可按下式估算:

$$R_{k,j} = \pi d_j \sum q_{sik} l_i \qquad (12.3\text{-}1)$$

式中 $R_{k,j}$ ——第 j 层土钉的极限抗拔承载力标准值,kN;

d_j ——第 j 层土钉的锚固体直径,m,对成孔注浆土钉按成孔直径计算,对打入钢管土钉按钢管直径计算;

q_{sik} ——第 j 层土钉在第 i 层土的极限黏结强度标准值,kPa;

l_i——第 j 层土钉在滑动面外第 i 土层中的长度,m。

计算单根土钉极限抗拔承载力时,取图 12.3-1 所示的直线滑动面,直线滑动面与水平面的夹角取 $\dfrac{\beta+\varphi_\mathrm{m}}{2}$。

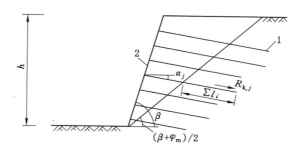

图 12.3-1 土钉抗拔承载力计算

1——土钉;2——喷射混凝土面层

12.4 临时边坡率

12.4.1 定义

临时边坡铅垂方向上高度与坡面水平方向上的投影长度的比值。通过调整、控制边坡坡率维持边坡整体稳定和采取构造措施保证边坡及坡面稳定。

12.4.2 获取

土质边坡的坡率允许值应根据经验,按工程类比的原则并结合已有稳定边坡的坡率值分析确定。当无经验,且土质均匀良好、地下水贫乏、无不良地质现象和地质环境条件简单时,可按表 12.4-1 确定。

表 12.4-1 土质边坡坡率允许值

边坡土体类别	状态	坡率允许值(高宽比)	
		坡高小于 5 m	坡高 5～10 m
碎石土	密实	1∶0.35～1∶0.50	1∶0.50～1∶0.75
	中密	1∶0.50～1∶0.75	1∶0.75～1∶1.00
	稍密	1∶0.75～1∶1.00	1∶1.00～1∶1.25
黏性土	坚硬	1∶0.75～1∶1.00	1∶1.00～1∶1.25
	硬塑	1∶1.00～1∶1.25	1∶1.25～1∶1.50

注:1. 表中碎石土的充填物为坚硬或硬塑状态的黏性土;

2. 对于砂土或充填物为砂土的碎石土其边坡坡率允许值应按自然休止角确定。

在边坡保持整体稳定的条件下,岩质边坡开挖的坡率允许值,应根据实际经验,按工程类比的原则并结合已有稳定边坡的坡率值分析确定。对无外倾软弱结构面的边坡可按表 12.4-2 确定。

表 12.4-2   **岩质边坡坡率允许值**

边坡岩体类型	风化程度	坡率允许值(高宽比)		
		$H<8$ m	8 m$\leqslant H<$15 m	15 m$\leqslant H<$25 m
Ⅰ类	微风化	1:0.00～1:0.10	1:0.10～1:0.15	1:0.15～1:0.25
	中等风化	1:0.10～1:0.15	1:0.15～1:0.25	1:0.25～1:0.35
Ⅱ类	微风化	1:0.10～1:0.15	1:0.15～1:0.25	1:0.25～1:0.35
	中等风化	1:0.15～1:0.25	1:0.25～1:0.35	1:0.35～1:0.50
Ⅲ类	微风化	1:0.25～1:0.35	1:0.35～1:0.50	
	中等风化	1:0.35～1:0.50	1:0.50～1:0.75	
Ⅳ类	微风化	1:0.50～1:0.75	1:0.75～1:1.00	
	中等风化	1:0.75～1:1.00		

注:1. 表中 H 为边坡高度;
    2. Ⅳ类强风化包括各类风化程度的极软岩。

12.5   支挡参数小结(表 12.5-1)

表 12.5-1   **支挡参数小结**

指标	符号	实际应用
岩土体对挡土墙基底的摩擦系数	μ	应用于挡土墙抗滑稳定性验算
锚杆的极限黏结强度标准值	q_{sik}	计算锚杆极限抗拔承载力
土钉的极限黏结强度标准值	q_{sik}	计算单根土钉的极限抗拔承载力
临时边坡率		设计边坡坡度

第 13 章　热物理参数

热物理指标是反映土体导热、导温、储热等能力的指标,一般包括比热容、导热系数和导温系数。

13.1　比热容

13.1.1　定义

使单位质量物体改变单位温度时吸收或释放的热量,单位:$J/(kg \cdot K)$ 或 $J/(kg \cdot ℃)$,符号:C。

比热容是物质的一种特性,不同的物质有不同的比热容;同一物质的比热容一般不随质量、形状的变化而变化;对同一物质,比热值与物态有关,同一物质在同一状态下的比热是一定的(忽略温度对比热容的影响),但在不同的状态时,比热容是不相同的;在温度改变时,比热容也有很小的变化,但一般情况下可以忽略。

13.1.2　获取

常用的方法为热平衡法,以水为标准样品来测定岩土的比热容。

将一定质量、加热到恒温的岩土样放入盛有一定质量水的保温瓶中,根据热电偶的温度测定,通过水的热量释放和岩土样的热量吸收,准确测量出试样和水的热传递过程及达到温度平衡的状态,计算出岩土的比热容。

(1) 将岩土装入试样筒内,击实,称重,计算试样质量。

(2) 将样筒放入恒温箱中加热,试样中心插入温度热电偶测量试样温度,测试岩土试样的初温。

(3) 杜瓦瓶中装入一定质量的水,测量水的温度。

(4) 把试样筒放入杜瓦瓶中进行热交换,开启搅拌机,记录水温和试样中心的温度随时间的变化,达到热平衡时,记录平衡温度。

由热平衡方程可知:

$$m_1 C_1 (T_1 - T_3) = m_2 C_2 (T_3 - T_2) \tag{13.1-1}$$

可求出待测岩土体的比热容:

$$C_2 = \frac{m_1 C_1 (T_1 - T_3)}{m_2 (T_3 - T_2)} \tag{13.1-2}$$

式中　m_1、m_2——分别为水、土样的质量,kg;

$\quad\quad C_1$、C_2——分别为水、土的比热容,$J/(kg \cdot ℃)$;

$\quad\quad T_1$、T_2——分别为水、土的初始温度,℃;

$\quad\quad T_3$——达到热平衡时的温度,℃。

13.2　导热系数

13.2.1　定义

在稳定传热条件下，1 m 厚的材料，两侧表面的温差为 1 ℃，在 1 h 内，通过 1 m² 面积传递的热量，单位：W/(m·K) 或 W/(m·℃)，符号：λ。

导热系数也称热扩散系数，是表示物体在加热或冷却时，各部分温度趋于一致的能力，其值越大，温度变化的速度越快。不同物质导热系数各不相同；相同物质的导热系数与其结构、密度、湿度、温度、压力等因素有关。同一物质的含水率低、温度较低时，导热系数较小。

13.2.2　获取

常用的方法为瞬态平面热源法，是一种非稳态测试方法，它是在瞬态平面热线法和瞬态平面热带法的基础上发展而来的。

测试时先将探头放置在两片试样的中间，形成夹层结构，然后探头以恒定的功率加热试样，通过测试探头平均温度随时间的变化就可以得出试样的导热系数和热扩散率。测试过程中，探头既被用作加热热源，又被用作温度传感器。

（1）制样：对于原状样，用环刀制取双组试样。① 取 20 cm 原状试样，将试样放到玻璃片上，将涂好凡士林的环刀刃口向下放到土样上；② 将环刀垂直下压取土，使土样高出环刀；③ 用钢丝锯或切土刀整平两端土样；④ 用透水板将试样从环刀中推出。对于扰动样，砂土要松散充填；需要在不同密度下测量时，允许以一定的加压或振动的方式使扰动试样达到要求的密度。

（2）试样与传感器接触的表面应当是平整、光滑的，两个试样应夹住 hot disk 探头的两侧表面。

（3）测试仪在预热 30 min 后进行测试，在测试过程中，电流通过镍丝时会产生热量 Q，热量会同时向探头两侧的样品进行扩散。热量在材料中扩散的速率依赖于材料的热扩散系数和导热系数等热特性。通过记录温度与探头的响应时间，材料的这些特性可以被计算出来。

其原理是基于边界有恒定热流作用的一维无限大物体中的温度响应，即假设半无限大介质初始温度均匀，为 t_0，忽略加热器的热容量，加热器以恒定的功率加热，则可认为从 $\tau = 0$ 时刻开始在边界上有恒定热流 q_w 的作用，记过余温度 $\theta = t - t_0$，有：

$$\theta(x, \tau) = \frac{2q_w}{\lambda} \sqrt{a\tau}\, \mathrm{ierfc}\left(\frac{x}{2\sqrt{a\tau}}\right) \tag{13.2-1}$$

其中：

$$\mathrm{ierfc}(u) = \int_u^\infty \mathrm{erfc}(z)\mathrm{d}z = \frac{e^{-u^2}}{\sqrt{\pi}} - u\,\mathrm{erfc}(u) \tag{13.2-2}$$

称为余误差函数的一次积分。注意到 $\mathrm{ierfc}(0) = \dfrac{1}{\sqrt{\pi}}$，则在壁面上（$x=0$）的温升为：

$$\theta(0, \tau) = \frac{2q_w}{\sqrt{\pi}\lambda} \sqrt{a\tau} \tag{13.2-3}$$

热源将均等地向两侧供热,则 $q_w = \dfrac{Q}{2A}$ 为单位面积热源的发热量。用两个热电偶分布测得加热面上($x = 0$)和材料内部一点($x = x_1$)处的温升,则有:

$$\frac{\theta(x_1, \tau_1)}{\theta(0, \tau_0)} = \sqrt{\pi}\, \sqrt{\frac{\tau_1}{\tau_0}}\, \mathrm{ierfc}\left(\frac{x_1}{2\sqrt{a\tau_1}}\right) \tag{13.2-4}$$

或:

$$\phi = \frac{\theta(x_1, \tau_1)}{\sqrt{\pi}\, \theta(0, \tau_0)} \sqrt{\frac{\tau_0}{\tau_1}} = \mathrm{ierfc}\left(\frac{x_1}{2\sqrt{a\tau_1}}\right) \tag{13.2-5}$$

由实验测得的温升和相应的时间,可以确定函数 ϕ 的值;再由式(13.2-2)所确定的函数关系可以确定以上函数自变量 $\delta = \dfrac{x_1}{2\sqrt{a\tau_1}}$。从而计算得到材料的热扩散率:

$$a = \frac{x_1^2}{4\delta^2 \tau_1} \tag{13.2-6}$$

由 a 代入式(13.2-3)可得试样的导热系数:

$$\lambda = \frac{2q_w}{\sqrt{\pi}\, \theta(0, \tau_0)} \sqrt{a\tau_0} \tag{13.2-7}$$

导热系数通常取试验值。

13.3　导温系数

13.3.1　定义

表示土中某一点在相邻点温度变化的作用下改变自身温度的能力,单位:$\mathrm{m^2/h}$。符号:α。

数值大小主要决定于土的成分、含水量及密度等,其与导热系数的变化规律比较相似。

13.3.2　获取

(1) 导温系数的试验方法有谐波法、薄板法、空心板法和正规状态法等。前三种方法都用于现场直接测试。正规状态法属于室内试验,其主要原理是根据不稳定热传导过程中的正规状态原理,把恒温试样投入恒温介质中,当试样和介质间存在温差时,试样中各点的温度随着时间的变化将经历三个阶段:初始阶段受外界情况的影响,试样中各点的温度变化速度不同;经过一段时间后进入正规状态,试样中各点的温度变化速度相同;最后经过相当长的时间,试样和介质温度逐步达到平衡。相对于比热容而言,导温系数的试验方法及仪器较为复杂,环境温度不宜控制,所以在试验测得比热容和导热系数的前提下,也可用比热容和导热系数来计算导温系数。

导温系数计算公式:

$$\alpha = 3.6 \times \frac{\lambda}{C \times \rho} \tag{13.3-1}$$

式中　α——试样的导温系数,$\mathrm{m^2/h}$,准确至 $0.000\,01\ \mathrm{m^2/h}$;

　　　λ——试样的导热系数,$\mathrm{W/(m \cdot K)}$;

　　　C——试样的比热容,$\mathrm{kJ/(kg \cdot K)}$;

ρ——试样天然密度，kg/m³，准确至 0.01 kg/m³。

（2）根据《城市轨道交通岩土工程勘察规范》（GB 50307—2012）附录 K，岩土热物理指标经验值见表 13.3-1。

表 13.3-1 岩土热物理指标表

岩土类别	含水量 w/%	密度 ρ /(g/cm³)	热物理指标		
			比热容 C /[kJ/(kg·K)]	导热系数 λ /[W/(m·K)]	导温系数 α /(×10⁻³ m²/h)
黏性土	$5 \leqslant w < 15$	1.90～2.00	0.82～1.35	0.25～1.25	0.55～1.65
	$15 \leqslant w < 25$	1.85～1.95	1.05～1.65	1.08～1.85	0.80～2.35
	$25 \leqslant w < 35$	1.75～1.85	1.25～1.85	1.15～1.95	0.95～2.55
	$35 \leqslant w < 45$	1.70～1.80	1.55～2.35	1.25～2.05	1.05～2.65
粉土	$w < 5$	1.55～1.85	0.92～1.25	0.28～1.05	1.05～2.05
	$5 \leqslant w < 15$	1.65～1.90	1.05～1.35	0.88～1.35	1.25～2.35
	$15 \leqslant w < 25$	1.75～2.00	1.35～1.65	1.15～1.85	1.45～2.55
	$25 \leqslant w < 35$	1.85～2.05	1.55～1.95	1.35～2.15	1.65～2.65
粉、细砂	$w < 5$	1.55～1.85	0.85～1.15	0.35～0.95	0.90～2.45
	$5 \leqslant w < 15$	1.65～1.95	1.05～1.45	0.55～1.45	1.10～2.55
	$15 \leqslant w < 25$	1.75～2.15	1.25～1.65	1.20～1.85	1.25～2.75
中砂、粗砂、砾砂	$w < 5$	1.65～2.30	0.85～1.05	0.45～1.15	0.90～2.85
	$5 \leqslant w < 15$	1.75～2.25	0.95～1.45	0.65～1.65	1.05～3.15
	$15 \leqslant w < 25$	1.85～2.35	1.15～1.75	1.35～2.25	1.90～3.35
圆砾、角砾	$w < 5$	1.85～2.25	0.95～1.25	0.65～1.15	1.35～3.35
	$5 \leqslant w < 15$	2.05～2.45	1.05～1.50	0.75～2.55	1.55～3.55
卵石、碎石	$w < 5$	1.95～2.35	1.00～1.35	0.75～1.25	1.35～3.45
	$5 \leqslant w < 10$	2.05～2.45	1.15～1.45	0.85～2.75	1.65～3.65
全风化软质岩	$5 \leqslant w < 15$	1.85～2.05	1.05～1.35	1.05～2.25	0.95～2.05
	$15 \leqslant w < 25$	1.90～2.15	1.15～1.45	1.20～2.45	1.15～2.85
全风化硬质岩	$10 \leqslant w < 15$	1.85～2.15	0.75～1.45	0.85～1.15	1.10～2.15
	$15 \leqslant w < 25$	1.90～2.25	0.85～1.65	0.95～2.15	1.25～3.00
强风化软质岩	$2 \leqslant w < 10$	2.05～2.40	0.57～1.55	1.00～1.75	1.30～3.50
强风化硬质岩	$2 \leqslant w < 10$	2.05～2.45	0.43～1.46	0.90～1.85	1.50～4.50
中风化软质岩	$w < 5$	2.25～2.45	0.85～1.15	1.65～2.45	1.60～4.00
中风化硬质岩	$w < 5$	2.25～2.55	0.75～1.25	1.85～2.75	1.60～5.50

13.3.3　应用

13.3.3.1　地铁通风设计的应用

为保证地铁环境额定参数要求的强制通风设计消耗大量电能。隧道和车站的余热,分日间地铁运行和夜间停止运行的不同时段,热量继续不断地积聚和扩散在隧道衬砌里及其接近的土壤里,隧道壁不断吸收热量,最多达 25%～30%,一般列车产热的 35% 左右由列车车体和隧道壁面吸收,地铁区间隧道可利用土壤的放热和吸热作用部分解决地铁的通风问题,研究周围土体的热传导特征,可减少通风系统的运行量,提高能耗效益。

《地铁设计规范》(GB 50157—2013)规定,地下部分的通风与空调系统,当计算排除余热所需的风量时,应计算隧道和车站传至地层周围土壤的传热量,影响因素包括地面温度、地下环境的温度、出入口数量和大小、小时地铁列车开行的车辆数量、客流量、岩土的热物理指标等,就计算地铁车站外围土壤的传热量而言,当通过车站温度的长期测试,考虑空间的容量得出最大余热之后,计算岩土的热传导需要考虑的影响因素也包括隧道结构的厚度和地层的地下水分布。

根据物理学原理和地铁空间的热量产生和分布特点,地铁车站空间热平衡的计算初步表达式为:

$$V\rho_a C_a \times (T - T_0) + Q - N = A_s (C_c d_c \rho_c \Delta T_1 + C_s d_s \rho_s \Delta T_2) \qquad (13.3\text{-}2)$$

式中　V——地铁车站空间的体积,m^3;

C_a、C_c、C_s——分别为空气、车站结构混凝土、岩土的比热容,$kJ/(kg \cdot ℃)$;

T——地铁设计的目标温度,℃;

T_0——车站内日最低温度,℃;

ΔT_1——实测车站混凝土与岩土接触面的日温度差,℃;

ΔT_2——实测岩土体的日温度差,℃;

Q——车辆、客流、通道等日增热量总和,kJ;

N——通风设备日供风排热量总和,kJ;

A_s——车站结构的面积总和,m^2;

d_c、d_s——分别为车站结构混凝土、岩土的厚度,d_s 取值为 1.0～2.0 m;

ρ_a、ρ_c、ρ_s——分别为空气、混凝土、岩土的密度,kg/m^3。

13.3.3.2　冻结法施工设计的应用

冻结法施工在复杂的水文和地质条件下的暗挖段、隧道的地下联络通道、施工竖井及马头门部位均有应用,其原理是,在人工制冷的作用下,形成地温盐水,地温盐水通过埋在地层的管内循环,在冻结孔内完成与地层的热交换,带走地层热量,使地温逐渐下降并结冰,随着制冷的继续,结冰逐渐发展,形成设计要求的冻土结构,且满足安全施工的要求。

施工中,一般根据测温孔的地层温度推算冻结壁是否达到了设计厚度与平均温度。

(1)冻结壁厚度的计算

冻结壁厚度是评定应用冻结法经济合理性的基本参数,是设计的核心。冻结壁厚度的确定要考虑水、热、力、土性等综合作用。可根据测温孔资料推算冻结壁的厚度。

设周围土体为均值连续的土体,冻结温度场可简化为轴对称的平面问题来求解,不考虑沿冻结管竖直方向的传热,导热方程可写为:

$$\frac{\partial t_n}{\partial \tau} = a_n \left(\frac{\partial^2 t_n}{\partial r^2} + \frac{1}{r} \frac{\partial t_n}{\partial r} \right) \tag{13.3-3}$$

式中　t_n——温度，℃；

　　　n——土体状态，$n=1$ 表示融土，$n=2$ 表示冻土；

　　　τ——冻结时间，h；

　　　r——圆柱坐标，以冻结管中心为原点；

　　　a_n——导温系数，m^2/h。

初始条件，在冻结开始前，$t(r,0)=t_0$，其中 t_0 为土体初始温度。边界条件，无限远处，温度不受冻结影响，$t(\infty,\tau)=t_0$，冻结封面上，永远为冻结温度。

冻结锋面两侧，有热平衡方程：

$$\lambda_2 \frac{\partial t_2}{\partial r} \bigg|_{r=\zeta_n} - \lambda_1 \frac{\partial t_1}{\partial r} \bigg|_{r=\zeta_n} = \sigma_n \frac{\mathrm{d}\zeta_n}{\mathrm{d}\tau} \tag{13.3-4}$$

在冻结管布置圈上，冻结管内、外热交换条件为：

$$\lambda_n \frac{\mathrm{d}t_n}{\mathrm{d}r} \bigg|_{r=R_0} = \alpha(t_\mathrm{w} - t_\mathrm{c}) \tag{13.3-5}$$

式中　t_1、t_2——冻结锋面两侧的温度，℃；

　　　t_w——冻结壁上的温度，℃；

　　　t_c——制冷工质温度，℃；

　　　λ_1、λ_2——融土和冻土的导热系数，$\mathrm{W}/(\mathrm{m} \cdot \mathrm{K})$；

　　　R_0——冻结管的半径，m；

　　　α——导温系数，m^2/h；

　　　σ_n——土体冻结时单位体积潜热；

　　　ζ_n——冻结锋面坐标。

通过冻结区温度场计算冻结壁厚度，在单位时间内，通过高 1 m、半径为 r 的圆柱表面的热量是：

$$q = 2\pi r \lambda \frac{\mathrm{d}t}{\mathrm{d}r} \tag{13.3-6}$$

式中　λ——冻土的导热系数，$\mathrm{W}/(\mathrm{m} \cdot \mathrm{K})$；

　　　$\dfrac{\mathrm{d}t}{\mathrm{d}r}$——温度梯度，即温度在径向的变化率，℃$/\mathrm{m}$；

　　　r——在冻土圆柱内的任意导热面半径，m；

　　　q——在 r 面上的导热量，kJ。

令 $A = \dfrac{q}{2\pi\lambda}$，则 $A = r \dfrac{\mathrm{d}t}{\mathrm{d}r}$，$\mathrm{d}t = A \dfrac{\mathrm{d}r}{r}$，得 $t = A \ln r + C$。

为了确定积分常数 C，引入边界条件：

$$\begin{cases} 当 \ r=r_1 时，t=t_\mathrm{y} \\ 当 \ r=r_2 时，t=0 \end{cases}$$

式中　r——冻结圆柱内任意导热面的半径，m；

　　　r_1——冻结管外半径，m；

　　　r_2——冻结管柱外半径，m；

t_y——冻结管外壁温度(取盐水温度),℃。

得 $A = \dfrac{t_y}{\ln \dfrac{r_1}{r_2}}$，$C = \dfrac{t_y \ln r_2}{\ln \dfrac{r_2}{r_1}}$，最终得 $t = t_y \dfrac{\ln \dfrac{r_2}{r}}{\ln \dfrac{r_2}{r_1}}$。

根据冻结区温度场常用圆管稳定导热方法计算,单管冻结圆柱的温度场公式为:

$$t = t_y \frac{\ln \dfrac{r_2}{r}}{\ln \dfrac{r_2}{r_1}} \tag{13.3-7}$$

式中　t——测温孔内的温度,℃;

t_y——冻结管外壁温度(取盐水温度),℃;

r_1——冻结管外半径,m;

r_2——冻结管柱外半径,m。

上式中,t_y 和 r_1 为已知,在求算冻结壁的厚度时,须知道测温孔位置距离 r 及测温孔内的温度 t,解算冻结圆柱的外半径:

$$r_2 = e^{\frac{t_y \ln r - t \ln r_1}{t_y - t}} \tag{13.3-8}$$

(2) 冻结壁交圈时间的计算

根据模拟试验结果:

$$\tau_j = \frac{s^2}{86\,100 a_2}(c_1 + c_2 t_0) + \tau_c \tag{13.3-9}$$

式中　τ_j——冻结壁的交圈时间,d。

s——冻结管间距,m。

a_2——冻土导温系数,m^2/h。

c_1、c_2——试验系数,冻结管直径为 0.146 m,饱和水的岩石,冻结管内环形空间冷媒剂(盐水)流速为 0.2 m/s 时,c_1、c_2 取值见表 13.3-2。

τ_c——冷媒剂从常温降到设计温度所需时间,d;一般条件下,冷媒剂温度 $t_c = -20 \sim -30$ ℃时,$\tau_c = 7 \sim 15$ d;$t_c = -40 \sim -45$ ℃时,$\tau_c = 20 \sim 30$ d。

表 13.3-2　　　　　　　　　　　　　　试验系数 c_1、c_2 取值

冷媒剂温度	c_1	c_2
-20 ℃	0.006	0.02
-30 ℃	0.043	0.07
-40 ℃	0.022	0.18

(3) 冻结时间的经验公式

工程实践表明,冻结壁向内侧发展得快,一般当冻结壁厚度达到设计值时,内侧冻结壁的厚度占总厚度的 $55\% \sim 60\%$,故:

$$t = \frac{\eta \cdot E_d}{v} \tag{13.3-10}$$

式中　t——冻结时间，d。

　　　E_d——冻结壁设计厚度，mm。

　　　η——冻结壁向内的扩散系数，一般 $\eta=0.55\sim0.60$；对于深井，$\eta=0.50\sim0.55$。

　　　v——冻结壁向中心的平均扩展速度，mm/d。经验数据，砾石层 $v=35\sim45$ mm/d，砂层 $v=20\sim25$ mm/d，黏土层 $v=10\sim15$ mm/d。

　　土的基本成分含量的随机性决定了土的复杂特性，包括含水率、干密度、盐分含量、孔隙率等，这些因素将引起土体冻结温度、未冻水含量、水分的分布、导热系数、比热、结冰潜热等相互区别，这些土参数是影响冻结速度、冻结效果等的重要方面。导热系数决定了热传导的速度，从而影响土体开始冻结的时间、积极冻结的时间，最终引起冻结温度场的不同。

13.4　热物理参数小结(表 13.4-1)

表 13.4-1　　　　　　　　　　　　热物理参数小结

指标	符号	实际应用
比热容	C	1. 地铁通风设计的应用；2. 冻结法施工设计的应用
导热系数	λ	
导温系数	α	

第14章　评价腐蚀性参数

14.1　评价水的腐蚀性参数

14.1.1　定义

测定水对建筑材料有腐蚀作用的阴、阳离子。

14.1.2　获取

室内试验法。

14.1.2.1　pH 值的测定

（1）pH 值测定应采用电测法。

（2）本方法所用试剂应符合下列规定：

① 标准缓冲溶液：

a. pH 值为 4.01：称取经 105～110 ℃烘干的邻苯二甲酸氢钾（$KHC_8H_4O_4$）10.21 g，通过漏斗用纯水冲洗入 1 000 mL 容量瓶中，使溶解后稀释，定容至 1 000 mL。

b. pH 值为 6.87：称取在 105～110 ℃烘干冷却后的磷酸二氢钾（KH_2PO_4）3.39 g 和磷酸氢二钠（Na_2HPO_4）3.53 g，经漏斗用纯水冲洗入 1 000 mL 容量瓶中，待溶解后，继续用纯水稀释，定容至 1 000 mL。

c. pH 值为 9.18：称取硼砂（$Na_2B_4O_7 \cdot 10H_2O$）3.80 g，经漏斗用已除去 CO_2 的纯水冲洗入 1 000 mL 容量瓶中，待溶解后继续用除去 CO_2 的纯水稀释，定容至 1 000 mL。宜贮于干燥密闭的塑料瓶中保存，使用 2 个月。

② 饱和氯化钾溶液：向适量纯水中加入氯化钾（KCl），边加边搅拌，直至不再溶解为止。

注：所有试剂均为分析纯化学试剂。

③ 酸度计校正：应在测定试样悬液之前，按照酸度计使用说明书，用标准缓冲溶液进行标定。

④ 试样悬液的制备：称取过 2 mm 筛的风干试样 10 g，放入广口瓶中，加纯水 50 mL（水土比为 1：5），振荡 3 min，静置 30 min。

⑤ 本方法应按下列步骤进行：

a. 于小烧杯中倒入试样悬液至杯容积的 2/3 处，杯中投入搅拌棒一支，然后将杯置于电动磁力搅拌器上。

b. 小心地将玻璃电极和甘汞电极（或复合电极）放入杯中，直至玻璃电极球部被悬液浸没为止，电极与杯底应保持适量距离，然后将电极固定于电极架上，并使电极与酸度计连接。

c. 开动磁力搅拌器，搅拌悬液约 1 min 后，按照酸度计使用说明书测定悬液的 pH 值，准确至 0.01。

d. 测定完毕，关闭电源，用纯水洗净电极，并用滤纸吸干，或将电极浸泡于纯水中。

14.1.2.2 总矿化度的测定

（1）总矿化度（易溶盐总量）即水（液）中不挥发物质的总量，亦即蒸发残渣（烘干渣沉物）。

（2）试验方法：质量法。

（3）试验试剂：

① 2%碳酸钠溶液。

② 15%过氧化氢溶液。

（4）操作步骤：

① 用移液管吸取试样浸出液 50～100 mL，注入已知质量的蒸发皿中，盖上表面皿，放在水浴锅上蒸干。当蒸干残渣中呈现黄褐色时，应加入 15%过氧化氢 1～2 mL，继续在水浴锅上蒸干，反复处理至黄褐色消失。

② 将蒸发皿放入烘箱，在 105～110 ℃温度下烘 4～8 h，取出后放入干燥器中冷却，称蒸发皿加试样的总质量，再烘干 2～4 h，于干燥器中冷却后再称蒸发皿加试样的总质量，反复进行至最后相邻两次质量差值不大于 0.000 1 g。

③ 当浸出液蒸干残渣中含有大量结晶水时，将使测得的易溶盐质量偏高，遇此情况可取蒸发皿两个，一个加浸出液 50 mL，另一个加纯水 50 mL（空白），然后各加入等量 2%碳酸钠溶液，搅拌均匀后，一起按照上述步骤操作，烘干温度改为 180 ℃。

（5）未经 2%碳酸钠处理的易溶盐总量 W（%）按下式计算：

$$W = \frac{(m_2 - m_1)\dfrac{V_w}{V_s}(1 + 0.01w)}{m_s} \times 100\% \qquad (14.1\text{-}1)$$

式中　V_w——浸出液用纯水体积，mL；

　　　V_s——取出水样或浸出液体积，mL；

　　　m_s——风干试样质量，g；

　　　w——风干试样含水率，%；

　　　m_2——蒸发皿加沉淀质量，g；

　　　m_1——蒸发皿质量，g。

（6）用 2%碳酸钠溶液处理的易溶盐总量按下式计算：

$$W = \frac{(m - m_0)\dfrac{V_w}{V_s}(1 + 0.01w)}{m_s} \times 100\% \qquad (14.1\text{-}2)$$

$$m_0 = m_3 - m_1$$
$$m = m_4 - m_1$$

式中　m_3——蒸发皿加碳酸钠蒸干后的质量，g；

　　　m_4——蒸发皿加碳酸钠加试样蒸干后的质量，g；

　　　m_0——蒸干后的碳酸钠质量，g；

　　　m——蒸干后的试样加碳酸钠质量，g。

14.1.2.3 碳酸根和碳酸氢根的测定

（1）方法原理：水中碱度（土浸出液中碳酸根和碳酸氢根）的存在，主要是由于碳酸盐、碳酸氢盐及氢氧化物所产生。在水样中加入适当的指示剂,用酸标准液来滴定,当达到一定程度的 pH 值时,某种指示剂就发生了变色作用,可分别测出水样中的各种碱度,主要反应如下:

① $NaOH + HCl \xrightarrow{酚酞} NaCl + H_2O$;

② $Na_2CO_3 + HCl \xrightarrow{酚酞} NaHCO_3 + NaCl$;

③ $NaHCO_3 + HCl \xrightarrow{甲基橙} NaCl + H_2CO_3$。

上述反应分为两个阶段:第一阶段是用酚酞作指示剂,酚酞由红色经酸液滴定至红色褪去(pH 值为 8.3~8.4),此时水中所含氢氧化物及一半的碳酸盐与酸化合(第①、②反应)。第二阶段是用甲基橙作指示剂,甲基橙由橙黄色经酸液滴定变为淡橙红色(pH 约等于 4.4),此时水中所含碳酸氢盐(其中包括由一半的碳酸盐转化来的碳酸氢盐)全部与酸化合(第③反应)。

(2)试验方法:酸滴定法。

(3)试验试剂。

① 甲基橙指示剂:称取 0.1 g 甲基橙溶于 100 mL 纯水中。

② 酚酞指示液:称取 0.5 g 酚酞溶于 50 mL 乙醇中,用纯水稀释至 100 mL。

③ 硫酸标准溶液:溶解 3 mL 分析纯浓硫酸于适量纯水中,然后继续用纯水稀释至 1 000 mL。

④ 硫酸标准溶液的标定:称取预先在 160~180 ℃ 烘干 2~4 h 的无水碳酸钠 3 份,每份 0.1 g,精确至 0.000 1 g,放入 3 个锥形瓶中,各加入纯水 20~30 mL,再各加入甲基橙指示剂 2 滴,用配制好的硫酸标准溶液滴定至溶液由黄色变为橙色为终点,记录硫酸标准溶液用量,按下式计算硫酸标准溶液的准确浓度:

$$c(H_2SO_4) = \frac{m(Na_2CO_3) \times 1\ 000}{V(H_2SO_4)M(Na_2CO_3)} \tag{14.1-3}$$

式中　$c(H_2SO_4)$——硫酸标准溶液浓度,mol/L;

$\qquad V(H_2SO_4)$——硫酸标准溶液用量,mL;

$\qquad m(Na_2CO_3)$——碳酸钠的用量,g;

$\qquad M(Na_2CO_3)$——碳酸钠的摩尔质量,g/mol。

计算至 0.000 1 mol/L。

3 个平行滴定,平行误差不大于 0.05 mL,取算术平均值。

注:硫酸标准溶液也可用标定过的氢氧化钠标准溶液标定,也可以用盐酸(HCl)标准溶液代替硫酸标准溶液。

(4)碳酸根和碳酸氢根的测定,应按下列步骤进行:

① 用移液管吸取试样浸出液 25 mL,注入锥形瓶中,加酚酞指示剂 2~3 滴,摇匀,试液如不显红色,表示无碳酸根存在,如果试液显红色,即用硫酸标准溶液滴定至红色刚褪去为止,记下硫酸标准溶液用量,准确至 0.05 mL。

② 在加酚酞滴定后的试液中,再加甲基橙指示剂 1~2 滴,继续用硫酸标准溶液滴定至试液由黄色变为橙色为终点,记下硫酸标准溶液用量,准确至 0.05 mL。

(5)碳酸根和碳酸氢根的含量应按下列公式计算:

$$b(\mathrm{CO_3^{2-}}) = \frac{2V_1 c(\mathrm{H_2SO_4}) \dfrac{V_\mathrm{w}}{V_\mathrm{s}}(1+0.01w)\times 1\,000}{m_\mathrm{s}} \tag{14.1-4}$$

$$c(\mathrm{CO_3^{2-}}) = b(\mathrm{CO_3^{2-}}) \times 10^{-3} \times 0.060 \times 100 \quad (\%)$$

或：

$$c(\mathrm{CO_3^{2-}}) = b(\mathrm{CO_3^{2-}}) \times 60 \quad (\mathrm{mg/kg}\ 土) \tag{14.1-5}$$

式中　$b(\mathrm{CO_3^{2-}})$——碳酸根的质量摩尔浓度，mmol/kg 土；

$\quad\quad c(\mathrm{CO_3^{2-}})$——碳酸根的含量，%或 mg/kg 土；

$\quad\quad V_1$——酚酞为指示剂滴定硫酸标准溶液的用量，mL；

$\quad\quad V_\mathrm{s}$——吸取试样浸出液体积，mL；

$\quad\quad 10^{-3}$——换算因数；

$\quad\quad 0.060$——碳酸根的摩尔质量，kg/mol；

$\quad\quad 60$——碳酸根的摩尔质量，g/mol。

$$b(\mathrm{HCO_3^-}) = \frac{2(V_2 - V_1) c(\mathrm{H_2SO_4}) \dfrac{V_\mathrm{w}}{V_\mathrm{s}}(1+0.01w)\times 1\,000}{m_\mathrm{s}} \tag{14.1-6}$$

$$c(\mathrm{HCO_3^-}) = b(\mathrm{HCO_3^-}) \times 10^{-3} \times 0.061 \times 100 \quad (\%)$$

或：

$$c(\mathrm{HCO_3^-}) = b(\mathrm{HCO_3^-}) \times 61 \quad (\mathrm{mg/kg}\ 土) \tag{14.1-7}$$

式中　$b(\mathrm{HCO_3^-})$——碳酸氢根的质量摩尔浓度，mmol/kg 土；

$\quad\quad c(\mathrm{HCO_3^-})$——碳酸氢根的含量，%或 mg/kg 土；

$\quad\quad 10^{-3}$——换算因数；

$\quad\quad V_2$——甲基橙为指示剂滴定硫酸标准溶液的用量，mL；

$\quad\quad 0.061$——碳酸氢根的摩尔质量，kg/mol；

$\quad\quad 61$——碳酸氢根的摩尔质量，g/mol。

(6) 计算至 0.01 mmol/kg 土和 0.001%或 1 mg/kg 土。

平行滴定，允许误差不大于 0.1 mL，取算术平均值。

14.1.2.4　氯离子(氯根)的测定

(1) 试验方法：硝酸银滴定法。

(2) 方法原理：分步沉淀的原理。

(3) 试验试剂。

铬酸钾指示剂(5%)：称取 5 g 铬酸钾($\mathrm{K_2CrO_4}$)溶于适量纯水中，然后逐滴加入硝酸银标准溶液至出现砖红色沉淀为止。放置过夜后过滤，滤液用纯水稀释至 100 mL，贮于滴瓶中。

硝酸银标准溶液：称取预先在 105～110 ℃温度烘干 30 min 的分析纯硝酸银($\mathrm{AgNO_3}$)3.397 4 g，通过漏斗冲洗入 1 L 容量瓶中，待溶解后，继续用纯水稀释至 1 000 mL，贮于棕色瓶中，则硝酸银的浓度为：

$$c(\mathrm{AgNO_3}) = \frac{m(\mathrm{AgNO_3})}{V \cdot M(\mathrm{AgNO_3})} = \frac{3.397\,4}{1 \times 169.868} = 0.02(\mathrm{mol/L}) \tag{14.1-8}$$

碳酸氢钠溶液：称取碳酸氢钠 1.7 g 溶于纯水中，并用纯水稀释至 1 000 mL，其浓度约为 0.02 mol/L。

（4）氯根测定应按下列步骤进行：

① 吸取试样浸出液 25 mL 于锥形瓶中，加甲基橙指示剂 1～2 滴，逐滴加入 0.02 mol/L 浓度的碳酸氢钠至溶液呈纯黄色（控制 pH 值为 7），再加入铬酸钾指示剂 5～6 滴，用硝酸银标准溶液滴定至生成砖红色沉淀为终点，记下硝酸银标准溶液的用量。

② 另取纯水 25 mL，按本条①的步骤操作，做空白试验。

（5）氯根的含量应按下式计算：

$$b(Cl^-) = \frac{(V_1 - V_2)c(AgNO_3)\dfrac{V_w}{V_s}(1 + 0.01w) \times 1\,000}{m_s} \qquad (14.1\text{-}9)$$

$$c(Cl^-) = b(Cl^-) \times 10^{-3} \times 0.035\,5 \times 100 \quad (\%)$$

或：

$$c(Cl^-) = b(Cl^-) \times 35.5 \quad (mg/kg\ 土) \qquad (14.1\text{-}10)$$

式中　$b(Cl^-)$——氯根的质量摩尔浓度，mmol/kg 土；

$\quad\quad\ c(Cl^-)$——氯根的含量，% 或 mg/kg 土；

$\quad\quad\ V_1$——浸出液消耗硝酸银标准溶液的体积，mL；

$\quad\quad\ V_2$——纯水消耗硝酸银标准溶液的体积，mL；

$\quad\quad\ 0.035\,5$——氯根的摩尔质量，kg/mol；

$\quad\quad\ 35.5$——氯根的摩尔质量，g/mol。

（6）计算准确至 0.01 mmol/kg 土和 0.001% 或 1 mg/kg 土。

平行滴定偏差不大于 0.1 mL，取算术平均值。

14.1.2.5　硫酸根的测定

（1）试验方法：EDTA 络合容量法。

（2）本试验方法适用于硫酸根含量大于、等于 0.025%（相当于 50 mg/L）的土。

EDTA 络合容量法测定，应按下列步骤进行：

① 硫酸根（SO_4^{2-}）含量的估测：取浸出液 5 mL 于试管中，加入 1：1 盐酸 2 滴，再加 5% 氯化钡溶液 5 滴，摇匀。按《土工试验方法标准》（GB/T 50123—1999）估测硫酸根含量，见表 14.1-1。

表 14.1-1　　　　　　　　　硫酸根估测方法选择与试剂用量表

加氯化钡后溶液混浊情况	SO_4^{2-} 含量/(mg/L)	测定方法	吸取土浸出液/mL	钡镁混合剂用量/mL
数分钟后微混浊	<10	比浊法	—	—
立即呈生混浊	25～50	比浊法	—	—
立即混浊	50～100	EDTA	25	4～5
立即沉淀	100～200	EDTA	25	8
立即大量沉淀	>200	EDTA	10	10～12

② 估测硫酸根含量，吸取一定量试样浸出液于锥形瓶中，用适量纯水稀释后，投入刚果

红试纸一片,滴加 1∶4 盐酸溶液至试纸呈蓝色,再过量 2～3 滴,加热煮沸,趁热由滴定管准确滴加过量钡镁合剂,边滴边摇,直到预计的需要量(注意滴入量至少应过量 50%),继续加热微沸 5 min,取下冷却静置 2 h,然后加氨缓冲溶液 10 mL,铬黑 T 少许,95% 乙醇 5 mL,摇匀,再用 EDTA 标准溶液滴定至试液由红色变为天蓝色为终点,记下用量 V_1 (mL)。

③ 另取一个锥形瓶加入适量纯水,投刚果红试纸一片,滴加 1∶4 盐酸溶液至试纸呈蓝色,再过量 2～3 滴。由滴定管加入与②步骤等量的钡镁合剂,然后加氨缓冲溶液 10 mL,铬黑 T 少许,95% 乙醇 5 mL,摇匀,再用 EDTA 标准溶液滴定至试液由红色变为天蓝色为终点,记下用量 V_2 (mL)。

④ 再取一个锥形瓶加入与②步骤等体积的试样浸出液,然后按 GB/T 50123—1999 第 31.8.4 条的步骤测定同体积浸出液中钙镁对 EDTA 标准溶液的用量 V_3 (mL)。

(3) 硫酸根含量应按下式计算:

$$b(SO_4^{2-}) = \frac{(V_3 + V_2 - V_1)c(EDTA)\frac{V_w}{V_s}(1 + 0.01w) \times 1\ 000}{m_s} \quad (14.1\text{-}11)$$

$$c(SO_4^{2-}) = b(SO_4^{2-}) \times 10^{-3} \times 0.096 \times 100 \quad (\%)$$

或:

$$c(SO_4^{2-}) = b(SO_4^{2-}) \times 96 \quad (mg/kg\ 土) \quad (14.1\text{-}12)$$

式中　$b(SO_4^{2-})$——硫酸根的质量摩尔浓度,mmol/kg 土;

$c(SO_4^{2-})$——硫酸根的含量,% 或 mg/kg 土;

V_1——浸出液中钙镁与钡镁合剂对 EDTA 标准溶液的用量,mL;

V_2——同体积钡镁合剂对 EDTA 标准溶液的用量,mL;

V_3——同体积浸出液中钙镁对 EDTA 标准溶液的用量,mL;

0.096——硫酸根的摩尔质量,kg/mol;

96——硫酸根的摩尔质量,g/mol;

$c(EDTA)$——EDTA 标准溶液的浓度,mol/L。

(4) 计算准确至 0.01 mmol/kg 土和 0.001% 或 1 mg/kg 土。

平行滴定偏差不大于 0.1 mL,取算术平均值。

14.1.2.6　钙离子的测定

(1) 试验方法:EDTA 容量法。

(2) 试验试剂:

① EDTA 二钠标准溶液(≈10 mmol/L):(同硬度)。

② 2 mol/L 氢氧化钠溶液:将 8 g 氢氧化钠溶于 100 mL 纯水中。

③ 钙指示剂:0.5 g 钙试剂加入 50 g 预先烘焙的氯化钠一起置于研钵中研细混合均匀,贮于棕色瓶中,保存于干燥器内。

④ 1∶4 盐酸溶液:将 1 份浓盐酸与 4 份纯水互相混合均匀。

⑤ 刚果红试纸。

⑥ 95% 乙醇溶液。

(3) 钙离子测定,应按下列步骤进行:

① 用移液管吸取试样浸出液 25 mL 于锥形瓶中,投刚果红试纸一片,滴加 1∶4 盐酸溶

液至试纸变为蓝色为止,煮沸除去二氧化碳(当浸出液中碳酸根和碳酸氢根含量很少时,可省去此步骤)。

② 冷却后,加入 2 mol/L 氢氧化钠溶液 2 mL(控制 pH=12)摇匀,放置 1~2 min 后,加钙指示剂少许,95%乙醇 5 mL,用 EDTA 标准溶液滴定至试液由红色变为浅蓝色为终点。记下 EDTA 标准溶液用量,估读至 0.05 mL。

(4) 钙离子含量按下式计算:

$$b(\mathrm{Ca^{2+}}) = \frac{V(\mathrm{EDTA})c(\mathrm{EDTA})\dfrac{V_\mathrm{w}}{V_\mathrm{s}}(1+0.01w) \times 1\,000}{m_\mathrm{s}} \tag{14.1-13}$$

$$c(\mathrm{Ca^{2+}}) = b(\mathrm{Ca^{2+}}) \times 10^{-3} \times 0.04 \times 100 \quad (\%)$$

或:

$$c(\mathrm{Ca^{2+}}) = b(\mathrm{Ca^{2+}}) \times 40 \quad (\mathrm{mg/kg\ 土}) \tag{14.1-14}$$

式中　$b(\mathrm{Ca^{2+}})$——钙离子的质量摩尔浓度,mmol/kg 土;

$c(\mathrm{Ca^{2+}})$——钙离子含量,%或 mg/kg 土;

$c(\mathrm{EDTA})$——EDTA 标准溶液浓度,mol/L;

$V(\mathrm{EDTA})$——EDTA 标准溶液用量,mL;

0.04——钙离子的摩尔质量,kg/mol;

40——钙离子的摩尔质量,g/mol。

(5) 计算准确至 0.01 mmol/kg 土和 0.001%或 1 mg/kg 土。

平行滴定偏差不大于 0.1 mL,取算术平均值。

14.1.2.7　镁离子的测定

(1) 试验方法:EDTA 容量法。

(2) 试验试剂:镁离子测定所用试剂,应符合硫酸根离子及钙离子所用试验试剂的规定。

(3) 镁离子的测定,应按下列步骤进行:

① 用移液管吸取试样浸出液 25 mL 于锥形瓶中,加氨缓冲溶液 10 mL,铬黑 T 少许,95%乙醇 5 mL,摇匀,再用 EDTA 标准溶液滴定至试液由红色变为亮蓝色为终点,记下 EDTA 标准溶液用量,精确至 0.05 mL。

② 用移液管吸取与①等体积的试样浸出液,按照 GB/T 50123—1999 中钙离子测定的试验步骤操作,滴定钙离子对 EDTA 标准溶液的用量。

(4) 镁离子含量按下列公式计算:

$$b(\mathrm{Mg^{2+}}) = \frac{(V_2 - V_1)c(\mathrm{EDTA})\dfrac{V_\mathrm{w}}{V_\mathrm{s}}(1+0.01w) \times 1\,000}{m_\mathrm{s}} \tag{14.1-15}$$

$$c(\mathrm{Mg^{2+}}) = b(\mathrm{Mg^{2+}}) \times 10^{-3} \times 0.024 \times 100 \quad (\%)$$

或:

$$c(\mathrm{Mg^{2+}}) = b(\mathrm{Mg^{2+}}) \times 24 \quad (\mathrm{mg/kg\ 土}) \tag{14.1-16}$$

式中　$b(\mathrm{Mg^{2+}})$——镁离子的质量摩尔浓度,mmol/kg 土;

$c(Mg^{2+})$——镁离子含量,%或 mg/kg 土;

V_2——钙镁离子对 EDTA 标准溶液的用量,mL;

V_1——钙离子对 EDTA 标准溶液的用量,mL;

$c(EDTA)$——EDTA 标准溶液浓度,mol/L;

0.024——镁离子的摩尔质量,kg/mol;

24——镁离子的摩尔质量,g/mol。

(5) 计算准确至 0.01 mmol/kg 土和 0.001%或 1 mg/kg 土。

平行滴定偏差不大于 0.1 mL,取算术平均值。

14.1.3 应用

通过对水中各离子含量的测定,判断水对建筑材料的影响,具体可根据表 14.1-2、表 14.1-3、表 14.1-4 对建筑材料的腐蚀性评价来判断腐蚀等级。

表 14.1-2 　　　　　　　　按环境类型水和土对混凝土结构的腐蚀性评价

腐蚀等级	腐蚀介质	环境类别		
		Ⅰ	Ⅱ	Ⅲ
微	硫酸盐含量 SO_4^{2-}/(mg/L)	<200	<300	<500
弱		200~500	300~1 500	400~3 000
中		500~1 500	1 500~3 000	3 000~6 000
强		>1 500	>3 000	>6 000
微	镁盐含量 Mg^{2+}/(mg/L)	<1 000	<2 000	<3 000
弱		1 000~2 000	2 000~3 000	3 000~4 000
中		2 000~3 000	3 000~4 000	4 000~5 000
强		>3 000	>4 000	>5 000
微	铵盐含量 NH_4^+/(mg/L)	<100	<500	<800
弱		100~500	500~800	800~1 000
中		500~800	800~1 000	1 000~1 500
强		>800	>1 000	>1 500
微	苛性碱含量 OH^-/(mg/L)	<35 000	<43 000	<57 000
弱		35 000~43 000	43 000~57 000	57 000~70 000
中		43 000~57 000	57 000~70 000	70 000~100 000
强		>57 000	>70 000	>100 000
微	总矿化度/(mg/L)	<10 000	<20 000	<50 000
弱		10 000~20 000	20 000~50 000	50 000~60 000
中		20 000~50 000	50 000~60 000	60 000~70 000
强		>50 000	>60 000	>70 000

注:1. 表中的数值适用于有干湿交替作用的情况,Ⅰ、Ⅱ类腐蚀环境无干湿交替作用时,表中硫酸盐含量数值应乘以1.3 的系数;

2. 表中数值适用于水的腐蚀性评价,对土的腐蚀性评价,应乘以 1.5 的系数,单位以 mg/kg 表示;

3. 表中苛性碱(OH^-)含量(mg/L)应为 NaOH 和 KOH 中的 OH^- 含量(mg/L)。

表 14.1-3　　　　　　按地层渗透性水和土对混凝土结构的腐蚀性评价

腐蚀等级	pH 值		侵蚀性 CO_2/(mg/L)		HCO_3^-/(mmol/L)
	A	B	A	B	A
微	>6.5	>5.0	<15	<30	>1.0
弱	6.5～5.0	5.0～4.0	15～30	30～60	1.0～0.5
中	5.0～4.0	4.0～3.5	30～60	60～120	<0.5
强	<4.0	<3.5	>60	—	—

注:1. 表中 A 是指直接临水或强透水层中的地下水;B 是指弱透水层中的地下水。强透水层是指碎石土和砂土;弱透水层是指粉土和黏性土。

2. HCO_3^- 含量是指水的矿化度低于 0.1 g/L 的软水中,该类水质 HCO_3^- 的腐蚀性。

3. 土的腐蚀性评价只考虑 pH 值指标;评价其腐蚀性时,A 是指强透水土层;B 是指弱透水土层。

表 14.1-4　　　　　　　　对钢筋混凝土结构中钢筋的腐蚀性评价

腐蚀等级	水中的 Cl^- 含量/(mg/L)		土中的 Cl^- 含量/(mg/kg)	
	长期浸水	干湿交替	A	B
微	<10 000	<100	<400	<250
弱	10 000～20 000	100～500	400～750	250～500
中	—	500～5 000	750～7 500	500～5 000
强	—	>5 000	>7 500	>5 000

注:A 是指地下水位以上的碎石土、砂土、稍湿的粉土、坚硬、硬塑的黏性土;B 是指湿、很湿的粉土,可塑、软塑、流塑的黏性土。

14.2　评价土的腐蚀性参数

14.2.1　定义

测定土中含有对建筑材料有腐蚀作用的阴、阳离子。

14.2.2　获取

一般采用室内试验法。

(1) 通过室内试验蒸干法即可计算出试样中所含易溶盐总量:

$$W = \frac{(m_2 - m_1)\dfrac{V_w}{V_s}(1 + 0.01w)}{m_s} \times 100\% \qquad (14.2\text{-}1)$$

式中　W——易溶盐总量,%;

V_w——浸出液用纯水体积,mL;

V_s——吸取浸出液体积,mL;

m_s——风干试样质量,g;

w——风干试样含水率,%;

m_2——蒸发皿加烘干残渣质量,g;

m_1——蒸发皿质量,g。

（2）通过室内试验标准溶液（酚酞、硫酸、甲基橙）测定碳酸根和碳酸氢根的含量：

$$b(\mathrm{CO_3^{2-}}) = \frac{2V_1 c(\mathrm{H_2SO_4}) \dfrac{V_w}{V_s}(1 + 0.01w) \times 1\,000}{m_s} \qquad (14.2\text{-}2)$$

$$c(\mathrm{CO_3^{2-}}) = b(\mathrm{CO_3^{2-}}) \times 10^{-3} \times 0.0610 \times 100 \quad (\%)$$

或：

$$c(\mathrm{CO_3^{2-}}) = b(\mathrm{CO_3^{2-}}) \times 60 \quad (\mathrm{mg/kg\ 土}) \qquad (14.2\text{-}3)$$

式中　$b(\mathrm{CO_3^{2-}})$——碳酸根的质量摩尔浓度，mmol/kg 土；

$c(\mathrm{CO_3^{2-}})$——碳酸根的含量，%或 mg/kg 土；

V_1——酚酞为指示剂滴定硫酸标准溶液的用量，mL；

V_s——吸取试样浸出液体积，mL；

10^{-3}——换算因数；

0.060——碳酸根的摩尔质量，kg/mol；

60——碳酸根的摩尔质量，g/mol。

$$b(\mathrm{HCO_3^-}) = \frac{2(V_2 - V_1) c(\mathrm{H_2SO_4}) \dfrac{V_w}{V_s}(1 + 0.01w) \times 1\,000}{m_s} \qquad (14.2\text{-}4)$$

$$c(\mathrm{HCO_3^-}) = b(\mathrm{HCO_3^-}) \times 10^{-3} \times 0.061 \times 100 \quad (\%)$$

或：

$$c(\mathrm{HCO_3^-}) = b(\mathrm{HCO_3^-}) \times 61 \quad (\mathrm{mg/kg\ 土}) \qquad (14.2\text{-}5)$$

式中　$b(\mathrm{HCO_3^-})$——碳酸氢根的质量摩尔浓度，mmol/kg 土；

$c(\mathrm{HCO_3^-})$——碳酸氢根的含量，%或 mg/kg 土；

10^{-3}——换算因数；

V_2——甲基橙为指示剂滴定硫酸标准溶液的用量，mL；

0.061——碳酸氢根的摩尔质量，kg/mol；

61——碳酸氢根的摩尔质量，g/mol。

（3）通过室内试验标准溶液（铬酸钾、硝酸银、碳酸氢钠、甲基橙）测定氯根的含量：

$$b(\mathrm{Cl^-}) = \frac{(V_1 - V_2) c(\mathrm{AgNO_3}) \dfrac{V_w}{V_s}(1 + 0.01w) \times 1\,000}{m_s} \qquad (14.2\text{-}6)$$

$$c(\mathrm{Cl^-}) = b(\mathrm{Cl^-}) \times 10^{-3} \times 0.035\,5 \times 100 \quad (\%)$$

或：

$$c(\mathrm{Cl^-}) = b(\mathrm{Cl^-}) \times 35.5 \quad (\mathrm{mg/kg\ 土}) \qquad (14.2\text{-}7)$$

式中　$b(\mathrm{Cl^-})$——氯根的质量摩尔浓度，mmol/kg 土；

$c(\mathrm{Cl^-})$——氯根的含量，%或 mg/kg 土；

V_1——浸出液消耗硝酸银标准溶液的体积，mL；

V_2——纯水消耗硝酸银标准溶液的体积，mL；

0.035 5——氯根的摩尔质量，kg/mol；

35.5——氯根的摩尔质量，g/mol。

（4）通过室内试验 EDTA 络合容量法测定硫酸根的含量：

$$b(SO_4^{2-}) = \frac{(V_3 + V_2 - V_1)c(EDTA)\dfrac{V_w}{V_s}(1 + 0.01w) \times 1\,000}{m_s} \qquad (14.2\text{-}8)$$

$$c(SO_4^{2-}) = b(SO_4^{2-}) \times 10^{-3} \times 0.096 \times 100 \quad （\%）$$

或：

$$c(SO_4^{2-}) = b(SO_4^{2-}) \times 96 \quad （mg/kg \text{ 土}） \qquad (14.2\text{-}9)$$

式中　$b(SO_4^{2-})$——硫酸根的质量摩尔浓度，mmol/kg 土；

$c(SO_4^{2-})$——硫酸根的含量，%或 mg/kg 土；

V_1——浸出液中钙镁与钡镁合剂对 EDTA 标准溶液的用量，mL；

V_2——同体积钡镁合剂对 EDTA 标准溶液的用量，mL；

V_3——同体积浸出液中钙镁对 EDTA 标准溶液的用量，mL；

0.096——硫酸根的摩尔质量，kg/mol；

96——硫酸根的摩尔质量，g/mol；

$c(EDTA)$——EDTA 标准溶液的浓度，mol/L。

（5）通过室内试验 EDTA 容量法可测定钙离子的含量：

$$b(Ca^{2+}) = \frac{V(EDTA)c(EDTA)\dfrac{V_w}{V_s}(1 + 0.01w) \times 1\,000}{m_s} \qquad (14.2\text{-}10)$$

$$c(Ca^{2+}) = b(Ca^{2+}) \times 10^{-3} \times 0.04 \times 100 \quad （\%）$$

或：

$$c(Ca^{2+}) = b(Ca^{2+}) \times 40 \quad （mg/kg \text{ 土}） \qquad (14.2\text{-}11)$$

式中　$b(Ca^{2+})$——钙离子的质量摩尔浓度，mmol/kg 土；

$c(Ca^{2+})$——钙离子含量，%或 mg/kg 土；

$c(EDTA)$——EDTA 标准溶液浓度，mol/L；

$V(EDTA)$——EDTA 标准溶液用量，mL；

0.04——钙离子的摩尔质量，kg/mol；

40——钙离子的摩尔质量，g/mol。

（6）通过室内试验 EDTA 容量法可测定镁离子的含量：

$$b(Mg^{2+}) = \frac{(V_2 - V_1)c(EDTA)\dfrac{V_w}{V_s}(1 + 0.01w) \times 1\,000}{m_s} \qquad (14.2\text{-}12)$$

$$c(Mg^{2+}) = b(Mg^{2+}) \times 10^{-3} \times 0.024 \times 100 \quad （\%）$$

或：

$$c(Mg^{2+}) = b(Mg^{2+}) \times 24 \quad （mg/kg \text{ 土}） \qquad (14.2\text{-}13)$$

式中　$b(Mg^{2+})$——镁离子的质量摩尔浓度，mmol/kg 土；

$c(Mg^{2+})$——镁离子含量，%或 mg/kg 土；

V_2——钙镁离子对 EDTA 标准溶液的用量,mL;

V_1——钙离子对 EDTA 标准溶液的用量,mL;

c(EDTA)——EDTA 标准溶液浓度,mol/L;

0.024——镁离子的摩尔质量,kg/mol;

24——镁离子的摩尔质量,g/mol。

(7) 通过室内试验钠离子和钾离子测定所用的标准试剂可测定钠离子和钾离子的含量:

$$c(Na^+) = \frac{\rho(Na^+)V_c \dfrac{V_w}{V_s}(1 + 0.01w) \times 100}{m_s \times 10^3} \quad (\%)$$

或:

$$c(Na^+) = c(Na^+)\% \times 10^6 \quad (mg/kg \pm) \tag{14.2-14}$$

$$c(K^+) = \frac{\rho(K^+)V_c \dfrac{V_w}{V_s}(1 + 0.01w) \times 100}{m_s \times 10^3} \quad (\%)$$

或:

$$c(K^+) = c(K^+)\% \times 10^6 \quad (mg/kg \pm) \tag{14.2-15}$$

$$b(Na^+) = [c(Na^+)\%/0.023] \times 1\,000$$

$$b(K^+) = [c(K^+)\%/0.039] \times 1\,000 \tag{14.2-16}$$

式中 $c(Na^+)$、$c(K^+)$——试样中钠、钾的含量,%或 mg/kg 土;

$b(Na^+)$、$b(K^+)$——试样中钠、钾的质量摩尔浓度,mmol/kg 土;

0.023、0.039——Na^+、K^+ 的摩尔质量,kg/mol。

14.2.3 应用

按环境类型土对混凝土结构的腐蚀性评价、按地层渗透性土对混凝土结构的腐蚀性评价、对钢筋混凝土结构中钢筋的腐蚀性评价可根据表 14.1-2、表 14.1-3、表 14.1-4 来判断腐蚀等级,对钢结构腐蚀性评价可根据表 14.2-1 来判断腐蚀等级。

表 14.2-1　　　　　　　　　　　土对钢结构腐蚀性评价

腐蚀等级	pH	氧化还原电位/mV	视电阻率/(Ω·m)	极化电流密度/(mA/cm²)	质量损失/g
微	>5.5	>400	>100	<0.02	<1
弱	5.5～4.5	400～200	100～50	0.02～0.05	1～2
中	4.5～3.5	200～100	50～20	0.05～0.20	2～3
强	<3.5	<100	<20	>0.20	>3

注:土对钢结构的腐蚀性评价,取各指标中腐蚀等级最高者。

14.3　评价腐蚀性参数小结(表 14.3-1)

表 14.3-1　　　　　　　　　　　　　　　评价腐蚀性参数小结

项目	指标	符号	实际应用
评价水的腐蚀性参数	pH 值、总矿化度、碳酸根和碳酸氢根、氯离子、硫酸根、钙离子、镁离子、钠离子、钾离子等	—	评价水土的腐蚀性
评价土的腐蚀性参数			

第15章 其他参数

15.1 围岩分级

15.1.1 定义

根据隧道围岩的工程地质条件、开挖后的稳定状态、弹性纵波波速,将围岩划分为Ⅰ级、Ⅱ级、Ⅲ级、Ⅳ级、Ⅴ级、Ⅵ级,用于确定围岩开挖后的稳定状态及可能出现的工程地质问题。

15.1.2 获取

一般采用规范查表法。

(1)围岩分级根据隧道围岩的主要工程地质条件、围岩开挖后的稳定状态、围岩压缩波速,按国标《城市轨道交通岩土工程勘察规范》(GB 50307—2012)附录 E 划分为Ⅰ级、Ⅱ级、Ⅲ级、Ⅳ级、Ⅴ级和Ⅵ级,具体见表 15.1-1～表 15.1-5。

表 15.1-1 　　　　　　　　　　　　　隧道围岩分级

围岩级别	围岩主要工程地质条件		围岩开挖后的稳定状态(单线)	围岩压缩波速 v_P/(km/s)
	主要工程地质特征	结构形态和完整状态		
Ⅰ	坚硬岩(单轴饱和抗压强度 $f_r>60$ MPa);受地质构造影响轻微,节理不发育,无软弱面(或夹层);层状岩层为巨厚层或厚层,层间结合良好,岩体完整	呈巨块状整体结构	围岩稳定,无坍塌,可能产生岩爆	>4.5
Ⅱ	坚硬岩($f_r>60$ MPa);受地质构造影响较重,节理较发育,有少量软弱面(或夹层)和贯通微张节理,但其产状及组合关系不致产生滑动;层状岩层为中层或厚层,层间结合一般,很少有分离现象;或为硬质岩偶夹软质岩石;岩体较完整	呈大块状砌体结构	暴露时间长,可能会出现局部小坍塌,侧壁稳定,层间结合差的平缓岩层顶板易塌落	$3.5～4.5$
	较硬岩(30 MPa$<f_r≤60$ MPa);受地质构造影响轻微,节理不发育;层状岩层为厚层,层间结合良好,岩体完整	呈巨块状整体结构		

围岩级别	围岩主要工程地质条件		围岩开挖后的稳定状态（单线）	围岩压缩波波速 $v_p/(km/s)$
	主要工程地质特征	结构形态和完整状态		
Ⅲ	坚硬岩和较硬岩：受地质构造影响较重，节理较发育，有层状软弱面（或夹层），但其产状组合关系尚不致产生滑动；层状岩层为薄层或中层，层间结合差，多有分离现象；或为硬、软质岩石互层	呈块石状镶嵌结构	拱部无支护时可能产生局部小坍塌，侧壁基本稳定，爆破震动过大易塌落	2.5～4.0
Ⅲ	较软岩（15 MPa＜f_r≤30 MPa）和软岩（5 MPa＜f_r≤15 MPa）：受地质构造影响严重，节理较发育；层状岩层为薄层、中厚层或厚层，层间结合一般	呈大块状砌体结构	拱部无支护时可能产生局部小坍塌，侧壁基本稳定，爆破震动过大易塌落	2.5～4.0
Ⅳ	坚硬岩和较硬岩：受地质构造影响极严重，节理较发育；层状软弱面（或夹层）已基本破坏	呈碎石状压碎结构	拱部无支护时可产生较大坍塌，侧壁有时失去稳定	1.5～3.0
Ⅳ	较软岩和软岩：受地质构造影响严重，节理较发育	呈块石、碎石状镶嵌结构	拱部无支护时可产生较大坍塌，侧壁有时失去稳定	1.5～3.0
Ⅳ	土体：1. 具压密或成岩作用的黏性土、粉土及碎石土；2. 黄土（Q_1、Q_2）；3. 一般钙质或铁质胶结的碎石土、卵石土、粗角砾土、粗圆砾土、大块石土	1、2 呈大块状压密结构；3 呈巨块状整体结构	拱部无支护时可产生较大坍塌，侧壁有时失去稳定	1.5～3.0
Ⅴ	软岩受地质构造影响严重，裂隙杂乱，呈石夹土或土夹石状，极软岩（f_r≤5 MPa）	呈角砾、碎石状松散结构	围岩易坍塌，处理不当会出现大坍塌，侧壁经常小坍塌；浅埋时易出现地表下沉（陷）或塌至地表	1.0～2.0
Ⅴ	土体：一般为第四系的坚硬、硬塑的黏性土，稍密及以上、稍湿或潮湿的碎石土、卵石土、圆砾土、角砾土、粉土及黄土（Q_3、Q_4）	非黏性土呈松散结构，黏性土及黄土松软结构	围岩易坍塌，处理不当会出现大坍塌，侧壁经常小坍塌；浅埋时易出现地表下沉（陷）或塌至地表	1.0～2.0
Ⅵ	岩体：受地质构造影响严重，呈碎石、角砾及粉末、泥土状	呈松软状	围岩极易坍塌变形，有水时土砂常与水一齐涌出，浅埋时易塌至地表	＜1.0（饱和状态的土＜1.5）
Ⅵ	土体：可塑、软塑状黏性土、饱和的粉土和砂类土等	黏性土呈易蠕动的松软结构，砂性土呈潮湿松散结构	围岩极易坍塌变形，有水时土砂常与水一齐涌出，浅埋时易塌至地表	＜1.0（饱和状态的土＜1.5）

注：1. 表中"围岩级别"和"围岩主要工程地质条件"栏，不包括膨胀性围岩、多年冻土等特殊岩土。

2. Ⅲ、Ⅳ、Ⅴ级围岩遇有地下水时，可根据具体情况和施工条件适当降低围岩级别。

表 15.1-2   **岩石坚硬程度分类表**

坚硬程度	坚硬岩	较硬岩	较软岩	软岩	极软岩
饱和单轴抗压强度/MPa	$f_r > 60$	$60 \geqslant f_r > 30$	$30 \geqslant f_r > 15$	$15 \geqslant f_r > 5$	$f_r \leqslant 5$

表 15.1-3   **岩石坚硬程度等级的定性分类**

名称		定性鉴定	代表性岩石
硬质岩	坚硬岩	锤击声清脆,有回弹,振手,难击碎;基本无吸水反应	未风化～微风化花岗岩、闪长岩、辉绿岩、玄武岩、安山岩、片麻岩、石英岩、石英砂岩、硅质砾岩、硅质灰岩等
	较硬岩	锤击声较清脆,有轻微回弹,稍振手,较难击碎;有轻微吸水反应	1. 微风化的坚硬岩石; 2. 未风化～微风化的大理岩、板岩、石灰岩、白云岩、钙质砂岩等
软质岩	较软岩	锤击声不清脆,无回弹,轻易击碎;指甲可刻出印痕	1. 中风化～强风化的坚硬岩或较硬岩; 2. 未风化～微风化的凝灰岩、千枚岩、砂质泥岩、泥灰岩等
	软岩	锤击声哑,无回弹,有凹痕,易击碎;浸水后手可掰开	1. 强风化的坚硬岩或较硬岩; 2. 中风化～强风化的较软岩; 3. 未风化～微风化的页岩、泥岩、泥质砂岩等
极软岩		锤击声哑,无回弹,有较深凹痕,手可捏碎;浸水后,可捏成团	1. 全风化的各种岩石; 2. 各种半成岩

表 15.1-4   **岩体完整程度的定性分类**

完整程度	结构面发育程度		主要结构面的结合程度	主要结构面类型	相应结构类型
	组数	平均间距/m			
完整	1～2	>1.0	结合好或结合一般	节理、裂隙、层面	整体状或巨厚层状结构
较完整	1～2	>1.0	结合差	节理、裂隙、层面	块状或厚层状结构
	2～3	1.0～0.4	结合好或结合一般		块状结构
较破碎	2～3	1.0～0.4	结合差	节理、裂隙、劈理、层面、小断层	裂隙块状或中厚层状结构
	≥3	0.4～0.2	结合好		镶嵌碎裂结构
			结合一般		薄层状结构
破碎	≥3	0.4～0.2	结合差	各种类型结构面	裂隙块状结构
		≤0.2	结合一般或结合差		碎裂结构
极破碎	无序		结合很差		散体状结构

注:平均间距为主要结构面间距的平均值。

表 15.1-5　　　　　　　　　　　　　　　　　　岩体完整程度分类

完整程度	完整	较完整	较破碎	破碎	极破碎
完整性指数	>0.75	0.75～0.55	0.55～0.35	0.35～0.15	≤0.15

注:完整性指数为岩体压缩波速度与岩块压缩波速度之比的平方。

（2）铁路隧道围岩分级如表 15.1-6 所示。

表 15.1-6　　　　　　　　　　　　　　　　　　围岩基本分级

围岩级别	岩体特征	土体特征	围岩基本质量指标 BQ	围岩压缩波波速 $v_P/(\text{km/s})$
Ⅰ	极硬岩,岩体完整	—	>550	A:>5.3
Ⅱ	极硬岩,岩体较完整;硬岩,岩体完整	—	550～451	A:4.5～5.3 B:>5.3 C:>5.0
Ⅲ	极硬岩,岩体破碎;硬岩或软硬岩互层,岩体较完整;较软岩,岩体完整	—	450～351	A:4.0～4.5 B:4.3～5.3 C:3.5～5.0 D:>4.0
Ⅳ	极硬岩,岩体破碎;硬岩,岩体较破碎或破碎;较软岩或软硬岩互层,且以软岩为主,岩体较完整或较破碎;软岩,岩体完整或较完整	具压密或成岩作用的黏性土、粉土及砂类土,一般钙质、铁质胶结的粗角砾土、粗圆砾土、碎石土、卵石土、大块石土,黄土(Q₁、Q₂)	350～251	A:3.0～4.0 B:3.3～4.3 C:3.0～3.5 D:3.0～4.0 E:2.0～3.0
Ⅴ	较软岩,岩体破碎;软岩,岩体较破碎至破碎;全部极软岩及全部极破碎岩(包括受构造影响严重的破碎带)	一般为第四系的坚硬、硬塑的黏性土,稍密及以上、稍湿或潮湿的碎石土、卵石土、圆砾土、角砾土、粉土及黄土(Q₃、Q₄)	≤250	A:2.0～3.0 B:2.0～3.3 C:2.0～3.0 D:1.5～3.0 E:1.0～2.0
Ⅵ	受构造影响严重呈碎石、角砾及粉末、泥土状的富水断层带,富水破碎的绿泥石或碳质千枚岩	软塑状黏性土,饱和的粉土、砂类土等,风积沙,严重湿陷性黄土	—	<1.0(饱和状态的土<1.5)

① 围岩基本质量指标 BQ 值,应根据岩石坚硬程度、岩体完整程度分级因素的定量指标 R_c 的兆帕数值和 k_v 按下式计算:

$$BQ = 100 + 3R_c + 250k_v$$

使用上式计算时,应符合下列规定:

a. 当 $R_c > 90k_v + 30$ 时,应以 $R_c = 90k_v + 30$ 和 k_v 代入计算 BQ 值。

b. 当 $k_v > 0.04R_c + 0.4$ 时,应以 $k_v = 0.04R_c + 0.4$ 和 R_c 代入计算 BQ 值。

② 铁路隧道围岩级别应在围岩基本分级的基础上,结合隧道工程的特点,考虑地下水

状态、初始地应力状态、主要结构面产状状态等因素进行修正。

③ 地下水状态的分级宜按表 15.1-7 确定。

表 15.1-7　　　　　　　　　　　　　地下水状态的分级

地下水出水状态	渗水量/[L/(min·10 m)]
潮湿或点滴状出水	≤25
淋雨状或线流状出水	25~125
涌流状出水	>125

④ 地下水对围岩级别的修正,宜按表 15.1-8 进行。

表 15.1-8　　　　　　　　　　　　　地下水影响的修正

围岩基本分级＼地下水出水状态	Ⅰ	Ⅱ	Ⅲ	Ⅳ	Ⅴ
潮湿或点滴状出水	Ⅰ	Ⅱ	Ⅲ	Ⅳ	Ⅴ
淋雨状或线流状出水	Ⅰ	Ⅱ	Ⅲ 或 Ⅳ①	Ⅴ	Ⅵ
涌流状出水	Ⅱ	Ⅲ	Ⅳ	Ⅴ	Ⅵ

注:① 围岩岩体为较完整的硬岩时定为Ⅲ级,其他情况定为Ⅳ级。

⑤ 围岩初始地应力状态,当无实测资料时,可根据隧道工程埋深、地貌、地形、地质、构造运动史、主要构造线与开挖过程中出现的岩爆、岩芯饼化等特殊地质现象,按表 15.1-9 评估。

表 15.1-9　　　　　　　　　　　　　初始地应力状态评估基准

初始地应力状态	主要现象	评估基准(R_c/σ_{max})
一般地应力	硬质岩:开挖过程中不会出现岩爆,新生裂缝较少,成洞性一般较好	>7
	软质岩:岩芯无或少有饼化现象,开挖过程中洞壁岩体有一定的位移,成洞性一般较好	
高地应力	硬质岩:开挖过程中可能出现岩爆,洞壁岩体有剥离和掉块现象,新生裂缝较多,成洞性较差	4~7
	软质岩:岩芯时有饼化现象,开挖过程中洞壁岩体位移显著,持续时间较长,成洞性差	
极高地应力	硬质岩:开挖过程中时有岩爆发生,有岩块弹出,洞壁岩体发生剥离,新生裂缝多,成洞性差	<4
	软质岩:岩芯常有饼化现象,开挖过程中洞壁岩体有剥离,位移极为显著,甚至发生大位移,持续时间长,不易成洞	

注:R_c 为岩石单轴饱和抗压强度(MPa);σ_{max} 为垂直洞轴线方向的最大初始地应力值(MPa)。

⑥ 初始地应力对围岩级别的修正宜按表 15.1-10 进行。

表 15.1-10　　　　　　　　　初始地应力影响的修正

修正级别 \ 围岩分级　　　初始地应力状态	Ⅰ	Ⅱ	Ⅲ	Ⅳ	Ⅴ
极高应力	Ⅰ	Ⅱ	Ⅲ 或 Ⅳ①	Ⅴ	Ⅵ
高应力	Ⅰ	Ⅱ	Ⅲ	Ⅳ 或 Ⅴ②	Ⅵ

注:1. ① 围岩岩体为较破碎的极硬岩、较完整的硬岩时定为Ⅲ级,其他情况定为Ⅳ级。

　　　② 围岩岩体为破碎的极硬岩、较破碎及破碎的硬岩时定为Ⅳ级,其他情况定为Ⅴ级。

　　2. 本表不适用于特殊围岩。

⑦ 主要结构面产状对围岩分级的修正,应考虑主要结构面产状与洞轴线的组合关系,并结合结构面工程特性、富水情况等因素综合分析确定。主要结构面是指对围岩稳定性起主要影响的结构面,如层状岩体的泥化层面,一组很发育的裂隙,次生泥化夹层,含断层泥、糜棱岩的小断层等。

⑧ 围岩基本质量指标修正值[BQ],可按下式计算:

$$[BQ] = BQ - 100(K_1 + K_2 + K_3) \qquad (15.1\text{-}1)$$

式中　　[BQ]——围岩基本质量指标修正值;

　　　　BQ——围岩基本质量指标;

　　　　K_1——地下水影响修正系数;

　　　　K_2——主要软弱结构面产状影响修正系数;

　　　　K_3——初始应力状态影响修正系数。

K_1、K_2、K_3 值,可分别按表 15.1-11～表 15.1-13 确定。

表 15.1-11　　　　　　　　　地下水影响修正系数 K_1

地下水出水状态 \ 岩体基本质量指标 BQ	>550	550～451	450～351	350～251	≤250
潮湿或点滴状出水	0	0	0～0.1	0.2～0.3	0.4～0.6
淋雨状或线流状出水	0～0.1	0.1～0.2	0.2～0.3	0.4～0.6	0.7～0.9
涌流状出水	0.1～0.2	0.2～0.3	0.4～0.6	0.7～0.9	1.0

表 15.1-12　　　　　　　主要结构面产状影响修正系数 K_2

结构面产状及其与洞轴线的组合关系	结构面走向与洞轴线夹角<30°,结构面倾角 30°～75°	结构面走向与洞轴线夹角>60°,结构面倾角>75°	其他组合
K_2	0.4～0.6	0～0.2	0.2～0.4

表 15.1-13　　　　　　　　　　　　初始应力状态影响修正系数 K_3

初始应力状态　　　　岩体基本质量指标 BQ	＞550	550～451	450～351	350～251	≤250
极高应力区	1.0	1.0	1.0～1.5	1.0～1.5	1.0
高应力区	0.5	0.5	0.5	0.5～1.0	0.5～1.0

（3）铁路隧道围岩亚分级可根据表 15.1-14 确定。

表 15.1-14　　　　　　　　　　　　隧道围岩亚分级

围岩级别		围岩主要工程地质条件		围岩基本质量指标 BQ
级别	亚级	主要工程地质特征	结构特征和完整状态	
Ⅲ	Ⅲ₁	极硬岩（R_c＞60 MPa），岩体较破碎，结构面较发育、结合差	裂隙块状或中厚层状结构	450～391
		硬岩（R_c＝30～60 MPa)或软硬岩互层以硬岩为主，岩体较完整，结构面不发育、结合差	块状或厚层状结构	
	Ⅲ₂	极硬岩（R_c＞60 MPa），岩体较破碎，结构面发育、结合良好	镶嵌碎裂状或薄层状结构	390～351
		硬岩（R_c＝30～60 MPa)或软硬岩互层以硬岩为主，岩体较完整，结构面较发育、结合良好	块状结构	
		较软岩（R_c＝15～30 MPa)，岩体完整，结构面不发育、结合良好	整体状或巨厚层状结构	
Ⅳ	Ⅳ₁	极硬岩（R_c＞60 MPa），岩体破碎，结构面发育、结合差	裂隙块状结构	350～311
		硬岩（R_c＝30～60 MPa)，岩体较破碎，结构面较发育、结合差或结构面发育、结合良好	裂隙块状或镶嵌碎裂结构	
		较软岩（R_c＝15～30 MPa)或软硬岩互层以软岩为主，岩体较完整，结构面较发育、结合良好	块状结构	
		软岩（R_c＝5～15 MPa)，岩体完整，结构面不发育、结合良好	整体状或巨厚层状结构	
	Ⅳ₂	极硬岩（R_c＞60 MPa），岩体破碎，结构面很发育、结合差	碎裂结构	310～251
		硬岩（R_c＝30～60 MPa)，岩体破碎，结构面发育或很发育、结合差	裂隙块状或碎裂状结构	
		较软岩（R_c＝15～30 MPa)或软硬岩互层以软岩为主，岩体较破碎，结构面发育、结合良好	镶嵌碎裂状或薄层状结构	
		软岩（R_c＝5～15 MPa)，岩体较完整，结构面较发育、结合良好	块状结构	
		土体：1. 具压密或成岩作用的黏性土、粉土及砂类土；2. 黄土（Q_1、Q_2）；3. 一般钙质、铁质胶结的碎石土、卵石土、大块石土	1 和 2 呈大块状压密结构，3 呈巨块状整体结构	

围岩级别		围岩主要工程地质条件		围岩基本质量指标 BQ
级别	亚级	主要工程地质特征	结构特征和完整状态	
V	V₁	较软岩($R_c = 15 \sim 30$ MPa),岩体破碎,结构面很发育或极发育	裂隙块状或碎裂结构	250～211
		软岩($R_c = 5 \sim 15$ MPa),岩体较破碎,结构面较发育、结合差或结构面发育、结合良好	裂隙块状或镶嵌碎裂结构	
		一般坚硬黏质土、较大天然密度硬塑状黏质土及一般硬塑状黏质土;压密状态稍湿至潮湿或胶结程度较好的砂类土;稍湿或潮湿的碎石土、卵石土、圆砾、角砾土及黄土(Q_3、Q_4)	非黏性土呈松散结构,黏性土及黄土呈松软结构	
	V₂	软岩,岩体破碎;全部极软岩及全部极破碎岩(包括受构造影响严重的破碎带)	呈角砾状松散结构	≤210
		一般硬塑状黏土及可塑状黏质土;密实以下但胶结程度较好的砂类土;稍湿或潮湿且较松散的碎石土、卵石土、圆砾、角砾土;一般或坚硬松散结构的新黄土	非黏性土呈松散结构,黏性土及黄土呈松软结构	

① 围岩亚分级应在表 15.1-14 的基础上,结合隧道工程的特点,考虑地下水出水状态、初始地应力状态、主要结构面产状等因素进行修正。

② 地下水状态的分级宜按表 15.1-15 确定。

表 15.1-15　　　　　　　　　　地下水影响的修正

围岩基本分级	Ⅲ		Ⅳ		V	
地下水状态分级	Ⅲ₁	Ⅲ₂	Ⅳ₁	Ⅳ₂	V₁	V₂
潮湿或点滴状出水	Ⅲ₁	Ⅲ₂	Ⅳ₁	Ⅳ₂	V₁	V₂
淋雨状或线流状出水	Ⅲ₂	Ⅳ₁	V₁	V₂	Ⅵ	Ⅵ
涌流状出水	Ⅳ₁	Ⅳ₂	V₁	V₂	Ⅵ	Ⅵ

③ 地下水对围岩亚级级别的修正宜按表 15.1-15 进行。

④ 围岩初始地应力状态,当无实测资料时,可根据隧道工程埋深、地貌、地形、地质、构造运动史、主要构造线与开挖过程中出现的岩爆、岩芯饼化等特殊地质现象,按表 15.1-16 评估。

表 15.1-16　　　　　　　　　　初始地应力影响的修正

围岩分级	Ⅲ		Ⅳ		V	
初始地应力状态　　　修正级别	Ⅲ₁	Ⅲ₂	Ⅳ₁	Ⅳ₂	V₁	V₂
极高应力	Ⅲ₂	Ⅳ₁	V₁	V₂	Ⅵ	Ⅵ
高应力	Ⅲ₂	Ⅲ₂	Ⅳ₁	V₁	Ⅵ	Ⅵ

注:本表不适用于特殊围岩。

⑤ 初始地应力对围岩亚级级别的修正宜按表 15.1-16 进行。

⑥ 主要结构面产状对围岩亚分级的修正,应考虑主要结构面产状与洞轴线的组合关系,并结合结构面工程特性、富水情况等因素综合分析确定。主要结构面是指对围岩稳定性起主要影响的结构面,如层状岩体的泥化层面,一组很发育的裂隙,次生泥化夹层,含断层泥、糜棱岩的小断层等。

⑦ 围岩亚级分级定量修正应采用围岩基本质量指标修正值[BQ],其值可按公式[BQ]＝BQ−100(K_1＋K_2＋K_3)计算确定,并根据修正后的围岩基本质量指标[BQ],按铁路隧道围岩亚分级表重新确定围岩级别。

15.1.3 应用

15.1.3.1 评价类应用

(1) 在无试验资料时可以根据围岩级别确定各级围岩的物理力学指标,见表 15.1-17。

表 15.1-17　　　　　　　各级围岩的物理力学指标

围岩级别	容重 γ/(kN/m³)	弹性反力系数 K/(MPa/m)	变形模量 E/GPa	泊松比 ν	内摩擦角/(°)	黏聚力 c/MPa	计算摩擦角 φ_c/(°)
Ⅰ	26～28	1 800～2 800	＞33	＜0.2	＞60	＞2.1	＞78
Ⅱ	25～27	1 200～1 800	20～33	0.2～0.25	50～60	1.5～2.1	70～78
Ⅲ	23～25	500～1 200	6～20	0.25～0.3	39～50	0.7～1.5	60～70
Ⅳ	20～23	200～500	1.3～6	0.3～0.35	27～39	0.2～0.7	50～60
Ⅴ	17～20	100～200	1～2	0.35～0.45	20～27	0.05～0.2	40～50
Ⅵ	15～17	＜100	＜1	0.4～0.5	＜22	＜0.1	30～40

注:1. 本表数值不包括黄土地层及特殊围岩;

2. 选用计算摩擦角时,不再计算内摩擦角和黏聚力。

(2) 在无试验资料时可以根据围岩亚级级别确定各级围岩的物理力学指标,见表 15.1-18。

表 15.1-18　　　　　　　各亚级围岩的物理力学指标

围岩级别		容重 γ/(kN/m³)	弹性反力系数 K/(MPa/m)	变形模量 E/GPa	泊松比 ν	内摩擦角 φ/(°)	黏聚力 c/MPa
级别	亚级						
Ⅲ	Ⅲ₁	24～25	850～1 200	10.7～20	0.25～0.26	44～50	1.1～1.5
	Ⅲ₂	23～24	500～850	6～10.7	0.26～0.3	39～44	0.7～1.1
Ⅳ	Ⅳ₁	22～23	400～500	3.8～6	0.3～0.31	35～39	0.5～0.7
	Ⅳ₂	20～22	200～400	1.3～3.8	0.31～0.35	27～39	0.2～0.5
Ⅴ	Ⅴ₁	18～20	150～200	1.3～2	0.35～0.39	22～27	0.12～0.2
	Ⅴ₂	17～18	100～150	1～1.3	0.39～0.45	20～22	0.05～0.12

注:表中数值不包括黄土地层级特殊围岩。

(3) 确定两相邻单线隧道间的最小净距,见表 15.1-19。

表 15.1-19 **两相邻单线隧道间的最小净距**

围岩级别	I	II～III	IV	V	VI
净距/m	(0.5～1.0)B	(1.0～1.5)B	(1.5～2.0)B	(2.0～4.0)B	>4.0B

注:B 为隧道开挖跨度(m)。

（4）确定高地应力区隧道软岩大变形分级,见表 15.1-20。

表 15.1-20 **大变形分级表**

大变形等级	围岩强度应力比 (R_b/σ_{max})	围岩变形特征
I	0.25～0.5	开挖后围岩位移较大,持续时间较长;一般支护开裂或破损较严重,相对变形量为3%～5%,围岩自稳时间短,以塑流型、弯曲型、滑移型变形模式为主,兼有剪切型变形
II	0.15～0.25	开挖后围岩位移大,持续时间长;一般支护开裂或破损严重,相对变形量为5%～8%,洞底有隆起现象,围岩自稳时间很短,以塑流型、弯曲型变形模式为主
III	<0.15	开挖后围岩位移很大,持续时间很长;一般支护开裂或破损很严重,相对变形量大于8%,洞底有明显隆起现象,流变特征很明显,围岩自稳时间很短,以塑流型为主

注:1. R_b 为围岩强度(MPa),σ_{max} 为最大地应力(MPa)。

2. 相对变形量为变形量与隧道当量半径之比。

（5）确定复合式衬砌的预留围岩变形量,见表 15.1-21。

表 15.1-21 **预留变形量** 单位:mm

围岩级别	小跨	中跨	大跨
II	—	0～30	30～50
III	10～30	30～50	50～80
IV	30～50	50～80	80～120
V	50～80	80～120	120～170

注:1. 浅埋、软岩、跨度较大隧道取大值;深埋、硬岩、跨度较小隧道取小值。

2. 有明显流变、原岩应力较大和膨胀岩(土),应根据量测数据反馈分析确定预留变形量。

3. 特大跨度隧道,应根据量测数据反馈分析确定变形量。

（6）确定单线隧道复合式衬砌的设计参数,见表 15.1-22。

表 15.1-22 **单线隧道复合式衬砌的设计参数表**

围岩级别	初期支护							二次衬砌厚度/cm	
	喷混凝土厚度/cm		锚杆			钢筋网	钢架	拱墙	仰拱
	拱墙	仰拱	位置	长度/m	间距/m				
II	5	—	—	—	—	—	—	25	—
III	7	—	局部设置	2.0	1.2～1.5	—	—	25	—

围岩级别	初期支护							二次衬砌厚度/cm	
	喷混凝土厚度/cm		锚杆			钢筋网	钢架	拱墙	仰拱
	拱墙	仰拱	位置	长度/m	间距/m				
IV	10	—	拱、墙	2.0~2.5	1.0~1.2	必要时设置 @25×25	—	30	40
V	15~22	15~22	拱、墙	2.5~3.0	0.8~1.0	拱、墙、仰拱 @20×22	必要时设置	35	40
VI	通过试验确定								

（7）确定双线隧道复合式衬砌的设计参数，见表 15.1-23。

表 15.1-23　　　　　　双线隧道复合式衬砌的设计参数表

围岩级别	初期支护							二次衬砌厚度/cm	
	喷混凝土厚度/cm		锚杆			钢筋网	钢架	拱墙	仰拱
	拱墙	仰拱	位置	长度/m	间距/m				
II	5~8	—	局部设置	2.0~2.5	1.5	—	—	30	—
III	8~10	—	拱、墙	2.0~2.5	1.2~1.5	必要时设置 @25×25	—	35	45
IV	15~22	15~22	拱、墙	2.5~3.0	1.0~1.2	拱、墙、仰拱 @25×25	必要时设置	40	45
V	20~25	20~25	拱、墙	3.0~3.5	0.8~1.0	拱、墙、仰拱 @20×20	拱、墙、仰拱	45	45
VI	通过试验确定								

注：1. 采用钢架时，宜选用格栅钢架，钢架设置间距宜为 0.5~1.5 m。

2. 对于 IV、V 级围岩，可视情况采用钢筋束支护，喷射混凝土厚度可取小值。

3. 钢架与围岩之间的喷射混凝土保护层厚度不应小于 4 cm；临空一侧的混凝土保护层厚度不应小于 3 cm。

（8）确定隧道初期支护极限相对位移的控制值，见表 15.1-24 和表 15.1-25。

表 15.1-24　　　　　　单线隧道初期支护极限相对位移　　　　　　单位：%

围岩级别	隧道埋深 h/m		
	h≤50	50<h≤300	300<h≤500
	拱脚水平相对净空变化		
II	—	—	0.20~0.60
III	0.10~0.50	0.40~0.70	0.60~1.50

围岩级别	隧道埋深 h/m		
	$h \leqslant 50$	$50 < h \leqslant 300$	$300 < h \leqslant 500$
拱脚水平相对净空变化			
IV	0.20～0.70	0.50～2.60	2.40～3.50
V	0.30～1.00	0.80～3.50	3.00～5.00
拱顶相对下沉			
II	—	0.01～0.05	0.04～0.08
III	0.01～0.04	0.03～0.11	0.10～0.25
IV	0.03～0.07	0.06～0.15	0.10～0.60
V	0.06～0.12	0.10～0.60	0.50～1.20

注:1. 本表适用于按表 15.1-22 参数设计的单线隧道复合式衬砌的初期支护,硬质围岩隧道取表中较小值,软弱围岩隧道取表中较大值。表列数值可以在施工中通过实测资料积累作适当的修正。

2. 拱脚水平相对净空变化指两拱脚测点间净空水平变化值与其距离之比,拱顶相对下沉指拱顶下沉值减去隧道下沉值后与原拱顶至隧底高度之比。

3. 墙腰水平相对净空变化极限值可按拱脚水平相对净空变化极限值乘以 1.2～1.3 后采用。

表 15.1-25　　　　　　　双线隧道初期支护极限相对位移　　　　　　单位:%

围岩级别	隧道埋深 h/m		
	$h \leqslant 50$	$50 < h \leqslant 300$	$300 < h \leqslant 500$
拱脚水平相对净空变化			
II	—	0.01～0.03	0.01～0.08
III	0.03～0.10	0.08～0.40	0.30～0.60
IV	0.10～0.30	0.20～0.80	0.70～1.20
V	0.20～0.50	0.40～2.00	1.80～3.00
拱顶相对下沉			
II	—	0.03～0.06	0.05～0.12
III	0.03～0.06	0.04～0.15	0.12～0.30
IV	0.06～0.10	0.08～0.40	0.30～0.80
V	0.08～0.16	0.14～1.10	0.80～1.40

注:1. 本表适用于按表 15.1-23 设计的双线隧道复合式衬砌的初期支护,硬质围岩隧道取表中较小值,软质围岩隧道取表中较大值。表列数值可以在施工中通过实测资料积累作适当的修正。

2. 拱脚水平相对净空变化指拱脚测点间净空水平变化值与其距离之比,拱顶相对下沉指拱顶下沉值减去隧道下沉值后与原拱顶至隧底高度之比。

3. 初期支护墙腰水平相对净空变化极限值可按拱脚水平相对净空变化极限值乘以 1.1～1.2 后采用。

(9) 确定喷锚衬砌的设计参数,见表 15.1-26。

表 15.1-26 喷锚衬砌的设计参数

围岩级别	单线隧道	双线隧道
I	喷射混凝土厚度为 5 cm	喷射混凝土厚度为 8 cm,必须时设置锚杆,锚杆长 1.5～2.0 m,间距为 1.2～1.5 m
II	喷射混凝土厚度为 8 cm,必须时设置锚杆,锚杆长 1.5～2.0 m,间距为 1.2～1.5 m	喷射混凝土厚度为 10 cm,必须时设置锚杆,锚杆长 2.0～2.5 m,间距为 1.0～1.2 m,必要时设置局部钢筋网

注:1. 边墙喷射混凝土厚度可略低于表列数值,当边墙围岩稳定,可不设置锚杆和钢筋网;

2. 钢筋网的网格间距宜为 15～30 cm,钢筋网保护层厚度不应小于 3 cm。

(10) 全断面岩石掘进机施工段围岩或初期支护监控量测实测相对位移值或预测的总相对位移值管理标准按表 15.1-27 执行。

表 15.1-27 隧道周边允许位移相对值 单位:%

围岩级别	埋深/m		
	<50	50～300	>300
III	0.10～0.30	0.20～0.50	0.40～1.20
IV	0.15～0.50	0.40～1.20	0.80～2.00
V	0.20～0.80	0.60～1.60	1.00～3.00

注:1. 周边位移相对值指两测点间实测位移累计值与两测点间距离之比或拱顶下沉实测值与隧道宽度之比。

2. 硬质围岩的取表中较小值,软质围岩的取表中较大值。

3. 本表所列数值可在施工过程中通过实测和资料积累作适当修正。

(11) 确定隧道必测项目监控量测断面间距,见表 15.1-28。

表 15.1-28 必测项目监控量测断面间距

围岩级别	断面间距/m
V～IV	5～10
IV	10～30
III	30～50

(12) 进行盾构机的选型,见表 15.1-29。

表 15.1-29 盾构机选型

对比项目	开敞式掘进机	双护盾掘进机	单护盾掘进机
地质适应性	一般在良好地质中使用,硬岩掘进的适应性好,软弱围岩需对地层超前加固,较适合于 II、III 级围岩为主的隧道	硬岩掘进的适应性同开敞式,软弱围岩采用单盾模式掘进,比开敞式有更好的适应性。较适合于 III 级围岩为主的隧道	隧道地质情况相对较差的条件下(但开挖工作面能自稳)使用。较适合于 III、IV 级围岩为主的隧道

15.1.3.2　计算类应用

计算深埋隧道衬砌的垂直均布压力和水平均布压力。

（1）垂直均布压力可按下式计算确定：

$$q = \gamma h \tag{15.1-2}$$

$$h = 0.45 \times 2^{s-1}\omega \tag{15.1-3}$$

式中　q——围岩垂直均布压力，kPa；

　　　γ——围岩重度，kN/m³；

　　　h——围岩压力计算高度，m；

　　　s——围岩级别；

　　　ω——宽度影响系数。

$$\omega = 1 + i(B - 5)$$

式中　B——坑道宽度，m；

　　　i——B 每增减 1 m 时的围岩压力增减率：当 $B < 5$ m 时，取 $i = 0.2$；$B > 5$ m 时，取 $i = 0.1$。

（2）水平均布压力可按表 15.1-30 确定。

表 **15.1-30**　　　　　　　　　　**围岩水平均布压力**

围岩级别	I～II	III	IV	V	VI
水平均布压力	0	$<0.15q$	$(0.15\sim0.30)q$	$(0.30\sim0.50)q$	$(0.50\sim1.00)q$

15.2　岩土施工工程分级

15.2.1　定义

根据岩土名称及特征、岩石饱和单轴抗压强度、钻探难度，按《城市轨道交通岩土工程勘察规范》(GB 50307—2012)将岩土施工工程分级划分为松土、普通土、硬土、软质岩、次坚石、坚石。用于确定隧道开挖方法。

15.2.2　获取

一般采用规范查表法，见表 15.2-1。

表 **15.2-1**　　　　　　　　　　**岩土施工工程分级**

等级	分类	岩土名称及特征	钻 1 m 所需的时间			岩石单轴饱和抗压强度/MPa	开挖方法
			液压凿岩台车、潜孔钻机/（净钻分钟）	手持风枪湿式凿岩合金钻头/（净钻分钟）	双人打眼/（工·天）		
I	松土	砂类土，种植土，未经压实的填土	—	—	—	—	用铁锹挖、脚蹬一下到底的松散土层，机械能全部直接铲挖，普通装载机可满载

等级	分类	岩土名称及特征	钻 1 m 所需的时间			岩石单轴饱和抗压强度/MPa	开挖方法
			液压凿岩台车、潜孔钻机/(净钻分钟)	手持风枪湿式凿岩合金钻头/(净钻分钟)	双人打眼/(工·天)		
Ⅱ	普通土	坚硬的、硬塑和软塑的粉质黏土,硬塑和软塑的黏土,膨胀土,粉土,Q₃、Q₄ 黄土,稍密、中密的细角砾土、细圆砾土、松散的粗角砾土、碎石土、粗圆砾土、卵石土,压密的填土,风积砂	—	—	—		部分用镐刨松,再用铁锹挖,脚连蹬数次才能挖动。挖掘机、带齿尖口装载机可满载、普通装载机可直接铲挖,但不能满载
Ⅲ	硬土	坚硬的黏性土、膨胀土、Q₁、Q₂ 黄土,稍密、中密粗角砾土、粗圆砾土、碎石土,密实的细圆砾土、细角砾土,各种风化成土状的岩石	—	—	—		必须用镐先全部刨过才能用锹挖,挖掘机、带齿尖口装载机不能满载、大部分采用松土器松动方能铲挖装载
Ⅳ	软质岩	块石土,漂石土,含块石、漂石 30%～50% 的土及密实的碎石土、粗角砾土、卵石土、粗圆砾土;岩盐,各类较软岩、软岩及成岩作用差的岩石:泥质砾岩、煤、凝灰岩、云母片岩、千枚岩	—	<7	<0.2	<30	部分用撬棍及大锤开挖或挖掘机、单钩裂土器松动,部分需借助液压冲击镐解碎或部分采用爆破法开挖
Ⅴ	次坚石	各种硬质岩:硅质页岩、钙质岩、白云岩、石灰岩、泥灰岩、玄武岩、片岩、片麻岩、正长岩、花岗岩	≤10	7～20	0.2～1.0	30～60	能用液压冲击镐解碎,大部分需用爆破法开挖
Ⅵ	坚石	各种极硬岩:硅质砂岩、硅质砾岩、石灰岩、石英岩、大理岩、玄武岩、闪长岩、花岗岩、角岩	>10	>20	>1.0	>60	可用液压冲击镐解碎,需用爆破法开挖

注:1. 软土(软黏性土、淤泥质土、淤泥、泥炭质土、泥炭)的施工工程分级,一般可定为Ⅱ级,多年冻土一般可定为Ⅳ级。

　　2. 表中所列岩石均按完整结构岩体考虑,若岩体极破碎、节理很发育或强风化时,其等级应按表对应岩石的等级降低一个等级。

15.2.3 应用

　　根据岩土施工工程分级确定开挖方法,并根据开挖方法确定定额。

15.3　标准冻结深度

15.3.1　定义

在地面平坦、裸露、城市之外的空旷场地中不少于 10 年的实测最大冻结深度的平均值。

15.3.2　获取

实测。无实测资料时,可根据《建筑地基基础设计规范》(GB 50007—2011)附录 F 中国季节性冻土标准冻深线图查取。

15.3.3　应用

确定季节性冻土的场地冻结深度,按下式计算:

$$Z_d = Z_0 \cdot \psi_{zs} \cdot \psi_{zw} \cdot \psi_{ze} \tag{15.3-1}$$

式中　Z_d——场地冻结深度,m,当有实测资料时按 $Z_d = h' - \Delta z$ 计算(h' 为最大冻深出现时场地最大冻结土层厚度,m;Δz 为最大冻深出现时场地地表冻胀量,m);

　　　Z_0——标准冻结深度,m;

　　　ψ_{zs}——土的类别对冻结深度的影响系数,按表 15.3-1 采用;

　　　ψ_{zw}——土的冻胀性对冻结深度的影响系数,按表 15.3-2 采用;

　　　ψ_{ze}——环境对冻结深度的影响系数,按表 15.3-3 采用。

表 15.3-1　　　　　　　　　土的类别对冻结深度的影响系数

土的类别	影响系数 ψ_{zs}
黏性土	1.00
细砂、粉砂、粉土	1.20
中、粗、砾砂	1.30
大块碎石土	1.40

表 15.3-2　　　　　　　　　土的冻胀性对冻结深度的影响系数

冻胀性	影响系数 ψ_{zw}
不冻胀	1.00
弱冻胀	0.95
冻胀	0.90
强冻胀	0.85
特强冻胀	0.80

表 15.3-3　　　　　　　　　环境对冻结深度的影响系数

环境	影响系数 ψ_{ze}
村、镇、旷野	1.00
城市近郊	0.95
城市市区	0.90

注:环境影响系数一项,当城市市区人口为 20 万~50 万时,按城市近郊取值;当城市市区人口大于 50 万小于或等于 100 万时,只计入市区影响;当城市市区人口超过 100 万时,除计入市区影响外,尚应考虑 5 km 以内的郊区近郊影响系数。

15.4 电阻率

15.4.1 定义

电阻率是用来表示各种物质电阻特性的物理量。某种物质所制成的元件(常温下 20 ℃)的电阻与横截面积的乘积与长度的比值叫作这种物质的电阻率,单位:$\Omega \cdot m$。在地下岩石电性分布不均匀(有两种或两种以上导电性不同的岩石或矿石)或地表起伏不平的情况下,若仍按测定均匀水平大地电阻率的方法和计算公式求得的电阻率称之为视电阻率,是用来反映岩石和矿石导电性变化的参数,以符号 ρ_s 表示,单位和电阻率相同,为 $\Omega \cdot m$。

15.4.2 获取

视电阻率通过现场物探测试,利用接地电极将直流电供入地下,建立稳定的人工电场,可以在地表观测某点垂直方向或某剖面的水平方向的电阻率变化,通过电阻率变化,从而了解岩层的分布或地质构造特点。在均质各向同性岩层中测量时,从理论上讲,无论电极装置如何,所得的电阻率应相等,即得到的为岩层的真电阻率。

$$\rho = K \frac{\Delta V}{I} \tag{15.4-1}$$

式中 ρ——岩层的电阻率,$\Omega \cdot m$;

ΔV——测量电极间的电位差,mV;

I——供电回路的电流强度,mA;

K——装置系数,m,与供电和测量电极间距有关,按表 15.4-1 所列公式计算。

表 15.4-1 各种电探方法对应的 K 值计算公式

电探方法	K 值计算公式
对称测深、对称剖面	$K = \pi \dfrac{AM \cdot AN}{MN}$
三极测深、三极剖面、联合剖面	$K = 2\pi \dfrac{AM \cdot AN}{MN}$
轴向偶极测深、偶极剖面	$K = 2\pi \dfrac{AM \cdot AN \cdot BM \cdot BN}{MN(AM \cdot AN - BM \cdot BN)}$
赤道偶极测深	$K = \dfrac{AM \cdot AN}{AN - AM}$
双电极剖面	$K = 2\pi \cdot AM$
中间梯度	$K = \dfrac{2\pi \cdot AM \cdot AN \cdot BM \cdot BN}{MN(AM \cdot AN + BM \cdot BN)}$

表 15.4-1 中 AM、AN、BM、BN、MN 如图 15.4-1 所示。

但在实际工作中所遇到的地层既不同性又不均质,所测得的电阻率为视电阻率,是不均质体的综合反映。

测电阻率的方法主要根据装置的不同分为电剖面法、电测深法和高密度电阻率法。

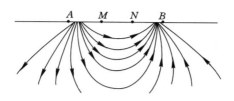

图 15.4-1 均匀介质中电流线分布图

15.4.2.1 电剖面法

电剖面法是测量电极和供电电极的装置不变,而测点沿测线移动,来探测某深度范围内岩层视电阻率水平变化的方法。该法用来解决与平面位置有关的地质问题,如断层、岩层接触截面等。

(1) 电剖面法的种类。电剖面法根据装置的不同可分为:

① 对称四极剖面:$AMNB$ 布置在一条直线上,$AM = NB$,测量时 $AMNB$ 的间距不变,四个电极同时沿测线方向移动。当 $AM = MN = NB = a$ 时,称为温纳装置。

② 复合对称四极剖面:电极布置同对称四极剖面,但增加了两个供电电极 A'、B',即同时可测两个 AB 深度的 ρ_s 值。

③ 三极剖面和联合剖面:三极剖面是供电电极之一置于无穷远,AMN 沿测线排列,并逐点进行观测。三极剖面一般很少单独使用,往往用两个三极剖面联合起来称为联合剖面,联合剖面 $AMNB$ 布置在一直线上,增加一供电电极 C。C 极垂直于 $AMNB$ 方向布置于无穷远处,一般 $CO = (5 \sim 10)AO$。每一测点可分别测出 $AMN\infty$ 和 ∞MNB 两个 ρ_s 值,绘成两条曲线。当地下有较窄的垂向构造时,两条曲线即相交成低阻或高阻交点,反映构造位置。因此,联合剖面通常用来探测岩脉、断层、破碎带、溶洞等。

复合三极剖面:电极布置同三极剖面,但增加了一个供电电极 A',同时可测两个深度的 ρ_s 值。

④ 偶极剖面:供电电极和测量电极同时沿测线同一方向移动。偶极剖面分为轴向偶极剖面和赤道偶极剖面。当 MN 一边布置 AB 时,称单边轴向偶极剖面和单边赤道偶极剖面;当 MN 两边均布置 AB(对称 MN 布置)时,即 $ABMNA'B'$,称为双边轴向偶极剖面和双边赤道偶极剖面。双边布置可在同一地点测出两个 ρ_s 值,同时可绘制两条 ρ_s 曲线,其性质与联合剖面的 ρ_s 曲线相似,亦有低阻或高阻交点。

⑤ 中间梯度法:是将供电电极 AB 相距很远、固定不动,测量电极 MN 在其中部约 $1/3$ 的地段沿 AB 线或平行 AB 线进行观测,这样电场被认为是均匀的,若测量范围内有高、低阻不均匀地质体时,则 ρ_s 明显反映出极大或极小值。一般用来探测陡倾角高阻带状构造。

(2) 电剖面法的极距选择。

电剖面可按下列方法选择极距。未列者可参考近似类型的方法。

① 对称四极剖面:

$$AB = (4 \sim 6)H, MN < AB/3$$

② 复合对称四极剖面:

$$AB = (6 \sim 10)H, A'B' = (2 \sim 4)H$$

③ 三极剖面、联合剖面：

$$CO=(5\sim10)AO, AO\geqslant3H, MN=(1/3\sim1/5)AO=测点距$$

上列各式中 H 为探测对象埋藏深度（m）。

④ 偶极剖面：

$$AB=(2\sim3)MN$$

当地质条件简单时，$AB=MN$，$MN=OO'/10=$ 测点距。OO' 的间距可参考联合剖面中的 AO 间距，即：$OO'=AO+AB/2$。

⑤ 中间梯度法：

$$MN\geqslant H \text{ 或 } MN=(2\sim5)H, AB=(30\sim40)MN$$

15.4.2.2　电测深法

电测深法是在地表以某一点（即测深点）为中心，用不同供电极距测量不同深度岩层的 ρ_s 值，以获得该点处地质断面的方法。若测深点按勘探线布置时，可得出地质横断面情况。

（1）电测深法的种类。

根据极距装置形式可分为下列几种。

① 对称四极测深：$AMNB$ 四个电极布置在一条直线上，测量电极 MN 布置在供电电极 AB 中间，测量时 MN 不动（当 AB 增大到一定值后，MN 按规定要求增大），对称式增大 AB，每移动一次 AB 测得一次 ρ_s 值，或 AB 和 MN 按一定比值同时增大，测量 ρ_s 值。

② 三极测深：当有地形、地物阻碍四极测深的 AB 极距增大时，可采用三极测深。三极测深是将供电电极 B 沿 MN 中垂线方向，放到距测深点 O 的距离 $BO\geqslant(3\sim5)AO_{max}$ 处，或将 B 极沿 AMN 方向放到 $BO\geqslant10AO$ 处，测量时仅移动 A 极。所得结果一般与四极测深一致。

③ 偶极测深：分为轴向偶极测深和赤道偶极测深。轴向偶极测深是 $ABMN$ 布置在一直线上，MN 布置在 AB 的一侧，测量时 AB 间距不变，移动 AB。赤道偶极测深是 AB 与 MN 平行排列，测量时 AB 间距不变，平行移动 AB。该法也是在有地形、地物障碍，AB 极距拉不开时采用。

④ 环形测深：装置形式仍为对称四极装置，所不同的是在一个测深点上进行几个方向（一般为四个方向）的测量，以了解同一地点不同方向上的岩性变化，如节理发育方向等。将各方向上同一 AB 极距所测得的 ρ_s 值，用同一比例绘制平面图，当岩层各向均质时，为一同心圆；当在某方向有差异时，则为一些椭圆。

（2）电测深的极距选择。

AB 和 MN 的距离按下式原则选择：

$$AB_{min}\leqslant h_1 \quad H<AB_{max}<10H \quad AB/3\geqslant MN\geqslant AB/30 \tag{15.4-2}$$

式中　h_1——由地表开始第一电性层（岩层）的厚度，m；

　　　H——要求的探测深度，m；

　　　AB_{min}、AB_{max}——AB 电极的最小间距和最大间距。

15.4.2.3　高密度电阻率法

高密度电阻率法的原理与普通电阻率法相同，只是在测定方法、仪器设备及资料处理方面有了改进。它集中了电剖面法和电测深法的特点，不仅可提供地下一定深度范围内横向电性的变化情况，而且还可提供垂向电性的变化特征。

（1）测量系统。

高密度电阻率法的测量系统主要包括多电位电极系、多路电极转化装置和高密度工程电测仪。电极系由电极和多芯屏蔽电缆组成。电极转换装置有手动式和程控式两种。

（2）测量方法：

① 电极装备。电极敷设一次完成，通过电极转换装置实现电极排列方式、极距和测点的转换。在实际工作中常采用一种或多种装置类型进行观测，以达到最佳的探测目的。

② 电极距选择。根据地形、已知地质资料及探测目标的规模，选择适当的电极距；按选取的电极距，等距离布置电极。

（3）资料整理及解释。

高密度电阻率法数据处理分为基本数据处理和应用数据处理两种。基本数据处理包括视电阻率的计算和地形校正处理；应用数据处理包括平滑、强化处理。由于高密度电阻率法可以在一条剖面上采集到不同装置及不同极距的大量数据，通过对这些数据进行统计、换算以及滤波处理，便可获得各种参数的等级断面图和分级剖面图，根据不同图件中各参数值的分布形态，综合分析异常体的位置和规模。

15.4.3　应用

（1）利用在发电厂和变电站的接地网设计中，初步拟定接地网的尺寸及结构。通过数值计算获得接地网的接地电阻值和地电位升高，且将其与要求的限制比较，并通过修正接地网设计使其满足要求；确定发电厂和变电站接地网的形式和布置，110 kV 及以上有效接地系统和 6～35 kV 低电阻接地系统发生单相接地或同点两相接地时，发电厂和变电站接地网的接触电位差和跨步电位差不应超过下列公式计算所得的数值：

$$U_{t} = \frac{174 + 0.17\rho_{s}C_{s}}{\sqrt{t_{s}}} \tag{15.4-3}$$

$$U_{s} = \frac{174 + 0.7\rho_{s}C_{s}}{\sqrt{t_{s}}} \tag{15.4-4}$$

式中　U_{t}——接触电位差允许值，V；

　　　U_{s}——跨步电位差允许值，V；

　　　ρ_{s}——地表层的电阻率，$\Omega \cdot m$；

　　　C_{s}——表层衰减系数；

　　　t_{s}——接地故障电流持续时间，与接地装置热稳定校验的接地故障等效持续时间 t_{e} 取相同值，s。

（2）确定有地线的线路杆塔的工频接地电阻，见表 15.4-2。

表 15.4-2　　　　　　　　有地线的线路杆塔的工频接地电阻

土壤电阻率 $\rho/(\Omega \cdot m)$	$\rho \leqslant 100$	$100 < \rho \leqslant 500$	$500 < \rho \leqslant 1\,000$	$1\,000 < \rho \leqslant 2\,000$	$\rho > 2\,000$
接地电阻/Ω	10	15	20	25	30

（3）确定高压架空线路杆塔的接地装置。

① 在土壤电阻率 $\rho \leqslant 100$ $\Omega \cdot m$ 的潮湿地区，可利用铁塔和钢筋混凝土杆自然接地。

② 在土壤电阻率 100 Ω·m<ρ≤300 Ω·m 的地区,除应利用铁塔和钢筋混凝土杆的自然接地外,并应增设人工接地装置,接地极埋设深度不宜小于 0.6 m。

③ 在土壤电阻率 300 Ω·m<ρ≤2 000 Ω·m 的地区,可采用水平敷设的接地装置,接地极埋设深度不宜小于 0.5 m。

④ 在土壤电阻率 ρ>2 000 Ω·m 的地区,接地电阻很难降到 30 Ω 以下时,可采用 6～8 根总长度不超过 500 m 的放射形接地极或采用连续伸长接地极。放射形接地极可采用长短结合的方式。接地极埋设深度不宜小于 0.3 m。接地电阻可不受限制。

(4) 确定放射形接地极每根的最大长度,见表 15.4-3。

表 15.4-3 放射形接地极每根的最大长度

土壤电阻率 $\rho/(\Omega \cdot m)$	$\rho \leqslant 500$	$500 < \rho \leqslant 1\,000$	$1\,000 < \rho \leqslant 2\,000$	$2\,000 < \rho \leqslant 5\,000$
最大长度/m	40	60	80	100

(5) 计算接地极的接地电阻。

① 均匀土壤中垂直接地极的接地电阻,当 $l \geqslant d$ 时,可按下式计算:

$$R_{\text{v}} = \frac{\rho}{2\pi l}\left(\ln\frac{8l}{d} - 1\right) \tag{15.4-5}$$

式中 R_{v}——垂直地极的接地电阻,Ω;

ρ——土壤电阻率,Ω·m;

l——垂直接地极的长度,m;

d——接地极用圆导体时,圆导体的直径,m。

② 均匀土壤中不同形状水平接地极的接地电阻,可按下式计算:

$$R_{\text{h}} = \frac{\rho}{2\pi l}\left(\ln\frac{L^2}{hd} + A\right) \tag{15.4-6}$$

式中 R_{h}——水平接地极的接地电阻,Ω;

ρ——土壤电阻率,Ω·m;

L——水平接地极的总长度,m;

h——水平接地极的埋设深度,m;

d——接地极用圆导体时,圆导体的直径,m;

A——水平接地极的形状系数。

③ 均匀土壤中水平接地极为主边缘闭合的复合接地极(接地网)的接地电阻,可按下列公式计算:

$$R_{\text{n}} = a_{1\text{n}}R_{\text{e}} \tag{15.4-7}$$

$$a_{1\text{n}} = \left(3\ln\frac{L_0}{\sqrt{S}} - 0.2\right)\frac{\sqrt{S}}{L_0} \tag{15.4-8}$$

$$R_{\text{e}} = 0.213\frac{\rho}{\sqrt{S}}(1 + B) + \frac{\rho}{2\pi L}\left(\ln\frac{S}{9hd} - 5B\right) \tag{15.4-9}$$

$$B = \frac{1}{1 + 4.6 \dfrac{h}{\sqrt{S}}} \qquad (15.4\text{-}10)$$

式中　R_n——任意形状边缘闭合接地网的接地电阻,Ω;

　　　R_e——等值(即等面积、等水平接地极总长度)方形接地网的接地电阻,Ω;

　　　S——接地网的总面积,m^2;

　　　d——水平接地极的直径或等效直径,m;

　　　h——水平接地极的埋设深度,m;

　　　L_0——接地网的外缘边线总长度,m;

　　　L——水平接地极的总长度,m。

④ 均匀土壤中人工接地极工频接地电阻的简易计算,可相应采用下列公式:

垂直式:

$$R \approx 0.3\rho \qquad (15.4\text{-}11)$$

单根水平式:

$$R \approx 0.03\rho \qquad (15.4\text{-}12)$$

复合式(接地网):

$$R \approx 0.5 \frac{\rho}{\sqrt{S}} = 0.28 \frac{\rho}{r} \qquad (15.4\text{-}13)$$

或:

$$R \approx \frac{\sqrt{\pi}}{4} \times \frac{\rho}{\sqrt{S}} + \frac{\rho}{L} = \frac{\rho}{4r} + \frac{\rho}{L} \qquad (15.4\text{-}14)$$

式中　S——大于 $100\ m^2$ 的闭合接地网的面积,m^2;

　　　R——与接地网面积 S 等值的圆的半径,即等效半径,m。

(6)根据国外文献资料,多功能静力触探在环境岩土工程中应用已较为广泛。需要时,也可采用地球物理勘探方法(如电阻率法、电磁法等),配合钻探和其他原位测试,查明污染土的分布。

(7)作为土对钢结构的腐蚀性的测试项目,用于评价土对钢结构的腐蚀性,见表 15.4-4。

表 15.4-4　　　　　　　　　　土对钢结构腐蚀性评价

腐蚀等级	pH	氧化还原电位 /mV	视电阻率 /(Ω·m)	极化电流密度 /(mA/cm²)	质量损失 /g
微	>5.5	>400	>100	<0.02	<1
弱	5.5~4.5	400~200	100~50	0.02~0.05	1~2
中	4.5~3.5	200~100	50~20	0.05~0.20	2~3
强	<3.5	<100	<20	>0.20	>3

注:土对钢结构的腐蚀性评价,取各指标中腐蚀等级最高者。

15.5 地温

15.5.1 定义

地表面和以下不同深度处土壤温度的统称,单位:℃,符号:T。

15.5.2 获取

采用温度传感器结合钻孔法现场测试。测试时符合下列规定:

(1)在钻孔中进行瞬态测温时,地下水位静止时间不宜小于 2 h;稳态测温时,地下水位静止时间不宜小于 5 d。

(2)重复测量应在观测后 8 h 内进行,两次测量误差不超过 0.5 ℃。

15.5.3 应用

与热物理参数结合,在通风空调系统设计和冻结法施工设计中使用,具体见第 13 章。

15.6 其他参数小结(表 15.6-1)

表 15.6-1 其他参数小结

指标	符号	实际应用
围岩分级	—	1. 评价类应用;2. 计算类应用
岩土施工工程分级	—	根据岩土施工工程分级确定开挖方法,并根据开挖方法确定定额
标准冻结深度	—	确定季节性冻土的场地冻结深度
电阻率	ρ	1. 利用在发电厂和变电站的接地网设计中,初步拟定接地网的尺寸及结构;2. 确定有地线的线路杆塔的工频接地电阻;3. 确定高压架空线路杆塔的接地装置;4. 确定放射形接地极每根的最大长度;5. 计算接地极的接地电阻;6. 配合钻探和其他原位测试,查明污染土的分布;7. 作为土对钢结构的腐蚀性的测试项目,用于评价土对钢结构的腐蚀性
地温	T	与热物理参数结合,通风空调系统设计和冻结法施工设计中使用

参 考 文 献

[1] 白永学,漆泰岳,吴占瑞.砂卵石地层盾构开挖面稳定性分析[J].土木建筑与环境工程,2012,34(6):89-96.

[2] 常士骠,张苏民.工程地质手册[M].4版.北京:中国建筑工业出版社,2007.

[3] 崔亚男.广州某地铁隧道人工冻结法施工冻结壁厚度及冻结周期计算[D].北京:北京交通大学,2008.

[4] 丁大钧,刘忠德.弹性地基梁计算理论和方法[M].南京:南京工学院出版社,1986.

[5] 冯斌.天然砂砾改良膨胀土胀缩变形试验及相关模型预估[J].洛阳理工学院学报(自然科学版),2018,28(1):7-15.

[6] 高大钊.土力学与基础工程[M].北京:中国建筑工业出版社,1998.

[7] 高惠君.土粒比重试验影响因素分析[J].天津铁道勘察,2014(3):76-78.

[8] 郭高峰.影响多年冻土融沉特性的因素研究[D].长春:吉林大学,2008.

[9] 郭永春,陈伟乐,赵海涛.膨胀土吸水过程的试验研究[J].水文地质工程地质,2016,43(4):108-112.

[10] 国家铁路局.铁路工程地质原位测试规程:TB 10018—2018[S].北京:中国铁道出版社,2018.

[11] 国家铁路局.铁路路基设计规范:TB 10001—2016[S].北京:中国铁道出版社,2017.

[12] 国家铁路局.铁路桥涵地基和基础设计规范:TB 10093—2017[S].北京:中国铁道出版社,2017.

[13] 国家铁路局.铁路隧道设计规范:TB 10003—2016[S].北京:中国铁道出版社,2017.

[14] 国家质量技术监督局,中华人民共和国建设部.土工试验方法标准:GB/T 50123—1999[S].北京:中国计划出版社,1999.

[15] 江嗣繁.季节性冻土的冻胀力分析[J].低碳世界,2018(1):30-32.

[16] 郎海鹏.冻融条件下纤维改良土的力学特性试验研究[D].石家庄:石家庄铁道大学,2017.

[17] 李刚.有机质对软土流变性质的影响及其在工程中的应用[J].科学之友,2011(10):142-143.

[18] 李进前,王起才,张戎令,等.粒径对膨胀土无荷膨胀率的影响研究[J].水利水电技术,2017,48(12):168-173.

[19] 李伟.冻土区粉砂土路基填料工程适宜性研究[D].石家庄:石家庄铁道大学,2017.

[20] 李向阳,郭嘉.注册岩土工程师专业考试考点精讲:专业案例[M].武汉:中国地质大学出版社,2014.

[21] 李勇.冻土融化压缩特性的实验研究[D].呼和浩特:内蒙古农业大学,2006.

[22] 林鲁生,徐礼华.岩溶地区高层建筑地基基础设计与施工[M].北京:科学出版社,2016.

[23] 令狐艳丽.湿陷性黄土特性及应用分析[J].山西建筑,2018,44(7):74-75.

[24] 刘飞,陈俊松,柏双友,等.高有机质软土固结特性与机制分析[J].岩土力学,2013,34(12):3453-3458.

[25] 刘述丽,徐彬,殷宗泽.膨胀性对膨胀土强度影响的试验研究[J].河南科技学院学报(自然科学版),2018,46(2):72-78.

[26] 刘亚洲,权锋,黄兴.十字板剪切试验在软土地基勘察中的应用[J].勘察科学技术,2013(1):35-38.

[27] 柳申周.高灵敏度软土液化地基工程处理措施[J].山西水利科技,2013(4):47-48,59.

[28] 逯兰.冻土融化下沉特性试验分析研究[D].长春:吉林大学,2009.

[29] 任建喜,贺小俪,刘朝科,等.旁压试验在西安地铁岩土工程勘察中的应用研究[J].铁道工程学报,2013(11):98-101.

[30] 汪贤恩,谭晓慧,辛志宇,等.膨胀土收缩性质的试验研究[J].岩土工程学报,2015,37(S2):107-114.

[31] 王景莉,邱学林.哈尔滨轨道交通勘察岩土热物理指标的测定[J].黑龙江科技信息,2009(20):59.

[32] 王效宾.人工冻土融沉特性及其对周围环境影响研究[D].南京:南京林业大学,2009.

[33] 夏骊娜,汤大明,曾纪全.岩石耐崩解性试验方法及评定标准的探讨[J].能源·地矿,2014(9):185-186.

[34] 肖衡林,吴雪洁,周锦华.岩土材料导热系数计算研究[J].路基工程,2007(3):54-56.

[35] 杨宗樾.浅述湿陷性黄土地基处理措施[J].科学技术创新,2018(4):107-108.

[36] 张锐,刘正楠,郑健龙,等.膨胀土侧向膨胀力及其对重力式挡墙的作用[J].中国公路学报,2018,31(2):171-180.

[37] 郑宪.季冻区非饱和粉质粘土融沉特性试验研究[D].哈尔滨:东北林业大学,2016.

[38] 中华人民共和国建设部,中华人民共和国国家质量监督检验检疫总局.岩土工程勘察规范(2009年版):GB 50021—2001[S].北京:中国建筑工业出版社,2009.

[39] 中华人民共和国水利部.土工试验规程:SL 237—1999[S].北京:中国水利水电出版社,1999.

[40] 中华人民共和国铁道部.铁路工程特殊岩土勘察规程:TB 10038—2012[S].北京:中国铁道出版社,2012.

[41] 中华人民共和国铁道部.铁路工程土工试验规程:TB 10102—2010[S].北京:中国铁道出版社,2011.

[42] 中华人民共和国住房和城乡建设部,国家市场监督管理总局.湿陷性黄土地区建筑标准:GB 50025—2018[S].北京:中国建筑工业出版社,2018.

[43] 中华人民共和国住房和城乡建设部,中华人民共和国国家质量监督检验检疫总局.城市轨道交通结构抗震设计规范:GB 50909—2014[S].北京:中国计划出版社,2014.

[44] 中华人民共和国住房和城乡建设部,中华人民共和国国家质量监督检验检疫总局.城市轨道交通岩土工程勘察规范:GB 50307—2012[S].北京:中国计划出版社,2012.

[45] 中华人民共和国住房和城乡建设部,中华人民共和国国家质量监督检验检疫总局.冻

土工程地质勘察规范:GB 50324—2014[S].北京:中国计划出版社,2014.

[46] 中华人民共和国住房和城乡建设部,中华人民共和国国家质量监督检验检疫总局.工程岩体分级标准:GB/T 50218—2014[S].北京:中国计划出版社,2014.

[47] 中华人民共和国住房和城乡建设部,中华人民共和国国家质量监督检验检疫总局.工程岩体试验方法标准:GB/T 50266—2013[S].北京:中国计划出版社,2013.

[48] 中华人民共和国住房和城乡建设部,中华人民共和国国家质量监督检验检疫总局.建筑边坡工程技术规范:GB 50330—2013[S].北京:中国建筑工业出版社,2013.

[49] 中华人民共和国住房和城乡建设部,中华人民共和国国家质量监督检验检疫总局.建筑地基基础设计规范:GB 50007—2011[S].北京:中国建筑工业出版社,2011.

[50] 中华人民共和国住房和城乡建设部,中华人民共和国国家质量监督检验检疫总局.建筑抗震设计规范(2016 年版):GB 50011—2010[S].北京:中国建筑工业出版社,2016.

[51] 中华人民共和国住房和城乡建设部,中华人民共和国国家质量监督检验检疫总局.煤矿采空区岩土工程勘察规范(2017 年版):GB 51044—2014[S].北京:中国计划出版社,2017.

[52] 中华人民共和国住房和城乡建设部,中华人民共和国国家质量监督检验检疫总局.膨胀土地区建筑技术规范:GB 50112—2013[S].北京:中国建筑工业出版社,2013.

[53] 中华人民共和国住房和城乡建设部.建筑地基处理技术规范:JGJ 79—2012[S].北京:中国建筑工业出版社,2013.

[54] 中华人民共和国住房和城乡建设部.建筑基坑支护技术规程:JGJ 120—2012[S].北京:中国建筑工业出版社,2012.

[55] 中华人民共和国住房和城乡建设部.建筑桩基技术规范:JGJ 94—2008[S].北京:中国建筑工业出版社,2008.

[56] 中华人民共和国住房和城乡建设部.软土地区岩土工程勘察规程:JGJ 83—2011[S].北京:中国建筑工业出版社,2011.

[57] 朱培根,崔长起,葛洪元.防空地下室设计手册:暖通、给水排水、电气分册[M].北京:中国计划出版社,2005.